科学出版社"十四五"普通高等教育本科规划教材

数 据 结 构

陈　燕　编著

科学出版社
北　京

内 容 简 介

本书使用 C 语言描述。本书内容涵盖三个方面：①线性结构（线性表，栈和队列，串、数组和广义表）的概念、抽象数据类型的定义、算法描述及其应用；②非线性结构（树与图）的概念、抽象数据类型的定义、算法描述及其应用；③查找与排序的概念、算法描述及其应用。学习数据结构课程的意义在于：让学生了解客观世界问题在计算机外部的表示方法（逻辑结构），及其在计算机内部对应的存储方式（存储结构），以及如何对它们进行运算的计算机解题全过程。

本书可作为计算机类、信息管理类、综合管理类、大数据管理与应用类专业的本科或专科教材，也可作为其他相关专业的选修教材。本书文字通俗易懂，便于自学，也可供从事计算机应用等工作的科技人员参考。

图书在版编目（CIP）数据

数据结构/陈燕编著. —北京：科学出版社，2023.3
科学出版社"十四五"普通高等教育本科规划教材
ISBN 978-7-03-075240-6

Ⅰ. ①数… Ⅱ. ①陈… Ⅲ. ①数据结构-高等学校-教材 Ⅳ. ①TP311.12

中国国家版本馆 CIP 数据核字（2023）第 046942 号

责任编辑：杨慎欣 狄源硕 / 责任校对：邹慧卿
责任印制：赵 博 / 封面设计：无极书装

科 学 出 版 社 出版
北京东黄城根北街 16 号
邮政编码：100717
http://www.sciencep.com
北京天字星印刷厂印刷
科学出版社发行 各地新华书店经销
*
2023 年 3 月第 一 版 开本：787×1092 1/16
2024 年 1 月第二次印刷 印张：23 1/2
字数：602 000
定价：95.00 元
（如有印装质量问题，我社负责调换）

前　言

　　数据结构不仅是计算机科学的核心课程，而且也是计算机程序设计的重要理论技术基础和专业基础课程。随着网络、计算机技术与大数据的应用与普及，数据结构课程也逐渐成为其他理工科专业的重要选修课。本书是为数据结构课程编写的教材，其内容选择符合教学大纲要求，并兼顾计算机理论及应用专业、计算机相关专业（如信息管理与信息系统、电子商务、大数据管理与应用等专业）的宽泛理论与深层次的知识点，适用面广。

　　本书共 8 章。第 1 章综述数据、数据结构和抽象数据类型等基本概念；第 2 章至第 4 章讨论线性结构中的线性表，栈和队列，串、数组和广义表的抽象数据类型及其应用；第 5 章和第 6 章讨论非线性结构中树与图（网）的抽象数据类型及其应用；第 7 章和第 8 章讨论查找和内部排序，除了介绍各种实现方法之外，还着重从时间上进行定性或定量分析和比较。

　　本书采用逐步演算和编程运行相结合的方式，使用 C 语言作为数据结构和算法的描述语言。本书对所涉及的每一种数据结构算法均给出了相应的 C 语言实现代码，便于读者将算法的逻辑步骤与上机实现步骤进行对照，加深读者对数据结构算法的理解。特别地，针对更为复杂的算法，以第 3 章的 Hanoi 塔递归为例，本书采用图示的方式显示了每一次进入递归与跳出递归时圆盘数量以及栈中参数的变化情况，在一定程度上降低了理解递归算法的难度；第 4 章、第 5 章也采用相同的做法，给出了算法的阅读过程，其目的在于让读者进一步掌握树、图递归算法的阅读方法，同时也了解程序运行全过程的模拟过程；第 7 章给出了处理哈希冲突的详细例子，能够让读者深入理解哈希函数的选择与处理冲突的次数（时间复杂度）有关。

　　作者编写本书的目的在于：使读者较全面地理解数据结构的概念，掌握各种数据结构的算法和实现方式，提高程序设计的质量，根据所求解问题的性质选择合理的数据结构并对时间、空间复杂度进行必要的控制。读者通过对本书的学习，能够提高使用计算机解决实际问题的能力。

　　本书旨在涵盖典型和有代表性的数据结构类型及其相关算法，但由于该课程覆盖的专业知识广、涉及的数学模型多，还有许多数据结构类型需要进一步探讨。在编写过程中，作者查阅了国内外大量文献资料，谨向书中提到的和参考文献中列出的学者表示感谢。同时，在本书的编写过程中，王勇臻、李龙霞、于晓倩等同学参与完成部分章节中具体算法的程序实现和书稿的整理工作，在此表示感谢。

　　由于作者能力有限，书中难免存在一些不当之处，敬请广大读者批评指正。

作　者

2021 年 12 月

目　　录

第 1 章 绪 论

【内容提要】数据结构是计算机应用、信息管理与信息系统、电子商务、信息科学与大数据技术等专业重要的专业基础课程，它为后续的专业课程提供了必要的知识和技能准备。本章介绍数据结构的概念和相关术语，以及数据类型的相关知识和算法分析。

【学习要求】了解数据结构的发展历史；掌握和理解数据结构的相关术语与基本概念；运用形式化方法定义和描述一个实际问题对应的数据结构；了解算法的时间复杂度与空间复杂度以及判断算法好坏的方法。

1.1 数据结构的研究现状与发展

1.1.1 国外的研究现状与发展

早在 1968 年，美国一些学校的计算机系就开始将数据结构作为一门计算机专业的基础课程。数据结构的课程体系最早是由美国计算机专家 D. E. Knuth 提出的，在他所著的《计算机程序设计技巧》（第一卷《基本算法》于 1968 年出版）一书中，较为系统地描述了客观世界中各类数据的计算机外部结构（逻辑结构）、计算机内部对应的存储方式（存储结构）及其形式化定义和对应的操作之间的关系。其描述方式已经与实际问题的解决方案非常贴近，数据结构作为一门计算机专业的基础课程逐渐成为现实。随后，第二卷《半数字化算法》于 1969 年出版，第三卷《排序与搜索》于 1973 年出版，这些著作中的算法及其应用，奠定了数据结构的理论基础。当时，数据结构这门课程已经被美国其他高校所接纳。后来，数据结构课程以算法为主要的讲授内容，成为当时计算机专业的一门重要的基础课程。

20 世纪 90 年代出现的 C++语言和 Java 语言，从根本上解决了计算机网络环境下复杂数据结构应用的问题：如 C++语言是面向对象的程序设计语言，它在 C 语言的基础上发展起来，但它比 C 语言更容易为人们所学习和掌握。C++以其独特的语言机制在计算机科学的各个领域中得到了广泛应用。面向对象的设计思想是在原来结构化程序设计方法基础上的一次质的飞跃，C++很好地体现了面向对象的各种特性。同样 Java 语言也是如此，其优点在于：①Java 的风格类似于 C++；②Java 摒弃了 C++中容易引发程序错误的地方，如指针和内存管理；③Java 提供了丰富的类库。C++和 Java 语言跨平台、跨系统且操作方便的特点，为复杂数据结构算法的实现带来了非常灵活的操作模式。

1.1.2 国内的研究现状与发展

20 世纪 70 年代后期，数据结构课程在我国已经作为计算机专业一门重要的基础与核心课程，清华大学严蔚敏等学者所编制的教材《数据结构》，逻辑结构清晰、算法丰富，多年来一直作为国内多所高校数据结构课程的首选教材。清华大学的《数据结构》教材最大的特点是：将所有形式的数据结构运用形式化定义方法进行描述，其描述与定义方法严谨，为学生提供了一套逻辑性强的定义方法。与此同时，书中的形式化定义方法还可以将形式化定义用于其他复杂系统的数据结构的定义中。在 20 世纪 80 年代，基本上采用 Fortran 和 Basic 语言来描述算法。到了 20 世纪 90 年代初期，国内大多数教材的算法采用 Pascal 描述（或类 Pascal 或伪码来描述），如早期清华大学的《数据结构》教材就是采用这种描述方法。20 世纪 90 年代后期，C 语言成为数据结构算法的主要描述语言。2000 年以后，随着 C++、VC++版本的出现，国内的数据结构教材又以 C++、VC++版本为主流。之后，随着强大的网络技术的普及与应用，又出现了跨平台的数据结构版本，如 Java、.Net 版本。这些语言的诞生与应用，给多系统的复杂数据的整合、定义域知识的描述提供了新的解决方案，尤其是当前大数据的形成和云计算架构的形成，给数据结构课程增添了更多的新模式。

因此，数据结构是一门专业性非常强的计算机基础课程，同时，也是计算机和信息管理等专业必不可缺的核心课程。换句话说，数据结构课程覆盖的专业知识广阔，涉及解决问题的数学模型众多。随着计算机、网络技术的发展和数据处理能力的增强，国内外相关专业开设数据结构课程的学校越来越多，且包括的内容也越来越多。由早先的线性表运算、非线性表运算、堆栈、排队、递归、树、图等传统的数据操作模式，扩充到多系统环境下的多维数据结构、复杂类型的数据结构以及跨平台模式的数据结构模式。

1.1.3　数据结构在计算机专业中的地位

数据结构不仅是计算机和信息管理等专业主要的基础课程，更重要的是作为编译原理、操作系统、数据库原理、汇编语言程序设计、管理与决策等课程的前驱课程，对该课程内容的掌握程度直接反映了计算机软件水平、管理与决策水平的高低。数据结构在计算机专业中的地位如图 1.1 所示。

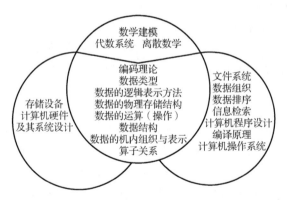

图 1.1　数据结构在计算机专业中的地位

数据结构并不是要告诉我们怎样编程，而是教会我们如何用最精练的语言和最少的资源编写出最优秀、最合理的算法与程序。换句话说，数据结构存在的意义就是使程序最优化。所以学习数据结构需要一定的基础知识。如果缺乏数据结构的知识，仅仅学会计算机语言的使用，想要编制出好的程序是不可能的，也不可能将客观世界复杂问题对应的实际模型进行建模和求解。同时，在大型软件开发的六个阶段（计划、需求分析、设计、编码、测试和维护）中，数据结构的内容体现在以客观管理问题求解过程中的数据建模及设计为核心，同时也涉及编码和需求分析阶段的一小部分内容。

总之，数据结构随着计算机应用与网络的普及一直在发展，并且面向特殊领域的数据结构也在不断发展，如新兴的图像处理与动画技术需要新的数据结构予以支持。面向对象技术与其他新兴技术的出现，掀起了从更加抽象的层次上讨论数据结构的概念和内容的新趋势。

1.2 什么是数据结构

数据结构课程主要是介绍一些常用的数据结构，阐明数据结构内在的逻辑关系，讨论它们在计算机中的存储表示和它们进行各种运算的实现算法。

按照字面含义，数据结构一定包括与数据及其结构相关的含义。广义上，数据结构包括数据的逻辑结构、数据的存储结构和数据运算三个方面，即涉及数据之间的逻辑关系、数据在计算机中的存储方式和相关的一组操作。

1. 数据结构主要任务

数据结构主要任务是：首先，将某实际问题的逻辑结构找出来；然后，在针对该逻辑结构进行科学分析后，映射为其对应的物理结构（即数据结构）形式；最后，对该数据进行操作。

美国计算机科学家 Niklaus Wirth（尼·沃思）认为：

$$Algorithms+Data\ Structure=Programs$$

Algorithms（算法）：实现程序的逻辑步骤。

Data Structure（数据结构）：描述了解决问题的数学模型；解决问题的相关数据集合；数据之间的结构关系集合。

Programs（程序）：为解决实际问题而编制的一组指令集合。

2. 算法、数据结构与程序之间的关系

（1）算法是实现程序的核心。

（2）如果一个问题的解决方法确定，则该问题的数据结构及数据之间的运算关系也是确定的，即该数据结构的选取决定了其算法的时间复杂性——程序运行的时间和速度。

（3）程序运行速度与算法本身、计算机本身、操作系统、网络环境等紧密相关。

如图 1.2 所示为计算机解决问题的步骤，数据结构的工作主要体现在第 1 步"分析问题"与第 2 步"确定处理方案"，这既是最基本的工作，也是最重要的工作。下面将举几个例子来帮助理解。

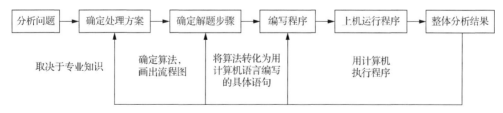

图 1.2 计算机解决问题的步骤

例 1.1 求解 $Y = aX + b$。

具体步骤如下。

（1）首先判断该问题是否属于计算问题，即所涉及的运算对象是否属于整型、实型或布尔型的简单变量。

（2）运用某语言将 $Y = aX + b$ 中的 a 与 b 分别输入后，再进行计算。

（3）打印或显示运行结果。

例 1.2 电话号码的查询。

具体步骤如下。

（1）构造一张电话号码登记表，表中的每个结点存放两个数据项：姓名与电话号码。

（2）按照链表结构构造该问题的数据存储方式，即问题对应的内部存储方式，确定链表的模式，如单链表模式。如图 1.3 所示。

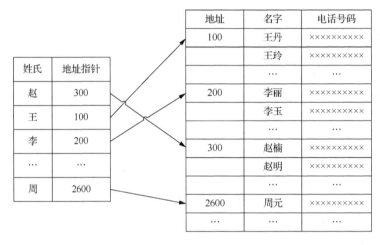

图 1.3　链式电话号码登记表

例 1.3 计算矩阵的乘积 $C[i,j] = A[i,k] \times B[k,j]$。

具体步骤如下。

（1）分析问题中的各个运算参数的外部表示。如图 1.4 所示。

$$A[i,k]=\begin{bmatrix} a_{11} & a_{12} & \cdots & a_{1p} \\ a_{21} & a_{22} & \cdots & a_{2p} \\ \vdots & \vdots & & \vdots \\ a_{i1} & a_{i2} & \cdots & a_{ip} \\ \vdots & \vdots & & \vdots \\ a_{m1} & a_{m2} & \cdots & a_{mp} \end{bmatrix} \quad B[k,j]=\begin{bmatrix} b_{11} & b_{12} & \cdots & b_{1n} \\ b_{21} & b_{22} & \cdots & b_{2n} \\ \vdots & \vdots & & \vdots \\ b_{i1} & b_{i2} & \cdots & b_{in} \\ \vdots & \vdots & & \vdots \\ b_{p1} & b_{p2} & \cdots & b_{pn} \end{bmatrix} \quad C[i,j]=\begin{bmatrix} c_{11} & c_{12} & \cdots & c_{1n} \\ c_{21} & c_{22} & \cdots & c_{2n} \\ \vdots & \vdots & & \vdots \\ c_{i1} & c_{i2} & \cdots & c_{in} \\ \vdots & \vdots & & \vdots \\ c_{m1} & c_{m2} & \cdots & c_{mn} \end{bmatrix}$$

图 1.4　矩阵运算参数的外部表示

（2）确定 $A[i,k]$、$B[k,j]$ 与 $C[i,j]$ 矩阵的内部存储方式。

A. 以行为主序存储。

$A[i,k]$ 在内存的顺序是：$a_{11}a_{12}\cdots a_{1p}a_{21}a_{22}\cdots a_{2p}\cdots a_{i1}a_{i2}\cdots a_{ip}\cdots a_{m1}a_{m2}\cdots a_{mp}$。

$B[k,j]$ 在内存的顺序是：$b_{11}b_{12}\cdots b_{1n}b_{21}b_{22}\cdots b_{2n}\cdots b_{i1}b_{i2}\cdots b_{in}\cdots b_{p1}b_{p2}\cdots b_{pn}$。

$C[i,j]$ 在内存的顺序是：$c_{11}c_{12}\cdots c_{1n}c_{21}c_{22}\cdots c_{2n}\cdots c_{i1}c_{i2}\cdots c_{in}\cdots c_{m1}c_{m2}\cdots c_{mn}$。

B. 以列为主序存储。

$A[i,k]$ 在内存的顺序是：$a_{11}a_{21}\cdots a_{m1}a_{12}a_{22}\cdots a_{m2}\cdots a_{1i}a_{2i}\cdots a_{mi}\cdots a_{1p}a_{2p}\cdots a_{mp}$。

$B[k,j]$ 在内存的顺序是：$b_{11}b_{21}\cdots b_{p1}b_{12}b_{22}\cdots b_{p2}\cdots b_{1i}b_{2i}\cdots b_{pi}\cdots b_{1n}b_{2n}\cdots b_{pn}$。

$C[i,j]$ 在内存的顺序是：$c_{11}c_{21}\cdots c_{m1}c_{12}c_{22}\cdots c_{m2}\cdots c_{1i}c_{2i}\cdots c_{mi}\cdots c_{1n}c_{2n}\cdots c_{mn}$。

（3）寻址方式决定其计算模式。

A. 如果以行为主序存储，该矩阵乘积的寻址公式为

$$\text{Loc}A[i,k] = \text{Loc}A[1,1] + (i-1)\times p + k - 1$$
$$\text{Loc}B[k,j] = \text{Loc}B[1,1] + (k-1)\times n + j - 1$$
$$\text{Loc}C[i,j] = \text{Loc}C[1,1] + (i-1)\times n + j - 1$$

B. 如果以列为主序存储，该矩阵乘积的寻址公式为

$$\text{Loc}A[i,k] = \text{Loc}A[1,1] + (k-1)\times m + i - 1$$
$$\text{Loc}B[k,j] = \text{Loc}B[1,1] + (j-1)\times p + k - 1$$
$$\text{Loc}C[i,j] = \text{Loc}C[1,1] + (j-1)\times m + i - 1$$

（4）计算矩阵乘积，显示计算结果。

例 1.4 单车道车辆进库与出库满足先进后出或者后进先出的规律，也将满足这种规律的运算叫作栈，栈的运算与操作在栈的一端进行（详细内容请参考第 3 章栈和队列的相关内容）。

例 1.5 银行窗口业务处理，满足先来先服务、后来后服务的排队的操作规律，也叫作队列（详细内容请参考第 3 章栈和队列的相关内容）。

例 1.6 图论问题。图的算法将在本书的后面章节介绍，该算法主要包括：图的表示方法、图的遍历、最短路径算法、影响工程进度的关键路径等算法（详细内容请参考第 6 章图的相关内容）。

以多岔路口交通灯设置问题为例。通常在十字路口只需要设置红、绿两种颜色的交通灯以便维持交通秩序，但在多岔路口则需设置多种颜色的交通灯才能使车辆流通量最大又保证交通秩序。如图 1.5（a）所示五岔路口，C 和 E 表示单行道。图 1.5（b）表示五岔路口的车流方向，在路的中间有 L1～L13 共 13 个交通信号灯，图中箭头方向表示每条路上的车流方向，车流有交叉或者箭头指向相同出口表示两条道路不能同时通车，否则会发生交通事故。当且仅当某个方向上的交通灯变为绿色时，此方向上的车辆才能通行。问怎样变换交通灯的颜色才能使此路口的车都能安全通过又能达到路口的最大流通量？

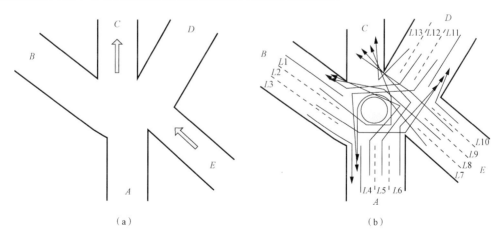

图 1.5 五岔路口交通灯设置问题

在图 1.5 中，用一个顶点表示一条通路，两条通路之间相互矛盾的关系用两个顶点之间的连线表示，即若两条通路之间不能同时通车，则两个顶点之间连一条线。因此设置交通灯的问题转换为对图中顶点的着色问题，要求对图中的每个顶点着一种颜色，并且要求有线相

连的两个顶点不能同时具有相同的颜色，而总的颜色种类尽可能少。图 1.6 为其中的一种着色方案。

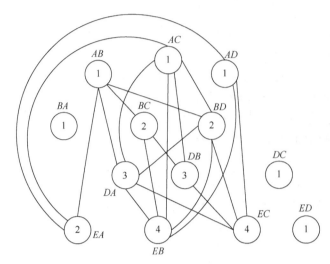

图 1.6　五岔路口交通灯设置问题的一种着色方案

解决方案：

1 号灯亮时，只有 *AB*、*BA*、*AC*、*AD*、*DC*、*ED* 方向上的车能同时通过；

2 号灯亮时，只有 *BC*、*BD*、*EA* 方向上的车能同时通过；

3 号灯亮时，只有 *DA*、*DB* 方向上的车能同时通过；

4 号灯亮时，只有 *EB*、*EC* 方向上的车能同时通过。

例 1.7　报文编码问题。此问题属于最优二叉树问题，即该问题对应的数据结构属于二叉树的优化问题，运用该优化解决方法可解决报文编码问题（详细内容请参考第 6 章关于哈夫曼树及其应用的相关内容）。

另外，利用数据结构还可以对如下问题提出解决方法：①将文本编辑与操作归结为字符串操作问题；②为提高查找速度提出各类查找算法；③为方便各类快速查找而对数据的科学排序方法。

归纳起来讲，数据结构课程是一门"描述现实世界实体的数学模型（非数值计算）及其操作在计算机中如何表示和实现"的理论和应用性强的计算机专业基础课。

1.3　相 关 概 念

在本节中，我们将对一些概念和术语赋以确定的含义，以便与读者取得"共同的语言"。这些概念和术语将在以后的章节中多次出现。

1. 数据

数据是对客观事物的符号表示。也就是说，凡是能够输入计算机中的，并且能够被计算机处理的符号集合都被叫作数据。

例如，表 1.1 学生信息登记表中包括四个数据项的内容，即学号、姓名、性别与出生日期，它们其中的每一项所包含的数据分别是：学号的数据集合={0001,0002,⋯}、姓名的数据

集合={李枫,王芳,…}、性别的数据集合={男,女}、出生日期的数据集合={19900507,
19911125,…}。

2. 数据元素

数据元素是数据的基本单位。如果将某语言编制的计算机程序作为一个整体的话，那么，这个整体（程序）由若干个"个体"（语句）集合组成。例如，表 1.1 中的一个学生的全部信息，如{0001,李枫,男,19900507}就是一个数据元素。可以将一个数据元素分为若干个**数据项**。数据项是数据不可分割的最小单位，有时候又被叫作"属性""域"或"字段"。

表 1.1 学生信息登记表

学号	姓名	性别	出生日期
0001	李枫	男	19900507
0002	王芳	女	19911125
0003	刘平	女	19890616
0004	高山	男	19920307
…	…	…	…

3. 数据对象

数据对象是性质相同的数据元素的集合，是数据的一个子集。例如，整数数据对象是集合 $N = \{0, \pm 1, \pm 2, \cdots\}$；字母字符数据对象是集合 $C = \{\text{'A'}, \text{'B'}, \cdots, \text{'Z'}\}$。

学生信息登记表中，整个表格是数据，每一行学生的四项信息的总和称为数据元素（数据库系统中称为记录），其中数据元素又是由四项更基本的数据构成，这些可称为数据项。

有了数据的概念之后，接下来讨论的是如何把数据送入计算机中处理。但是，数据要被计算机加工处理，首先必须存储在机器中，数据在存储器中的存储方式称为机内表示。由于存储在计算机中的数据不同于客观世界中的数据，因此把将客观世界中的数据转化为计算机内数据表示的工作称为**数据表示**。数据表示和数据处理所包含的内容可用图 1.7 表示。

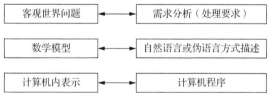

图 1.7 客观世界问题的描述

4. 数据结构

数据结构是相互之间存在一种或多种特定关系的数据元素的集合。这是本书对数据结构的一种简单解释。在任何问题中，数据元素都不是孤立存在的，而是在它们之间存在着某种关系，这种数据元素相互之间的关系称为**结构**。根据数据元素之间关系的不同特性，通常有 4 种基本结构，如图 1.8 所示。

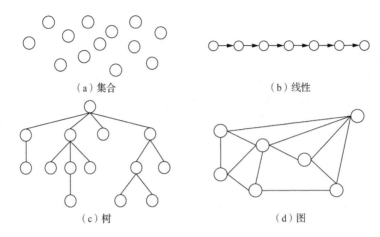

图 1.8 四种基本结构关系图

5. 集合

结构中的数据元素之间除了"同属于一个集合"的关系外，别无其他关系。

6. 线性结构

结构中的数据元素之间存在一个对一个的关系。

7. 树型结构

结构中的数据元素之间存在一个对多个的关系。

8. 图状结构或网状结构

结构中的数据元素之间存在多个对多个的关系。

由于"集合"是数据元素之间关系极为松散的一种结构，因此也可用其他结构来表示。

下面我们对数据结构的定义进行归纳。

定义 1：相互之间存在一种或多种特定关系的数据元素的集合。

定义 2：描述问题的计算机外部表示方法与其对应的计算机内部的存储方式，以及如何对它们进行操作。

定义 3：带有结构的数据元素的集合。

定义 4：形式化定义 DS=(D,R) 为二元组，数据结构被定义为二元组 D 和 R 的形式，其中 D 是数据元素的有限集合，而 R 是 D 上关系的有限集。

例 1.8 假设用三个 4 位的十进制数表示一个含 12 位数的十进制数。分别存储在 a_1、a_2 和 a_3 顺序单元中，构成了一个十进制整数 1988-3267-8231。

$$1988\text{-}3267\text{-}8231 — a_1(1988),\ a_2(3267),\ a_3(8231)$$

则在数据元素 a_1、a_2 和 a_3 之间存在着"次序"关系，可以用有序对 $<a_1,a_2>$ 与 $<a_2,a_3>$ 表示，如图 1.9 所示。

图 1.9 数据元素之间的次序关系

例 1.9 在一维数组 $\{a_1,a_2,a_3,a_4,a_5,a_6\}$ 的数据元素之间存在如下的次序关系：

$$\{<a_i,a_{i+1}>\,|\,i=1,2,\cdots,n-1\}\ 或者\ \{<a_{i-1},a_i>\,|\,i=2,3,\cdots,n\}$$

可见，不同的"关系"构成不同的"结构"。或者说，数据结构指的是相互之间存在着某种逻辑关系的数据元素的集合。

例 1.10 图 1.10 中在 2 行 3 列的二维数组 $\{a_1,a_2,a_3,a_4,a_5,a_6\}$ 中存在如下两个关系。

a_1	a_2	a_3
a_4	a_5	a_6

图 1.10 二维数组

行的次序关系： $\text{row} = \{<a_1,a_2>,<a_2,a_3>,<a_4,a_5>,<a_5,a_6>\}$。

列的次序关系： $\text{col} = \{<a_1,a_4>,<a_2,a_5>,<a_3,a_6>\}$。

例 1.11 在计算机科学中，复数可以有如下定义：复数是一种数据结构 $\text{Complex} = (C,R)$。其中，C 是含两个实数的集合 $\{c_1,c_2\}$，$R = \{P\}$，而 P 是定义在集合 C 上的一种关系 $\{<c_1,c_2>\}$，其中有序对 $<c_1,c_2>$ 表示 c_1 是复数的实部，c_2 是复数的虚部。

例 1.12 假设我们需要编制一个事务管理程序，管理学校科学研究课题小组的各项事务，则首先要为程序的操作对象——课题小组设计一个数据结构。假设每个小组由 1 位教师、1~3 名研究生及 1~6 名本科生组成，小组成员之间的关系是：教师指导研究生，而每位研究生指导一至两名本科生。则可以定义数据结构如下。

$$\text{Group} = (P,R) \tag{1.1}$$
$$P = \{T,G_1,\cdots,G_n,S_{11},\cdots,S_{nm},1 \leqslant n \leqslant 3,1 \leqslant m \leqslant 2\}$$
$$R = \{R_1,R_2\}$$
$$R_1 = \{<T,G_i>|1 \leqslant i \leqslant n,1 \leqslant n \leqslant 3\}$$
$$R_2 = \{<G_i,S_{i,j}>|1 \leqslant i \leqslant n,1 \leqslant j \leqslant m,1 \leqslant n \leqslant 3,1 \leqslant m \leqslant 2\}$$

上述数据结构的定义仅是对操作对象的一种数学描述。换句话说，是从操作对象抽象出来的数学模型。结构定义中的"关系"描述的是数据元素之间的逻辑关系，因此又称为数据的逻辑结构。数据结构在计算机中的表示（又称映像）称为数据的物理结构，又称存储结构。存储结构与逻辑结构的关系如图 1.11 所示。

然而，讨论数据结构的目的是在计算机中实现对它的操作，因此还需研究如何在计算机中表示它。

逻辑结构：描述、理解问题，面向人。

存储结构：便于机器运算，面向机器。

程序设计中的基本问题：逻辑结构如何转换为存储结构。

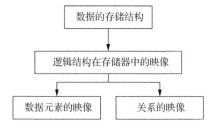

图 1.11 存储结构与逻辑结构的关系

9. 数据元素的映像方法

用二进制位（bit）的位串表示数据元素。

10. 关系的映像方法

数据元素之间的关系在计算机中有两种不同的表示方法——**顺序映像**和**非顺序映像**，并由此得到四种不同的存储方式。

（1）顺序存储方式。每个存储单元存一个数据元素，逻辑上相邻的元素存储在内存中相邻的存储单元中。数据元素的逻辑关系用存储单元间的位置关系体现。

（2）链式存储方式。每个存储单元可以存储一个数据元素，也可以存储多个数据元素。逻辑上相邻的数据元素不要求存储单元相邻，存储单元的逻辑关系是由存储单元中附加的信息指示的。高级语言中常用指针描述附加的信息。

（3）散列存储方式。每个存储单元存储一个数据元素，存储单元比较均匀地分布在存储区中。用函数（称为散列函数）建立数据元素与数据元素在存储器中的对应关系，即存储地址=F(数据元素)。其思想是根据数据元素计算数据元素在存储器中的地址。

（4）索引存储方式。该方法通常是在存储结点信息的同时，建立附加的索引表，索引表中的每一项称为索引项。索引项的一般形式为"**索引项=关键字+地址**"，**关键字**是能唯一标识该结点数据元素的一个（或几个）数据项。若每个数据元素在索引表中有一个索引项，则称索引表为**稠密索引**；若一组数据元素在索引表中只对应一个索引项，则该索引表称为**稀疏索引**。稠密索引中索引项的地址指示数据元素在存储器中的存储位置；稀疏索引中索引项的地址指示一组数据元素在存储器中的起始存储位置。索引存储实际上是结合了顺序存储和链式存储两种存储方式的特点。当然，索引存储也可以看成散列存储+顺序存储，其映射函数是"表达式"的函数。

上述几种方法也可以结合起来对数据进行存储映像。即同一种逻辑关系的数据可以使用不同的存储方式及它们的复合（组合）方式。选择哪种方式主要取决于以下几个方面。

（1）实现该种存储所耗费的存储空间。

（2）在该存储方式下，主要进行哪些操作。

（3）在该存储方式下进行查询、更新等操作所耗费的时间。

（4）这种存储方式能否完整地体现原来数据的逻辑关系。

如线性表是一种逻辑结构，若采用顺序方式存储，则称该线性表为顺序表；若采用链式方式存储，则称该线性表为链表；若采用散列方式存储，则称该线性表为散列表；若采用索引方式存储，则称该线性表为索引表。

1.4　数据类型与抽象数据类型

因为数据结构的基础内容是数据，所以在研究数据结构过程中，将呈现出各种类型的数据。如何科学合理地将数据存放在内存并且能够方便地参与运算，这是数据结构面临的主要问题之一。

也就是说，数据结构的数据类型直接影响其对应算法的运行速度。各种运行语言都有相适应的算法语言。在计算机解决问题时，运用数据类型可以表示其对应的不同的数据结构。早先的算法语言有 Algo60、Fortran77、C 语言、Basic 等，后来又出现的语言有 C++、VC、.Net、

Java 等。它们各自的特点非常突出，如 Algo60 曾作为 20 世纪 60 年代应用非常广泛的语言，该语言的类型也有整型、字符型、实型、布尔型等；Fortran77 在 20 世纪 70 年代作为主要的计算方面的软件，同时也作为当时较流行的高级程序设计语言之一，它包括整型、实型、单精度、双精度等高效率数值处理的数据类型，还包括指针类型的数据、字符型的数据等。Basic 语言是专门为初学者学习高级程序设计语言与编程而设计的，该语言通俗易懂，接近人们的自然语言，后来又不断改进和升级，出现了 Visual Basic .Net，也就是说，增加了可视化的友好界面。

目前数据结构常用的具有代表性的上机语言有 C 语言、C++语言与 Java 语言等，它们的数据类型具有各自独立的特点。

大家一定熟悉 C 语言中的基本数据类型。这些基本数据类型包括 char、int、float 和 double 等。其中，有些数据类型可以被 short、long 和 unsigned 等关键字修饰。对所研究的现实世界的抽象最终都要用这些基本数据类型表示。除了这些基本的数据类型之外，C 语言还提供可以将数据组织起来的两种机制，分别是数组和结构体。其中，数组是相同的基本数据类型的数据元素的聚集，结构体是数据类型不一定相同的数据元素的聚集。此外，C 语言还提供了指针数据类型。对于每个基本数据类型，都有相应的指针数据类型。例如，指向 int 的指针、指向 char 的指针、指向 float 的指针等。指针通过在变量名前面加一个*来表示。因此，"int i, *pi;"语句声明了一个整型变量 i 和一个指向整型的指针变量 pi。

每种程序设计语言至少提供一个最小的预定义的数据类型集合以及构造新的（或用户自定义的）数据类型的能力。那么，什么是数据类型？

1. 数据类型

数据类型指的是一个数值的集合以及定义于这个数值集合上的一组操作的总称。在用高级程序语言编写的程序中，必须对程序中出现的每个变量、常量或表达式，明确说明它们所属的数据类型。

2. 抽象数据类型

抽象数据类型（abstract data type, DT）指的是一个数学模型以及定义在该模型上的一组操作。抽象数据类型的定义仅取决于它的一组逻辑特性，而与其在计算机内部如何表示和实现无关，即不论其内部结构如何变化，只要它的数学特性不变，都不影响其外部的使用。

参照 1.3 节中数据结构的形式定义方法，形式化定义抽象数据类型为如下三元组：

$$(D,R,P)$$

其中，D 是数据对象，R 是 D 上的关系集，P 是对 D 的基本操作集，本书采用以下格式定义抽象数据类型：

```
ADT 抽象数据类型名 {
    数据结构的形式化定义;
    数据结构的基本操作;
} ADT 抽象数据类型名
```

也可以写成更为详细的形式：

```
ADT 抽象数据类型名 {
    数据对象: <数据对象的定义>;
    数据关系: <数据关系的定义>;
    基本操作: <基本操作的定义>;
} ADT 抽象数据类型名
```

其中，数据对象和数据关系的定义用伪码描述，基本操作的定义格式为：

基本操作名（参数表） 初始条件：<初始条件描述>； 操作结果：<操作结果描述>；

基本操作有两种参数，赋值参数只为操作提供输入值；引用参数以&打头，除可提供输入值外，还返回操作结果。"初始条件"描述了操作执行之前数据结构和参数应满足的条件，若不满足，则操作失败，并返回相应出错信息。"操作结果"说明了操作正常完成之后，数据结构的变化状况和应返回的结果。若初始条件为空，则省略之。

3. 基本操作

基本操作指的是在抽象意义上的运算，与数据元素的内容无关。显然，当逻辑结构具体用不同方式存储在计算机内时，对同一种抽象运算，计算机实现可能不同。在定义逻辑结构和存储结构运算的内容上，主要关心以下几个问题。

（1）用非形式化方法描述问题，最后过渡到用程序描述该问题，这也是数据结构课程的核心问题。

（2）非形式化描述的问题，可以进一步分解成一组运算的有机组合来描述客观问题，而这一组运算对于大多数的问题是固定不变的。

（3）对于具体的某种数据结构，都有其特殊的"运算"来反映该数据结构的特点。

（4）非形式化方法描述客观问题是基于某种固定的运算或操作，当选定不同的存储方式时，运算的程序描述可能完全不同。

例 1.13　抽象数据类型复数的定义。

```
ADT Complex {
    数据对象:D＝{e1,e2|e1,e2∈RealSet}
    数据关系:R＝{<e1,e2>|e1 是复数的实数部分,e2 是复数的虚数部分}
    基本操作:
    AssignComplex(&Z,v1,v2)
    操作结果:构造复数 Z,其实部和虚部分别被赋予参数 v1 和 v2 的值。
    DestroyComplex(&Z)
    操作结果:复数 Z 被销毁。
    GetReal(Z,&realPart)
    初始条件:复数已存在。
    操作结果:用 realPart 返回复数 Z 的实部值。
    GetImag(Z,&ImagPart)
    初始条件:复数已存在。
    操作结果:用 ImagPart 返回复数 Z 的虚部值。
    Add(z1,z2,&sum)
    初始条件:z1,z2 是复数。
    操作结果:用 sum 返回两个复数 z1, z2 的和。
} ADT Complex
```

4. 抽象数据类型的两个重要特征

（1）用抽象数据类型描述程序处理的实体时，强调的是其本质的特征、其所能完成的功能以及它和外部用户的接口（即外界使用它的方法）。

（2）数据封装，将实体的外部特性和其内部实现细节分离，并且对外部用户隐藏其内部实现细节。

5. 数据类型与抽象数据类型的区别

（1）数据类型指的是高级程序设计语言支持的基本数据类型。

（2）抽象数据类型指的是自定义的数据类型，数据结构课程将要学习的抽象数据类型是线性表类型、栈类型、队列类型、数组类型、广义表类型、树类型、图类型、查找表类型等。

1.5 算法和算法分析

1.5.1 算法简述

简单来说，所谓算法就是定义良好的计算过程，它取一个或一组值作为**输入**，并产生一个或一组值作为**输出**。也就是说，算法是一系列的计算步骤，用来将输入数据转换成输出结果。

我们还可以将算法看作一种工具，用来解决一个具有良好规格说明的计算问题。有关该问题的表述可以用通用的语言来规定所需的输入/输出关系。与之对应的算法则描述了一个特定的计算过程，用于实现这一输入/输出关系。

例如，假设需要将一列数按非降序进行排序。在实践中，这一问题经常出现。下面是有关该排序问题的算法简述。

输入：由 n 个数构成的一个序列 $<a_1,a_2,\cdots,a_n>$。

输出：对输入序列的一个排列（重排）$<a_1',a_2',\cdots,a_n'>$，使得 $a_1' \leqslant a_2' \leqslant \cdots \leqslant a_n'$。

例如，给定一个输入序列 $<31,41,59,26,41,58>$，一个排序算法返回的输出序列是 $<26,31,41,41,58,59>$。这样的一个输入序列称为该排序问题的一个实例（instance）。一般来说，某一个问题的实例包含了求解该问题所需的输入（它满足有关该问题的表述中所给出的任何限制）。实现该问题的解决方法有两种：方法一，设立一个最小值单元 Min，每循环一次，将当前较小的那个元素存放在单元 Min 中；方法二，每次将相邻的两两元素比较后，将较大者存放在 Max 单元，然后再将 Max 单元的元素依次与后面单元中的元素比较，直到完成比较为止。

1.5.2 算法的特征

一个好的算法应该具有以下七个重要的特征。

（1）有穷性（finiteness）。算法的有穷性是指算法必须能在执行有限个步骤之后终止。

（2）确切性（definiteness）。算法的每一步骤必须有确切的定义。

（3）输入（input）。一个算法有 0 个或多个输入，以刻画运算对象的初始情况，所谓 0 个输入是指算法本身给出了初始条件。

（4）输出（output）。一个算法有一个或多个输出，以反映对输入数据加工后的结果。没有输出的算法是毫无意义的。

（5）可行性（effectiveness）。算法中执行的任何计算步都可以被分解为基本的可执行的操作步，即每个计算步都可以在有限时间内完成（也称之为有效性）。

（6）高效性（high efficiency）。执行速度快，占用资源少。

（7）健壮性（robustness）。对数据有正确的响应。

1.5.3　算法对应的程序设计模式

　　一个算法的功能不仅与选用的操作有关，还与这些操作之间的执行顺序有关。算法的控制结构给出了算法的执行框架，它决定了算法中各种操作的执行次序。算法的控制结构即对应的程序设计模式有三种基本的形式：顺序结构模式、选择结构模式和循环结构模式。任何复杂的算法都可以用顺序（有的教材称其为线性关系或直线关系结构）、选择（有的教材称其为条件关系或分支或分叉结构）和循环（有的教材将循环分为计数器控制的循环结构、条件控制的循环结构和变量控制的循环结构）这三种结构的组合来描述。图 1.12 给出了常用的描述算法流程图对应的各个组成部分标记图。

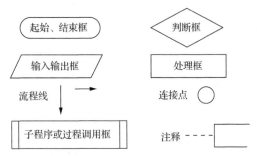

图 1.12　算法流程图对应的各个组成部分标记图

1．顺序结构程序的算法流程图

　　所谓顺序结构程序的算法主要指的是：从该程序的第一条语句开始顺序执行，一直执行到最后语句才停止运行。将满足该特点的程序叫作直接程序（或直线程序、线性程序），也叫作顺序结构的程序，如求 $Y = 2X + 3$，该顺序结构程序对应的算法流程图如图 1.13 所示。

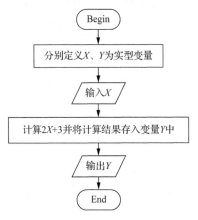

图 1.13　顺序结构程序对应的算法流程图

2．选择结构程序的算法流程图

　　所谓选择结构程序（也叫作分支程序或者条件判断的程序）的算法主要指：该算法对应程序的某一逻辑流程出现了条件判断，即满足某条件时程序执行一个方向的语句；不满足给定的条件时，转去执行另一方向的语句；最终根据不同的输入条件，输出不同的结果。如三个无符号的正整数分别存放在 a,b,c 单元里，排序后的结果是分别存放在 a,b,c 单元中的最大、次大和最小的整数。算法流程图如图 1.14 所示。

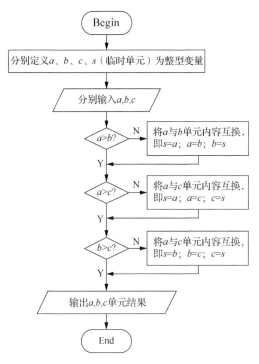

图 1.14　选择结构程序对应的算法流程图

3. 循环结构程序的算法流程图

由于循环结构的程序设计方法比较灵活，可将循环结构程序流程分为循环的初始化部分、循环体部分和循环的判断部分，如图 1.15 所示。

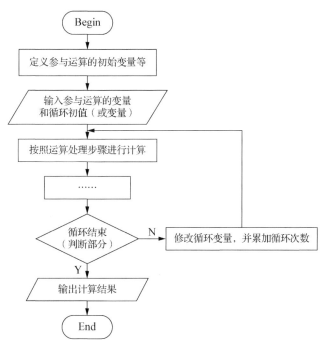

图 1.15　循环结构程序对应的算法流程图

1）计数器控制的循环结构程序的算法流程图

若循环结构程序的循环体中循环计数器的次数为已知的，则称其为计数器控制的循环结构程序。例如，给出整数从 1,2,… 累加到 100 的算法流程图。计数器控制的循环结构程序的算法流程图如图 1.16 所示。

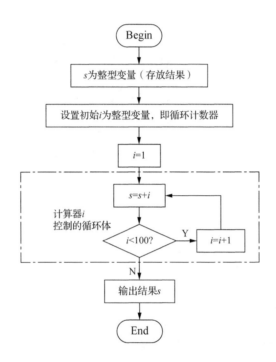

图 1.16　计数器控制的循环结构程序的算法流程图

2）条件控制的循环结构程序的算法流程图

顾名思义，将循环结构程序的循环体中的循环运用某条件来控制其循环的次数，即称为条件控制的循环结构程序。例如，斐波那契数列是这样的序列：1,1,2,3,5,8,13,21,34,55,89,… 请给出 5000 之内所有的斐波那契数的数列。

该算法的核心语句是：$F(n+2)=F(n+1)+F(n)$。为方便起见，只将当前计算的结果输出，即只输出 5000 之内的所有的斐波那契数的数列。

因此，将该核心语句改写为：

$A=A+B$；当初始条件为 $A=1$，且 $B=1$ 时，第一次得出 $F(3)=1+1=2$。

$B=B+A$；第一次在上述 $A=2$ 的基础上得出 $F(4)=1+2=3$。

按照程序设计步骤，运用条件控制的循环，容易得出问题的结果。因此，该问题对应的条件控制的循环结构程序的算法流程图如图 1.17 所示。

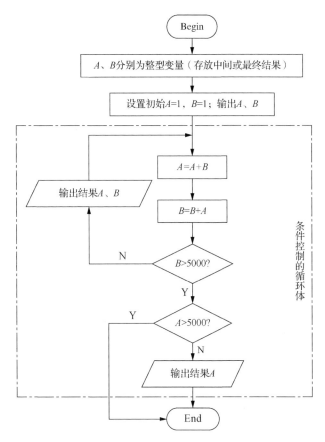

图 1.17 条件控制的循环结构程序的算法流程图

3）变量控制的循环结构程序的算法流程图

存在这样一类程序设计，即采用逻辑变量（或者用 0、1 逻辑变量即状态作为程序转向的类别）控制其循环结构程序，这样的算法叫作变量控制的循环结构程序的算法。例如，将学生某课程的成绩进行统计，分类为优秀、良好、中等、及格和不及格，约定 90～100 分为优秀，用字母 A 表示；80～89 分为良好，用字母 B 表示；70～79 分为中等，用字母 C 表示；60～69 分为及格，用字母 D 表示；60 分以下为不及格，用字母 E 表示。运用 C 语言的开关语句实现的程序算法如下。

```
    void main()
①  {
②      int SC,n;
③      printf("请输入分数：\n");
④      scanf("%d", &SC);
⑤      while(SC<=100 && SC>=0)
⑥      {
⑦        n=SC/10;
⑧        switch(n) {
⑨          case 10:
⑩          case 9:printf("A,%d\n",SC);break;
⑪          case 8:printf("B,%d\n",SC);break;
```

```
⑫          case 7:printf("C,%d\n",SC);break;
⑬          case 6:printf("D,%d\n",SC);break;
⑭          default: printf("E,%d\n",SC);
⑮      }
⑯      scanf("%d", &SC);
⑰  }
⑱ }
```

该问题对应的变量控制的循环结构程序的算法流程图如图 1.18 所示。

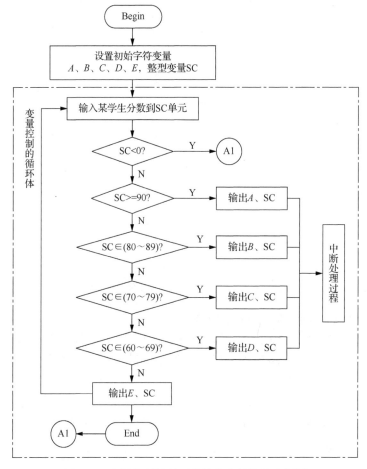

图 1.18　变量控制的循环结构程序的算法流程图

（1）图 1.18 中 SC<0 作为逻辑状态变量控制的核心语句，这种控制变量属于显性的程序语句。

（2）另外，在图 1.18 的"中断处理过程"中，也存在系统运行过程的状态的转换。一般，当程序在执行中，遇到中断语句"break"时，要转去做如下的工作。

A．关中断，即将中断的状态置 0。

B．保存断点语句的地址到栈中，即保护中断现场。例如，本算法第一次出现的中断语句是属于分数在 60～100 分范围内的某学生的分数，假如当前学生分数是 95 分，也就是说，该分数属于优秀等级的，程序执行"输出 A、SC"语句后转去执行"break"中断语句。先将中断的状态置 0，即因当前此处的中断优先级最高，执行本中断语句之前，先将本中断语句当前的地址（即第一个 break 语句的地址）保存在地址栈中，该操作也叫做保护现场；然后，再将第一个 break 语句的下一个要执行的语句地址也保存到地址栈中。

C．中断源转中断服务，该算法程序的处理过程是：执行语句⑯、⑰。

D．开中断，即转去执行的语句。

```
⑤      while(SC<=100 && SC>=0)do
⑥      {
⑦        n=SC/10;
⑧        switch(n) {
⑨           case 10:
⑩           case 9:printf("A,%d\n",SC);break;
⑪           case 8:printf("B,%d\n",SC);break;
⑫           case 7:printf("C,%d\n",SC);break;
⑬           case 6:printf("D,%d\n",SC);break;
⑭           default: printf("E,%d\n",SC);
⑮        }
⑯       scanf("%d", &SC);
⑰      }
        ......
```

假设第二个学生的分数是 78 分，则执行的语句序列是：

```
⑤      while(SC<=100 && SC>=0)do
⑥      {
⑦         n=SC/10;
⑧         switch(n) {
⑫            case 7:printf("C,%d\n",SC);break;
⑮         }
⑯       scanf("%d", &SC);
⑰      }
```

具体的解释如下。当执行"case 7: printf("C,%d\n",SC);"后，遇到"break;"即中断语句，则按照如下顺序执行：①转去执行中断服务程序；②关中断，先将中断的状态置 0；③保存现场和断点；④开中断，即中断的状态置 1；⑤返回断点。

以此类推，最终该程序的条件控制语句是(SC<=100)and(SC>=0)，当该语句的状态发生变化时，则跳出循环体。

1.5.4　时间复杂度

一个算法所耗费的时间定义为该算法中每条语句的执行时间之和，而每条语句的执行时间是执行次数与该语句执行一次所需时间的乘积。度量一个程序的执行时间通常有以下两种方法。

1. 事后统计的方法

很多计算机内部都有计时功能，有的甚至可精确到毫秒级，不同算法的程序可通过一组或若干组相同的统计数据以分辨优劣。但这种方法有两个缺陷：一是必须先运行已经编制的算法程序；二是所得时间的统计量依赖于计算机的硬件、软件等环境因素，有时容易掩盖算法本身的优劣。因此，人们常常采用事前分析估算的方法。

2．事前分析估算的方法

1）程序运行的时间的相关因素

一个用高级程序语言编写的程序在计算机上运行时所消耗的时间取决于以下因素。

（1）依据的算法选用何种策略。

（2）问题的规模，例如求 100 以内还是 1000 以内的素数。

（3）书写程序的语言，对同一个算法，实现语言的级别越高，执行效率越低。

（4）编译程序所产生的机器代码的质量。

（5）机器执行指令的速度。

显然，同一个算法用不同语言实现，或者用不同的编译程序进行编译，抑或是在不同的计算机上运行时，效率均不相同。这表明使用绝对的时间单位衡量算法的效率是不合适的。撇开这些与计算机硬件、软件有关的因素，可以认为一个特定算法"运行工作量"的大小，只依赖于问题的规模（通常用整数量 n 表示），或者说，它是问题规模的函数。

所谓**问题规模**是指该算法输入数据所含的数据元素数目，也可以定义为求解问题的输入量。

一个算法是由控制结构（顺序、分支和循环三种）和原操作（指固有数据类型的操作）构成的，则算法时间取决于两者的综合效果。为了便于比较同一问题的不同算法，通常的做法是，从算法中选取一种对所研究的问题（或算法类型）来说是基本操作的原操作，以该级别操作重复执行的次数作为算法的时间量度。

例 1.14 两个矩阵相加的算法，"加法"运算是"矩阵相加问题"的基本操作。

```
void add(int a[][MAX_SIZE],int b[][MAX_SIZE],int c[][MAX_SIZE],int
rows, int cols)
{
    int i,j;
    for(i=0;i<rows;i++)
        for(j=0; j<cols;j++)
            c[i][j]=a[i][j]+b[i][j];
}
```

整个算法的执行时间与该基本操作（加法）重复执行的次数 rows*cols 成正比，记作 $T(n)=O(\text{rows*cols})$。

2）时间复杂度和语句频度

一般情况下，算法中的基本操作重复执行的次数是问题规模 n 的某个函数 $f(n)$，算法的时间量度记作 $T(n) = O(f(n))$。它表示随问题规模 n 的增大，算法执行时间的增长率和 $f(n)$ 的增长率相同，称作算法的**渐近时间复杂度**（asymptotic time complexity），简称**时间复杂度**。

显然，被称作问题的基本操作的原操作应是其重复执行次数和算法的执行时间成正比的原操作，多数情况下它是最深层循环内的语句中的原操作，它的执行次数和包含它的语句的频度相同。语句的**频度**（frequency count）指的是该语句重复执行的次数。例如，在下列三个程序段中：

```
(a){++x;s=0;}
(b)for(i=1;i<=n;++i)  {++x;s+=x;}
(c)for(j=1;j<=n;++j)
    for(k=1;k<=n;++k)  {++x;s+=x;}
```

含基本操作 "x 增 1" 的语句的频度分别为 1、n 和 n^2，则这三个程序段的时间复杂度分别为 $O(1)$、$O(n)$ 和 $O(n^2)$，分别称为常量阶、线性阶和平方阶。算法还可能呈现的时间复杂度有对数阶 $O(\log_2 n)$、指数阶 $O(2^n)$ 等。不同数量级时间复杂度如图 1.19 所示。从图中可见，应该尽可能选用多项式阶 $O(n^k)$ 的算法，尽量避免用指数阶的算法。

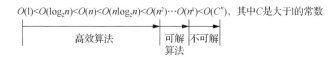

图 1.19 常见函数的增长率

一般情况下，对一个问题（或一类算法）只需选择一种基本操作来讨论算法的时间复杂度，有时也需要同时考虑几种基本操作，甚至可以对不同的操作赋予不同权值，以反映执行不同操作所需要的相对时间，这种做法便于综合比较解决同一问题的两种完全不同的算法。

3）大 O 的运算

由于算法的时间复杂度考虑的只是对于问题规模 n 的增长率，则在难以精确计算基本操作执行次数（或语句频度）的情况下，只需求出它关于 n 的增长率或阶即可。例如，在下列程序段中：

```
for(i=2;i<=n;++i)
    for(j=2;j<=i-1;++j) {++x;a[i][j]=x;}
```

语句 "++x" 的执行次数关于 n 的增长率为 n^2，它是语句频度表达式 $(n-1)(n-2)/2$ 中增长最快的项。如果引入大 O，则执行上述两个 "for" 循环，重复执行其循环体语句 "++x;a[i][j]=x;" 的语句频度为 $O(n^2)$，也将 n^2 作为问题的规模，因此，该算法的时间复杂度 $T(n) = O(n^2)$。

按照时间复杂度大 O 的定义，容易证明它有如下运算规则。

（1）$O(f) + O(g) = O(\max(f, g))$。

（2）$O(f) + O(g) = O(f + g)$。

（3）$O(f) - O(g) = O(f - g)$。

（4）$O(Cf(N)) = O(f(N))$，其中 C 是一个正的常数，属于并行程序。

（5）如果 $O(g(N)) = O(f(N))$，则 $O(f) + O(g) = O(f)$。

4）算法时间复杂度举例

有的情况下，算法中基本操作重复执行的次数还随问题的输入数据集不同而不同，如下列冒泡排序的算法。

```
void bubble_sort(int a[],int n)
{
    //将 a 中整数冒泡排序重新排列成自小至大有序的整数序列
    int temp;
    for( int i=n-1,change=TRUE;i>=1&& change;--i )
    {
        //change 判断一轮检测是否有交换，有交换才继续排序
        change=FALSE;
        for(int j=0;j<i;++j)
            if(a[j]>a[j+1])
                {
```

```
                    temp=a[j];
                    a[j]=a[j+1];
                    a[j+1]=temp;
                    change=TRUE;
                }
        }
    }
```

"交换序列中相邻两个整数"为基本操作。当 a 中初始序列为自小到大有序时,基本操作的执行次数为 0;当 a 中初始序列为自大到小有序时,基本操作的执行次数为 $n(n-1)/2$。对这类算法的分析,我们一般采用的办法是讨论算法在最坏情况下的时间复杂度,即分析最坏情况以估算算法执行时间的一个上界,这样做的理由有以下三点。

(1)一个算法的最坏情况运行时间是在任何输入下运行时间的一个上界。知道了这一点,就能确保算法的运行时间不会比这一时间更长。也就是说,我们不需要对运行时间做某种复杂的猜测,并期望它不会变得更坏了。

(2)对于某些算法来说,最坏情况出现得还相当频繁。例如,在数据库中检索一条信息,当要找的信息不在数据库中时,检索算法的最坏情况就会出现。在有些检索应用中,要检索的信息常常是数据库中没有的。

(3)大致上来看,"平均情况"通常与最坏情况一样差。

如果上述冒泡排序的最坏情况为 a 中初始序列为自大到小有序,则冒泡排序在最坏情况下的时间复杂度为 $T(n)=O(n^2)$。

1.5.5　空间复杂度

算法的**空间复杂度**是程序从开始执行到完成所需的存储空间的数量,包括固定的存储空间需求和可变的存储空间需求。

(1)固定的存储空间需求:这部分主要是指那些不依赖程序输入、输出数量和大小的存储空间需求。固定空间需求包括指令存储空间(存储代码所需的存储空间),存储简单变量、固定大小的结构变量(如结构体)和常量的存储空间。

(2)可变的存储空间需求:这部分包括结构变量所需要的存储空间,这些结构变量的大小依赖所求的特定实例 I,同时还包括函数递归调用时所需的额外存储空间。程序 P 在实例 I 上所需的可变存储空间表示为 $S_p(I)$。$S_p(I)$ 通常为实例 I 某些特征的函数。通常使用的特征包括与实例 I 相关的输入和输出的数量、大小和值。例如,如果输入是一个由 n 个数组成的数组,那么 n 就能成为这样的一个实例特征。如果 n 是计算 $S_p(I)$ 时所使用的唯一的实例特征,那么就可以用 $S_p(n)$ 来表示 $S_p(I)$。

任意程序的总的存储空间需求 $S(P)$ 就可以表示为 $S(P)=c+S_p(I)$。其中,c 是一个常数,表示固定的存储空间需求。在分析程序的空间复杂度时,通常只关心可变的存储空间需求,特别是在比较几个程序的空间复杂度时,下面考察几个例子。

例 1.15　一个函数 abc(),其接受三个简单变量作为输入,返回一个简单值作为输出。根据上面给出的分类标准,该函数只有固定的存储空间需求。因此,$S_{abc}(I)=0$。

```
    float abc(float a,float b,float c)
    {
```

```
    return a+b+b*c+(a+b-c)/(a+b)+4.00;
}
```

例 1.16 假定对一个数列进行求和。尽管输出是一个简单值，但其输入包括一个数组。因此，可变的存储空间需求依赖数组的传递方式。而在 C 语言中，参数的传递方式都采用传值方式。所以，当数组作为函数的参数时，C 语言传递的是该数组第一个元素的地址，并不复制整个数组。因此，$S_{sum}(I) = 0$。

```
float sum(float list[], int n)
{
    float tempsum=0;
    int i;
    for(i=0; i<n;i++)
        tempsum+=list[i];
    return tempsum;
}
```

例 1.17 假定对一个数列求和，但是这一次的求和是递归实现的。这意味着，在每次递归调用时，编译器必须保存参数、局部变量以及返回地址。

```
float rsum(float list[], int n)
{
    if(n)
        return rsum(list,n-1)+list[n-1];
    return 0;
}
```

在这个例子中，每次递归调用所需要的存储空间是保存两个参数和返回地址所需存储空间的字节数。可以用 sizeof() 函数来得到存储每种数据类型所需要的存储空间的字节数。在一台 80386 计算机上，整数和指针需要 2 个字节的存储空间，浮点数类型需要 4 个字节。表 1.2 给出每次递归调用所需的存储空间。

如果数组有 n=MAX_SIZE 个数值，那么递归求和的函数所需总的可变存储空间是 $S_{rsum}(I)=6*\text{MAX\_SIZE}$。如果 MAX_SIZE=1000，则递归求和所需总的可变存储空间为 6*1000=6000 个字节。而其相应的迭代函数却不需要可变的存储空间。正如所看到的那样，递归函数所需的存储空间远远大于其相应的迭代函数所需的存储空间。

表 1.2 每次递归调用所需的存储空间

类型	名称	字节数
参数：float	list[]	2
参数：integer	n	2
返回地址（内部使用）		2（除非是一个远地址）
每次递归调用合计		6

1.6 数据结构的选择与评价

数据结构的核心思想是抽象与分解。通过分解可以得出数据的层次结构，再通过抽象，舍弃数据元素的具体内容，得到逻辑结构。在此基础上，考虑存储结构及其相关运算，通过编程的方法给出时空性能分析。这样就能比较出对于一个给定的客观问题不同求解方法的优与劣。通过上面的讨论，我们把问题集中归结如下。

（1）对于客观问题，怎样选定一个合适的数据结构。

（2）对于给定数据结构，怎样构造其算法实现。

初学者对于这两个问题，很难给出完整的回答，只有通过实践不断积累经验。一般来说，任何给定的客观问题，都可以有多种方法构造数据结构及一组相关操作。为了比较针对同一问题的不同数据结构实现，需考虑以下几个问题。

（1）该数据结构能否完整、准确和正确地反映出客观问题。

（2）该数据结构对应的存储结构及相关运算的实现是否简单、易懂、高效和低耗费空间。当然，时间性能和空间性能往往是矛盾的，不可能同时获得好的时间性能和空间性能。

（3）相关操作的算法实现是以存储结构为基础的，对于不同的数据结构，其算法的效率也是不同的。

考虑存储方式时，不仅与相关的操作有关，而且还与问题规模有关，还要考虑系统的环境。哪些数据存储在内存，哪些存储在外存。即使考虑了上述众多因素，对于同一个问题仍然可以有多种方法实现。因此，更深层次的问题应从软件工程的角度出发，包括设计该软件所花费的代价，开发该软件的过程实现，产品的质量等。

利用数据结构的知识进行程序设计，其基本思想就是数据的表示与数据的处理，这两种思想在软件程序设计的过程中起到了相当重要的作用。如何对给定的实际问题通过分析抽象出其合理的逻辑结构，进而选择合适的存储方式，这些都是需要深入讨论的问题，并且需要通过具体的数据结构（线性表、队列、栈、树和图）逐步体会其内涵。

习 题

一、名词解释

数据、数据项、数据元素、数据对象、数据类型、抽象数据类型、数据结构、数据的逻辑结构和存储结构、线性结构、非线性结构、算法、算法时间复杂度、算法空间复杂度。

二、单项选择题

1. 数据结构通常是研究数据的（　　）及它们之间的相互联系。
   A．存储和逻辑结构　　　　　　　B．存储和抽象
   C．理想与抽象　　　　　　　　　D．理想与逻辑
2. 数据在计算机存储器内表示时，物理地址与逻辑地址相同并且是连续的，称之为（　　）。
   A．存储结构　　B．逻辑结构　　C．顺序存储结构　　D．链式存储结构
3. 图的非线性结构是数据元素之间存在一种（　　）。
   A．一对多关系　　B．多对多关系　　C．多对一关系　　D．一对一关系
4. 非线性结构中，每个结点（　　）。

A．无直接前驱

B．只有一个直接前驱和后继

C．只有一个直接前驱和个数不受限的直接后继

D．有个数不受限的直接前驱和后继

5．除了考虑存储数据结构本身所占用的空间外，实现算法所用辅助空间的多少称为算法的（ ）。

A．时间效率　　　B．空间效率　　　C．硬件效率　　　D．软件效率

6．链式存储的存储结构所占空间（ ）。

A．分两部分，一部分存放结点值，另一部分存放表示结点间关系的指针

B．只有一部分存放结点值

C．只有一部分存放表示结点间关系的指针

D．分两部分，一部分存放结点值，另一部分存放结点所占单元数

7．设语句 x++的时间是单位时间，则语句：

```
for(i=1;i<=n; i++)
    x++;
```

的时间复杂度为（ ）。

A．$O(1)$　　　　B．$O(n)$　　　　C．$O(n^2)$　　　　D．$O(n^3)$

三、填空题

1．数据结构包括数据的_____、数据的_____和数据的_____这三方面内容。

2．数据结构按逻辑结构分为两大类，它们分别是_____和_____。

3．数据存储结构可用四种基本的存储方法表示，它们分别是_____、_____、_____和_____。

4．线性结构反映结点间的逻辑关系是_____的，非线性结构反映结点间的逻辑关系是_____的。

5．一个算法的效率可分为_____效率和_____效率。

四、简答题

1．什么是数据结构? 有关数据结构的讨论涉及哪三个方面?

2．什么是算法? 算法具有哪些特性? 试根据这些特性解释算法与程序的区别。

3．简述线性结构和非线性结构的不同点。

五、阅读分析题

设 n 为正整数，分析下列各程序段中加下划线的语句的程序步数并利用大"O"记号，将下列程序段的执行时间表示为 n 的函数。

```
(1)x=0;
   for(i=1;i<=n;i++)
      for(j=i+1;j<=n;j++)
        x++;
(3)for(int i=1; i<=n; i++)
   for(int j=1; j<=n; j++) {
     c[i][j]=0.0;
     for(int k=1; k<=n; k++)
       c[i][j]=c[i][j]+a[i][k]*b[k][j];
   }
```

```
(2)x=0;
   for(i=1;i<=n;i++)
      for(j=1;j<=n-i;j++)
        x++;
```

第2章 线 性 表

【内容提要】本章首先通过线性结构的特点来了解抽象数据类型线性表的定义与概念,然后根据顺序存储结构和链式存储结构的特征,来了解它们的插入、删除、查找等操作。

【学习要求】掌握线性表的顺序存储结构和链式存储结构的特点;区分数组、顺序表和线性表的特征与关联;熟练掌握顺序表和链式表的插入、删除和查找等基本操作;能够编制和实现顺序表和链式表基本操作的程序;掌握线性表在计算机内部与外部所起的重要作用;通过对它们各自算法的时间复杂度分析,能够综合判断和衡量一个好的算法即程序的标准。

2.1 线性表的概念、存储结构与应用

2.1.1 线性表的定义

线性表(linear_list)L 的定义: $n(n \geq 0)$ 个相同类型数据元素构成的有限序列,即 $L = (a_1, \cdots, a_{i-1}, a_i, a_{i+1}, \cdots, a_n)$。线性表是最简单且最常用的一种数据结构。其中,$n$ 是线性表的长度,并且当 $n=0$ 时,线性表 $L=()$ 称为空表。

一般将 $(a_1, \cdots, a_{i-1}, a_i, a_{i+1}, \cdots, a_n)$ 称为非空线性表。在以后章节中定义的所有的线性表都将是非空表的形式,为简单起见,称非空线性表为线性表。需要注意以下两点。

(1) $(a_1, \cdots, a_{i-1}, a_i, a_{i+1}, \cdots, a_n)$ 是有限序列,说明线性表有固定长度,即操作前表长是已知的。

(2) $(a_1, \cdots, a_{i-1}, a_i, a_{i+1}, \cdots, a_n)$ 也说明了在线性表中数据元素(数据对象)之间存在前驱和后继的关系。更确切些说,在线性表中,除了第一个数据元素 a_1 和最后一个数据元素 a_n 之外,其他数据元素有且仅有一个前驱与后继。例如,第 i 个数据元素 a_i 的前驱是 a_{i-1},后继是 a_{i+1}。可以写成有序对 $<a_{i-1}, a_i>$ 的形式,即

$$\{有序对的集合\} = \{<a_{i-1}, a_i> | 其中 \ i = 2, 3, \cdots, n\}$$

或者

$$\{有序对的集合\} = \{<a_i, a_{i+1}> | 其中 \ i = 2, 3, \cdots, n-1\}$$

2.1.2 线性表的抽象数据类型定义

1. 线性表的抽象数据类型定义的架构

```
ADT List {
    线性表的数据结构的形式化定义;
    线性表的所有基本操作;
} ADT List
```

2. 线性表的抽象数据类型的详细定义

ADT List {

数据对象： $D = \{a_i \mid a_i \in \text{Element}, i = 1,2,\cdots,n; n \geqslant 0\}$

数据关系： $R = \{< a_{i-1}, a_i > \mid a_{i-1}, a_i \in D, i = 2,3,\cdots,n\}$

基本操作：

函数操作	函数说明
InitList(&L)	操作结果：构造一个空的线性表 L
DestroyList(&L)	初始条件：线性表 L 已存在 操作结果：销毁线性表 L
ClearList(&L)	初始条件：线性表 L 已存在 操作结果：将 L 重置为空表
ListEmpty(L)	初始条件：线性表 L 已存在 操作结果：若 L 为空表，则返回 TRUE，否则返回 FALSE
ListLength(L)	初始条件：线性表 L 已存在 操作结果：返回 L 中数据元素的个数
GetElem(L, i, &e)	初始条件：线性表 L 已存在，$1 \leqslant i \leqslant \text{ListLength}(L)$ 操作结果：用 e 返回 L 中第 i 个数据元素的值
LocateElem(L,e,compare())	初始条件：线性表 L 已存在，compare()是数据元素判定函数 操作结果：返回 L 中第 1 个与 e 满足关系 compare()的数据元素的位序。若这样的数据元素不存在，则返回值为 0
PriorElem(L,cur_e,&pre_e)	初始条件：线性表 L 已存在 操作结果：若 cur_e 是 L 的数据元素，且不是第一个，则用 pre_e 返回它的前驱，否则操作失败，pre_e 无定义
NextElem(L,cur_e,&next_e)	初始条件：线性表 L 已存在 操作结果：若 cur_e 是 L 的数据元素，且不是最后一个，则用 next_e 返回它的后继，否则操作失败，next_e 无定义
ListInsert(&L,i,e)	初始条件：线性表 L 已存在，$1 \leqslant i \leqslant \text{ListLength}(L)+1$ 操作结果：在 L 中第 i 个位置之前插入新的数据元素 e，L 的长度加 1
ListDelete(&L,i,&e)	初始条件：线性表 L 已存在且非空，$1 \leqslant i \leqslant \text{ListLength}(L)$ 操作结果：删除 L 的第 i 个数据元素，并用 e 返回其值，L 的长度减 1
ListTraverse(L,Visit())	初始条件：线性表 L 已存在 操作结果：依次对 L 的每个数据元素调用函数 Visit()。一旦 Visit()失败，则操作失败

} ADT List

根据线性表的定义可知，线性表中的每个数据元素 a_i 的具体含义由具体问题而确定，它既可以是一个数字或一个符号，也可以是一页书的信息或者某学生相关信息，甚至是其他更复杂的信息。例如，英文字母表 $(A,B,C,\cdots,X,Y,Z)$ 是一个线性表，表中每个数据元素是一个英文字母。又如，一年十二个月(一月,二月,三月,…,十二月)是一个线性表，表中每个数据元素是一个月份。

例 2.1 学生自然情况如表 2.1 所示。

表 2.1 学生自然情况表

学号	姓名	数学成绩	英语成绩
001	李枫	72	78
002	王芳	86	82
003	刘平	93	90

学号	姓名	数学成绩	英语成绩
004	高山	81	83
…	…	…	…

这是一个线性表，每个数据元素由学号、姓名、数学成绩、英语成绩四个数据项组成。当然，在处理更复杂的问题时，数据元素可以由更多个数据项组成。

该线性表按照形式化定义：Student_DS=(D,R)

$D=(D_1,D_2,D_3,D_4)$

$D_1=\{学号\} = \{001,002,003,004,\cdots\}$

$D_2=\{姓名\} = \{李枫,王芳,刘平,高山,\cdots\}$

$D_3=\{数学成绩\}=\{72,86,93,81,\cdots\}$

$D_4=\{英语成绩\}=\{78,82,90,83,\cdots\}$

$R=\{<D_{i-1},D_i>|i=2,3,\cdots,n\}$ 或 $R=\{<D_i,D_{i+1}>|i=1,2,3,\cdots,n-1\}$

可以看出，虽然在不同的情况下数据元素的内容不相同，但是相互关系的结构特性却是相同的。即线性表中数据元素之间的相对位置是线性的，第一个数据元素有且仅有一个后继，无前驱，最后一个数据元素有且仅有一个前驱，无后继，而其他所有数据元素都有且仅有一个前驱和一个后继。

线性表的每个数据元素都有一个确定的位置。例如，a_1 是第一个数据元素，a_n 是最后一个数据元素，a_i 是第 i 个数据元素。其中，i 是数据元素 a_i 在线性表中的位序。

2.1.3　线性表的存储结构

线性表的存储结构分为顺序存储结构和链式存储结构。

顺序存储结构也称为顺序映像，即用一组地址连续的存储单元依次存放线性表中的数据元素，如图 2.1 所示。

图 2.1　顺序存储结构

链式存储结构也称为链式映像。某些情况下，由于问题与操作上的需要，有序对 $<a_{i-1},a_i>$ 并不按照次序存储（即 a_{i-1} 存储在 a_i 之前；a_{i+1} 存储在 a_i 之后）。解决的方法是：将 a_i 作为一个结点，并包含两个域——数据域和指针域。其中，数据域存放数据元素 a_i 本身，指针域存放 a_{i+1} 在内存的存储位置，如图 2.2 所示。

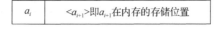

图 2.2　结点形式

链式存储结构是将 a_1 结点到 a_{n-1} 结点的指针域联接起来，指针之间就像链条，如图 2.3 所示（假设 a_i 占两个存储单元：数据域占一个存储单元，指针域占一个存储单元）。

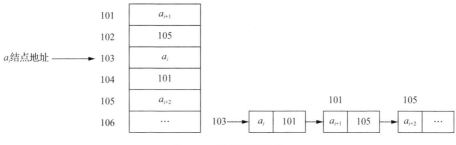

图 2.3 链式存储结构

2.1.4 线性表的应用

对上述抽象线性表，还可进行一些更复杂的操作。例如，将两个或两个以上的线性表合并成一个线性表，或者是将一个线性表拆分成两个或两个以上的线性表，抑或是重新复制一个线性表等。

例 2.2 假设集合 A 和 B 分别用线性表 La 和 Lb 表示（线性表中的数据元素即为集合中的成员），更新集合 $A=A\cup B$。

基本思路：扩大线性表 La，将存在于 Lb 中而不存在于 La 中的数据元素 e 插入线性表 La 中，如图 2.4 所示。

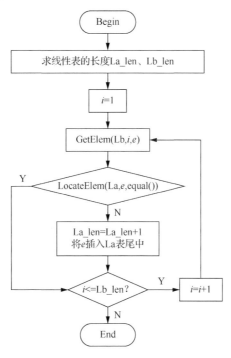

图 2.4 两个集合归并

具体算法如下。

```
void union(List &La,List Lb)
{
    //将所有在线性表 Lb 中但不在 La 中的数据元素插入 La 中
```

```
        La_len=ListLength(La);
        Lb_len=ListLength(Lb);   //求线性表的长度
        for(i=1;i<=Lb_len;i++)
        {
            GetElem(Lb,i,e);   //取 Lb 中第 i 个数据元素赋给 e
            if(!LocateElem(La,e,equal()))
                ListInsert(La,++La_len,e);
                    //La 中不存在和 e 相同的数据元素，则将 e 插入 La 中
        }
    }
```

例 2.3　已知线性表 La 和线性表 Lb 中的数据元素按值非递减有序排列，现要求将 La 和 Lb 归并为一个新的线性表 Lc，且 Lc 中的数据元素仍按值非递减有序排列。

基本思路：分别从 La 和 Lb 中取得当前元素 a_i 和 b_j，比较 a_i 和 b_j，若 $a_i \leqslant b_j$，则将 a_i 插入 Lc 中，否则将 b_j 插入 Lc 中，如图 2.5 所示。

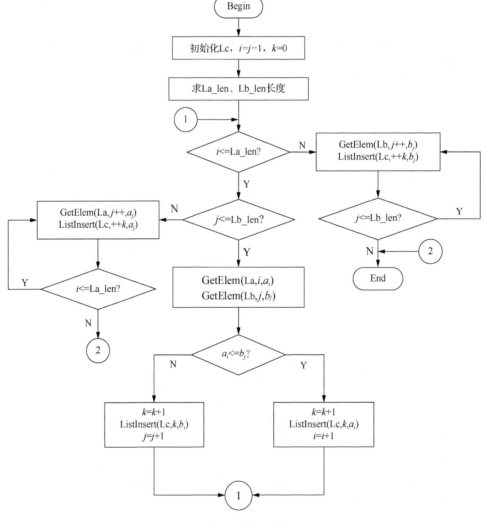

图 2.5　两个有序表归并

具体算法如下。

```
void MergeList(List La,List Lb,List &Lc)
{
    InitList(Lc);
    i=j=1;k=0;
    La_len=ListLength(La);
    Lb_len=ListLength(Lb);
    while((i<=La_len)&&(j<=Lb_len))   //两表均非空时
    {
        GetElem(La,i,ai);
        GetElem(Lb,j,bj);
        if(ai<=bj)
        {
            //ai≤bj,则将 ai 插入 Lc 中,否则将 bj 插入 Lc 中
            ListInsert(Lc,++k,ai);
            ++i;
        }
        else
        {
            ListInsert(Lc,++k,bj);
            ++j;
        }
    }
    while(i<=La_len)
    {
        //若 La 还有剩余元素
        GetElem(La,i++,ai);
        ListInsert(Lc,++k,ai);
    }
    while(j<=Lb_len)
    {
        //若 Lb 还有剩余元素
        GetElem(Lb,j++,bj);
        ListInsert(Lc,++k,bj);
    }
}
```

2.2 线性表的顺序存储结构

2.2.1 线性表的顺序存储结构定义

存储线性表最常用的方法是顺序存储,即线性表中的数据元素按其逻辑顺序依次存储在一组地址连续的存储单元中,也就是逻辑上相邻的数据元素存储在物理上相邻的存储单元中。采用顺序存储方法存储的线性表称为**顺序表**。

假设:线性表的每个数据元素需占用 L 个存储单元,第一个数据元素的存储位置是 $Loc(a_1)$

（通常称为线性表的起始地址或基地址），则线性表中第 i 个数据元素 a_i 的存储位置为 $Loc(a_i)$。数据元素的存储地址有如下关系：

$Loc(a_2)=Loc(a_1)+L$

$Loc(a_3)=Loc(a_2)+L$

……

$Loc(a_i)=Loc(a_{i-1})+L(2\leqslant i\leqslant n)$

由此可得：$Loc(a_i)=Loc(a_1)+(i-1)*L(1\leqslant i\leqslant n)$

由上述公式可知，顺序表中每个数据元素的存储地址是它在顺序表中位序 i 的线性函数。只要知道基地址和每个数据元素所占的存储单元个数，顺序表中任意元素都可以随机存取。因此，顺序表是一种随机存取的结构。

高级程序设计语言中的数组类型也具有随机存取的特性，因此通常用数组来描述数据结构中的顺序存储问题。由于线性表的长度可变，且所需最大存储空间随问题的不同而不同，则在 C 语言中可用动态分配的一维数组来存储顺序表，描述如下。

```
//----------线性表的动态分配顺序存储结构--------------------
#define LIST_INIT_SIZE 100  //线性表存储空间的初始分配量
#define LISTINCREMENT 10  //线性表存储空间的分配增量
typedef struct {
  ElemType *elem;  //存储空间基址
  int length;  //当前长度
  int listsize;  //当前分配的存储容量（以 sizeof(ElemType)为单位）
} SqList;
```

在上述定义中，数组指针 elem 指示线性表的基地址，length 指示线性表的当前长度。顺序表的初始化操作就是为顺序表分配 LIST_INIT_SIZE 大小的存储空间，并将线性表的当前长度设为"0"。listsize 指示顺序表当前分配的存储空间大小，一旦因插入元素而空间不足时，可进行再分配，为顺序表增加 LISTINCREMENT 大小的存储空间。

特别要注意的是，C 语言中数组的下标从"0"开始，因此，顺序表中第 i 个数据元素是 $L.elem[i-1]$。

2.2.2　线性表的顺序存储结构的基本操作

本节重点介绍顺序表的基本操作：初始化操作、插入操作、删除操作、查找操作。

1. 顺序表的初始化操作

初始化操作算法比较简单，核心语句是"L.length=0;"。

```
void InitList(SqList &L)
{
  //操作结果：构造一个空的顺序线性表
  L.elem=(ElemType*)malloc(LIST_INIT_SIZE*sizeof(ElemType));
  if(!L.elem)  //存储空间分配失败
     exit(OVERFLOW);
  L.length-0;  //空表长度为 0
  L.listsize=LIST_INIT_SIZE;  //初始存储容量
}
```

该算法的时间复杂度是 $O(1)$。

2．顺序表的插入操作

顺序表的插入操作是指在顺序表中第 i（$1 \leqslant i \leqslant n+1$）个位置上插入值为 x 的新数据元素，使顺序表的长度加 1。与此同时，结点 a_{i-1} 和 a_i 之间的逻辑关系也发生了变化。在顺序表中，由于逻辑上相邻的数据元素在物理位置上也是相邻的，必须将表中位序为 $i,i+1,i+2,\cdots,n$ 的数据元素依次后移到序号为 $i+1,i+2,i+3,\cdots,n+1$ 的位置上，空出第 i 个位置。注意，只有当插入位置 $i=n+1$ 时才无须移动各数据元素，即直接将 x 插入到表尾。

例 2.4 假设顺序表共有 5 个数据元素{12,18,21,32,56}，插入数据元素 24 后，该表的数据元素集合为{12,18,21,24,32,56}，如图 2.6 所示。

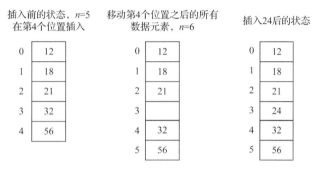

图 2.6 插入前后的状态

基本思路：①先找到顺序表的第 i 个位置；②然后将第 i 个位置后面共 $n-i+1$ 个数据元素向后移动一个位置；③在第 i 个位置插入新数据元素。如图 2.7 所示。

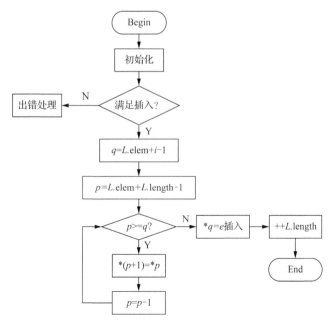

图 2.7 顺序表元素插入算法

具体算法描述如下。

```
Status ListInsert(SqList &L,int i,ElemType e)
{
    //在顺序表 L 中第 i 个位置之前插入新的数据元素 e，L 的长度加 1
    ElemType *newbase,*q,*p;
    if(i<1||i>L.length+1)  //输入的 i 不合法
        return ERROR;
    if(L.length>=L.listsize)  //当前存储空间已满,增加分配
    {
        // realloc 改变(*L).elem 所指内存的大小，原始所指内存中的数据不变
        newbase=(ElemType*)realloc(L.elem,(L.listsize+LISTINCREMENT)*
        sizeof(ElemType));
        if(!newbase)
            exit(OVERFLOW);
        L.elem=newbase;  //新基址
        L.listsize+=LISTINCREMENT;  //增加存储容量
    }
    q=L.elem+i-1;  //指定插入的位置
    for(p=L.elem+L.length-1; p>=q;--p)  //q 之后的元素右移一步，以腾出位置
        *(p+1)=*p;
    *q=e;  //插入 e
    ++L.length;  //表长增 1
    return OK;
}
```

3. 顺序表的删除操作

顺序表的删除操作是指将顺序表的第 i（$1 \leq i \leq n$）个数据元素删除，使顺序表的长度减 1。与插入操作一样，为了让逻辑上相邻的数据元素在物理位置上也相邻，必须将第 $i+1$ 至第 n 个数据元素向前移动一个位置。

例 2.5　假设顺序表共有 6 个数据元素{12,18,21,24,32,56}，如果删除数据元素 24，该表的数据元素集合为{12,18,21,32,56}，如图 2.8 所示。

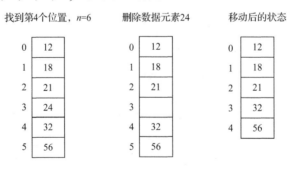

图 2.8　删除前后的状态

基本思路：①先找到顺序表的第 i 个位置；②删除第 i 个数据元素；③将第 $i+1$ 个位置连同后面共 $n-i$ 个数据元素向前移动一个位置。如图 2.9 所示。

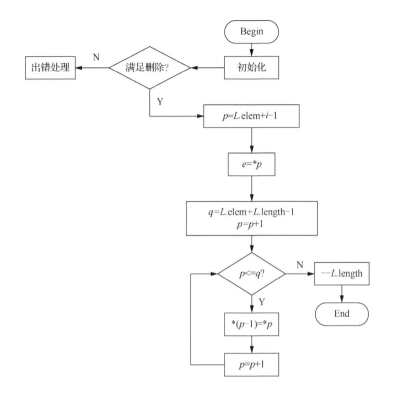

图 2.9　顺序表删除算法

具体算法如下。

```
Status ListDelete(SqList &L,int i,ElemType &e)
{
   //删除 L 的第 i 个数据元素，并用 e 返回其值，L 的长度减 1
   ElemType *p,*q;
   if(i<1||i>L.length)  //i 值不合法
      return 0;
   p=L.elem+i-1;  //p 为被删除元素的位置
   e=*p;  //被删除元素的值赋给 e
   q=L.elem+L.length-1;  //表尾元素的位置
   for(++p;p<=q;++p)
      *(p-1)=*p;  //删除元素之后的元素左移
   --L.length;  //表长减 1
   return OK;
}
```

从例 2.4、例 2.5 可知，在顺序表中某个位置上插入或删除一个数据元素时，其时间主要耗费在移动元素上（换句话说，移动元素的操作为预估算法时间复杂度的基本操作），而移动元素的个数取决于插入或删除元素的位置。

对插入操作而言，当 $i=n+1$ 时，不需要移动结点，而当 $i=1$ 时则需要移动 n 个结点。因此，在最好的情况下算法时间复杂度为 $O(1)$，最坏的情况下时间复杂度为 $O(n)$。由于插入的位置是随机的，需要分析执行插入操作时移动数据元素的平均次数。

假设在第 i 个元素之前插入的概率为 p_i，则在长度为 n 的顺序表中插入一个元素所需移动元素次数的期望值（平均次数）为

$$E_{\text{is}} = \sum_{i=1}^{n+1} p_i(n-i+1) \tag{2.1}$$

若假定在顺序表中任何一个位置上进行插入的概率都是相等的，则移动元素的期望值（平均次数）为

$$E_{\text{is}} = \frac{1}{n+1} \sum_{i=1}^{n+1}(n-i+1) = \frac{n}{2} \tag{2.2}$$

也就是说，在顺序表上进行插入操作平均要移动表中一半元素，当 n 较大时，算法的效率是比较低的。但就数量级而言，其时间复杂度为 $O(n)$。

删除操作的时间复杂度与插入操作类似，在最好的情况下时间复杂度是 $O(1)$，最坏的情况下时间复杂度是 $O(n)$。删除的位置也是随机的，因此，也需要分析执行删除操作时移动数据元素的平均次数。

假设删除第 i 个元素的概率为 q_i，则在长度为 n 的顺序表中删除一个元素所需移动元素次数的期望值（平均次数）为

$$E_{\text{dl}} = \frac{1}{n} \sum_{i=1}^{n}(n-i) \tag{2.3}$$

若假定在顺序表中任何一个位置上进行删除的概率都是相等的，则移动元素的期望值（平均次数）为

$$E_{\text{dl}} = \frac{1}{n} \sum_{i=1}^{n}(n-i) = \frac{n-1}{2} \tag{2.4}$$

即在顺序表上进行删除操作平均要移动表中约一半元素，其时间复杂度也是 $O(n)$。

4. 顺序表的查找操作

顺序表的查找操作是指在顺序表 L 中查找是否存在和 e（要查找的数据元素）相同的数据元素，最简单方法是令 e 和 L 中的数据元素逐个比较，如图 2.10 所示。

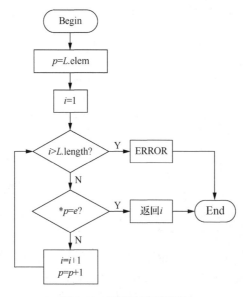

图 2.10　顺序表查找操作

具体算法如下。

```
Status LocateElem(SqList L,ElemType e, Status(*compare)(ElemType,
ElemType))
{
    /*返回L中第1个与e满足关系compare()的数据元素的位序,
    若这样的数据元素不存在,则返回值为0*/
    ElemType *p;
    int i=1;  //i的初值为第1个元素的位序
    p=L.elem;  //p的初值为第1个元素的存储位置即地址
    while(i<=L.length&&!compare(*p++,e))  //循环比较,直到找到符合关系的元素
        ++i;
    if(i<=L.length)
        return i;
    else
        return ERROR;
}
```

从上述算法可见,基本操作是"进行两个元素之间的比较"。若 L 中存在和 e 相同的元素 a_i,则比较次数为 i($1 \leqslant i \leqslant L.length$),否则为 $L.length$,即算法的时间复杂度为 $O(L.length)$。

2.3 线性表的链式存储结构

2.3.1 线性表的链式存储结构定义

2.2 节讨论了线性表的顺序存储结构,它的特点是逻辑上相邻的数据元素在物理位置上也相邻。但是,顺序表的插入与删除操作都需要移动大量的数据元素,效率比较低,同时顺序表需要占用连续的存储空间,存储分配只能预先进行(静态分配),如果插入操作超出了预先分配的存储空间,临时扩充空间是非常困难的。

用链式方式存储的线性表可以克服上述不足,它适用于插入和删除操作频繁、存储空间大小很难预先确定的线性表。通常将用链式方式存储的线性表称为**链表**。链式存储是较常用的存储方法之一,不仅可以用来存储线性表,还可以用来存储各种非线性的数据结构。

用链式方式存储的线性表是将其结点存储在任意一组存储单元中,这组存储单元既可以是连续的,也可以是不连续的,甚至可以是零散分布的一些存储单元。因此,链表中结点的逻辑次序和物理次序一般是不相同的,为了表示结点之间的逻辑关系,除了存储每个结点的值,还必须存储其直接后继的存储地址,我们称其为**指针**。

在链表中分配给每个结点的存储单元分为两部分:一部分存放结点的值,称为**数据域**;另一部分存放指向其直接后继的指针,称为**指针域**。最后一个结点没有后继,它的指针域值为 NULL。由于上述链表的每个结点只有一个指针域,故称这种链表为**单链表**,如图 2.11(a)所示。

```
//----------单链表结点的存储结构----------
typedef struct LNode {
    ElemType data; //数据域
    struct LNode *next; //指针域
}LNode, *LinkList;
```

假设 L 是 LinkList 型的变量，则 L 为单链表的头指针，它指向表中第一个结点。若 L 为 "空"（L=NULL），则所表示的线性表为 "空" 表，如图 2.11（b）所示。

首元结点是指单链表中存储线性表中第一个数据元素的结点。为了操作方便，有时在单链表的首元结点之前附设一个结点，称之为**头结点**，如图 2.11（c）所示。头结点的数据域可以不存储任何信息，也可存储诸如线性表的长度等附加信息，头结点的指针域存储指向第一个结点的指针（即第一个元素结点的存储位置）。此时，单链表的头指针指向头结点。若线性表为空表，则头结点的指针域为 "空"，如图 2.11（d）所示。

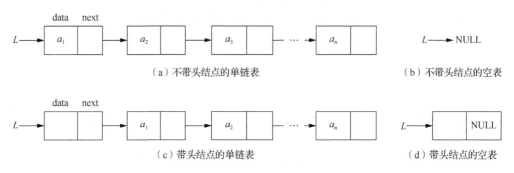

图 2.11 单链表的逻辑结构

单链表操作与顺序表操作的实现方法是不同的。在单链表中不能根据位序 i 直接求出第 i 个结点的地址，而需要从头指针 L 所指的结点开始沿着 next 指针，一个结点一个结点往下查找，直到查找到第 i 个结点为止。因此，单链表是非随机存取的存储结构。

2.3.2 线性表的链式存储结构的基本操作

本节重点介绍链表的基本操作：①查找结点操作；②插入、删除结点操作；③逆位序输入 n 个结点的值，建立带头结点的单链表；④将一个带头结点的单链表 A 分解成两个链表 A、B，使 A 表中存放值为奇数的结点，B 表中存放值为偶数的结点。

1. 链表的查找操作

基本思路：从第一个结点开始顺着链往后查找，用指针 p 指向当前结点。开始时 p 指向第一个结点，算法结束时，p 指向找到的结点。

例 2.6 函数 GetElem() 在单链表中的实现，如图 2.12 所示。

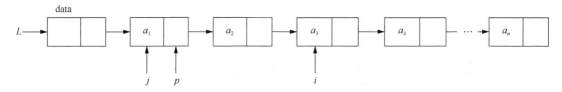

图 2.12 单链表 GetElem 算法示意图

```
Status GetElem(LinkList L,int i,ElemType &e)
{
    /*L 为不设头结点的单链表的头指针。当第 i 个元素存在时，其值赋给 e 并返回
    OK，否则返回 ERROR*/
    int j=1;  //j 为计数器，初值为 1
    LinkList p=L;  //p 指向第 1 个结点
    if(i<1)  //i 值不合法
        return ERROR;
    while(j<i&&p)  //未找到第 i 个元素，也未到表尾
    {
        j++;  //计数器+1
        p=p->next;  //p 指向下一个结点
    }
    if(j==i&&p)  //存在第 i 个元素
    {
        e=p->data;
        return OK;
    }
    return ERROR;
}
```

算法结束时，若 p!=NULL，其值即为单链表的第 i 个结点的地址，若 p=NULL，则单链表中不存在第 i 个结点，即 i 值不合理。在等概率的假设下，查找单链表的时间复杂度为

$$\frac{1}{n}\sum_{i=1}^{n}(i-1) = (n-1)/2 = O(n) \tag{2.5}$$

2. 链表的插入和删除操作

例 2.7 在单链表的两个结点 a 和 b 之间插入一个新结点 x，如图 2.13 所示。

基本思路：在单链表中，因为结点间的关系不是通过存储单元的邻接关系来表示的，而是通过指针域的值来表示的，在插入过程中要为新结点分配存储单元。

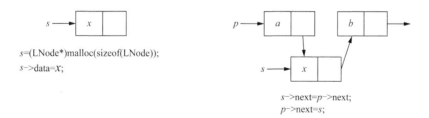

图 2.13 单链表插入算法示意图

新结点的插入位置不同，处理的方法也不同。当 i=0 时，新结点成为单链表的第一个结点，因此要修改头指针使其指向新结点。在其他位置插入，则无须修改头指针。另外，在修改相关结点的指针域时，要注意其次序，必须先修改新结点的指针域的值，然后再修改其前驱结点的指针域，否则新结点的后继结点的地址将被破坏。下面给出具体的算法。

```
Status ListInsert(LinkList &L,int i,ElemType e)
{
    //在不设头结点单链表 L 中第 i 个位置之前插入元素 e
    int j=1;  //计数器初值为 1
    LinkList p=L,s;  //p 指向第 1 个结点
    if(i<1)  //i 值不合法
        return ERROR;
    s=(LinkList)malloc(sizeof(struct LNode));  //生成新结点
    s->data=e;  //插入 L 中
    if(i==1)  //插在表头
    {
        s->next=L;
        L=s;
    }
    else
    {
        //插在表的其余处
        while(p&&j<i-1)
        {
            j++;  //计数器+1
            p=p->next;  //p 指向下一个结点
        }
        if(!p)  //i 大于表长+1
            return ERROR;  //插入失败
        s->next=p->next;  //新结点指向原第 i 个结点
        p->next=s;  //原第 i-1 个结点指向新结点
    }
    return OK;  //插入成功
}
```

例 2.8 在单链表的两个结点 a 和 c 之间删除一个结点 b，如图 2.14 所示。

基本思路：同插入操作一样，删除结点时必须先找到要删除的结点，然后修改相关结点的指针域的值，并释放被删结点所占用的存储单元。

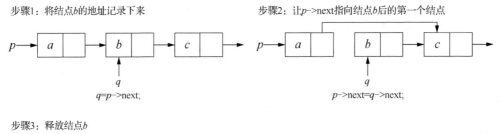

图 2.14　单链表删除算法示意图

为了删除第 i 个结点必须先找到第 $i-1$ 个结点，然后修改其指针域的值使其指向第 $i+1$ 个结点并释放第 i 个结点所占用的存储单元。另外，删除第一个结点和删除其他结点的处理方法是不同的。下面给出具体的算法。

```
Status ListDelete(LinkList &L,int i,ElemType &e)
{
    //在不设头结点的单链表 L 中，删除第 i 个元素,并由 e 返回其值
    int j=1;  //计数器初值为 1
    LinkList p=L,q;  //p 指向第 1 个结点
    if(!L)  //表 L 为空
        return ERROR;  //删除失败
    else if(i==1)  //删除第 1 个结点
    {
        L=p->next;  //L 由第 2 个结点开始
        e=p->data;  //将待删结点的值赋给 e
        free(p);
    }
    else
    {
        while(p->next&&j<i-1)
        {
            j++;  //计数器+1
            p=p->next;  //p 指向下一个结点
        }
        if(!p->next||j>i-1)  //删除位置不合理
            return ERROR;  //删除失败
        q=p->next;  //q 指向待删除结点
        p->next=q->next;  //待删结点的前驱指向待删结点的后继
        e=q->data;  //将待删结点的值赋给 e
        free(q);  //释放待删结点
    }
    return OK;  //删除成功
}
```

对于例 2.7、例 2.8，如果同样用语句的执行次数来计算时间复杂度，假设表长为 n，则链表的插入和删除算法的时间复杂度都是 $O(n)$。这是因为，在第 i 个结点之前插入一个新结点或删除第 i 个结点，都必须首先找到第 $i-1$ 个结点，即需修改指针的结点。回顾 2.2 节的内容，顺序表的插入删除操作的时间复杂度也是 $O(n)$，看起来好像与链表的情况一样。仔细分析，对于链表，其时间主要耗费在定位插入删除点上，而对于顺序表，其时间主要耗费在移动元素上。虽然这两种操作的执行次数都与表长线性相关，但是移动元素的开销明显要大于定位插入删除点的开销。

在插入操作和删除操作中，对于第一个结点要做特殊处理，这样会使算法变得复杂。为了解决这个问题，可以使用带头结点的单链表。在带头结点的单链表中，称表中第一个结点为**表首结点**。增加了头结点后，对单链表的插入、删除操作就变得简单了，这是因为：

（1）由于表首结点的地址被存储在头结点的指针域中，所以，在单链表的表首结点位置上的操作就和其他位置上的操作一致，无须进行特殊处理。

（2）无论单链表是否为空，其头指针是指向表首结点的非空指针（空表中头结点的指针域为空）。因此，空表和非空表的处理也就统一了。

引入头结点后，单链表的插入、删除算法如下。

```
Status ListInsert(LinkList L,int i,ElemType e)
{
    //在带头结点的单链表 L 中第 i 个位置之前插入元素 e
    int j=0;  //计数器初值为 0
    LinkList p=L,s;  //p 指向头结点
    while(p&&j<i-1)  //寻找第 i-1 个结点
    {
        p=p->next;  //p 指向下一个结点
        j++;  //计数器+1
    }
    if(!p||j>i-1)  // i 小于 1 或者大于表长
        return ERROR;
    s=(LinkList)malloc(sizeof(struct LNode));  //生成新结点,以下将其插入 L 中
    s->data=e;  //将 e 赋给新结点
    s->next=p->next;  //新结点指向原第 i 个结点
    p->next=s;  //原第 i-1 个结点指向新结点
    return OK;  //插入成功
}
Status ListDelete(LinkList L,int i,ElemType &e)
{
    //在带头结点的单链表 L 中，删除第 i 个元素，并由 e 返回其值
    int j=0;  //计数器初值为 0
    LinkList p=L,q;  //p 指向头结点
    while(p->next&&j<i-1)  //寻找第 i 个结点,并令 p 指向其前驱
    {
        p=p->next;  //p 指向下一个结点
        j++;  //计数器+1
    }
    if(!p->next||j>i-1)  //删除位置不合理
        return ERROR;
    q=p->next;  //q 指向待删除结点
    p->next=q->next;  //待删结点的前驱指向待删结点的后继
    e=q->data;  //将待删结点的值赋给 e
    free(q);  //释放待删结点
    return OK;  //删除成功
}
```

3. 建立单链表

单链表和顺序表不同，它是一种动态结构。整个连续的可用存储空间可被多个链表共用，每个链表占用的空间不需预先分配划定，而是由系统按需求即时生成。因此，建立链表是一个动态的过程，即从"空表"的初始状态起，依次建立各结点，并逐个插入链表。

例 2.9　逆位序输入 n 个结点的值，建立带头结点的单链表。

建立带头结点的单链表的操作步骤如下。

（1）建立一个"空表"。

（2）输入数据元素 a_n，建立结点并插入。

（3）输入数据元素 a_{n-1}，建立结点并插入。

（4）以此类推，直至输入 a_1 为止。

下面给出具体算法。

```
void CreateList(LinkList &L,int n)
{
    //逆位序（插在表头）输入 n 个元素的值，建立带表头结构的单链表 L
    int i;
    LinkList p;
    //先建立一个带头结点的空单链表，相当于初始化单链表
    L=(LinkList)malloc(sizeof(struct LNode));
    L->next=NULL;
    printf("请输入%d 个数据\n",n);
    for(i=n; i>0;--i)
    {
        p=(LinkList)malloc(sizeof(struct LNode));  //生成新结点
        scanf("%d",&p->data);  //输入元素值
        p->next=L->next;  //插入到表头
        L->next=p;
    }
}
```

以上算法存在如下问题。

（1）单链表的表长是一个隐含值。

（2）在单链表的最后一个元素插入时，因以上算法逆位序插入，不需遍历整个链表。

（3）在链表中，元素的"位序"概念淡化，结点的"位置"概念强化。

改进的方法如下。

（1）增加"表长""表尾指针"和"当前位置的指针"三个数据域。

（2）基本操作由位序改为指针（使得其操作的时间复杂度尽量降低）。

例 2.10 写出将单链表逆置的算法。即令单链表的第一个结点变为最后一个结点，第二个结点变为倒数第二个结点……最后一个结点变为第一个结点。

基本思路：设给定的为带头结点的单链表 L，另设一个空的带头结点的单链表 new。总是从 L 中删除第一个结点，插入到 new 的头结点后面，直到 L 为空。这样，刚好 new 的表结点序列同原表结点序列相反。

具体算法如下。

```
void reverse(LinkList L,LinkList &newhead)
{
    while(L->next!=NULL)
    {
        LinkList p=L->next;
        L->next=p->next;
```

```
                p->next=newhead->next;
                newhead->next=p;
            }
        }
```

4．单链表的分解

例 2.11　将一个带头结点的单链表 A 分解成两个表 A、B，使 A 表中存放值为奇数的结点，B 表中存放值为偶数的结点。

首先确定该例子的基本思路如下。

（1）从 A 表中分离出值为偶数的结点，插入到 B 表的表尾。

（2）为了使算法简单，B 表也是带头结点的单链表。

（3）为了从 A 表中分离出结点，需有指向该结点的前驱的指针。

（4）必须有指向 B 表表尾的指针，以便插入。

（5）整个算法首先是对单链表 A 进行遍历，其中对值为偶数的结点进行处理。

然后根据基本思路，提出如下解决问题的核心步骤。

（1）初始化：申请 B 的表头，设置 A 的起始点或者起始指针，设置表 B 的尾指针。

（2）遍历表 A，遇值为偶数的结点，进行删除操作。

（3）将删除的结点插入到 B 表的表尾。

最后给出具体算法如下。

```
    void diseven(LinkList A,LinkList &B)
    {
        B=(LinkList)malloc(sizeof(struct LNode));
        LinkList r=B,p=A,q;
        while(p->next!=NULL)
        {
            q=p->next;
            if(q->data%2!=0)
                p=p->next;
            else
            {
                //值为偶数的结点从 A 表删除，插入到 B 表的表尾
                p->next=q->next;
                r->next=q;
                r=q;
            }
        }
        r->next=NULL;
    }
```

2.3.3　循环链表、双向链表的存储结构与操作

1．循环链表

循环链表是一种头尾相接的链表。其特点是无须增加存储量，仅对表的链接方式稍作改变，即可使得表处理更加方便灵活。

将终端结点的指针域 NULL 改为指向第一个结点，就得到了单链形式的循环链表，简称为**单循环链表**，如图 2.15 所示。

单循环链表=单链表+尾指针变化

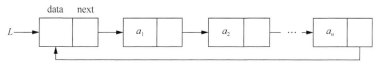

图 2.15 单循环链表

在图 2.15 所示的单循环链表中，找第一个结点很容易，其地址就存在头结点的指针域中，但是若要找最后一个结点，则要顺着链一个一个结点地往后查，很不方便。如果改用尾指针 rear 来代替头指针，rear 指向最后一个结点，则找表的第一个结点和最后一个结点都很方便。实际的算法中很多采用尾指针表示单循环链表，仅设尾指针 rear 的单循环链表如图 2.16 所示。

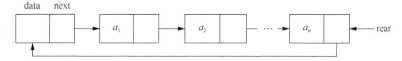

图 2.16 仅设尾指针 rear 的单循环链表

单循环链表与单链表的差别是：单链表最后结点的指针域为空；单循环链表最后结点的指针域不为空，而是指向"头结点"。

例 2.12 将两个单循环链表 ra 和 rb 链接成一个单循环链表，如图 2.17 所示。

基本思路：为了将两个链表链接成一个链表，只需将第二个链表的第一个结点链在第一个链表的最后一个结点的后面，为此需先找到第一个链表的最后一个结点，这在尾指针表示的单循环链表上很容易做到，而第二个链表的第一个结点也很容易找到。

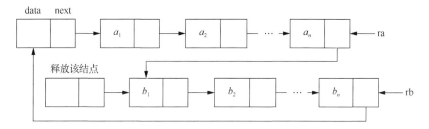

图 2.17 两个带头结点的单循环链表的链接过程

以上讨论的链式存储结构的结点中只有一个指向直接后继的指针域，由此，从某个结点出发只能顺指针往后寻查其他结点。若要寻查结点的直接前驱，则需要从表头指针出发。换句话说，在单链表中，NextElem 的执行时间为 $O(1)$，而 PriorElem 的执行时间为 $O(n)$。为了克服这种单向性的缺点，可以使用**双向链表**。

2. 双向循环链表的存储结构

顾名思义，在双向链表的结点中有两个指针域，其一指向直接后继，另一指向直接前驱，在 C 语言中可描述如下。

```
//--------------------线性表的双向链表存储结构--------------------
typedef struct DuLNode {
```

```
        ElemType data;  //数据域
        struct DuLNode *prior;  //前驱指针域
        struct DuLNode *next;  //后继指针域
    } DuLNode, *DuLinkList;
```

与单链的循环表类似，双向链表也可有循环表，如图 2.18 所示，链表中存有两个环。在双向链表中，若 d 为指向表中某一个结点的指针（即 d 为 DuLinkList 型变量），则显然有

$$d\text{->next->prior}=d\text{->prior->next}=d$$

这个表达式恰当地反映了这种结构的特性。

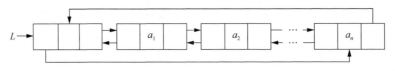

图 2.18 双向循环链表

3. 双向循环链表的操作

在双向循环链表中，有些操作如 ListLength、GetElem 和 LocateElem 等仅涉及一个方向的指针，则它们的算法描述和线性表的操作相同，但在插入、删除时有很大的不同，在双向循环链表中需同时修改两个方向上的指针。

图 2.19 和图 2.20 分别显示了插入和删除结点时指针修改的情况，具体算法在下面给出，两者的时间复杂度均为 $O(n)$。

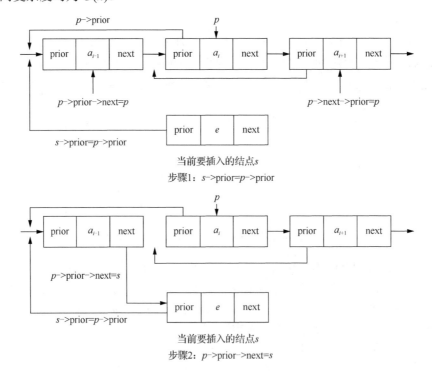

当前要插入的结点 s

步骤1: $s\text{->prior}=p\text{->prior}$

当前要插入的结点 s

步骤2: $p\text{->prior->next}=s$

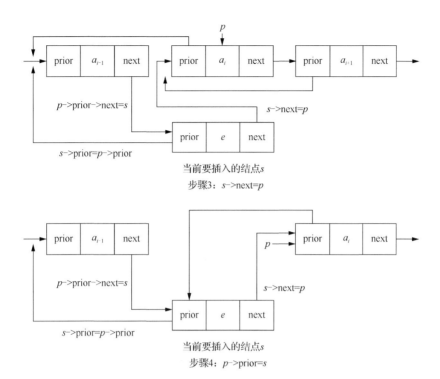

图 2.19 双向循环链表插入算法（四个步骤）示意图

在双向循环链表 p 结点前，插入一个 s 结点操作共需四个步骤，除了以上的基本操作外，其他操作与单循环链表相同。具体算法如下。

```
Status ListInsert(DuLinkList L,int i,ElemType e)
{
    /*在带头结点的双向循环链表L中第i个位置之前插入元素e，i的合法值为
    1≤i≤表长+1*/
    DuLinkList p,s;
    if(i<1||i>ListLength(L)+1)  //i值不合法
        return ERROR;
    p=GetElemP(L,i); //在L中确定第i个元素的位置指针p
    if(!p)  //p=NULL，即第i个元素不存在
        return ERROR;
    s=(DuLinkList)malloc(sizeof(DuLNode));
    if(!s)
        return ERROR;
    s->data=e;  //在第i-1个元素之后插入
    s->prior=p->prior;
    p->prior->next=s;
    s->next=p;
    p->prior=s;
    return OK;
}
```

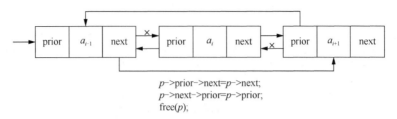

p->prior->next=p->next;
p->next->prior=p->prior;
free(p);

图 2.20　双向循环链表删除算法示意图

具体算法如下。

```
Status ListDelete(DuLinkList L,int i,ElemType &e)
{
    //删除带头结点的双向循环链表 L 的第 i 个元素，i 的合法值为 1≤i≤表长
    DuLinkList p,s;
    if(i<1||i>ListLength(L))  //i 值不合法
        return ERROR;
    p=GetElemP(L,i-1);  //在 L 中确定第 i-1 个元素的位置指针 p
    if(!p)  //p=NULL,即第 i-1 个元素不存在
        return ERROR;
    e=p->data;
    p->prior->next=p->next;
    p->next->prior=p->prior;
    free(p);
    return OK;
}
```

4. 双向循环链表的应用例子

例 2.13　设计一个算法，判断双向循环链表是否对称。

算法的基本思想如下。

判断 $a_1 = a_n, a_2 = a_{n-1}, \cdots$ 即可，若全都成立，则满足对称性。可从 a_1 和 a_n 向中间同步推进，在推进的过程中比较其相对应两结点的值。因此，可用两个指针变量 p 和 q 分别指向两个待比较的结点。

（1）当 p 指向结点的值≠q 指向结点的值，说明不对称，返回 ERROR，否则进入步骤（2）。

（2）当 p 指向结点的值=q 指向结点的值：若 $p=q$ 或 p 与 q 相邻，则比较完毕，链表对称，返回 OK；若 $p≠q$ 并且不相邻，重复步骤（1）。

```
Status sym(DuLinkList L)
{
    DuLinkList p=L->next;
    DuLinkList q=L->prior;
    while(p->data==q->data)
    {
        if(p==q||p->next==q)
            return OK;  //p=q 或 p 与 q 相邻
        else
        {
            p=p->next;
            q=q->prior;
```

```
            }
        }
        //p 指向结点的值≠q 指向结点的值
        return ERROR;
    }
```

算法中，当表元素为奇数时，$p=q$ 成立；当表元素为偶数时，$p\text{->}prior=q$ 成立。试问：表中只有一个结点或没有结点时，算法还成立吗？可以分别对结点个数为奇数、偶数的对称和非对称情况，空表和非空表情况进行手工模拟，以理解本算法。读者在自行设计算法时，也要根据题目的不同情况，进行手工模拟执行，这是深刻理解数据结构的最好途径。

2.4 顺序表与链表的比较

线性表可以采用顺序方法和链式方法存储，它们所占用的空间和定义在其上运算的实现都有些不同，在实际应用中究竟选哪一种存储方法要根据具体问题的要求和性质来决定，主要从空间和时间两方面加以考虑。

1. 基于空间的考虑

在考虑空间性能时，我们用到存储密度这个概念。存储密度 D 定义为

$$D = \frac{\text{数据所占的存储量}}{\text{数据和指针所占的存储总量}} \qquad (2.6)$$

采用顺序方法存储线性表时，数据之间的逻辑关系是通过其物理位置的邻接来体现的，所以只需存储数据本身，其存储密度 $D=100\%$。因此，这种存储方式比较节约存储空间，但是顺序存储所需的存储空间是静态分配的，在程序执行之前必须明确规定它的存储规模。若线性表的长度 N 变化比较大，则存储规模难以预先确定。估计过大将造成空间浪费，估计太小又将使空间溢出机会增多，使程序无法运行。

采用链表方式存储线性表时，除了存储结点数据外，还要增加指针的存储，以便体现数据之间的逻辑关系，显然存储密度 $D<1$。例如，若单链表的结点数据均为整数，指针所占的空间和数据量相同，则单链表的存储密度 $D=50\%$。因此，若不考虑顺序表的备用结点空间，则顺序表的空间存储利用率为 100%，而单链表的存储空间利用率仅为 50%。由此可见，当线性表的长度变化不大、易于预先确定其大小时，为了节省存储空间，宜采用顺序的方法存储线性表，否则宜采用链表的方法存储线性表。链表的存储空间是动态分配的，只要内存空间尚有余量，就不会产生溢出，可以确保程序顺利运行。

2. 基于时间的考虑

顺序表是由向量实现的，它是一种随机存取结构，对表中任一结点都可在 $O(1)$ 的时间内快速地存取，而链表中的结点需从指针开始顺链扫描才能取得，花费时间为 $O(n)$。因此，若线性表的操作主要是进行查找，很少做插入和删除操作时，采用顺序存储方法为宜。在链表中的任何位置进行插入和删除，只需修改相关结点的指针域。而在顺序表上进行插入和删除，平均要移动表中约一半的数据元素，尤其是当线性表的长度很大，每个结点的信息量也很大时，移动结点的时间开销是相当可观的。因此，对于频繁进行插入和删除的线性表采用链表的存储方法为宜，若表的插入和删除主要发生在表的首尾端，则宜采用尾指针表示的单循环链表。

在实际应用中，往往要综合应用链表与顺序表，以便在节约空间的同时，又能保证时间性能。1000 个元素分 10 个结点存储，每个结点存 100 个元素。每个结点留出一些空间位置，

供插入与删除结点用。每个结点的元素按顺序表存储，结点之间互相链接，呈单链表结构，如图 2.21 所示。

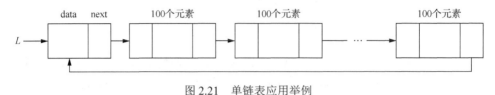

图 2.21　单链表应用举例

2.5　线性表的应用举例

2.5.1　一元多项式的线性表的顺序存储结构及特点

在数学上，一个一元多项式 $P_n(x)$ 可按升幂写成

$$P_n(x) = p_0 + p_1x + p_2x^2 + \cdots + p_nx^n \tag{2.7}$$

它由 $n+1$ 个系数唯一确定。因此，在计算机里，它可用一个线性表 P 来表示：

$$P = (p_0, p_1, p_2, \cdots, p_n) \tag{2.8}$$

每一项的指数 i 隐含在其系数 p_i 的序号里。

假设 $Q_m(x)$ 是一元 m 次多项式，同样可用线性表 Q 来表示：

$$Q = (q_0, q_1, q_2, \cdots, q_m) \tag{2.9}$$

不失一般性，设 $m<n$，则两个多项式相加的结果 $R_n(x)=P_n(x)+Q_m(x)$ 可用线性表 R 表示：

$$R = (p_0 + q_0, p_1 + q_1, p_2 + q_2, \cdots, p_m + q_m, p_{m+1}, \cdots, p_n) \tag{2.10}$$

显然，我们可以对 P、Q 和 R 采用顺序存储结构，使得多项式相加的算法定义十分简洁。至此，一元多项式的表示及相加问题似乎已经解决了。然而，在通常的应用中，多项式的次数可能很高且变化很大，使得顺序存储结构的最大长度很难确定。特别是在处理形如

$$S(x) = 1 + 3x^{10000} + 2x^{20000}$$

的多项式时，就要用一个长度为 20001 的线性表来表示，表中仅有三个非零元素，这种对内存空间的浪费是应当避免的，但是如果只存储非零系数项则显然必须同时存储相应的指数。

2.5.2　一元多项式的线性表的链式存储结构

一般情况下的一元 n 次多项式可写成

$$P_n(x) = p_1x^{e_1} + p_2x^{e_2} + \cdots + p_mx^{e_m} \tag{2.11}$$

式中，p_i 是指数为 e_i 的项的非零系数，且满足

$$0 \leqslant e_1 \leqslant e_2 \leqslant \cdots \leqslant e_i \leqslant \cdots \leqslant e_m = n \tag{2.12}$$

若用一个长度为 m 且每个元素有两个数据项（系数项和指数项）的线性表：

$$((p_1, e_1), (p_2, e_2), \cdots, (p_m, e_m)) \tag{2.13}$$

便可唯一确定多项式 $P_n(x)$。在最坏情况下，$n+1(=m)$ 个系数都不为零，则比只存储每项系数的方案要多存储一倍的数据。但是，对于 $S(x)$ 类的多项式，这种表示将大大节省空间。

对应于线性表的两种存储结构，一元多项式也可以有两种存储表示方法。在实际的应用程序中取用哪一种，则要视多项式做何种运算而定。若只对多项式进行"求值"等不改变多

项式的系数和指数的运算，则采用类似于顺序表的顺序存储结构即可，否则应采用链式存储表示。本节将主要讨论如何利用线性表的基本操作来实现一元多项式的运算。

1. 一元多项式的线性表的链式存储结构的抽象数据类型定义

抽象数据类型一元多项式的定义如下。

ADT Polynomial {

数据对象：$D = \{a_i \mid a_i \in \text{TermSet}, i = 1, 2, \cdots, m; m \geq 0\}$

　　　　　TermSet 中的每个元素包含一个表示系数的实数和表示指数的整数

数据关系：$R = \{< a_{i-1}, a_i > \mid a_{i-1}, a_i \in D$ 且 a_{i-1} 中的指数值 $< a_i$ 中的指数值, $i = 2, \cdots, n\}$

基本操作：

函数操作	函数说明
CreatePolyn(&P,m)	操作结果：输入 m 项的系数和指数，建立一元多项式 P
DestroyPolyn(&P)	初始条件：一元多项式 P 已存在 操作结果：销毁一元多项式 P
PrintPolyn(P)	初始条件：一元多项式 P 已存在 操作结果：打印输出一元多项式 P
PolynLength(P)	初始条件：一元多项式 P 已存在 操作结果：返回一元多项式 P 中的项数
AddPolyn(&Pa,&Pb)	初始条件：一元多项式 Pa 和 Pb 已存在 操作结果：完成多项式相加运算，并销毁一元多项式 Pb
SubtractPolyn(&Pa,&Pb)	初始条件：一元多项式 Pa 和 Pb 已存在 操作结果：完成多项式相减运算，并销毁一元多项式 Pb
MultiplyPolyn(&Pa,&Pb)	初始条件：一元多项式 Pa 和 Pb 已存在 操作结果：完成多项式相乘运算，并销毁一元多项式 Pb

}ADT Polynomial

2. 多项式的单链表存储结构的结点定义

多项式的单链表存储结构的结点定义，如图 2.22 所示。

图 2.22　多项式的单链表存储结构的结点定义

3. 多项式的单链表存储结构

```
//----------------------多项式的单链表存储结构----------------------
typedef struct poly-node *poly-pointer;
typedef struct poly-node {
    float coef;  //系数
    int expon; // 指数
    poly-pointer link;
};
```

4. 多项式的单链表存储结构的例子

例 2.14　$a = 3x^{14} + 2x^8 + 1$ 和 $b = 8x^{14} - 3x^{10} + 10x^6$ 的存储表示如图 2.23 所示。

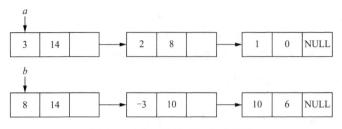

图 2.23　两个多项式的存储表示

例 2.15　如图 2.24 所示，对例 2.14 中的两个一元多项式进行相加。

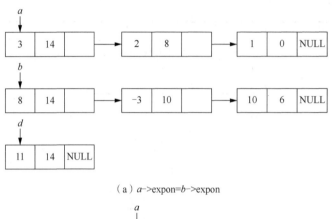

（a）*a*–>expon=*b*–>expon

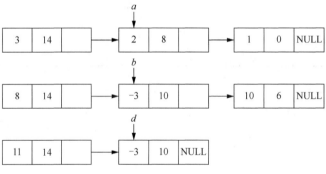

（b）*a*–>expon<*b*–>expon

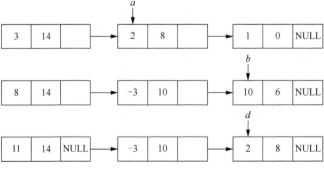

（c）*a*–>expon>*b*–>expon

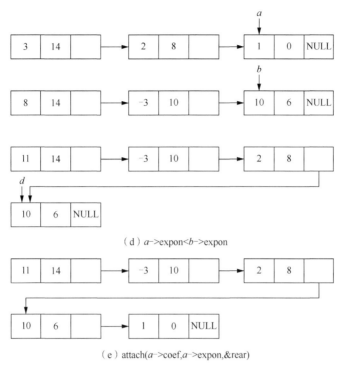

（d）a->expon<b->expon

（e）attach(a->coef,a->expon,&rear)

图 2.24　两个一元多项式相加

为了将两个多项式相加，从 a 和 b 所指向的结点开始比较两个多项式的各个项。如果这两项的指数相同，那么把它们的系数相加，并生成一个新的结果项，然后移动这两个指针，分别指向多项式 a 和 b 的下一个结点。如果 a 的当前指数小于 b 的当前指数，那么生成 b 的副本项，加入结果 d 中，并移动指针指向 b 的下一项。如果 a 的当前指数大于 b 的当前指数，那么对 a 采取同样的操作。

每次生成一个新结点，设置它的 coef 域和 expon 域，并将它加入到 d 的尾端。为了避免每次加入新结点时都要搜索 d 的最后结点，使用指针 rear 指向 d 中当前的最后结点。算法描述如下。

```
poly-pointer padd(poly-pointer a,poly-pointer b)
{
    poly-pointer front,rear,temp;
    int sum;
    //给 rear 结点动态分配内存
    rear=(poly-pointer)malloc(sizeof(poly-node));
    front=rear;
    while(a&&b)
    {
        //a、b 所指结点非空
        if(a->expon<b->expon)
        {
            //a 的结点指数小于 b 的结点指数，复制 b 的结点副本，加入到 rear 的尾端
            attach(b->coef,b->expon,&rear);
            b=b->link;  //指向 b 的下一项
```

```
                    break;
                }
            else if(a->expon==b->expon)
            {
                //a 和 b 指向的结点指数相同
                sum=a->coef+b->coef;  //系数相加
                if(sum)  //生成新结点，存放相加后的结果
                    attach(sum,a->expon,&rear);
                //a 和 b 指向下一项
                a=a->link;
                b=b->link;
            }
            else
            {
                //a 的结点指数大于 b 的结点指数，复制 a 的结点副本，加入到 d 的尾端
                attach(a->coef,a->expon,&rear);
                a=a->link;
            }
        }
    for(;a;a=a->link)  //复制 a 和 b 的剩余未比较结点到尾端
        attach(a->coef,a->expon,&rear);
    for(;b;b=b->link)
        attach(b->coef,b->expon,&rear);
    rear->link=NULL;
    temp=front;
    front=front->link;
    free(temp);  //释放 temp 结点
    return front;
}

void attach(float coef,int expon,poly-pointer &ptr)
{
    //生成新结点，设置相应 coef 域和 expon 域的值，加入 ptr 结点之后
    poly-pointer temp;
    temp=(poly-pointer)malloc(sizeof(poly-node));
    temp->coef=coef;
    temp->expon=expon;
    ptr->link=temp;
    ptr=temp;
}
```

要确定时间复杂度，首先要确定哪些操作与代价有关。对于这个算法，有以下三个代价度量。

（1）系数相加。

（2）指数比较。

（3）产生 d 的新结点。

假设这三个操作中的每一个，每做一次都用一个单位时间，那么，执行这些操作所用的

次数就决定了算法所使用的总时间。显然，这个次数依赖多项式 a 和 b 中项的数量，假设 a 和 b 分别有 m 和 n 个项：

$$0 \leqslant 系数相加操作的次数 \leqslant \min\{m,n\}$$

当任何两个指数都不相等时，取下限。而当一个多项式的指数集合是另一个多项式的指数集合的子集时，取上限。对于指数比较操作，在 while 循环的每次循环中进行一次比较。每次循环，要么是 a，要么是 b，要么两者都移动到下一项。因为总共有 $m+n$ 项，所有循环次数以及指数比较的次数都以 $m+n$ 为上界。并且，d 中项数最多为 $m+n$ 项。总之，算法中任何一条语句的执行次数的最大值都以 $m+n$ 为上界，因此，时间复杂度是 $O(m+n)$。

例 2.16 如图 2.25 所示，对例 2.14 中的两个一元多项式进行相乘。

$$\begin{aligned}
d(x) &= a(x) \times b(x) \\
&= a(x) \times (b_1 x^{e_1} + b_2 x^{e_2} + \cdots + b_n x^{e_n}) \\
&= \sum_{i=1}^{n} b_i a(x) x^{e_i}
\end{aligned} \tag{2.14}$$

两个一元多项式相乘的算法，可以利用两个一元多项式相加的算法来实现，因为乘法运算可以分解为一系列的加法运算。其中，每一项都是一个一元多项式。

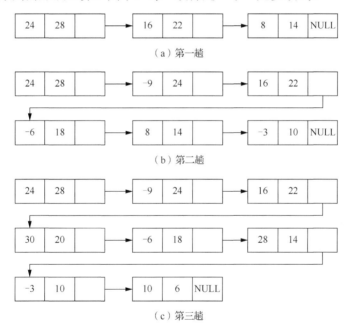

（a）第一趟

（b）第二趟

（c）第三趟

图 2.25 两个一元多项式相乘

具体算法如下。

```
poly-pointer pmutiply(poly-pointer a,poly-pointer b)
{
    poly-pointer front,rear,temp;
    float coef;
    int expon;
    rear=(poly-pointer)malloc(sizeof(poly-node));
    rear->coef=0;
```

```
            rear->expon=0;
        while(b)   //b 结点非空
        {
            temp=(poly-pointer)malloc(sizeof(poly-node));
            while(a)   //a 结点非空
            {
                coef=b->coef*a->coef;   //系数相乘
                expon=b->expon+a->expon;   //指数相加
                attach(coef,expon,&temp);   //生成结果结点加到尾端
                a=a->link;
            }
            b=b->link;
            temp=temp->link;
            rear=padd(rear,temp);
        }
        return rear;
    }
```

假设 a 和 b 各有 m 和 n 个项，则算法的循环次数为 $m*n$，时间复杂度为 $O(m*n)$。

习　　题

一、填空题

1. 在顺序表中插入或删除一个元素，需要平均移动_____个元素，具体移动的元素个数与_____有关。

2. 线性表中结点的集合是_____的，结点间的关系是_____的。

3. 向一个长度为 n 的向量的第 i 个元素($1 \leqslant i \leqslant n+1$)之前插入一个元素时，需向后移动_____个元素。

4. 一个长度为 n 的向量中删除第 i 个元素($1 \leqslant i \leqslant n$)时，需向前移动_____个元素。

5. 在顺序表中访问任意一结点的时间复杂度均为_____，因此，顺序表也称为_____的数据结构。

6. 顺序表中逻辑上相邻的元素的物理位置_____相邻。单链表中逻辑上相邻的元素的物理位置_____相邻。

7. 在单链表中，除了头结点外，任一结点的存储位置由_____指示。

8. 在 n 个结点的单链表中要删除已知结点*p，需找到它的_____，其时间复杂度为_____。

二、判断题

(　　) 1. 链表的每个结点中都恰好包含一个指针。

(　　) 2. 链表的物理存储结构具有同链表一样的顺序。

(　　) 3. 链表的删除算法很简单，因为当删除链中某个结点后，计算机会自动将后续各个单元向前移动。

(　　) 4. 线性表的每个结点只能是一个简单类型，而链表的每个结点可以是一个复杂类型。

（   ）5．顺序表结构适宜于进行顺序存取，而链表适宜于进行随机存取。

（   ）6．顺序存储方式的优点是存储密度大，且插入、删除运算效率高。

（   ）7．线性表在物理存储空间中也一定是连续的。

（   ）8．线性表在顺序存储时，逻辑上相邻的元素未必在存储的物理位置次序上相邻。

（   ）9．顺序存储方式只能用于存储线性结构。

（   ）10．线性表的逻辑顺序与存储顺序总是一致的。

三、单项选择题

1．数据在计算机存储器内表示时，物理地址与逻辑地址相同并且是连续的，称之为（   ）。

    A．存储结构   B．逻辑结构   C．顺序存储结构   D．链式存储结构

2．一个向量第一个元素的存储地址是 100，每个元素的长度为 2，则第 5 个元素的存储地址是（   ）。

    A．110   B．108   C．100   D．120

3．在 n 个结点的顺序表中，算法的时间复杂度是 $O(1)$ 的操作是（   ）。

    A．访问第 i 个结点（$1 \leq i \leq n$）和求第 i 个结点的直接前驱（$2 \leq i \leq n$）

    B．在第 i 个结点后插入一个新结点（$1 \leq i \leq n$）

    C．删除第 i 个结点（$1 \leq i \leq n$）

    D．将 n 个结点从小到大排序

4．向一个有 127 个元素的顺序表中插入一个新元素并保持原来顺序不变，平均要移动（   ）个元素。

    A．8   B．63.5   C．63   D．7

5．链式存储的存储结构所占存储空间（   ）。

    A．分两部分，一部分存放结点值，另一部分存放表示结点间关系的指针

    B．只有一部分，存放结点值

    C．只有一部分，存放表示结点间关系的指针

    D．分两部分，一部分存放结点值，另一部分存放结点所占单元数

6．链表是一种采用（   ）存储结构存储的线性表。

    A．顺序   B．链式   C．星式   D．网状

7．线性表若采用链式存储结构，要求内存中可用存储单元的地址（   ）。

    A．必须是连续的   B．部分地址必须是连续的

    C．一定是不连续的   D．连续或不连续都可以

8．线性表 L 在（   ）情况下适用于使用链式结构实现。

    A．需经常修改 L 中的结点值   B．需不断对 L 进行删除插入

    C．L 中含有大量的结点   D．L 中结点结构复杂

9．单链表的存储密度（   ）。

    A．大于 1   B．等于 1   C．小于 1   D．不能确定

10．设 a_1、a_2、a_3 为 3 个结点，整数 P_0、3、4 代表地址，则如下的链式存储结构称为（   ）。

$$P_0 \longrightarrow \boxed{a_1 \mid 3} \longrightarrow \boxed{a_2 \mid 4} \longrightarrow \boxed{a_3 \mid 0}$$

    A．循环链表   B．单链表   C．双向循环链表   D．双向链表

四、简答题

1. 试比较顺序存储结构和链式存储结构的优缺点。在什么情况下用顺序表比链表好？

2. 描述以下三个概念的区别：头指针、头结点、首元结点。在单链表中设置头结点的作用是什么？

五、计算题

线性表具有两种存储方式，即顺序方式和链接方式。现有一个具有五个元素的线性表 L={23,17,47,05,31}，若它以链式方式存储在下列 100～119 号地址空间中，每个结点由数据（占 2 个字节）和指针（占 2 个字节）组成，如下所示：

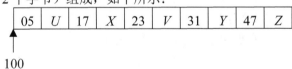

100

其中指针 X,Y,Z 的值分别为多少？该线性表的头结点起始地址为多少？尾结点的起始地址为多少？

六、阅读分析题

指出以下算法中的错误和低效（即费时）之处，并将它改写为一个既正确又高效的算法。

```
Status DeleteK(SqList&a, int i, int k){
//本过程从顺序存储结构的线性表 a 中删除第 i 个元素起的 k 个元素
if (i<1||k<0||i+k>a.length) return INFEASIBLE;   //参数不合法
else{
    for(count=1; count<k; count++){
    //删除一个元素
```

```
        for (j=a.length; j>=i+1; j--) a.elem[j-1]=a.elem[j];
        a.length - -;
    }
    return OK;
} // DeleteK
```

注：上题涉及的类型定义如下：
```
# define LIST INIT SIZE 100
# define LISTINCREMENT 10
typedef struct {
    Elem Type    *elem;              //存储空间基址
    Int          length;         //当前长度
    Int          listsize;            //当前分配的存储容量
    }SqList;
```

七、算法设计题

1. 写出在顺序存储结构下将线性表逆转的算法，要求使用最少的附加空间。

2. 已知 L 是无表头结点的单链表，且 P 结点既不是首元结点，也不是尾元结点（最后一个元素结点），请写出在 P 结点后插入 S 结点的核心语句序列。

第 3 章　栈 和 队 列

【内容提要】本章主要讨论在计算机科学中经常出现的两种数据类型——栈和队列。从数据结构的角度看，它们是第 2 章所讨论的更一般的数据类型——线性表的特例，即两种特殊的线性表。本章介绍栈和队列的定义；栈和队列的存储结构，包括顺序存储结构和链式存储结构；在两种存储结构上实现栈和队列的基本运算；栈和队列的应用、递归及其内部实现并给出相关的阅读递归算法的应用例子。

【学习要求】掌握栈和队列两种特殊的线性表的特点，能够区分栈、队列与线性表的关系、顺序栈与线性表的关系、链式栈与链式线性表的关系、顺序队列与顺序表的关系、链式队列与链式线性表的关系；熟练掌握栈的基本操作，即进栈、出栈、栈空、栈满、取栈顶元素等操作；熟练掌握队列的基本操作，即入队列、出队列、队列空、队列满等操作；掌握栈在调用递归过程中的重要作用；掌握栈、队列在计算机内部与外部的重要作用，并区分栈满与栈的溢出（上溢和下溢）及其用处，队列满与队列的溢出（上溢和下溢）及其用处；熟悉递归调用程序的执行过程。

3.1　栈

3.1.1　栈的定义

栈是一种特殊的线性表。它只允许在表的一端进行插入或删除运算，其运算规律满足后进先出（last in first out，LIFO）或者先进后出（first in last out，FILO）。一般栈有栈顶和栈底。

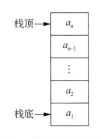

图 3.1　栈的结构示意图

把进行插入和删除操作的一端叫作**栈顶**（top），另一端叫作**栈底**（bottom）。对栈的插入操作习惯上叫作"压入"操作，用 push 表示；对栈的删除操作称作"弹出"操作，用 pop 表示。栈的结构如图 3.1 所示。

在日常生活中，栈的例子很多。比如，只有一个出入口的车辆系统，铁道的转轨系统等，这些都是栈的例子。它们的共同特征是操作运算只在一端进行。

栈的基本操作除了在栈顶进行插入或删除外，还有栈的初始化、判空及取栈顶元素等。下面给出栈的抽象数据类型的定义。

3.1.2　栈的抽象数据类型定义

1. 栈的抽象数据类型定义的架构

```
ADT Stack {
    栈的数据结构的形式化定义;
    栈的所有基本操作;
} ADT Stack
```

2. 栈的抽象数据类型的详细定义

ADT Stack{

数据对象： $D = \{a_i \mid a_i \in \text{ElemSet}, i = 1, 2, \cdots, n; n > 0\}$

数据关系： $R = \{< a_{i-1}, a_i > \mid a_i > a_{i-1}, a_i \in D, i = 2, 3, \cdots, n\}$

基本操作：

函数操作	函数说明
InitStack(&S)	操作结果：构造一个空栈 S
DestroyStack(&S)	初始条件：栈 S 已存在 操作结果：栈 S 被销毁
ClearStack(&S)	初始条件：栈 S 已存在 操作结果：将 S 清为空栈
StackEmpty(S)	初始条件：栈 S 已存在 操作结果：若栈 S 为空栈，返回 1，否则返回 0
StackLength(S)	初始条件：栈 S 已存在 操作结果：返回 S 的元素个数，即栈的长度
GetTop(S,&e)	初始条件：栈 S 已存在且非空 操作结果：用 e 返回 S 的栈顶元素
Push(&S,e)	初始条件：栈 S 已存在 操作结果：插入元素 e 为新的栈顶元素
Pop(&S,&e)	初始条件：栈 S 已存在且非空 操作结果：删除 S 的栈顶元素，并用 e 返回其值
StackTraverse(S,Visit())	初始条件：栈 S 已存在且非空 操作结果：从栈底到栈顶依次对 S 的每个数据元素调用函数 Visit()。一旦 Visit()失败，则操作失败

} ADT Stack

本书在以后各章中引用的栈大多为如上定义的数据类型，栈的数据元素类型在应用程序中定义。

3.1.3 栈的表示和实现

与线性表类似，栈也有两种存储表示方法，即栈的顺序存储结构和栈的链式存储结构。

1. 栈的顺序存储结构

栈的顺序存储结构简称为**顺序栈**，可用一维数组来实现顺序栈。因为栈底位置是固定不变的，所以可以将栈底位置设置在数组两端的任何一个端点。栈顶位置随着压入和弹出操作而变化，故需用一个指针 top 来指示当前栈顶的位置，通常称 top 为栈顶指针。一般不指定栈的最大容量，只定义基本长度（容量）。一个较合理的做法是：先为栈分配一个基本容量，然后在应用过程中，当栈的空间不够使用时再逐段扩大。为此，可设定两个常量：STACK_INIT_SIZE（存储空间初始分配量）和 STACKINCREMENT（存储空间分配增量）。

```
//--------------------栈的顺序存储结构--------------------
#define STACK_INIT_SIZE 100  //存储空间初始分配量
#define STACKINCREMENT 10  //存储空间分配增量
typedef struct{
    SElemType *base;  //在构造之前和销毁之后，base 的值为 NULL
    SElemType *top;  //栈顶指针
```

```
    int stacksize;  //当前已分配的存储空间, 以元素为单位
}SqStack;  //顺序栈
```

图 3.2 展示了顺序栈的几种状态。当 top=base 时表示栈空, 如果在此状态下再从栈中删除元素, 则会出现**下溢**, 如图 3.2(a)所示。图 3.2(c)表示栈满, 如果在栈满的情况下再插入元素, 则会出现**上溢**。一般来说, 上溢作为一种错误状态, 应避免此状态发生; 而下溢则是一种正常的状态, 例如, 递归的返回条件等都是以此为基础的。

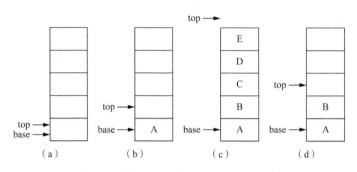

图 3.2   栈顶指针和栈中元素之间的关系

从 Pop(s)和 GetTop(s)来看, 一个是删去栈顶元素并修改栈指针, 一个是只取栈顶元素, 并不关心栈顶指针的变化, 这也是两者的区别之处。

上面只讨论了一个栈的情况。有时一个程序同时使用两个或两个以上的顺序栈, 为了避免溢出, 可以让几个栈共享空间, 而不是对每个栈平均分配空间。设空间为 M, 两个栈底设在两个端点, 栈顶各自向中间延伸, 如图 3.3 所示。

图 3.3   两个栈共享空间示意图

由图 3.3 可知, 两个栈顶之间的空间为它们共享的空间, 只有当两个栈顶相遇时才产生溢出。因此, 每个栈的可用空间可能超过 $M/2$。读者可以根据图 3.3 写出两个栈共享空间的类型定义及其对应的算法, 也可以由此写出对 n(n>2)个栈共享空间的空间分配情况, 这比两个栈的分配情况要复杂得多。可先把大小为 M 的空间平均分配, 每个栈各占不大于 M/n 的空间。当第 i 个栈满, 再插入时, 则从靠近它的并且有剩余空间的栈移动一个位置。这种方法要比两个栈的方法浪费许多时间来移动元素, 因此, 效率比较低。

顺序栈基本操作的算法描述。

（1）顺序栈的初始化。

```
Status InitStack(SqStack &S)
{
    //为栈分配一个指定大小的存储空间
    S.base=(SElemType*)malloc(STACK_INIT_SIZE*sizeof(SElemType));
    if(!S.base)
        return ERROR;  //存储分配失败
    S.top=S.base;  //栈底与栈顶相同表示一个空栈
```

```
        S.stacksize=STACK_INIT_SIZE;
        return OK;
    }
```

（2）判断顺序栈是否为空栈。

```
Status StackEmpty(SqStack S)
{
    //若栈 S 为空栈（栈顶与栈底相同），则返回 OK，否则返回 ERROR
    if(S.top==S.base)
        return OK;
    else
        return ERROR;
}
```

（3）顺序栈的压入。

```
Status Push(SqStack &S,SElemType e)
{
    //插入元素 e 为新的栈顶元素
    if(S.top-S.base>=S.stacksize)   //栈满，追加存储空间
    {
        S.base=(SElemType *)realloc(S.base,(S.stacksize+STACKINCREMENT)*
        sizeof(SElemType));
        if(!S.base)
            return ERROR;   //存储分配失败
        S.top=S.base+S.stacksize;
        S.stacksize+=STACKINCREMENT;
    }
    *S.top++=e;   //这个等式的++ *优先级相同，但是它们的运算方式是自右向左的
    return OK;
}
```

（4）顺序栈的弹出。

```
Status Pop(SqStack &S,SElemType *e)
{
    //若栈不空，则删除 S 的栈顶元素，用 e 返回其值，并返回 OK；否则返回 ERROR
    if(S.top==S.base)
        return ERROR;
    *e=*--S.top;   //这个等式的-- *优先级相同，但是它们的运算方式是自右向左的
    return OK;
}
```

（5）销毁顺序栈。

```
Status DestroyStack(SqStack &S)
{
    //销毁栈 S，S 不再存在
    free(S.base);   //释放栈底的空间，并置空
    S.base=NULL;
```

```
        S.top=NULL;
        S.stacksize=0;
        return OK;
    }
```

（6）将顺序栈置为空栈。

```
Status ClearStack(SqStack &S)
{
    S.top=S.base;   //栈底栈顶相同为空栈
    return OK;
}
```

（7）返回顺序栈的元素个数。

```
int StackLength(SqStack S)
{
    //栈顶指针减去栈底指针等于长度，因为栈顶指针指向当前栈顶元素的下一个位置
    return S.top-S.base;
}
```

（8）返回顺序栈 S 的栈顶元素。

并不是说所有的被删除的栈顶元素都是无用的，如进行数制转换时，将栈作为存放中间结果的存储空间，当所有的位数全部转换结束时，按照出栈顺序将栈顶元素逐个取出，如果栈顶元素存在，则返回逻辑值 1，否则返回 0。

```
Status GetTop(SqStack S,SElemType *e)
{
    //若栈不空，则用 e 返回 S 的栈顶元素，并返回 OK，否则返回 ERROR
    if(S.top>S.base)
    {
        *e=*(S.top-1);   //栈顶指针的下一个位置为栈顶元素
        return OK;
    }
    else
        return ERROR;
}
```

（9）从栈底到栈顶依次对栈中每个元素调用函数。

```
Status StackTraverse(SqStack S,int(*Visit)(SElemType))
{
    //从栈底到栈顶依次对栈中每个元素调用函数 Visit()
    while(S.top>S.base)
        Visit(*S.base++);
    printf("\n");
    return OK;
}

Status Visit(SElemType c)
```

```
        {
            printf("%d",c);
            return OK;
        }
```

顺序栈压入和弹出操作的时间复杂度都是 $O(1)$。

2. 栈的链式存储结构

栈的链式存储结构称为**链栈**。链栈的结点类型与链式线性表的结点类型定义相同，不同的是它是仅在表头进行操作的单链表。链栈通常用不带头结点的单链表来实现，栈顶指针就是链表的头指针，如图 3.4 所示。

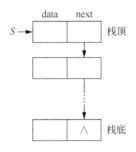

图 3.4 链栈示意图

```
        //----------------------栈的链式存储结构----------------------
        typedef struct SNode
        {
            SElemType data;  //数据域
            struct SNode *next;  //指针域
        }SNode,*LinkStack;
```

由于栈的操作是线性表操作的特例，链栈的操作易于实现，在此不作详细讨论，下面仅给出链栈的压入和弹出操作。

（1）链栈的入栈操作算法及示意图。

链栈的入栈操作示意图如图 3.5 所示。

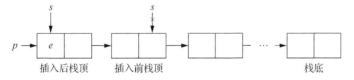

图 3.5 链栈的入栈操作示意图

链栈的入栈操作算法如下。

```
        void Push_LS(LinkStack &S,SElemType e)
        {
            p=(LinkStack)malloc(sizeof(SNode));
            p->data=e;
            p->next=S;  //栈顶元素 next 域指向原来的栈顶元素
            S=p;  //栈顶指针指向新插入的栈顶元素
        }
```

（2）链栈的出栈操作算法及示意图。

链栈的出栈操作示意图如图 3.6 所示。

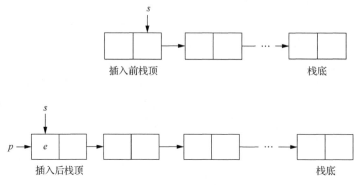

图 3.6 链栈的出栈操作示意图

链栈的出栈操作算法如下。

```
Status Pop_LS(LinkStack &S,SElemType &e)
{
    if(S==NULL)
        return ERROR;
    e=S->data;
    p=S;   //p 指向要删除的栈顶元素
    S=S->next;   //栈顶指针指向原栈顶元素的下一项
    free(p);   //释放资源
    return OK;
}
```

由于链栈的操作与单线性链表操作相同，换句话说，链栈的操作与单链表的表头操作算法相同，因此，关于链栈的其他操作算法，请读者参考第 2 章的相关内容。

3.2 栈 的 应 用

由于栈结构具有后进先出的固有特性，栈成为程序设计中的有用工具。本节将讨论几个栈的应用的典型例子。

3.2.1 数制转换

十进制数 N 和其他 d 进制数的转换是计算机实现计算的基本问题，其解决方法有很多，其中一个简单算法基于以下原理：

$$N = (N \div d) \times d + N \mathrm{MOD} d \tag{3.1}$$

例 3.1 $(159)_{10}=(237)_8$，其运算过程如图 3.7 所示。

假设现在要编制一个满足下列要求的程序：对于输入的任意一个非负十进制整数，打印输出与其等值的八进制数。由于上述计算过程是从低位到高位顺序产生八进制数的各个数位，而打印输出，一般来说应从高位到低位进行，恰好和计算过程相反。因此，若将计算过程中得到的八进制数的各个数位顺序进栈，则按出栈序列打印输出的即为与输入对应的八进制数。

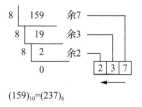

$(159)_{10}=(237)_8$

图 3.7 数制转换示意图

具体算法如下。

```
//此处需引入顺序栈存储结构及其基本操作
void conversion()
{
    //对于输入任意一个非负十进制整数，打印输出与其等值的 N 进制数
    SqStack s;
    unsigned n;  //非负整数
    SElemType e;
    InitStack(s);  //初始化栈
    printf("将十进制整数 n 转换为%d 进制整数，请输入：n(≥0)=",N);
    scanf("%u",&n);  //输入非负十进制整数 n
    while(n)  //当 n 不等于 0
    {
        Push(s,n%N);  //压入 n 除以 N 的余数（N 进制的低位）
        n =n/N;
    }
    while(!StackEmpty(s))  //当栈不空
    {
        Pop(s,&e);  //弹出栈顶元素且赋值给 e
        printf("%d",e);  //输出 e
    }
    printf("\n");
}

void main()
{
    conversion();
}
```

程序运行结果如下。

```
将十进制数 n 转换为 8 进制数，请输入 n(≥0)=1348↙
2504
```

如果将 N 定义为 2，上述程序就是将十进制数转换为二进制数的程序。

这是利用栈的后进先出特性的最简单的例子。仔细分析上述算法不难看出，栈的引入简化了程序设计的问题，划分了不同的关注层次，逻辑思路清晰而紧凑。

3.2.2　括号匹配

假设表达式中运行包含两种括号：圆括号和方括号，其嵌套的顺序随意，即([])或[([][])]等为正确的格式，[()或([())或(())]均为不正确的格式。检验括号是否匹配的方法可用"期待的急迫程度"这个概念来描述。

分析可能出现的不匹配的情况如下。

（1）到来的右括弧不是所"期待"的。

（2）到来的是"不速之客"（右括弧多了）。

（3）直到结束也没有到来所"期待"的（左括弧多了）。

依据编译程序将分析这类问题的方法称为 LR 分析法（即自底向上的分析法），按其处理要求，将表达式的存储分成两个栈：操作数栈（oprand stack，以下简称为 OPND）、运算符栈（operation stack，以下简称为 OPTR），本例子仅涉及运算符栈。按照高级语言编译程序的要求，实现括号匹配的检验的逻辑步骤如下。

（1）凡是出现左括弧，则进栈。

（2）凡是出现右括弧，首先检查栈是否空：

若栈空，则表明"右括弧"多了；否则和栈顶元素比较，若相匹配，则"左括弧出栈"；否则不匹配。

（3）表达式检验结束时：若栈空，则匹配正确；否则表明"左括弧"多了。

算法对应程序如下。

```
//此处需引入顺序栈存储结构及其基本操作
void check()
{
    //对于输入的任意一个字符串，检验括号是否配对
    SqStack s;
    SElemType ch[80],*p,e;
    if(InitStack(s))   //初始化栈成功
    {
        printf("请输入表达式\n");
        gets(ch);
        p=ch;
        while(*p)  //没到串尾
            switch(*p)
            {
                case'(':
                case'[':
                    Push(s,*p++);
                    break;  //左括号入栈，且p++
                case')':
                case']':
                    if(!StackEmpty(s))   //栈不空
                    {
                        Pop(s,&e);  //弹出栈顶元素
                        if(*p==')'&&e!='('||*p==']'&&e!='[')
                                        //弹出的栈顶元素与*p不配对
                        {
                            printf("左右括号不配对\n");
                            return;
                        }
                        else
                        {
                            p++;
                            break;  //跳出switch语句
                        }
                    }
```

```
                        else   //栈空
                        {
                            printf("缺乏左括号\n");
                            return;
                        }
                    default:p++;   //其他字符不处理, 指针向后移
                }
                if(StackEmpty(s))   //字符串结束时栈空
                    printf("括号匹配\n");
                else
                printf("缺乏右括号\n");
        }
    }

    void main()
    {
        check();
    }
```

程序运行结果如下。

```
请输入表达式
(1+3↙
缺乏右括号
请按任意键继续
```

3.2.3　运用栈实现行编辑程序

任何一个程序设计语言对应的编译程序都有如下几个主要部分：词法分析（将源程序作为字符处理，所以又将该主要功能称为读字符子程序）；语法分析；语义分析；中间代码生成；代码优化；目标代码生成。

本例子所涉及编译程序的内容是词法分析的相关内容。词法分析作为编译程序处理的第一步，对编译程序的处理至关重要。在编辑程序中，如果每次输入一个字符就输入到计算机进行编辑太复杂。一般以行为单位来对文本进行编辑，这也是我们在书写计算机程序（指令）时，一直遵循的每条语句用回车和换行符号来界定当前语句结束的原因。

在用户输入一行的过程中，允许用户输入出差错，并在发现有误时可以及时更正。

合理的做法是：设立一个输入缓冲区，用以接收用户输入的一行字符，然后逐行存入用户数据区，并假设"#"为退格符，"@"为退行符。假设从终端接收这样两行字符：

```
whli##ilr#e(s#*s)
outcha@putchar(*s=#++);
```

则实际有效的是下列两行：

```
while(*s)
putchar(*s++);
```

行编辑程序算法如下。

```
//此处需引入顺序栈存储结构及其基本操作
void LineEdit()
{
    //利用字符栈 S，从终端接收一行并送至调用过程的数据区
    SqStack S;
    char ch,c;
    InitStack(&S);  //构造空栈
    printf("请输入一个文本文件,Ctrl+z 结束输入，#退格，@清空当前行:\n");
    ch=getchar();  //从终端接收一个字符
    while(ch!=EOF)  //EOF 为 Ctrl+z 键，全文结束符
    {
        while(ch!=EOF&&ch!='\n')
        {
            switch(ch)
            {
                case'#':
                    Pop(&S,&c);break;  //仅当栈非空时退栈
                case'@':
                    ClearStack(&S);break;   //重置 S 为空栈
                default:
                    Push(&S,ch);  //有效字符进栈
            }
            ch=getchar();  //从终端接收下一个字符
        }
        StackTraverse(S,copy);  //将从栈底到栈顶的栈内字符传送至文件
        ClearStack(&S);  //重置 S 为空栈
        fputc('\n',fp);
        if(ch!=EOF)
        ch=getchar();
    }
    DestroyStack(&S);
}

int main()
{
    fp=fopen("1","w");  //在当前目录下建立 1 文件,用于写数据
    if(fp)  //如已有同名文件则先删除原文件
    {
        LineEdit();
        fclose(fp);  //关闭 fp 所指的文件
    }
    else
        printf("建立文件失败!\n");
    return 0;
}
```

程序运行结果如下。

```
请输入一个文本文件,Ctrl+z 结束输入, #退格, @清空当前行：
whli##ilr#e(s#*s)
outcha@putchar(*s=#++);
请按任意键继续……
下面是"1"中的内容：
while(*s)
putchar(*s++);
```

我们知道，用户在终端上进行输入时，不能保证不出差错。因此，设置输入缓冲区为一个栈结构，每当从终端接收一个字符后先判断是否是全文终止符，若不是，则作如下判断：如果它既不是退格符也不是退行符，则将该字符压入栈顶；如果是一个退格符，则从栈顶删除一个字符；如果它是一个退行符，则将栈清空。

3.2.4 迷宫求解

1. 迷宫问题

迷宫是实验心理学中一个古典问题。用计算机解迷宫路径的程序，就是仿照人走迷宫而设计的，也是对盲人走路的一个机械模仿。计算机解迷宫时，通常用的是"穷举求解"的方法，即从入口出发，沿某一方向向前探索，若能走通，则继续往前走；否则沿原路退回，换一个方向再继续探索，直至所有可能的通路都探索到为止。

多年以来，迷宫问题一直是计算机工作者感兴趣的问题，因为它可以展现栈的巧妙应用。本节将开发一个走出迷宫的程序，虽然在发现正确路径前，程序要尝试许多错误路径，但是，一旦发现，就能够重新走出迷宫，而不会再去尝试任何错误路径。

2. 迷宫问题求解

首先，在计算机中可以用如图 3.8 所示的方块图表示迷宫。图中的每个方块或为通道（以空白方块表示），或为墙（以带阴影的方块表示）。

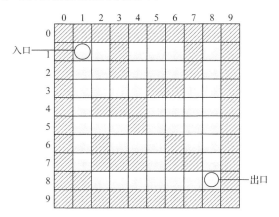

图 3.8 迷宫示意图

在开发此程序时，面临的首要问题是迷宫的存储表示问题。最明显的选择是二维数组，其中"0"代表墙值，"1"代表通路。由于迷宫被表示为二维数组，所以，在任何时刻，迷宫中的位置都可以用行、列坐标来描述。同时，从某一位置进行移动的可能方向如图 3.9 所示。

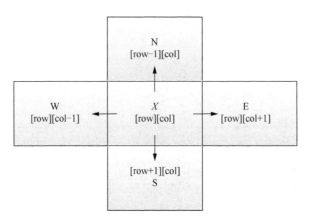

图 3.9   允许的移动

必须注意的是，并不是每个位置都有 4 个邻居。如果[row][col]在边界上，那么邻居的个数就少于 4 个，甚至可能只有 2 个邻居。为了避免边界条件的检查，在迷宫周围加上一圈边界。这样，一个 $m×n$ 的迷宫就需要一个$(m+2)×(n+2)$的数组。入口位置在[1][1]，而出口位置在[m][n]。

另一个简化问题的策略是，用数值 direc 预先定义出"可能的移动方向"，如图 3.10 所示。数字 0 到 3 表示 4 个可能的移动方向，对每个方向，都指出其垂直和水平的偏移量。

Name	Dir	direc[Dir].vert	direc[Dir].horiz
E	0	0	1
S	1	1	0
W	2	0	-1
N	3	-1	0

图 3.10   "移动表"

求迷宫中一条路径的算法的基本思想是：若当前位置"可通"，则纳入"当前路径"，并继续朝"下一个位置"探索，即切换"下一位置"为"当前位置"，如此重复直至到达出口；若当前位置"不可通"，则应顺着"来向"退回到"前一通道块"，然后朝着除"来向"之外的其他方向继续探索；若该通道块的四周 4 个方块均"不可通"，则应从"当前路径"上删除该通道块。假设以栈 S 记录"当前路径"，则栈顶中存放的是"当前路径上最后一个通道块"。由此，"纳入路径"的操作即为"当前位置压入"；"从当前路径上删除前一通道块"的操作即为"弹出"。

尚需说明的一点是，所谓当前位置可通，指的是未曾走到过的通道块，即要求该方块位置不仅是通道块，而且既不在当前路径上（否则所求路径就不是简单路径），也不是曾经纳入过路径的通道块（否则只能在死胡同内转圈）。

```
//此处需引入顺序栈存储结构及其基本操作函数
typedef struct
{
    int x;  //行值
    int y;  //列值
}PosType;  //迷宫坐标位置类型
#define MAXLENGTH 25  //设迷宫的最大行列为25
typedef int MazeType[MAXLENGTH][MAXLENGTH];  //迷宫数组[行][列]
PosType begin,end;  //迷宫的入口坐标,出口坐标
PosType direc[4]={{0,1},{1,0},{0,-1},{-1,0}};
                        //{行增量,列增量},移动方向依次为东、南、西、北
MazeType maze;  //迷宫数组
int x,y;  //迷宫的行数,列数
int curstep=1;  //当前足迹,初值(在入口处)为1
struct SElemType
{
    int ord;  //通道块在路径上的"序号"
    PosType seat;  //通道块在迷宫中的"坐标位置"
    int di;  //从此通道块走向下一通道块的"方向"(0-3表示东-北)
};

void Print()
{
    //输出迷宫的结构
    int i,j;
    for(i=0;i<x;i++)
    {
        for(j=0;j<y;j++)
            printf("%3d",maze[i][j]);
        printf("\n");
    }
}

void Init()
{
    //设定迷宫布局(墙值为0,通道值为1)
    int i,j,x1,y1;
    printf("请输入迷宫的行数,列数(包括外墙): ");
    scanf("%d%d",&x,&y);
    for(i=0;i<x;i++)  //定义周边值为0(同墙)
    {
        maze[0][i]=0;  //迷宫上面行的周边即上边墙
        maze[x-1][i]=0;  //迷宫下面行的周边即下边墙
    }
    for(j=1;j<y-1;j++)
    {
        maze[j][0]=0;  //迷宫左边列的周边即左边墙
        maze[j][y-1]=0;  //迷宫右边列的周边即右边墙
    }
```

```
        for(i=1;i<x-1;i++)
            for(j=1;j<y-1;j++)
                maze[i][j]=1;   //定义通道初值为1
        printf("请输入迷宫内墙单元数：");
        scanf("%d",&j);
        printf("请依次输入迷宫内墙每个单元的行数,列数：\n");
        for(i=1;i<=j;i++)
        {
            scanf("%d%d",&x1,&y1);
            maze[x1][y1]=0;  //定义墙的值为0
        }
        printf("迷宫结构如下:\n");
        Print();
        printf("请输入入口的行数,列数：");
        scanf("%d%d",&begin.x, &begin.y);
        printf("请输入出口的行数,列数：");
        scanf("%d%d",&end.x,&end.y);
    }

Status Pass(PosType b)
{
    //当迷宫m的b点的序号为1（可通过路径），return OK；否则，return ERROR
    if(maze[b.x][b.y]==1)
        return OK;
    else
        return ERROR;
}

void FootPrint(PosType b)
{
    //使迷宫m的b点的序号变为足迹(curstep)，表示经过
    maze[b.x][b.y]=curstep;
}

PosType NextPos(PosType &b,int di)
{
    //根据当前位置b及移动方向di，修改b为下一位置
    b.x+=direc[di].x;
    b.y+=direc[di].y;
    return b;
}

void MarkPrint(PosType b)
{
    //使迷宫m的b点的序号变为-1(不能通过的路径)
    maze[b.x][b.y]=-1;
}

Status MazePath(PosType start,PosType end)
{
```

```
/*若迷宫 m 中存在从入口 start 到出口 end 的通道,则求得一条路径存放在栈中(从栈底到
栈顶),并返回 TRUE;否则返回 FALSE*/
SqStack S;  //顺序栈
PosType curpos;
SElemType e;  //栈元素
InitStack(S);  //初始化栈
curpos=start;
do
{
    if(Pass(curpos))  //当前位置可以通过,即未曾走到过的通道块
    {
        FootPrint(curpos);  //留下足迹
        e.ord=curstep;  //栈元素的序号为当前足迹 curstep
        e.seat=curpos;  //栈元素的位置为当前位置
        e.di=0;  //从当前位置出发,下一位置是向东
        Push(S,e);  //入栈当前位置及状态
        curstep++;  //足迹加 1
        if(curpos.x==end.x&&curpos.y==end.y)  //到达终点(出口)
            return TRUE;
        curpos=NextPos(curpos,e.di);
                    //由当前位置及移动方向,确定下一个当前位置,仍赋值给 curpos
    }
    else  //当前位置不能通过
    {
        if(!StackEmpty(S))  //栈不空
        {
            Pop(S,&e);  //退栈到前一位置
            curstep--;  //足迹减 1
            while(e.di==3&&!StackEmpty(S))  //前一位置处于最后一个方向(北)
            {
                MarkPrint(e.seat);  //留下不能通过的标记(-1)
                Pop(S,&e);  //退回一步
                curstep--;  //足迹再减 1
            }
            if(e.di<3)  //没到最后一个方向(北)
            {
                e.di++;  //换下一个方向探索
                Push(S,e);  //入栈该位置的下一个方向
                curstep++;  //足迹加 1
                curpos=NextPos(e.seat,e.di);
                        //设定当前位置是该新方向上的相邻块
            }
        }
    }
}
while(!StackEmpty(S));
    return FALSE;
}
```

```
void main()
{
    Init();   //初始化迷宫
    if(MazePath(begin,end))   //有通路
    {
        printf("此迷宫从入口到出口的一条路径如下。\n");
        Print();
    }
    else
    {
        printf("此迷宫没有从入口到出口的路径\n");
    }
}
```

由于迷宫数组 maze、迷宫的行数 x、列数 y、迷宫的入口坐标 begin 和出口坐标 end 作为全局变量，它们在各函数中都通用，不需要用形参来传递，减少了 Print()函数和 Init()函数中的形参变量。

迷宫程序运行结果如下。

```
1,3↙
1,7↙
2,3↙
2,7↙
3,5↙
3,6↙
4,2↙
4,3↙
4,4↙
5,4↙
6,2↙
6,6↙
7,2↙
7,3↙
7,4↙
7,6↙
7,7↙
8,1↙
迷宫结构如下。
        0  0  0  0  0  0  0  0  0  0
        0  1  1  0  1  1  1  0  1  0
        0  1  1  0  1  1  1  0  1  0
        0  1  1  1  1  0  0  1  1  0
        0  1  0  0  0  1  1  1  1  0
        0  1  1  1  0  1  1  1  1  0
        0  1  0  1  1  1  0  1  1  0
        0  1  0  0  0  1  0  0  1  0
        0  0  1  1  1  1  1  1  1  0
        0  0  0  0  0  0  0  0  0  0
```

```
请输入入口的行数,列数:1,1↙
请输入出口的行数,列数:8,8↙
此迷宫从入口到出口的一条路径如下。
                0  0  0  0   0   0   0   0  0
                0  1  2  0  -1  -1  -1   0  1  0
                0  1  3  0  -1  -1  -1   0  1  0
                0  5  4  -1 -1   0   0   1  1  0
                0  6  0  0   0   1   1   1  1  0
                0  7  8  9   0   1   1   1  1  0
                0  1  0  10  11  12  0   1  1  0
                0  1  0  0   13  0   0   1  1  0
                0  0  1  1   1  14  15  16  17 0
                0  0  0  0   0   0   0   0  0  0
```

从入口到出口的一条路径由全局变量 maze 数组显示。入口的值为 1,路径的值依次为 2,3,…,17。由于有数组 maze,栈的主要作用并不是保存路径,它的主要作用是当试探失败时,通过退栈回到前一点,从前一点再继续试探。

该算法的运行时间和使用系统栈所占用的存储空间与迷宫大小成正比,迷宫长为 m,宽为 n,在最好情况下的时间复杂度和空间复杂度均为 $O(m+n)$,在最差情况下均为 $O(m*n)$,平均情况在它们之间。

3.2.5 表达式求值

计算机科学工作者对表达式的存储表示和求值非常感兴趣,它的实现是栈应用的又一个典型例子。要把一个表达式翻译成正确求值的一个机器指令序列,或者直接对表达式求值,首先要能够正确解释表达式。这里介绍一种简单直观、广为使用的算法,通常称为"算符优先法"。

在任何一种程序设计语言中,都定义了确定运算符计算顺序的运算符优先级,如表 3.1所示。

表 3.1 算符间的优先关系

θ_1	θ_2						
	+	−	*	/	(	)	#
+	>	>	<	<	<	>	>
−	>	>	<	<	<	>	>
*	>	>	>	>	<	>	>
/	>	>	>	>	<	>	>
(	<	<	<	<	<	=	
)	>	>	>	>		>	>
#	<	<	<	<	<		=

任何一个表达式都是由操作数(operand)、运算符(operator)和界限符(delimiter)组成的。为了叙述简洁,我们仅讨论简单算术表达式的求值问题,这种表达式只含加、减、乘、除 4 种运算符。

我们把运算符和界限符统称为运算符，它们构成的集合命名为 OP。在计算机中，表达式可以有三种不同的表示方法。设 Exp=$S1$+OP+$S2$，称：

（1）OP+$S1$+$S2$ 为前缀表达式表示法；

（2）$S1$+OP+$S2$ 为中缀表达式表示法；

（3）$S1$+$S2$+OP 为后缀表达式表示法。

可见，它是以运算符所在不同位置命名的。

例如，Exp=$a*b+(c-d/e)*f$ 的前缀表达式、中缀表达式、后缀表达式如下。

前缀表达式：$+*ab*-c/def$

中缀表达式：$a*b+c-d/e*f$

后缀表达式：$ab*cde/-f*+$

我们可以得出以下结论。

（1）操作数之间的相对次序不变。

（2）运算符的相对次序不同。

（3）中缀表达式丢失了括弧信息，致使运算的次序不确定。

（4）前缀表达式的运算规则为：连续出现的两个操作数和在它们之前且紧靠它们的运算符构成了一个最小表达式。

（5）后缀表达式的运算规则为：运算符在式中出现的顺序恰为表达式的运算顺序，每个运算符和在它出现之前且紧靠它的两个操作数构成最小表达式。

1. 后缀表达式求值

由于要把二元运算符放在它的两个操作数之间，所以书写表达式的标准方式是中缀表达式。到目前为止，几乎所有表达式的书写都采用这种方式。虽然中缀表达式是最常用的书写方式，但是编译器不采用这种方式进行表达式求值。相反，编译器通常使用无括号的表示方式（后缀表达式）。在后缀表达式中，每个运算符都出现在相应操作数的后面。表 3.2 给出了中缀表达式及其等价的后缀表达式示例。

表 3.2　中缀表达式及其等价的后缀表达式

中缀表达式	后缀表达式
2+3*4	234*+
$a*b+5$	$ab*5+$
(1+2)*7	12+7*
$a*b/c$	$ab*c/$
$(a/(b-c+d))*(e-a)*c$	$abc-d+/ea-*c*$
$a/b-c+d*e-a*c$	$ab/c-de*+ac*-$

在编写函数将中缀表达式转化为其后缀形式之前，先解决相对容易的后缀表达式的求值问题。为了算法简洁，在表达式的左右两边虚设“#”构成整个表达式的一对括号。为实现算符优先算法，可以使用两个工作栈。一个称作 OPTR，用以寄存运算符；另一个称作 OPND，用以寄存操作数或运算结果。算法的基本思想如下。

（1）初始化 OPND，OPTR 存“#”为栈底元素。

（2）从左到右输入字符，判断当前字符。若当前字符是操作数，压入 OPND 栈。若当前字符是运算符，做如下判断：①若该运算符比 OPTR 栈顶运算符优先级高，则压入运算符栈，继续向后处理；②若该运算符比 OPTR 栈顶运算符优先级低，则从 OPND 栈弹出两个操作数，从 OPTR 栈弹出一个运算符进行运算，并将其运算结果压入 OPND 栈。

重复上述操作，直到表达式求值完毕（OPTR 的栈顶元素和当前读入的字符均为"#"）。

2. 中缀表达式到后缀表达式的转换

如何从原表达式求得后缀表达式？分析中缀表达式和后缀表达式中的运算符，例如，$a*b+(c-d/e)*f$ 的中缀表达式和后缀表达式为——

中缀表达式：$a*b+c-d/e*f$

后缀表达式：$ab*cde/-f*+$

每个运算符的运算次序需由它之后的一个运算符来定。在后缀表达式中，优先级高的运算符高于优先级低的运算符，如乘法的运算符级别高于加法运算符等。

图 3.11 是一个由中缀表达式求得后缀表达式的例子，程序的主要步骤如下。

（1）设立运算符栈。

（2）设表达式的结束符为"#"，预设运算符的栈底为"#"。

（3）若当前字符是操作数，则直接发送给后缀表达式。

（4）若当前运算符的优先数高于栈顶运算符，则压入。

（5）否则，退出栈顶运算符发送给后缀表达式。

（6）"（"对它前后的运算符起隔离作用，"）"可视为自相应左括弧开始的表达式的结束符。

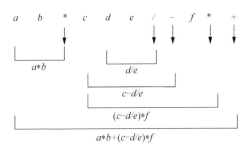

图 3.11　中缀表达式转化成后缀表达式

图 3.11 所示例子对应求算数表达式的程序如下所示。

```
//求算数表达式的程序
//此处需引入顺序栈存储结构及其基本操作函数
char Precede(SElemType t1,SElemType t2)
{
    //判断两符号的优先关系
    SElemType f;
    switch(t2)
    {
        case'+':
        case'-':
            if(t1=='('||t1=='#')
                f='<';
            else
                f='>';
```

```
            break;
        case'*':
        case'/':
            if(t1=='*'||t1=='/'||t1==')')
                f='>';
            else
                f='<';
            break;
        case'(':
            if(t1==')')
            {
                printf("括号不匹配\n");
                exit(OVERFLOW);
            }
            else
                f='<';
            break;
        case')':
            switch(t1)
            {
                case'(':
                    f='=';
                    break;
                case'#':
                    printf("缺乏左括号\n");
                    exit(OVERFLOW);
                default:
                    f='>';
            }
            break;
        case'#':
        switch(t1)
        {
            case'#':
                f='=';
                break;
            case'(':
                printf("缺乏右括号\n");
                exit(OVERFLOW);
            default:
                f='>';
        }
    }
    return f;
}

Status In(SElemType c)
{
```

```
        //判断 c 是否为运算符
        switch(c)
        {
            case'+':
            case'-':
            case'*':
            case'/':
            case'(':
            case')':
            case'#':
                return TRUE;
            default:
                return FALSE;
        }
    }


SElemType Operate(SElemType a,SElemType theta,SElemType b)
{
    //做四则运算 a theta b，返回运算结果
    SElemType c;
    switch(theta)
    {
        case'+':
            return a+b;
        case'-':
            return a-b;
        case'*':
            return a*b;
    }
    return a/b;
}


SElemType EvaluateExpression()
{
    //算术表达式求值的算符优先算法。设 OPTR 和 OPND 分别为运算符栈和运算数栈
    SqStack OPTR,OPND;
    SElemType a,b,c,x;
    InitStack(OPTR);  //初始化运算符栈 OPTR 和运算数栈 OPND
    InitStack(OPND);
    Push(OPTR,'#');  //把结束符压入运算符栈 OPTR 的栈底
    c=getchar();  //由键盘读入 1 个字符到 c
    GetTop(OPTR,&x);  //将运算符栈 OPTR 的栈顶元素赋给 x
    while(c!='#'||x!='#')  //c 和 x 都不是运算符
    {
        if(In(c))  //c 是 7 种运算符之一
            switch(Precede(x,c))  //判断 c 和 x 的优先
            {
                case'<':
```

```
                    Push(OPTR,c);  //运算符栈 OPTR 的栈顶元素 x 的优先级低入栈
                    c=getchar();  //由键盘读入下一个字符 c
                    break;
                case'=':
                    Pop(OPTR,&x);  //脱括号并接收下一字符
                    c=getchar();
                    break;
                case'>':
                    Pop(OPTR,&x);  //退栈并将运算结果入栈
                    Pop(OPND,&b);
                    Pop(OPND,&a);
                    Push(OPND,Operate(a,x,b));
                    break;
            }
        else if(c>='0'&&c<='9')  //c 是操作数
        {
            Push(OPND,c);  //将该操作数的值压入运算数栈 OPND
            c=getchar();
        }
        else  //c 是非法字符
        {
            printf("出现非法字符\n");
            exit(OVERFLOW);
        }
        GetTop(OPTR,&x);  //将运算符栈 OPTR 的栈顶元素赋给 x
    }
    Pop(OPND,&x);  //弹出运算数栈 OPND 的栈顶元素给 x
    if(!StackEmpty(OPND))  //运算数栈 OPND 不空
    {
        printf("表达式不正确\n");
        exit(OVERFLOW);
    }
    return x;
}

void main()
{
    printf("请输入算术表达式（输入的值要在 0～9 之间、");
    printf("中间运算值和输出结果在-128～127 之间、");
    printf("%d\n",EvaluateExpression());  //返回值按整型格式输出
}
```

程序运行结果如下。

> 请输入算术表达式（输入的值要在 0～9 之间、中间运算值和输出结果在-128～127 之间）
> (2+3)＊4↙
> 20

程序中还调用了两个函数。其中 Precede()是判定运算符栈的栈顶运算符 θ_1 与读入的运算符 θ_2 之间优先关系的函数；Operate()为进行二元运算 $a\theta b$ 的函数。如果是编译表达式，则产生这个运算的一组相应指令并返回存放结果的中间变量名；如果是解释执行表达式，则直接进行该运算，并返回运算的结果。

例 3.2 利用算法 EvaluateExpression 对算术表达式(2+3)＊4 求值，操作过程如表 3.3 所示。

表 3.3 表达式求解操作过程

步骤	OPTR	OPND	输入字符	主要操作
1	#		(2+3)＊4#	Push(OPTR,'(')
2	#(		(2+3)＊4#	Push(OPND,'2')
3	#(	2	(2+3)＊4#	Push(OPTR,'+')
4	#(+	2	(2+3)＊4#	Push(OPND,'3')
5	#(+	23	(2+3)＊4#	Pop(OPTR,'+') Pop(OPND,'2') Pop(OPND,'3') Push(OPND,Operate('2','+','3')) GetTop(OPTR,'(') Pop(OPTR,'(')
6	#	5	(2+3)＊4#	Push(OPTR,'*')
7	#*	5	(2+3)＊4#	Push(OPND,'4')
8	#*	54	(2+3)＊4#	Pop(OPTR,'*') Pop(OPND,'4') Pop(OPND,'5') Push(OPND,Operate('4','*','5'))
9	#	20		Pop(OPND,'20')
10	#			

3.3 栈 与 递 归

3.3.1 递归的定义

栈的一个典型应用是程序设计中的递归过程的设计与实现，用栈来保存调用过程中的参数和返回地址。所谓递归过程（或函数）就是子程序或函数中直接或间接地调用自己。下面给出几个递归定义。

例 3.3 下列为某人祖先的递归定义：

某人的双亲是他的祖先[基本情况]

某人祖先的双亲同样是某人的祖先[递归步骤]

例 3.4　阶乘函数。

$$\begin{cases} 阶乘(0) = 1[基本情况] \\ 对所有 n > 0 的整数：阶乘(n) = (n * 阶乘(n-1))[递归定义] \end{cases}$$

例 3.5　斐波那契数列。

$$\begin{cases} \text{fib}(0) = 0[基本情况] \\ \text{fib}(1) = 1[基本情况] \\ 对所有 n > 1 的整数：\text{fib}(n) = (\text{fib}(n-1) + \text{fib}(n-2))[递归定义] \end{cases}$$

一般递归分为**直接递归**和**间接递归**这两类，如图 3.12 所示。

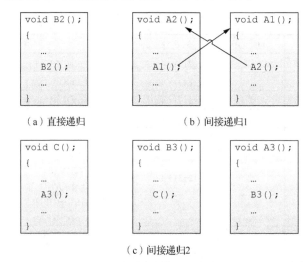

（a）直接递归　　　　　　　　（b）间接递归1

（c）间接递归2

图 3.12　直接递归与间接递归

例 3.6　Ackerman()函数。

当两个连续函数都趋近于无穷时，我们常用洛必达法则来比较它们趋向无穷的快慢。函数的阶越高，它趋向无穷的速度就越快。定义在正整数域上的函数中，$n!$ 趋向于正无穷的速度非常快，所以在算法设计中需要尽量避免出现这样的时间复杂度。$\log n$ 趋向于无穷的速度则非常慢。

函数 Ackerman Function 中包含了一个增长速度比 $n!$ 快得多的函数和一个比 $\log n$ 慢得多的函数。同时，并非一切递归函数都有通项公式，Ackerman()函数是一个双递归函数，有两个自变量（独立），定义如下。

$$\begin{cases} \text{Ack}(0,n) = n+1, & n \geqslant 0 \\ \text{Ack}(m,0) = \text{Ack}(m-1,1), & m \geqslant 0 \\ \text{Ack}(m,n) = \text{Ack}(\text{Ack}(m-1,n),n-1), & n,m > 0 \end{cases} \qquad (3.2)$$

算法如下。

```
#include"stdio.h"
int ack(int m,int n)
{
    int z;
    if(m==0)
```

```
            z=n+1;   //出口
        else if(n==0)
            z=ack(m-1,1);   //对形参 m 降阶
        else
            z=ack(m-1,ack(m,n-1));   //对形参 m、n 降阶
        return z;
    }

    int main()
    {
        int m,n;
        printf("请输入 m,n: ");
        scanf("%d,%d",&m,&n);
        printf("Ack(%d,%d)=%d\n", m, n,ack(m,n));
    }
```

程序运行结果如下。

```
    请输入 m,n: 3,9✓
    Ack(3,9)=4093
```

3.3.2 递归过程的内部实现

从递归调用的过程可知，它们刚好符合后进先出的原则。因此，利用栈实现递归过程是再适当不过的了。下面以求 $n!$ 为例，介绍它的递归实现过程。递归算法如下。

```
    int fact(int n)
    {
        int result;
        if(n==0)
            result=1;
        else
            result=fact(n-1)* n;   //递归调用自身
        return result;
    }
```

在递归执行过程中，需要一个栈 LS 保存递归调用前的参数及递归的返回地址。参数为 fact 中的现行值，返回地址为递归语句的下一语句入口地址。设第 1 次调用的返回地址为 p_1，第 2 次调用的返回地址为 p_2……如图 3.13 所示，具体实现如下。

（1）遇递归调用时，将当前参数与返回地址保存在栈 LS 中。

（2）遇递归返回语句时，将 LS 栈顶的参数及返回地址一并弹出，按当前返回地址继续执行。

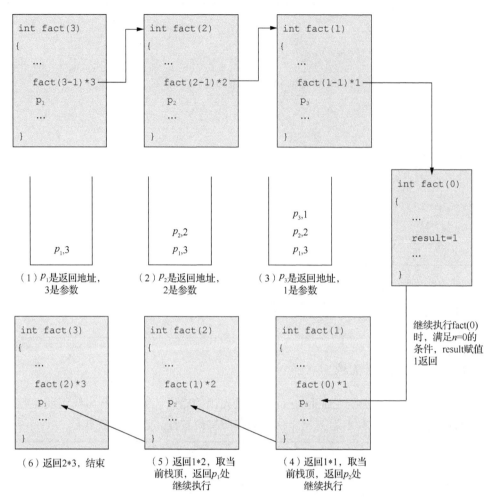

图 3.13　求 3! 的递归程序的图示

从分析递归程序的运行机制中发现，递归程序的运行效率并不高，并不能节约运行时间，相反，由于保存大量的递归调用的参数和返回地址，还要消耗一定的时间，再加上空间的消耗，与非递归程序相比无优势而言。那么，为什么还要使用递归方法设计程序呢？其原因是尽管递归在时空方面不占优势，但其具有编程方便、结构清楚、逻辑结构严谨等优势，还是有可取之处的。

递归的致命缺点是时空性能不好，能否用非递归方法来解决递归问题呢？答案是肯定的，这种转化带来的优点有：第一，有利于提高算法的时空性能；第二，有助于彻底理解递归机制，而这种理解是熟练掌握递归程序设计的必要前提。

3.3.3　递归消除

递归的消除有两种：简单递归消除和基于栈的递归消除。

1. 简单递归消除

简单的递归消除可以不利用栈而直接转换成循环算法。在这种情况下，利用"依赖图"分析和化简是非常便利的。下面通过例子介绍如何利用"依赖图"实现递归算法向非递归算法的转换。

例 3.7 把求 $n!$ 的递归算法转换为非递归算法。

求 3! 的递归程序的依赖图如图 3.14 所示，从图中可以看出，fact(3) 依赖于 fact(2)，而 fact(2) 又依赖于 fact(1)，fact(1) 又依赖于 fact(0)。所以，当递归到第 4 层 fact(0) 的调用时，可以得出一个确定的值 1。当这个值计算出来后，则返回到第 三层 fact(1)，以此类推，直到求完 fact(3) 为止。

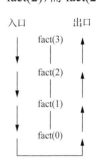

绘制依赖图的方法如下。

（1）对一个递归调用，设立一个以该调用为标记的结点。

（2）对任意两个递归调用 p、q，若 p 的计算"直接依赖" q，即 p 的 执行中调用了 q，则图中对应的结点之间有连线，并且 p 结点的位置高于 q 结点。

由此可见，如果在算法中直接将 fact(0)=1 作为已知值，每次求 图 3.14 3! 的依赖图 fact(i)=fact($i-1$)*i 即可，这样构成一个循环，最终求出 $n!$。非递归算法如下。

```
int fact(int n)
{
    int result=1;
    for(int i=1;i<=n;i++)
        result=result*i;
    return result;
}
```

例 3.8 把求斐波那契函数的递归算法转换为非递归算法。

$$\text{fib}(n) = \begin{cases} 0, & n=0 \\ 1, & n=1 \\ \text{fib}(n-1)+\text{fib}(n-2), & n>1 \end{cases} \qquad (3.3)$$

fib(n) 是递归定义的，其依赖图及其化简如图 3.15 所示，可直接写出其递归算法。

```
int fib(int n)
{
    if(n==0)
        return 0;
    else if(n==1)
        return 1;
    else
        return fib(n-1)+fib(n-2);
}
```

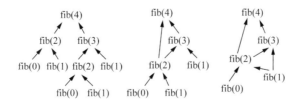

图 3.15 n=4 的斐波那契函数的依赖图及其化简

未化简时和化简后过程调用次数比较如表 3.4。

表 3.4　是否化简的斐波那契函数的过程调用次数比较

	fib(4)	fib(3)	fib(2)	fib(1)	fib(0)	合计
未化简	1	1	2	3	2	9 次
化简	1	1	1	1	1	5 次

化简后的过程调用次数比未化简少了 4 次。实际上，化简后每个 fib($i = 1, 2, \cdots, n$) 只计算 1 次。化简后的非递归算法如下。

```
int fib(int n)
{
    if(n==0)
        return 0;
    if(n==1)
        return 1;
    int a=0,b=1;
    for(int i=1;i<=n/2;i++)
        //一次循环计算了两个 fib 的值，故 i<=n/2
    {
        a=a+b;
        b=b+a;
    }
    if(n%2!=0)   //n 为奇数
        return b;
    else
        return a;
}
```

2. 基于栈的递归消除

基于栈的递归消除是按照递归执行的规律向非递归进行转换的。具体方法是：将递归算法中的递归调用语句改为压入操作；将递归返回语句改为弹出操作。

我们仍以求 $n!$ 为例加以介绍。按照上述转换规则，可有如下的转换后的非递归算法的格式。

```
int fact(int n)
{
    int result;
    if(n==0)
        result=1;
    while 满足入栈条件
        压入栈顶参数;
        修改栈顶指针;
    while 满足出栈条件（即递归出口）
        弹出栈顶参数;
        fact=计算阶乘;
```

```
        修改栈顶指针;
    return result;
}
```

读者可以根据上面的转换公式,自己写出求 $n!$ 和斐波那契数列的非递归程序。

借助于栈将递归算法转换为非递归算法很方便,这种方法编制的程序易读,并且比递归算法速度快。尤其是要将有些稍复杂的递归算法转换为非递归算法,如果不借助于栈,只用简单的循环方法很难实现。用此方法,可将任何一个递归问题对应的算法转换为一个非递归的算法。

综上所述,递归程序的特点是:逻辑条理非常清晰,方法简单,易编程;但需要反复调用过程且浪费时间,同时也不易阅读。

3.3.4 运用栈阅读递归程序

1. Hanoi 塔问题

Hanoi 塔问题属于古典的递归问题。如图 3.16 所示,假设有三个分别命名为 X、Y 和 Z 的塔座,在塔座 X 上插有 n 个直径大小各不相同、依小到大编号为 $1,2,\cdots,n$ 的圆盘。现要求将 X 轴上的 n 个圆盘移至塔座 Z 上并仍按同样顺序叠排,圆盘移动时必须遵循下列规则。

（1）每次只能移动一个圆盘。

（2）圆盘可以插在 X、Y、Z 中的任一塔座上。

（3）任何时刻都不能将一个较大的圆盘压在较小的圆盘之上。

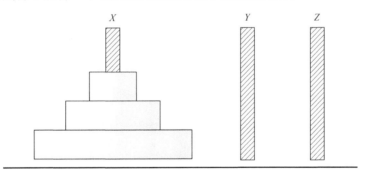

图 3.16　3 阶 Hanoi 塔问题的初始状态

如何实现移动圆盘的操作呢?

$n=1$ 时,直接把圆盘从 X 移到 Z。$n>1$ 时,先把上面 $n-1$ 个圆盘从 X 移到 Y,然后将 n 号盘从 X 移到 Z,再将 $n-1$ 个盘从 Y 移到 Z。即把求解 n 个圆盘的 Hanoi 塔问题转化为求解 $n-1$ 个圆盘的 Hanoi 塔问题。以此类推,直至转化成只有一个圆盘的 Hanoi 塔问题。

每层递归调用需分配的空间形成递归工作记录,按后进先出的栈组织,递归工作栈保存内容如图 3.17 所示:返回地址用行编号表示;塔座 X 的形式参数为 x;塔座 Y 的形式参数为 y;塔座 Z 的形式参数为 z。图 3.18 是 3 阶 Hanoi 塔圆盘移动操作示意图。

图 3.17　地址栈内容

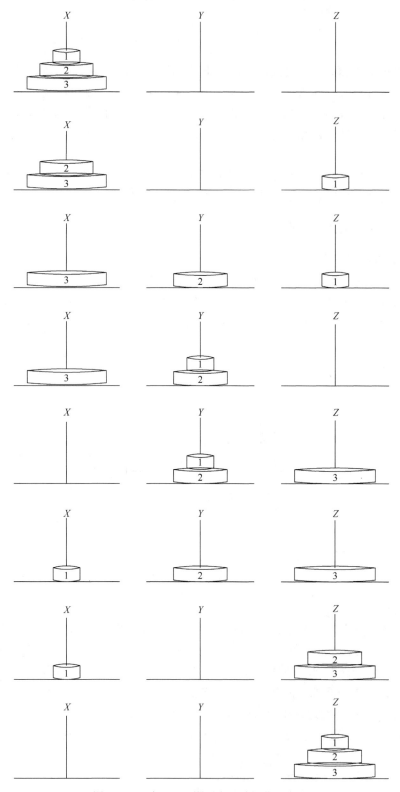

图 3.18　3 阶 Hanoi 塔圆盘移动操作示意图

下面给出 Hanoi 塔问题的实现程序。

```
int c=0;  //全局变量，搬动次数
void move(char x,int n,char z)
{
    //第 n 个圆盘从塔座 X 搬到塔座 Z
    printf("第%i 步：将%i 号盘从%c 移到%c\n",++c, n,x,z);
}

void Hanoi(int n,char x,char y,char z)
{
    /*将塔座 X 上按直径由小到大且自上而下编号为 1 至 n 的 n 个圆盘按规则搬到塔座
    Z 上，Y 可用作辅助塔座*/
    if(n==1)  //出口
        move(x,1,z);  //将编号为 1 的圆盘从 X 移到 Z
    else
    {
        Hanoi(n-1,x,z,y);
                //将 X 上编号为 1 至 n-1 的圆盘移到 Y，Z 作辅助塔（降阶递归调用）
        move(x,n,z);  //将编号为 n 的圆盘从 X 移至 Z
        Hanoi(n-1,y,x,z);
                //将 Y 上编号为 1 至 n-1 的圆盘移到 Z，X 作辅助塔（降阶递归调用）
    }
}

void main()
{
    int n;
    printf("3 个塔座为 a、b、c，圆盘最初在 a 座，借助 b 座移到 c 座。请输入圆盘数：");
    scanf("%d",&n);
    Hanoi(n,'a','b','c');
}
```

程序运行结果如下。

```
3 个塔座为 a、b、c，圆盘最初在 a 座，借助 b 座移到 c 座。请输入圆盘数：3↙
第 1 步：将 1 号盘从 a 移到 c
第 2 步：将 2 号盘从 a 移到 b
第 3 步：将 1 号盘从 c 移到 b
第 4 步：将 3 号盘从 a 移到 c
第 5 步：将 1 号盘从 b 移到 a
第 6 步：将 2 号盘从 b 移到 c
第 7 步：将 1 号盘从 a 移到 c
```

2. 如何阅读递归程序

以下以 Hanoi 塔的递归程序（$n=3$）为例，介绍如何阅读递归程序的详细过程。

1）阅读递归程序的方法

首先，根据递归程序的特点来分析阅读递归程序的过程，递归程序的特点之一是：每个递归程序均满足某特定条件才被执行。递归程序的另一特点是：因为递归程序是程序的函数（过程）自身调用自身的过程，所以该递归程序一定有一个跳出递归程序的出口，即满足某条件，则跳出递归程序；否则，该程序则会陷入无限循环。

然后，确定地址栈内容，地址栈内容包括两部分：第一部分，保存递归函数返回地址；第二部分，保存当前递归运行的参数。具体表示如下。

返回地址	当前递归运行的参数的状态

本例的地址栈内容表示见图 3.17。其中，返回地址指的是 Hanoi 塔递归程序中语句的标号（也称地址）；n 代表 Hanoi 塔的盘子数目；x,y,z 代表 Hanoi 塔递归程序的形式参数，它们在调用对应递归过程的实参分别是 a,b,c。

2）Hanoi 塔问题的操作过程

设当前主程序执行的语句是 "Hanoi(3,a,b,c);"，过程调用的实参分别是 $n=3,x=a,y=b,z=c$。初始过程如图 3.19 所示。

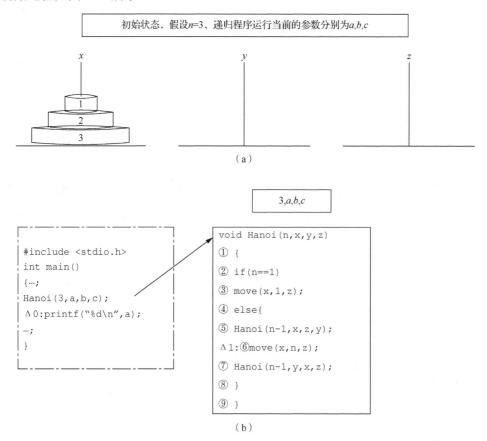

图 3.19　Hanoi 塔问题初始过程

这时候，地址栈的内容为空，即地址栈指针 top=0，如图 3.20 所示。

（1）第一次调用递归过程的状态。

计算机执行当前主程序"Hanoi(3,*a*,*b*,*c*)；"的过程调用语句时，计算机需要做如下工作。

A．将主程序的"Hanoi(3,*a*,*b*,*c*)；"的过程调用语句的下一个语句地址（标号）保存在地址栈中，这时地址栈的内容如图 3.21 所示。

图 3.20　初始地址栈内容　　　　图 3.21　第一次调用递归步骤一的地址栈

B．转去执行"Hanoi(*n*,*x*,*y*,*z*)；"过程，并将当前的实参(3,*a*,*b*,*c*)赋值给形式参数(*n*,*x*,*y*,*z*)；也就是说，当前调用的过程参数为(3,*a*,*b*,*c*)；按照过程顺序执行语句①～④；当顺序执行到语句⑤时，出现自身调用自身的情况即"⑤Hanoi(*n*−1,*x*,*z*,*y*)"，换句话说，出现了第一次调用递归的过程调用，这时，与计算机执行过程一样要做如下的工作。

a．"⑤Hanoi(*n*−1,*x*,*z*,*y*)"的过程调用语句的下一个语句地址（标号）即"Δ1:⑥"保存在地址栈中；这时地址栈的内容如图 3.22 所示。

图 3.22　第一次调用递归步骤二的地址栈

b．转去执行自身调用自身的过程。执行"void Hanoi(*n*,*x*,*y*,*z*)"开始的过程，但这时候的参数分别是：*n*−1=3−1=2,*x*=*a*,*y*=*c*,*z*=*b*。第一次进入 Hanoi 过程执行"⑤Hanoi(*n*−1,*x*,*z*,*y*)"时，出现自己调用自己的递归调用情况，因此，转入第一次调用递归过程，如图 3.23 所示。

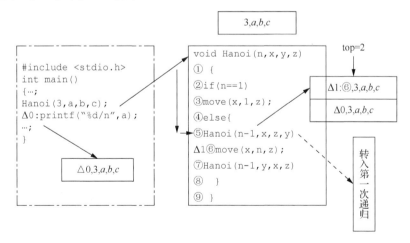

图 3.23　第一次调用递归过程的状态

（2）第二次调用递归过程的状态，如图 3.24 所示。

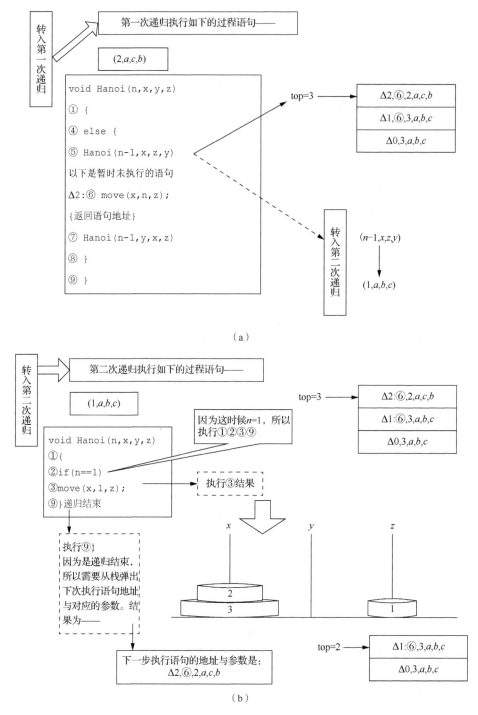

（a）

（b）

图 3.24　第二次调用递归过程的状态

（3）第三次调用递归过程的状态，如图 3.25 所示。

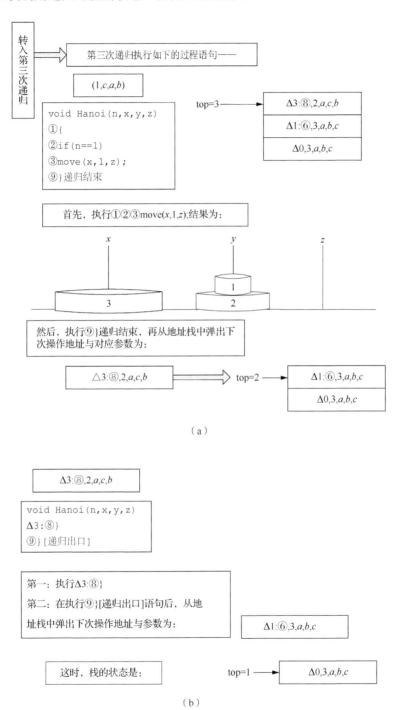

（a）

（b）

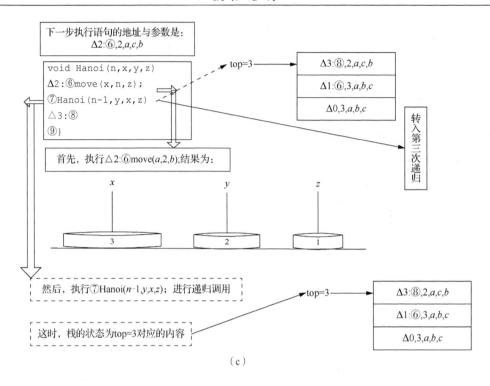

图 3.25　第三次调用递归过程的状态

（4）第四次调用递归过程的状态，如图 3.26 所示。

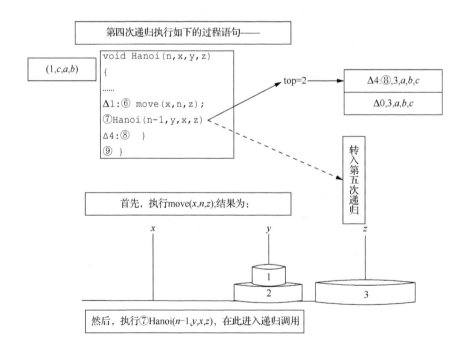

图 3.26　第四次调用递归过程的状态

（5）第五次调用递归过程的状态，如图 3.27 所示。

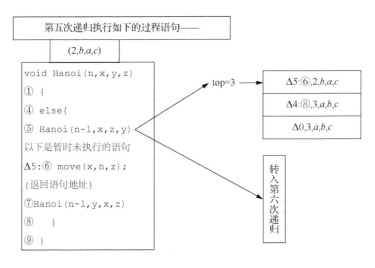

图 3.27 第五次调用递归过程的状态

（6）第六次调用递归过程的状态，如图 3.28 所示。

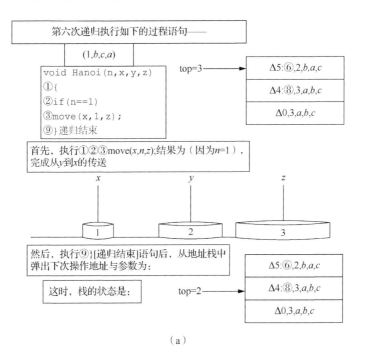

（a）

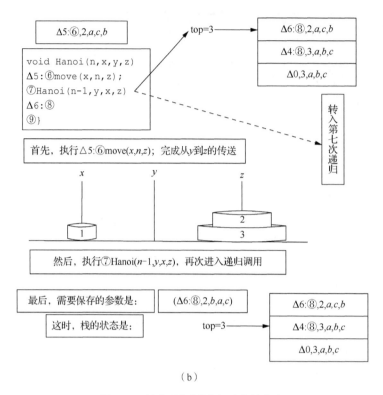

（b）

图 3.28 第六次调用递归过程的状态

（7）第七次调用递归过程的状态，如图 3.29 所示。

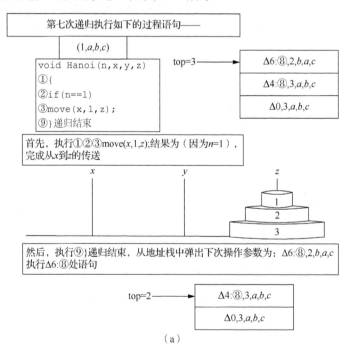

（a）

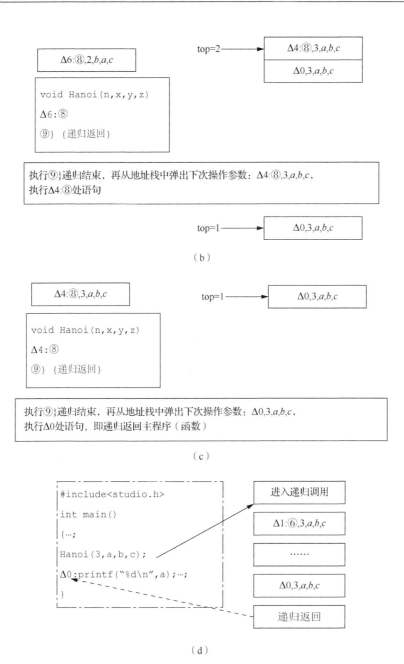

图 3.29 第七次调用递归过程的状态

3）阅读递归过程的注意事项

前面提到递归有可能造成死循环，为避免死循环，要做到以下两点。

（1）降阶。递归函数虽然调用自身，但并不是简单地重复。它的实参值每次是不一样的，一般逐渐减小，称为降阶。如例 3.6 的 Ackerman() 函数，当 $m \neq 0$ 时，$Ack(m,n)$ 可由 $Ack(m-1, \cdots)$ 得到，Ack() 函数的第一个参数减小了。

（2）有出口。即在某种条件下，不再进行递归调用。仍以例 3.6 的 Ackerman()函数为例，当 $m=0$ 时，$Ack(0,n)=n+1$，终止了递归调用。所以，递归函数总有条件语句。$m=0$ 的条件是由逐渐降阶形成的。如取 $Ack(m,n)$ 函数的实参 $m=-1$，即使通过降阶也不会出现 $m=0$ 的情况，这也会出现死循环。

　　系统在遇到函数调用时，会将调用函数的实参、返回地址等存入系统自身设立的"递归工作栈"中，再去运行被调用函数。从被调用函数返回时，再将调用函数的信息出栈，接着运行调用函数。在一系列调用递归过程中，最后递归调用的函数最先结束调用返回主函数。所以把它们的信息存入栈中是很合适的。系统开辟的栈空间是有限的，当递归调用时，嵌套的层次往往很多，就有可能使栈发生溢出现象，从而出现不可预料的后果。

3.4　队　　列

3.4.1　队列的定义

　　队列（queue）也是一个特殊的线性表。它与栈的运算相反，是一种**先进先出**（first in first out，FIFO）的线性表。队列的运算主要有两种：插入和删除运算。但队列处理数据元素的情景与日常生活中排队的情景相同，最早插入队列的元素最先离开（删除）。因此，在队列中插入一个元素是在队列的一端进行，该端称为**队尾**（用 rear 表示）；而删除一个元素则是在队列的另一端进行，该端称为**队头**（用 front 表示）。front、rear 是为了完成删除或插入运算所设置的两个指针，分别指向队头、队尾。

　　假设队列 $Q=(a_1,a_2,\cdots,a_n)$，那么 a_1 是队头元素，a_n 是队尾元素，即进入或退出都按 $a_1,a_2,\cdots,a_n$ 这个顺序进行。图 3.30 是队列的示意图。

　　食堂排队购饭、火车站排队购票、公共汽车候车、银行办理业务等都是队列的模型，即保证先来先服务，先离去；后来后服务，后离去。计算机操作系统的资源分配与运行时间的分配也满足队列的操作规则，即计算机操作系统中的优先级的排队，对每个申请资源的用户遵循的是系统制定的有限级的队列操作规则。

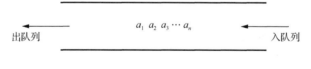

$$a_1\ a_2\ a_3\ \cdots\ a_n$$

出队列　　　　　　　　　　　　　　　　　　　　　　　入队列

图 3.30　队列的示意图

3.4.2　队列的抽象数据类型定义

1. 队列的抽象数据类型定义的架构

```
ADT Queue {
    队列的数据结构的形式化定义;
    队列的所有基本操作;
}ADT Queue
```

2. 队列的抽象数据类型的详细定义

ADT Queue {

　　　　数据对象： $D = \{a_i \mid a_i \in \mathrm{ElemSet}, i = 1, 2, \cdots, n; n \geqslant 0\}$

　　　　数据关系： $R = \{< a_{i-1}, a_i > \mid a_{i-1}, a_i \in D, i = 2, 3, \cdots, n\}$

　　　　基本操作：

函数操作	函数说明
InitQueue(&Q)	操作结果：构造一个空队列 Q
DestroyQueue(&Q)	初始条件：队列 Q 已存在 操作结果：队列 Q 被销毁，不再存在
ClearQueue(&Q)	初始条件：队列 Q 已存在 操作结果：将 Q 清为空队列
QueueEmpty(Q)	初始条件：队列 Q 已存在 操作结果：若 Q 为空队列，则返回 TRUE，否则返回 FALSE
GetHead(Q,&e)	初始条件：Q 为非空队列 操作结果：用 e 返回 Q 的队头元素
EnQueue(&Q,e)	初始条件：队列 Q 已存在 操作结果：插入元素 e 为 Q 的新队尾元素
DeQueue(&Q,&e)	初始条件：Q 为非空队列 操作结果：删除 Q 的队头元素，并用 e 返回其值
QueueTraverse(Q,Visit())	初始条件：Q 已存在且非空 操作结果：从队头到队尾，依次对 Q 的每个数据元素调用函数 Visit()。一旦 Visit()失败，则操作失败

}ADT Queue

在本书以后各章中引用的队列都应是如上定义的队列类型。队列的数据元素类型应在应用程序内定义。

3.4.3 队列的表示和实现

1. 顺序队列的存储结构与运算

队列的存储结构与线性表的存储结构一样，有顺序存储结构与链式存储结构两种。下面介绍队列的顺序存储结构及有关算法。

1）顺序队列的存储结构

顺序结构的队列称为**顺序队列**，与栈的顺序表示相类似。队列中的元素也用一维数组来表示，所不同的是它需要两个指针分别指示队头元素与队尾元素在队列中的位置。如图 3.31 所示，**给出了顺序队列的空队列，入队列到队列满（溢出），出队列到队列空（或者假溢出）的状态。** 从图 3.31（f）可以看出，队满的情况是假象，实际上有可利用的空间。因为，按照队列运算规则，在 a_1, a_2, a_3, a_4 相继出队列后，则出现了队列前 4 个位置空出的情况，这种现象叫作**假溢出**。这也是顺序队列的一个缺点。我们可以利用循环队列来克服这个缺点，即把队列看成是循环的。

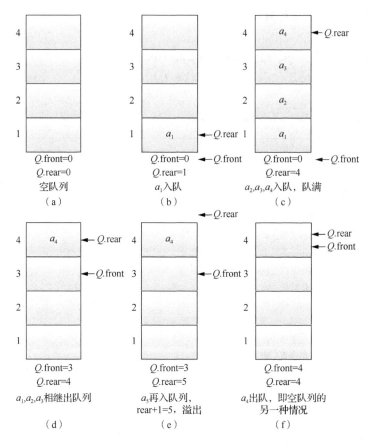

图 3.31　头、尾指针和队列中元素之间的关系

2）循环队列

循环队列指针的开始位置，头指针指向的结点不用于存储队列元素，只起标志作用，队列的第 1 个元素存储在队头指针 Q.front 的下一个位置，尾指针指向第一个元素。在循环队列中，出现假溢出的情况时，还可继续插入。

```
//---------------------循环队列——队列的顺序存储结构----------------------
#define MAXQSIZE 100  //最大队列长度
typedef struct{
    QElemType *base;  //初始化的动态分配存储空间
    int front;  //头指针
    int rear;  //尾指针
}SqQueue;
```

由图 3.32 可知，利用循环队列可以解决“假溢出”的现象，但队满和队空的时候都有下式成立：Q.rear=Q.front，那么如何区分队空和队满的情况呢？有以下两种解决办法。

（1）另设一个标志位，利用循环队列中现有的元素个数来判断是否队满或队空。

（2）空出一个元素空间不用。以下主要介绍这种方法。该方法中队满、队空的条件为

队满：$(Q.\text{rear}+1)\ \text{MOD}\ \text{MAXQSIZE}=Q.\text{front}$

也就是队尾指针绕一圈后赶上头指针。

队空：$Q.\text{rear}=Q.\text{front}$

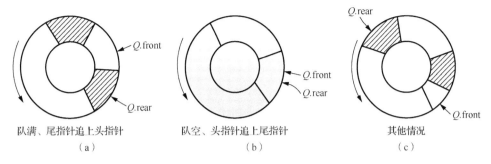

图 3.32　循环队列出、入队示意图

循环队列的两个主要算法如下。

（1）入队列算法。

```
Status EnQueue(SqQueue &Q,QElemType e)
{
    //插入元素 e 为 Q 的新的队尾元素
    if((Q.rear+1)%MAXQSIZE==Q.front)  //队列满
        return ERROR;
    Q.base[Q.rear]=e;  //将 e 插在队尾
    Q.rear=(Q.rear+1)%MAXQSIZE;  //队尾指针+1 后对 MAXQSIZE 取余
    return OK;
}
```

（2）出队列算法。

```
Status DeQueue(SqQueue &Q,QelemType &e)
{
    //若队列不空,则删除 Q 的队头元素,用 e 返回其值,并返回 OK;否则返回 ERROR
    if(Q.front==Q.rear)  //队列空
        return ERROR;
    e=Q.base[Q.front];  //将队头元素的值赋给 e
    Q.front=(Q.front+1)%MAXQSIZE;  //移动队头指针
    return OK;
}
```

2. 链队列的存储结构与运算

在经常对队列中的数据元素进行插入或删除运算时，可采用链式存储结构。用链表表示的队列简称链队列。链队列中每个元素的结点形式与单链表的结点形式相似，只不过有两个特殊的指针：头指针 front 与尾指针 rear。

```
//----------------单链队列——队列的链式存储结构----------------
typedef struct QNode
{
    //结点类型
    QElemType data;  //数据域
    struct QNode *next;  //指针域
}QNode,*QueuePtr;
typedef struct
```

```
    {
        //链队列类型
        QueuePtr front;  //头指针
        QueuePtr rear;   //尾指针
    } LinkQueue;
```

如图 3.33 所示，为了操作方便，常给链队列添加一个头结点，并令头指针指向头结点。空的链队列的判别条件是头指针和尾指针均指向头结点，如图 3.34 所示。

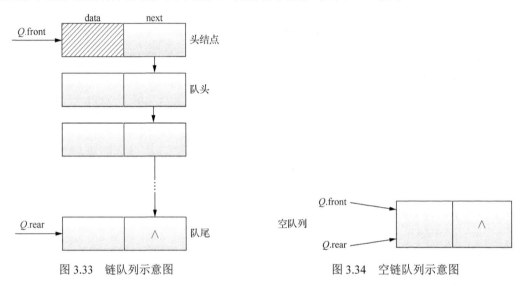

图 3.33　链队列示意图　　　　　　　　图 3.34　空链队列示意图

1）单链队列的基本操作的算法描述

（1）构造一个空队列的算法。

```
    void InitQueue(LinkQueue &Q)
    {
        //构造一个空队列
        Q.front=Q.rear=(QueuePtr)malloc(sizeof(QNode));  //生成头结点
        if(!Q.front)  //生成头结点失败
            exit(OVERFLOW);
        Q.front->next=NULL;  //头结点的 next 域为空
    }
```

（2）销毁一个队列的算法。

```
    void DestroyQueue(LinkQueue &Q)
    {
        //销毁队列 Q（无论空否均可）
        while(Q.front)  //释放元素空间
        {
            Q.rear=Q.front->next;  //Q.rear 指向 Q.front 的下一个结点
            free(Q.front);  //释放 Q.front 所指结点
            Q.front=Q.rear;  //Q.front 指向 Q.front 的下一个结点
        }
    }
```

（3）判断队列是否为空的算法。

```
Status QueueEmpty(LinkQueue Q)
{
    //若 Q 为空队列,则返回 TRUE, 否则返回 FALSE
    if(Q.front->next==NULL)
        return TRUE;
    else
        return FALSE;
}
```

（4）清为空队列的算法。

```
void ClearQueue(LinkQueue &Q)
{
    //将 Q 清为空队列
    DestroyQueue(Q);  //销毁队列 Q
    InitQueue(Q);  //重新构造空队列
}
```

（5）求队列的长度的算法。

```
int QueueLength(LinkQueue Q)
{
    //求队列 Q 的长度
    int i=0;  //计数器，初值为 0
    QueuePtr p;
    p=Q.front;  //p 指向头结点
    while(Q.rear!=p)  //p 所指不是尾结点
    {
        i++;  //计数器+1
        p=p->next;  //p 指向下一个结点
    }
    return i;
}
```

（6）用 e 作为返回 Q 的队头元素。

```
int GetHead_Q(LinkQueue Q,QElemType &e)
{
    //若队列不空,则用 e 返回 Q 的队头元素,并返回1,否则返回 0
    QueuePtr p;
    if(Q.front==Q.rear)
        return 0;
    p=Q.front->next;  //队头元素
    *e=p->data;
    return 1;
}
```

（7）插入元素 e 为 Q 的新的队尾元素的算法。

```
void EnQueue(LinkQueue &Q,QElemType e)
{
    QueuePtr p=(QueuePtr)malloc(sizeof(QNode));  //动态生成新结点
    if(!p) exit(OVERFLOW);  //存储分配失败则退出
    p->data=e;  //将值 e 赋给新结点
    p->next=NULL;  //新结点的指针域为空
    Q.rear->next=p;  //原队尾结点的指针指向新结点
    Q.rear=p;
}
```

按照上述算法，在队列初始为空情况下，第一次将元素 x 插入到队列，第二次再将元素 y 插入到队列的情况，分别如图 3.35 所示。

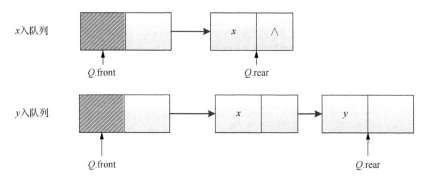

图 3.35　单链队列插入队尾元素示意图

（8）删除 Q 的队头元素的算法。

```
Status DeQueue(LinkQueue &Q,QElemType &e)
{
    //若队列不空,删除 Q 的队头元素,用 e 返回其值,并返回 OK,否则返回 ERROR
    QueuePtr p;
    if(Q.front==Q.rear)  //队列空
        return ERROR;
    p=Q.front->next;  //p 指向队头结点
    e=p->data;  //将队头元素的值赋给 e
    Q.front->next=p->next;  //头结点指向下一结点
    if(Q.rear==p)  //删除的是队尾结点
        Q.rear=Q.front;  //修改队尾指针指向头结点（空队列）
    free(p);  //释放队头结点
    return OK;
}
```

按照上述算法，若队列不空，删除 Q 的队头元素的操作如图 3.36 所示。

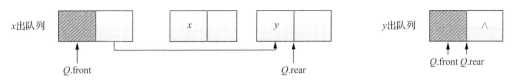

图 3.36　单链队列删除队头元素示意图

（9）从队头到队尾依次对队列 Q 中每个元素调用函数。

```
void QueueTraverse(LinkQueue Q,void(*Visit)(QElemType))
{
    //从队头到队尾依次对队列 Q 中每个元素调用函数 Visit()
    QueuePtr p;
    p=Q.front->next;  //p 指向队头结点
    while(p)  //p 指向结点
    {
        Visit(p->data);  //对 p 所指元素调用 Visit()
        p=p->next;
    }
    printf("\n");
}
```

2）单链队列的基本操作的算法分析

从单链队列的基本操作的算法分析可知，顺序队列采用固定的存储空间，一方面在读取访问时非常简单，对内部元素的访问也很简单，但另一方面会出现溢出现象，可以采用循环队列来解决其溢出问题。但是，当队列长度动态变动比较频繁时，链队列可以通过动态申请空间来满足队列长度的大幅变动，这也是链队列方便随机插入（入队列）和删除（出队列）的优势所在。

3.5　队列的应用——离散事件模拟的例子

在日常生活中，我们经常会遇到为了维护正常秩序而需要排队的情景。这类活动的模拟程序通常需要用到队列和线性表之类的数据结构，因此是队列的典型应用例子之一。这里将向读者介绍一个银行业务的模拟系统，问题描述如下。

假设某银行有 4 个窗口对外接待客户，从早晨银行开门起不断有客户进入银行。由于每个窗口在某个时刻只能接待一个客户，因此在客户人数众多时需在每个窗口前顺序排队，对于刚进入银行的客户，如果某个窗口的业务员正空闲，则可上前办理业务；反之，若 4 个窗口均有客户，他便会排在人数最少的队伍后面。现在需要编制一个程序以模拟整个服务系统。

下面讨论模拟程序的实现，首先要讨论模拟程序中需要的数据结构及其操作。

模拟程序中需要处理两类事件：一类是客户到达事件；另一类是客户离开事件。前一类事件发生的时刻随客户到来自然形成；后一类事件发生时刻则由客户事务所需时间和等待所耗时间而定。由于程序驱动是按发生时刻的先后顺序进行，则事件表应是有序表，其主要操作则是插入和删除操作。

模拟程序中需要的另一种数据结构是表示客户排队的队列，由于前面假设银行有 4 个办理窗口，因此程序中需要 4 个队列，每个队列中的队头客户即为正在窗口办理事务的客户，他办完事务离开队列的时刻就是即将发生的客户离开事件的时刻。因此，在任何时刻即将发生的事件只有下列 5 种可能：①新的客户到达；②1 号窗口客户离开；③2 号窗口客户离开；④3 号窗口客户离开；⑤4 号窗口客户离开。

从以上分析可见，在这个模拟程序中只需要两种数据类型：有序链表和队列。它们的数据类型分别定义如下。

```
typedef struct QCuEvent
{
    //事件和事件表
    int OccurTime;  //事件发生时刻
    int NType;  //事件类型，0 表示到达事件，1～4 表示 4 个窗口的离开事件
}Event,ElemType;  //事件类型，有序链表 LinkList 的数据元素类型
typedef LinkList EventList;  //事件链表类型，定义为有序链表
typedef struct QCuElem
{
    //窗口队列
    int ArrivalTime;  //到达时刻
    int Duration;  //办理事务所需时间
}QElemType  //队列的数据元素类型
```

在实际的银行中，客户到达的时刻及其办理事务所需时间都是随机的，在模拟程序中可用随机数来代替。不失一般性，假设第一个客户进门的时刻为 0，即是模拟程序处理的第一个事件，之后每个客户到达的时刻在前一个客户到达时设定。因此，在客户到达事件发生时需先产生两个随机数：其一为此时刻到达的客户办理事务所需时间 durtime；其二为下一客户将到达的时间间隔 intertime。假设当前事件发生的时刻为 occurtime，则下一个客户到达事件发生的时刻为 occurtime+intertime。由此应产生一个新的客户到达事件插入事件表，刚到达的客户则应插入到当前所含元素最少的队列中；若该队列在插入前为空，则还应产生一个客户离开事件插入事件表。

客户离开事件的处理比较简单。首先计算该客户在银行逗留的时间，然后从队列中删除该客户后查看队列是否空，若不空则设定一个新的队头客户离开事件。

下面是在上述数据结构下实现的银行业务模拟过程。

```
#define Qu 4  //客户队列数
#define INTERVAL_TIME 5  //两相邻到达的客户的时间间隔最大值
#define BUSINESS_TIME 30  //每个客户办理业务的时间最大值
#define NULL 0
//程序中用到的主要变量（全局）
EventList ev;  //事件表
Event en;  //事件
Event et;  //临时变量
```

```
LinkQueue q[Qu];  //Qu 个客户队列
QElemType customer;
QElemType f;
int TotalTime=0,CustomerNum=0;  //累计客户逗留时间,客户数（初值为 0）
int CloseTime;  //银行营业时间（单位是分）

void OpenForDay()
{
    //初始化操作
    int i;
    InitList(ev);  //初始化事件链表为空
    en.OccurTime=0;  //设定第一个客户到达事件
    en.NType=Qu;  //到达
    OrderInsert(ev,en,cmp);  //插入事件表
    for(i=0;i<Qu;++i)  //置空队列
        InitQueue(q[i]);
}

void Random(int &d,int &i)
{
    d=rand()%INTERVAL_TIME+1;  //1 到 INTRVAL_TIME 之间的随机数
    i=rand()%BUSINESS_TIME+1;  //1 到 BUSINESS_TIME 之间的随机数
}

int Minimum(LinkQueue Q[])  //返回最短队列的序号
{
    int l[Qu];
    int i,k;
    for(i=0;i<Qu;i++)
        l[i]=QueueLength(Q[i]);
    k=0;
    for(i=1;i<Qu;i++)
        if(l[i]<l[0])
        {
            l[0]=l[i];
            k=i;
        }
    return k;
}

void CustomerArrived()
{
    //处理客户到达事件,en.NType=Qu
    int durtime,intertime,i;
```

```
        ++CustomerNum;
        Random(durtime,intertime);  //生成随机数
        et.OccurTime=en.OccurTime+intertime;  //下一客户到达时刻
        et.NType=Qu;  //队列中只有一个客户到达事件
        if(et.OccurTime<CloseTime)  //银行尚未关门，插入事件表
            OrderInsert(ev,et,cmp);
        i=Minimum(q);  //求长度最短队列的序号，队长为最小的序号
        f.CustomerId=CustomerNum;
        f.ArrivalTime=en.OccurTime;
        f.Duration=durtime;
        printf("第%d位客户进入队列%d\n,到达时刻是%d,办理业务时间是%d\n",
        CustomerNum,i+1,f.ArrivalTime,f.Duration);
        EnQueue(q[i],f);
        printf("队列状态:\n*******************\n");
        for(int j=0;j<Qu;++j)
        {
            printf("%d",QueueLength(q[j]));
            printf("|");
        }
        printf("\n*******************\n");
        if(QueueLength(q[i])==1)
        //当该事件插入队列之后并不是该队列的第一个位置，则暂时不把它插入事件列表
        {
            et.OccurTime=en.OccurTime+durtime;
            et.NType=i;
            OrderInsert(ev,et,cmp);  //设定第i队列的一个离开事件并插入事件表
        }
    }
}

void CustomerDeparture()
{
    //处理客户离开事件，en.NTyPe<Qu
    int i;
    i=en.NType;
    DeQueue(q[i],customer);  //删除第i队列的排头客户
    printf("客户%d已办理完业务，离开队列%d,该客户等待时间是%d\n",
    customer.CustomerId,i+1,en.OccurTime-customer.ArrivalTime);
    printf("队列状态:\n*******************\n");
    for(int j=0;j<Qu;++j)
    {
        printf("%d",QueueLength(q[j]));
        printf("|");
    }
    printf("\n*******************\n");
    if(!QueueEmpty(q[i]))  //设定第i队列的一个离开事件并插入事件表
    {
        GetHead_Q(q[i],customer);
```

```
            et.OccurTime=en.OccurTime+customer.Duration;
            et.NType=i;
            OrderInsert(ev,et,cmp);
        }
    }

void Bank_Simulation()
{
    Link p=NULL;
    OpenForDay();   //初始化
    while(!ListEmpty(ev))
    {
        DelFirst(ev,GetHead(ev),p);
        en.OccurTime=GetCurElem(p).OccurTime;
        en.NType=GetCurElem(p).NType;
        if(en.NType==Qu)
            CustomerArrived();   //处理客户到达事件
        else
            CustomerDeparture();    //处理客户离开事件
    }
}

void main()
{
    printf("两个相邻到达的客户时间间隔是%d 分\n",INTERVAL_TIME);
    printf("每个客户办理业务的时间最大值是%d 分\n",BUSINESS_TIME);
    printf("请输入银行营业时间长度(单位:分)\n");
    scanf("%d",&CloseTime);
    Bank_Simulation();
}
```

模拟数据见表 3.5。

表 3.5 模拟数据

客户	到达时间	办理业务时间
1	0	12
2	3	5
3	4	30
4	9	19
5	13	23
6	18	6
7	19	2

队列状态如图 3.37 所示。

	队列1	队列2	队列3	队列4
初始状态				

	队列1	队列2	队列3	队列4
1号客户进入	1(0,12)			

	队列1	队列2	队列3	队列4
2号客户进入	1(0,12)	2(3,5)		

	队列1	队列2	队列3	队列4
3号客户进入	1(0,12)	2(3,5)	3(4,30)	

	队列1	队列2	队列3	队列4
2号客户离开，4号客户进入	1(0,12)	4(9,19)	3(4,30)	

	队列1	队列2	队列3	队列4
1号客户离开，5号客户进入	5(13,23)	4(9,19)	3(4,30)	

	队列1	队列2	队列3	队列4
6号客户进入	5(13,23)	4(9,19)	3(4,30)	6(18,6)

	队列1	队列2	队列3	队列4
7号客户进入	5(13,23) 7(19,2)	4(9,19)	3(4,30)	6(18,6)

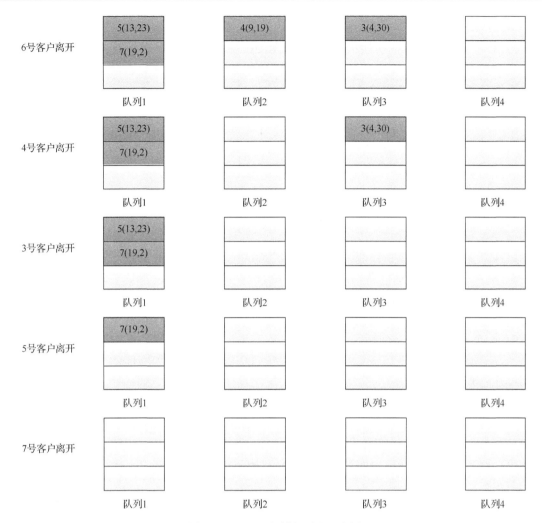

图 3.37 银行业务模拟过程示意图

习　　题

一、单项选择题

1. 若让元素 1,2,3,4,5 依次进栈，则出栈次序不可能出现在（　　）种情况。

A．5,4,3,2,1　　　　B．2,1,5,4,3　　　　C．4,3,1,2,5　　　　D．2,3,5,4,1

2. 数组 $Q[n]$ 用来表示一个循环队列，f 为当前队列头元素的前一位置，r 为队尾元素的位置，假定队列中元素的个数小于 n，计算队列中元素个数的公式为（　　）。

A．$r-f$　　　　B．$(n+f-r)\%n$　　　　C．$n+r-f$　　　　D．$(n+r-f)\%n$

3. 栈在（　　）中有所应用。

A．递归调用　　　B．函数调用　　　C．表达式求值　　　D．前三个选项都有

4. 为解决计算机主机与打印机间速度不匹配问题，通常设一个打印数据缓冲区。主机将要输出的数据依次写入该缓冲区，而打印机则依次从该缓冲区中取出数据。该缓冲区的逻辑结构应该是（　　）。

A．队列 B．栈 C．线性表 D．有序表

5．设栈 S 和队列 Q 的初始状态为空，元素 e1、e2、e3、e4、e5 和 e6 依次进入栈 S，一个元素出栈后即进入 Q，若 6 个元素出队的序列是 e2、e4、e3、e6、e5 和 e1，则栈 S 的容量至少应该是（　　）。

A．2 B．3 C．4 D．6

6．若一个栈以向量 $V[1\cdots n]$ 存储，初始栈顶指针 top 设为 $n+1$，则元素 x 进栈的正确操作是（　　）。

A．top++; $V[top]=x$; B．$V[top]=x$; top++;

C．top--; $V[top]=x$; D．$V[top]=x$; top--;

7．用链接方式存储的队列，在进行删除运算时（　　）。

A．仅修改头指针 B．仅修改尾指针

C．头、尾指针都要修改 D．头、尾指针可能都要修改

8．最大容量为 n 的循环队列，队尾指针是 rear，队头是 front，则队空的条件是（　　）。

A．(rear+1)%n==front B．rear==front

C．rear+1==front D．(rear-1)%n==front

9．一个递归算法必须包括（　　）。

A．递归部分 B．终止条件和递归部分

C．迭代部分 D．终止条件和迭代部分

二、算法设计题

1．将编号为 0 和 1 的两个栈存放于一个数组空间 $V[m]$ 中，栈底分别处于数组的两端。当第 0 号栈的栈顶指针 top[0]等于-1 时该栈为空，当第 1 号栈的栈顶指针 top[1]等于 m 时该栈为空。两个栈均从两端向中间增长。试编写双栈初始化，判断栈空、栈满、进栈和出栈等算法的函数。双栈数据结构的定义如下：

```
Typedef struct
    {int top[2],bot[2];          //栈顶和栈底指针
    SElemType *V;          //栈数组
    int m;                //栈最大可容纳元素个数
}DblStack
```

[题目分析]两栈共享向量空间，将两栈栈底设在向量两端，初始时，左栈顶指针为-1，右栈顶为 m。两栈顶指针相邻时为栈满。两栈顶相向、迎面增长，栈顶指针指向栈顶元素。

[算法描述]

2. 回文是指正读反读均相同的字符序列，如"abba"和"abdba"均是回文，但"good"不是回文。试写一个算法判定给定的字符向量是否为回文。(提示：将一半字符入栈)

[题目分析]将字符串前一半入栈，然后，栈中元素和字符串后一半进行比较。即将第一个出栈元素和后一半串中第一个字符比较，若相等，则再出栈一个元素与后一个字符比较……直至栈空，结论为字符序列是回文。在出栈元素与串中字符比较不等时，结论为字符序列不是回文。

[算法描述]

第 4 章　串、数组和广义表

【内容提要】本章将介绍一种新的数据结构表示的线性表——串、数组和广义表，主要内容包括串、数组和广义表的概念，各种存储结构以及它们各种基本运算的定义及其实现。重点讨论的内容有：字符串的模式匹配问题对应算法和改进的字符串的模式匹配算法；数组的定义，数组及特殊矩阵的存储结构与寻址，稀疏矩阵的压缩存储；广义表的定义及广义表的存储。

【学习要求】掌握串的定义与特点，串与字符操作的区别；掌握串的抽象数据类型的定义、基本操作，串的非紧缩格式存储和紧缩格式存储的特点及应用；掌握串的动态存储的特点及应用；熟练掌握串的模式匹配算法中的朴素算法，了解改进的模式匹配算法即 KMP 算法和 next[j]算法及算法时间复杂度的分析；了解编辑程序的基本应用。掌握数组的定义；理解数组的抽象数据类型定义；在掌握二维数组的存储结构及寻址方法基础上，理解三维及三维以上数组的存储结构及寻址方法；理解矩阵压缩存储的基本思想；掌握特殊矩阵和稀疏矩阵的压缩存储方法及寻址方法；掌握三元组顺序表的转置运算；掌握广义表的定义及其基本概念；理解广义表的抽象数据类型定义；理解广义表的存储结构；了解广义表基本运算的实现。

4.1　串的基本概念、存储结构与基本操作

4.1.1　串的基本概念

计算机上的非数值处理的对象基本上是字符串数据。在较早出现的程序设计编译处理过程中，将每一条语句都作为字符串，同时，也将这些字符串作为输入和输出的常量；后来随着语言加工程序的发展，又产生了字符串处理。这样，字符串也就作为一种变量类型出现在越来越多的程序设计语言中，同时也产生了一系列字符串的操作，如 C 语言的 getc（读字符）、putc（输出字符）等都属于对字符串操作的函数。字符串一般简称为串，在汇编语言和高级语言的编译程序中，将编译前的源程序及编译后的目标程序都看作字符串数据。在日常事务处理程序中，顾客的姓名和地址以及货物的名称、产地和规格等一般也是作为字符串处理的。又如信息检索系统、文字编辑程序、问答系统、自然语言翻译系统以及音乐分析程序等，都是以字符串数据作为处理对象的。然而，现今我们使用的计算机的硬件结构主要是反映数值计算的需要的，因此，在处理字符串数据时比处理整数和浮点数要复杂得多。而且，在不同类型的应用中，所处理的字符串具有不同的特点，要有效地实现字符串的处理，就必须根据具体情况使用合适的存储结构。

1. 串的定义

串（string）是由零个或多个字符组成的有限序列，一般记为

$$s = "a_1 a_2 \cdots a_n" (n \geqslant 0)$$

其中，s 是串的名，两个双引号括起来的字符序列是串的**值**，而双引号本身不是串的成分。

$a_i(1\leq i\leq n)$可以是字母、数字或其他字符。一个串包含的字符个数称为串的**长度**。零个字符的串称为**空串**（null string），它的长度为零。

串中任意连续的字符组成的子序列称为该串的**子串**，包含子串的串称为**主串**。空串是任何串的子串。通常称字符在序列中的序号为该字符在串中的**位置**。子串在主串中的位置则以子串的第一个字符在主串中的位置米表示。

若两个串的长度相等，并且各个对应位置上的字符都相同，则称两个串**相等**。

例 4.1　a、b、c、d 分别为如下的字符串：

a="BEI";

b="JING";

c="BEIJING";

d="BEI JING";

（1）a、b、c、d 各字符串的长度分别是：3、4、7 和 8；

（2）字符串 a 和 b 分别作为字符串 c 和 d 的子串；

（3）字符串 a 在字符串 c 和 d 第一次出现的位置都是 1；

（4）字符串 b 在字符串 c 和 d 第一次出现的位置分别为 4 和 5；

（5）字符串 c 和 d 两个串不相等，因为 d 串中间多了一个空格。

在各种应用中，空格常常是串的字符集合中的一个元素，因而可以出现在其他字符中间。由一个或多个空格组成的串" " 称为**空格串**（blank string，请注意：此串不是空串）。它的长度为串中空格字符的个数。为了清楚起见，以后我们用符号"Φ"来表示"空串"。

串的逻辑结构和线性表极为相似，区别仅在于串的数据对象约束为字符集。然而，串的基本操作和线性表有很大差别。在线性表的基本操作中，大多以"单个元素"作为操作对象。例如，在线性表中查找某个元素、求取某个元素、在某个位置上插入一个元素和删除一个元素等；而在串的基本操作中，通常以"串的整体"作为操作对象。例如，在串中查找某个子串、求取一个子串、在串的某个位置上插入一个子串以及删除一个子串等。

2．串的抽象数据类型定义

1）串的抽象数据类型定义的架构

```
ADT String {
    串的数据结构的形式化定义；
    串的所有基本操作；
} ADT String
```

2）串的抽象数据类型定义

ADT String {
　　数据对象：　$D = \{a_i \mid a_i \in \text{CharacterSet}, i = 1, 2, \cdots, n, n \geq 0\}$
　　数据关系：　$R = \{< a_{i-1}, a_i > \mid a_{i-1}, a_i \in D, i = 2, \cdots, n\}$
　　基本操作：

函数操作	函数说明
StrAssign(&T,chars)	初始条件：chars 是字符串常量 操作结果：生成一个其值等于 chars 的串 T
StrCopy(&T,S)	初始条件：串 S 存在 操作结果：由串 S 复制得串 T

函数操作	函数说明
StrEmpty(S)	初始条件：串 S 存在 操作结果：若 S 为空串，则返回 TRUE，否则返回 FALSE
StrCompare(S,T)	初始条件：串 S 和串 T 存在 操作结果：若 S>T，则返回值>0；若 S=T；则返回值=0；若 S<T，则返回值<0
StrLength(S)	初始条件：串 S 存在 操作结果：返回 S 的元素个数，称为串的长度
ClearString(&S)	初始条件：串 S 存在 操作结果：将 S 清为空串
Concat(&T,S1,S2)	初始条件：串 S1 和 S2 存在 操作结果：用 T 返回由 S1 和 S2 联接而成的新串
SubString(&Sub,S,pos,len)	初始条件：串 S 存在，1≤pos≤StrLength(S)且 0≤len≤StrLength(S)−pos+1 操作结果：用 Sub 返回串 S 的第 pos 个字符起长度为 len 的子串
Index(S,T,pos)	初始条件：串 S 和 T 存在，T 是非空串，1≤pos≤StrLength(S) 操作结果：若主串 S 中存在和串 T 值相同的子串，则返回它在主串 S 中第 pos 个字符之后第一次出现的位置，否则函数值为 0
Replace(&S,T,V)	初始条件：串 S,T 和 V 存在，T 是非空串 操作结果：用 V 替换主串 S 中出现的所有与 T 相等的不重叠的子串
StrInsert(&S,pos,T)	初始条件：串 S 和 T 存在，1≤pos≤StrLength(S)+1 操作结果：在串 S 的第 pos 个字符之前插入串 T
StrDelete(&S,pos,len)	初始条件：串 S 存在，1≤pos≤StrLength(S)−len+1 操作结果：从串 S 中删除第 pos 个字符起长度为 len 的子串
DestroyString(&S)	初始条件：串 S 存在 操作结果：串 S 被销毁

}ADT String

对于串的基本操作集可以有不同的定义方法，读者在使用高级程序设计语言中的串类型时，应以该语言的参考手册为准。在上述抽象数据类型定义的 13 种操作中，串赋值 StrAssign、串比较 StrCompare、求串长 StrLength、串联接 Concat 以及求子串 SubString 这 5 种操作构成串类型的最小操作子集。即这些操作不可能利用其他串操作来实现，反之，其他串操作（除串清除 ClearString 和串销毁 DestroyString 外）均可在这个最小操作子集上实现。

例 4.2　利用串的基本操作进行运算，并求出运算结果。

（1）SubString(sub,"commander",4,3)，得出　sub="man"。

（2）SubString(sub,"commander",1,9)，得出　sub="commander"。

（3）SubString(sub,"commander",9,1)，得出　sub="r"。

在使用这些函数时要注意串的起始位置和子串长度之间存在约束关系，如 SubString(sub,"commander",5,8)，超过了运算的范围；SubString(sub,"student",6,0)=" "，说明长度是 0 的子串为"合法"串。

假设 S="abcaabcaaabc"，T="bca"，求 Index(S,T,pos)。根据上述的函数初始条件和操作结果可得，Index(S,T,1)=2；Index(S,T,3)=6；Index(S,T,8)=0。

假设 S="abcaabcaaabca"，T="bca"，运用 Replace(&S,T,V)。

（1）若 V="x"，则执行 Replace(&S,T,V)置换后得到 S="axaxaax"（将主串 s 中所有出现"bca"的地方换成"x"，即用 V="x"替代 T="bca"）。

（2）若 V="bc"，则执行 Replace(&S,T,V)置换后得到 S="abcabcaabc"。

假设 S="chater"，T="rac"，则执行 StrInsert(S,4,T)之后得到 S="character"。

例 4.3　可利用串比较、求串长和求子串等操作实现串的定位函数 Index(S,T,pos)。

算法思想：在主串 S 中取从第 i（i 的初值为 pos）个字符起、长度和串 T 相等的子串和串 T 比较，若相等，则求得函数值为 i，否则 i 值增加 1 直至 S 中不存在和串 T 相等的子串为止。算法流程如图 4.1 所示。

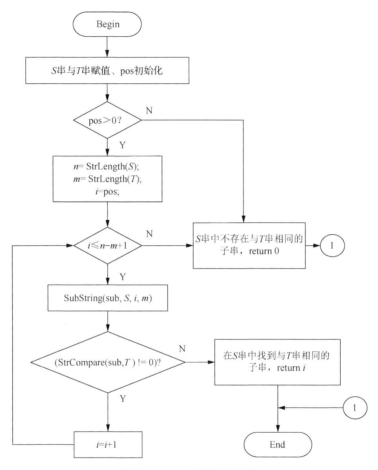

图 4.1　Index 算法流程图

具体算法如下。

```
int Index (String S,String T,int pos)
{
    /*T 为非空串。若主串 S 中第 pos 个字符之后存在与 T 相等的子串，则返回第一个
    这样的子串在 S 中的位置，否则返回 0*/
    if(pos>0)
    {
        n=StrLength(S);
        m=StrLength(T);
        i=pos;
        while(i<=n-m+1)
```

```
            {
                SubString(sub,S,i,m);
                if (StrCompare(sub,T)!=0)
                    ++i;
                else
                    return i ;   //返回子串在主串中的位置
            }
        }
        return 0;   //S 中不存在与 T 相等的子串
    }
```

3. C 语言函数库中的串处理函数

C 语言提供了许多字符串函数，这些函数可以通过声明#include<string.h>来使用，如表 4.1 所示。

表 4.1　C 语言函数库中提供的字符串函数

序号	函数	描述
1	char *strcat(char *dest,char *src)	联接字符串 dest 和 src，返回结果 dest
2	char *strncat(char *dest,char *src, int *n*)	把 dest 与 src 的 *n* 个字符联接，返回结果 dest
3	int strcmp(char *str1,char *str2)	比较两个字符串：若 str1<str2，则返回值<0；若 str1=str2，则返回值=0；若 str1>str2，则返回值>0
4	int strncmp(char *str1, char *str2, int *n*)	比较两个字符串的前 *n* 个字符：若 str1<str2，则返回值<0；若 str1=str2，则返回值=0；若 str1>str2，则返回值>0
5	char *strcpy(char *dest,char *src)	将 src 复制到 dest，返回 dest
6	char *strncpy(char *dest,char *src,int *n*)	将 src 的 *n* 个字符复制到 dest，返回 dest
7	int strlen(char *s)	返回 *s* 的长度
8	char *strchr(char *s,int c)	返回 *c* 在 *s* 中首次出现的指针，若 *c* 不在 *s* 中，则返回 NULL
9	char *strrchr(char *s,int c)	返回 *c* 在 *s* 中最后出现的指针，若 *c* 不在 *s* 中，则返回 NULL
10	char *strtok(char *s,char *delimiters)	返回 *s* 中的一个 token 记号，token 记号由 delimiters 包围着
11	int strspn(char *s,char *spanset)	扫描 *s* 以查找在 spanset 中出现的字符，返回包含 spanset 中字符 *s* 的片段长度
12	int strcspn(char *s,char *spanset)	扫描 *s* 查找不在 spanset 中出现的字符，返回不包含 spanset 中字符 *s* 的片段长度
13	char *strstr(char *s,char *pat)	返回指向 *s* 中 pat 的起始字符的指针
14	char *strpbrk(char *s,char *spanset)	扫描 *s* 查找在 spanset 中出现的字符，返回指向 spanset 中在 *s* 中首次出现的字符的指针

4.1.2　串的存储结构及算法

在程序设计语言中，若串只是作为输入或输出的常量出现，则只需存储此串的串值，即字符序列即可。但在多数非数值处理的程序中，串也以变量的形式出现。因此，对串来说也有存储映像的问题。选择串的存储结构时要考虑串的变长特点，同时需要结合具体的应用分析各种存储方案的利弊，再进行合适的选择。

1. 串的静态存储结构及算法

1）串的静态存储结构

串的定长顺序存储表示，也称为静态存储分配的顺序表表示。它是用一组地址连续的存储单元来存放串中的字符序列。定长顺序存储结构直接使用定长的字符数组来定义，数组的上界预先给出。

```
//------------------------串的定长顺序存储表示------------------------
#define  MAXSTRLEN  255  //用户可在 255 以内定义最大串长
typedef unsigned char SString[MAXSTRLEN+1];  //0 号单元存放串的长度
```

一般来说，静态存储方式有以下两种格式。

（1）非紧缩格式。该存储方式是以存储单元为单位，即一个存储单元中仅存放一个字符。通常一个字符可用一个字节（8 位二进制数）表示，见图 4.2（a）。若在一台存储单元为 32 位的机器上采用该存储格式，空间利用率则只有 25%。非紧缩格式适用于串变量数目较少，各串变量的长度又都比较短，且希望处理字符速度较快的程序。

（2）紧缩格式。采用这一格式是基于充分利用存储空间的考虑，即在一个存储单元中存放多个字符。从图 4.2（b）中容易看出，紧缩格式可以节省存储空间，但对于串的运算不太方便。

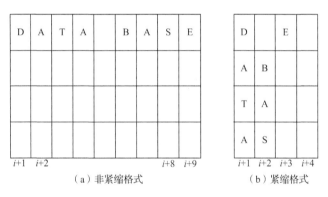

（a）非紧缩格式   （b）紧缩格式

图 4.2 紧缩与非紧缩格式示例

通过上面的介绍可知，在以字节为存储单位的计算机上，静态存储字符串是比较理想的。而在存储单位大于字节的机器上，则无论是以紧缩格式还是以非紧缩格式进行静态存储分配，都有其不足之处。因此，必须依据具体的机器和实际应用，灵活地选择存储方式。

2）串的静态存储结构算法

下面我们来讨论串的长度的表示方法，串的长度通常有以下两种表示方法。

（1）用下标为 0 的元素单元存储串长度。

（2）使用一个不会出现在串中的特殊字符在串值的尾部来表示串的结束。例如，C 语言中以字符'\0'表示串值的终结。

串的实际长度可以在预定义长度的范围内随意取值，超过预定义长度的串值则被舍去，称之为"截断"。在这种存储结构表示中如何实现串的操作，下面以串联接和求子串为例进行讨论。

例 4.4　串联接 Concat(&T,$S1$,$S2$)。

假设 $S1$、$S2$ 和 T 都是 SString 型的串变量，且串 T 是由串 $S1$ 联接串 $S2$ 得到的，即串 T 的值的前一段和串 $S1$ 的值相等，串 T 的值的后一段和串 $S2$ 的值相等，则只要进行相应的"串值复制"操作即可，只是需按前述约定，对超长部分实施"截断"操作。基于串 $S1$ 和串 $S2$ 长度的不同情况，串 T 值的产生可能有如下三种情况。

（1）$S1[0]+S2[0]\leqslant$MAXSTRLEN，如图 4.3（a）所示，得到的串 T 是正确的结果。

（2）$S1[0]<$MAXSTRLEN 而 $S1[0]+S2[0]>$MAXSTRLEN，则将串 $S2$ 的一部分截断，得到的串 T 只包含 $S2$ 的一个子串，如图 4.3（b）所示。

（3）$S1[0]=$MAXSTRLEN，则得到的串 T 并非联接结果，而是和串 $S1$ 相等，如图 4.3（c）所示。

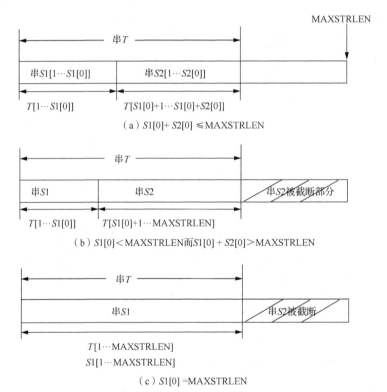

图 4.3　串的联接操作 Concat(&T,$S1$,$S2$)示意图

下面给出具体算法。

```
Status Concat(SString T,SString S1,SString S2)
{
    //用 T 返回 S1 和 S2 联接而成的新串,若未截断则返回 TRUE,否则返回 FALSE
    int i;
    if(S1[0]+S2[0]<=MAXSTRLEN)  //未截断
    {
        for(i=1;i<=S1[0];i++)
            T[i]=S1[i];
        for(i=1;i<=S2[0];i++)
```

```
            T[S1[0]+i]=S2[i];
        T[0]=S1[0]+S2[0];
        return TRUE;
    }
    else if(S1[0]<MAXSTRLEN)   //截断
    {
        for(i=1;i<=S1[0];i++)
            T[i]=S1[i];
        for(i=1;i<=MAXSTRLEN-S1[0];i++)
            T[S1[0]+i]=S2[i];
        T[0]=MAXSTRLEN;
        return FALSE;
    }
    else   //截断（仅取 S1）
    {
        for(i=1;i<=S1[0];i++)
            T[i]=S1[i];
        T[0]=MAXSTRLEN;
        return FALSE;
    }
}
```

例 4.5　求子串 SubString(&Sub,*S*,pos,len)。

求子串的过程即为复制字符序列的过程，将串 *S* 中从第 pos 个字符开始长度为 len 的字符序列复制到串 Sub 中。显然，本操作不会有截断的情况，但有可能产生用户给出的参数不符合操作的初始条件，当参数非法时，返回 ERROR。

下面给出具体算法。

```
Status SubString(SString &Sub,SString S,int pos,int len)
{
    //用 Sub 返回串 S 的自第 pos 个字符起长度为 len 的子串
    int i;
    if(pos<1||pos>S[0]||len<0||len>S[0]-pos+1)   //pos 和 len 的值超出范围
        return ERROR;
    for(i=1;i<=len;i++)
        Sub[i]=S[pos+i-1];
    Sub[0]=len;
    return OK;
}
```

综上操作可见，在顺序存储结构中，实现串操作的原操作为"字符序列的复制"，操作的时间复杂度基于复制的字符序列的长度。如果在操作中出现串值序列的长度超过上界 MAXSTRLEN 时，约定用截尾法处理，这种情况不仅在求联接串时可能发生，在串的其他操作中，如插入、置换等也可能发生。克服这个弊端唯有不限定串的最大长度，即动态分配串值的存储空间。

2. 串的动态存储结构及算法

1）堆分配存储结构及算法

堆分配存储表示的特点是仍以一组地址连续的存储单元存放串值字符序列，但它们的存储空间是在程序执行过程中动态分配所得，所以也称为动态存储分配的顺序表表示。在 C 语言中存在一个称为"堆"的自由存储区（为所有的串变量提供一个串值共享的空间），利用函数 malloc()、free() 来根据实际需要动态分配和释放字符数组空间。利用函数 malloc() 为每个新产生的串分配一块实际串长所需的存储空间，若分配成功，则返回一个指向起始地址的指针，作为串的基址。同时，为了以后处理方便，约定串长也作为存储结构的一部分。

这种存储结构表示的串操作仍是基于"字符序列的复制"进行的。

```
//--------------------串的堆分配存储表示--------------------
typedef struct {
    char *ch;  //若是非空串，则按串长分配存储区，否则 ch 为 NULL
    int length;  //串长度
} HString;
```

例 4.6　串复制操作 StrCopy(&T,S)。

其实现算法是，若串 T 已存在，则先释放串 T 所占的空间，当串 S 不空时，首先为串 T 分配大小和串 S 长度相等的存储空间，然后将串 S 的值复制到串 T 中。

```
void StrCopy(HString &T,HString S)
{
    //由串 S 复制得串 T
    int i;
    if(T.ch)  //串 T 不空
        free(T.ch);  //释放串 T 原有空间
    T.ch=(char*)malloc(S.length*sizeof(char));  //分配串空间
    if(!T.ch)  //分配串空间失败
        exit(OVERFLOW);
    for(i=0;i<S.length;i++)  //拷贝串
        T.ch[i]=S.ch[i];  //逐一复制字符
    T.length=S.length;  //复制串长
}
```

例 4.7　串插入操作 StrInsert(&S,pos,T)。

其实现算法是：在串 S 的第 pos 个字符之前插入串 T。

下面给出具体算法。

```
Status StrInsert(HString &S,int pos,HString T)
{
    //1<=pos<=StrLength(S)+1，在串 S 的第 pos 个字符之前插入串 T
    int i;
    if(pos<1||pos>S.length+1)  //pos 不合法
        return ERROR;
    if(T.length)  //串 T 不空
    {
        S.ch=(char*)realloc(S.ch,(S.length+T.length)*sizeof(char));
        //重分 S 存储空间
```

```
        if(!S.ch)  //重分串 S 存储空间失败
            exit(OVERFLOW);
        for(i=S.length-1;i>=pos-1;--i)  //为插入串 T 而腾出位置
            S.ch[i+T.length]=S.ch[i];
        for(i=0;i<T.length;i++)
            S.ch[pos-1+i]=T.ch[i];  //插入串 T
        S.length+=T.length;  //更新串 S 的长度
    }
    return OK;
}
```

其算法流程图如图 4.4 所示。

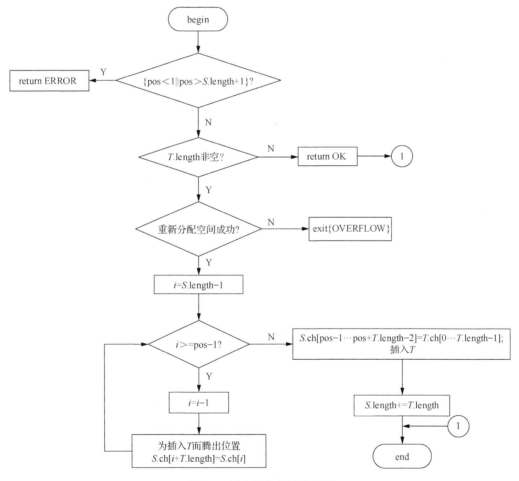

图 4.4　堆串插入算法流程图

算法的核心语句解释如图 4.5 所示。

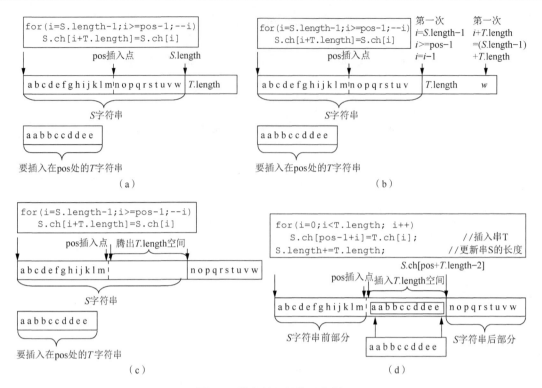

图 4.5　堆串插入操作示意图

以上两种存储表示通常为高级程序设计语言所采用。由于堆分配存储结构的串既有顺序存储结构处理方便的特点，又在操作中对串长没有任何限制，更显灵活，因此在串处理的应用程序中也通常被选用。

2）串的链式存储结构

链式存储结构类似于线性链表存储结构，也可采用链式方式存储串值。每个结点存放一个字符，其插入、删除、求长度非常方便，但存储效率低。每个结点存放多个字符，提高了效率，在处理大字符串时很有效，可用特殊符号来填满未充分利用的结点，但插入、删除不方便。

为方便起见，我们以链表中数据域能存放的字符数作为结点的大小。图 4.6(a)是结点大小为 4（即每个结点存放 4 个字符）的链表，图 4.6(b)是结点大小为 1 的链表。如果串的长度不是结点大小的整数倍，则在链表的最后一个结点中用"#"或其他非串值字符填满。这种技术在该表示法中是必不可少的。

为了便于进行串的操作，当以链表存储串值时，除头指针外还可附设一个尾指针指示链表中的最后一个结点，并给出当前串的长度，称如此定义的串存储结构为**块链结构**。

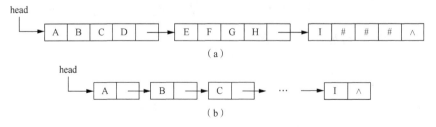

图 4.6　串的链表存储方式

```
//----------------------串的块链存储表示-------------------------
#define CHUNKSIZE 80   //可由用户定义的块大小
typedef strcut Chunk {
    char ch[CHUNKSIZE];
    struct Chunk *next;
} Chunk;
typedef struct {
    Chunk *head,*tail;   //串的头指针和尾指针
    int curlen;   //串的当前长度
} LString;
```

在一般情况下，对串进行操作时，由于只需要从头向尾顺序扫描即可，故对串值不必建立双向链表。设尾指针的目的是便于进行联接操作，但应注意联接时需处理第一个串尾的无效字符。

在分块链表上，实现修改运算比较复杂，因为要在各结点之间进行数据移动，可将要删除的字符改成"#"字符。例如，给定串"abcdefghij"的存储如图 4.7（a）的形式。若删除子串"cdefg"，则变成图 4.7（b）的形式。若在第三个字符之前插入串"rst"，则变成图 4.7（c）的形式。

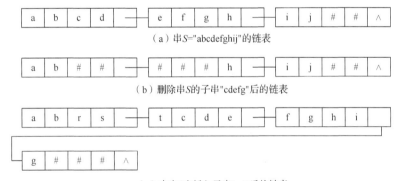

（a）串 S="abcdefghij"的链表

（b）删除串 S 的子串"cdefg"后的链表

（c）在串 S 中插入子串"rst"后的链表

图 4.7　结点大小为 4 的链表存储方式

最坏的情况是每块仅有一个有效字符，此时的存储利用率最低。应该定期清除"#"字符，即重新组织串的存储，把有效字符依次移动到一块内。如先把所有的有效字符移到一个连续的字符存储空间，然后存储在分块链表中，也可利用此方法直接进行串的修改，而不引入"#"字符（当然最后一块仍要补上"#"字符）。

在链式存储方式中，结点大小的选择和顺序存储方式的格式选择一样都很重要，它直接影响着串处理的效率。在各种串的处理系统中，所处理的串往往很长或很多。例如，一本书的几百万个字符，情报资料的成千上万个条目。这要求我们考虑串值的存储密度，存储密度可定义为

$$存储密度 = \frac{串值所占的存储位}{实际分配的存储位} \tag{4.1}$$

显然，存储密度小（如结点大小为 1）时运算处理方便，然而存储占用量大。如果在串处理过程中需进行内外存交换的话，则会因为内外存交换操作过多而影响处理的总效率。应

该看到，串的字符集大小也是一个重要因素。一般情况下，字符集小则字符的机内编码就短，这也影响串值的存储方式选择。

分块链表提高了存储空间的利用率，但使串的运算变得复杂一些。综上讨论，无论是采用静态存储方式，还是采用动态存储方式存储串值，各有利弊。例如，若要随机地访问串值中的某个元素，静态存储方式就显得格外方便；若要对串进行插入和删除运算，则动态存储方式具有明显的优势。因此，要结合实际情况选择合适的存储结构。

4.1.3　串的模式匹配算法

在文本编辑程序中，经常出现这样的问题：要在一段文本中（主串）找出某个模式串（子串）的全部（或者在主串第一次）出现位置（本书介绍的算法是查找子串在主串第一次出现位置的序号），即子串定位运算。典型的情况是：一段正在编辑的文本文件，所搜寻的模式串是用户提供的一个特定单词。

子串定位运算又称为串的**模式匹配（其中 *T* 称为模式串）**，如图 4.8 所示。模式匹配定义：在主串 *S* 中寻找子串 *T* 在主串中的位置。在模式匹配中，子串称为**模式串**，主串称为**目标串**。这是串的一种重要操作，对于很多软件，若有"编辑"菜单项的话，则其中必有"查找"子菜单项。

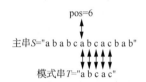

图 4.8　模式匹配示意图（模式匹配的朴素算法）

1. 模式匹配的朴素算法（BF 算法）

模式匹配的朴素算法叫作 brute-force 算法，也简称为 BF 算法，通常也叫作子串定位的朴素运算或串的模式匹配朴素算法。

以下函数使用的是模式匹配问题的朴素算法，即不对模式串 *T* 进行预处理。采用定长顺序存储结构，可以写成不依赖其他串操作的匹配算法，模式匹配的朴素算法如下。

```
int index_BF(SString S, SString T, int pos) {
    i=pos;j=1;
    while (i<=S[0] && j<=T[0])
    {
        if (S[i]==T[j]){ ++i;++j; }  //继续比较后继字符
        else {i=i-j+2;j=1;}    // 指针回溯重新开始匹配
    }
    if (j>T[0]) return i-T[0];
    else return 0;
}// index_BF
```

下面给出**模式匹配的朴素算法 index_BF** 在具体例子中的详细运行过程。

例 4.8　假设主串 S="acaabc"，模式串 T="aab"，运用模式匹配的朴素算法 index_BF 的详细过程如下。

（1）当执行 while 和 if 语句时，由于 S[i]=T[j]，即 S[1]=T[1]='a'，所以，执行{++i;++j;}语句后，i=1+1=2；j=1+1=2；因为当前(i <= S[0]=6)，所以转去 while 循环，如图 4.9 所示。

（2）执行 while 循环，当 i=2, j=2 时，结果如图 4.10 所示。

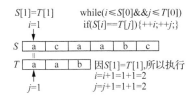

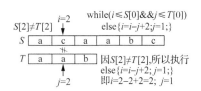

图 4.9　模式匹配的朴素算法示意图一　　　　图 4.10　模式匹配的朴素算法示意图二

执行"else {i=i–j+2;j=1;}"语句的结果是：i=i–j+2=2–2+2=2；j=1；因为当前(i≤S[0]=6)，所以转去 while 循环。

（3）执行 while 循环，当 i=2, j=1 时，结果如图 4.11 所示。

（4）执行 while 循环，当 i=3, j=1 时，结果如图 4.12 所示。

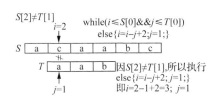

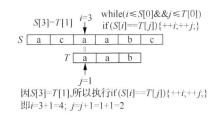

图 4.11　模式匹配的朴素算法示意图三　　　　图 4.12　模式匹配的朴素算法示意图四

（5）执行 while 循环，当 i=4, j=2 时，结果如图 4.13 所示。

（6）执行 while 循环，当 i=5, j=3 时，结果如图 4.14 所示。

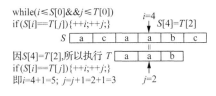

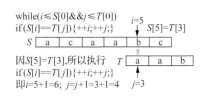

图 4.13　模式匹配的朴素算法示意图五　　　　图 4.14　模式匹配的朴素算法示意图六

（7）执行 while 循环，当 i=6, j=4 时，结果如下。

执行 while (i≤S[0] && j≤T[0]) 语句后，由于当前 j =4>T[0]=3，所以程序跳出 while 循环，转去执行"if (j > T[0]) return i–T[0];"后的结果是 i– T[0]=6–3=3，即返回值（子串在主串第一次出现的位置）为 3。

例 4.9　主串 S="ababcabcacb"，模式串 T="abcac"，使用模式匹配问题的朴素算法进行模式串的匹配的结果如图 4.15 所示。

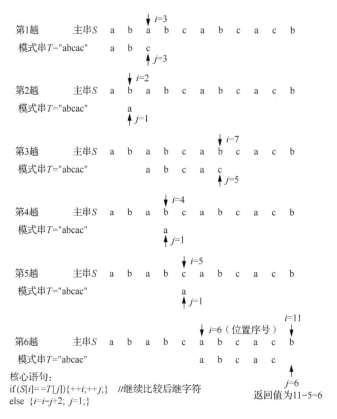

图 4.15　模式匹配的朴素算法结果示意图

综上所述，将模式匹配问题的朴素算法 index_BF (*S*,*T*,pos)的特点归纳如下。

（1）index_BF(*S*,*T*,pos)算法的匹配方法简单，理解方便，适合用于一些文本编辑，效率较高，一般情况下时间复杂度为 $O(n+m)$。

（2）在最坏的情况下，时间复杂度为 $O(n*m)$。假设主串 $S[1\cdots n]$，模式串 $T[1\cdots m]$，对 $n-m+1$ 个可能的位移值，S 中的每一个值，比较相应字符的 while 循环必须执行 m 次，以证明位移的有效性。

（3）如果主串和子串存在多个零时，如 S="0000$\cdots$1"{总共 52 个零}，T="00000001"，则出现多次重复的比较，即每趟比较都在子串的最后一个字符出现不等，此时需要指针 i 回溯到 $i-6$ 位置，并从子串的第一个字符开始重新比较，这样浪费了大量的比较时间，整个匹配需要回溯 45 次，while 循环语句的执行次数为 46*8。

2. KMP 算法

模式匹配的一种改进算法是 D. E. Knuth、J. H. Morris 和 V. R. Pratt 同时发现的，因此，称该算法为 KMP 算法。在串匹配算法中又被称为 KMP 模式匹配算法。

KMP 算法的关键在于对子串 T 的预处理，可以在 $O(n+m)$的时间数量级上完成串的模式匹配操作。

主串 S="ababcabcacb"，模式串 T="abcac"，KMP 模式匹配算法过程如图 4.16 所示。

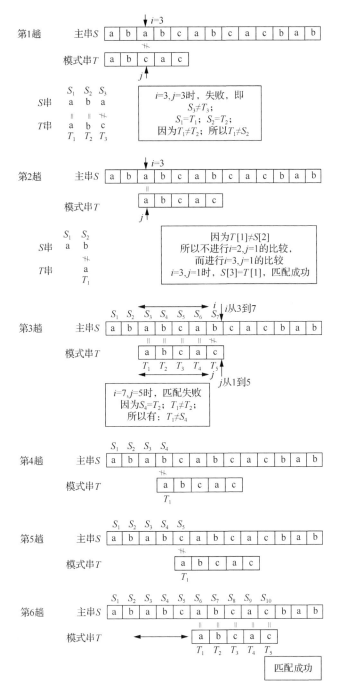

图 4.16 KMP 模式匹配算法过程图

由图 4.16 第 2 趟可知，当 S[3]<>T[3]（<>表示不等于）时，i 指针并没有回溯到 i=2，而是 i=3 与 j=1 进行比较。KMP 算法的改进在于：每一趟匹配过程中出现字符比较不等时，不需回溯 i 指针，而是利用已经得到的"部分匹配"的结果将子串向右"滑动"尽可能远的一段距离后，继续进行比较。

那么如何由当前部分匹配结果确定模式串向右滑动的新比较起点 k？

　　假设：主串为"$S_1S_2\cdots S_n$"，模式串为"$t_1t_2\cdots t_m$"，当匹配过程中，产生失配（即 $S_i<>t_j$）时，模式串向右滑动多远？即主串中第 i 个字符(i指针不回溯)应与模式串中哪个字符再比较？

　　假设：这时应与模式串中第 k（$k<j$）个字符继续比较，则模式串中第 $k-1$ 个字符的子串必须满足下列关系式（4.2），且不可能存在 $k'>k$ 满足下列关系式（4.2）。

　　模式滑动到第 k 个字符，有

$$t_1\cdots t_{k-1}=S_{i-(k-1)}\cdots S_{i-1} \tag{4.2}$$

　　而已经得到的"部分匹配"的结果为

$$t_{j-(k-1)}\cdots t_{j-1}=S_{i-(k-1)}\cdots S_{i-1} \tag{4.3}$$

　　将式（4.2）和式（4.3）联立可得

$$t_1\cdots t_{k-1}=t_{j-(k-1)}\cdots t_{j-1} \tag{4.4}$$

　　部分匹配过程如图 4.17 所示。

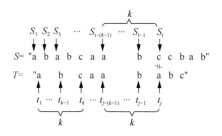

图 4.17　部分匹配过程图

　　反之，若模式串中存在满足式（4.4）的两个子串，则当匹配过程中，主串第 i 个字符与模式串中第 j 个字符比较不等时，仅需将模式向右滑动至模式中第 k 个字符和主串中第 i 个字符对齐，这时，模式串中 $k-1$ 个字符"$t_1\cdots t_{k-1}$"必定与主串中第 i 个字符之前的 $k-1$ 个子串"$S_{i-(k-1)}\cdots S_{i-1}$"相等，因此，匹配仅需从模式串中第 k 个字符与主串中第 i 个字符继续进行比较。如图 4.18 所示。

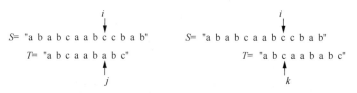

图 4.18　重新匹配位置

　　下面将要解决的问题是：在了解了部分匹配知识的基础上，确定下一个 j 的位置即 next[j]。

1）next[j]的确定

（1）next[j]函数定义和计算模式。

$$next[j]=\begin{cases}0, & \text{当}j=1\\ \max\{k\,|\,1<k<j\text{且"}t_1t_2\cdots t_{k-1}\text{"="}t_{j-(k-1)}t_{j-(k-2)}\cdots t_{j-1}\text{"}\}\\ 1, & \text{其他情况}\end{cases}$$

　　A．当 $j=1$ 时，next[j]=0。

　　B．当 $j>1$ 时，next[j]的值为：模式串的位置从 1 到 $j-1$ 构成的串中所出现的首尾相同的子串的最大长度加 1。

C．当无首尾相同的子串时，next[*j*]的值为 1。next[*j*]=1 表示从模式串头部开始进行字符比较。

求 next 函数值的过程是一个递推过程，分析如下。

已知 next[1] = 0，假设 next[*j*]=*k*，因为 *T*[*j*]=*T*[*k*]，则 next[*j*+1] =*k*+1；如果 *T*[*j*] ≠ *T*[*k*]，则需往前回溯，检查 *T*[*j*] = *T*[?]。这实际上也是一个匹配的过程，不同之处在于：部分主串和模式串是同一个串。

例 4.10 设有模式串 *T*="abaabcac"，利用函数定义计算 next[*j*]。

初始状态如图 4.19 所示。

j	1	2	3	4	5	6	7	8
模式串	a	b	a	a	b	c	a	c
next[*j*]								

图 4.19   next[*j*]的初始状态

按照上述求 next[*j*]的方法，计算结果如图 4.20 所示。

j	1	2	3	4	5	6	7	8
模式串	a	b	a	a	b	c	a	c
next[*j*]	0	1	1	2	2	3	1	2

图 4.20   利用函数定义计算 next[*j*]的结果

（2）next[*j*]的算法描述。

```
void get_next(SString &T,int &next[]) {
    //求模式串 T 的 next 函数值并存入数组 next
    i=1; next[1]=0; j=0;
    while(i<T[0]) {
        if (j==0|| T[i]==T[j] ){
            ++i; ++j; next[i]=j;
        }
        else  j=next[j];
    }
} //get_next
```

例 4.11 设有模式串 *T*="abaabcac"，利用 get_next 算法计算 next[*j*]，其过程示意图如图 4.21 所示。

i=1;next[1]=0;j=0;

T[0]=8

j	1	2	3	4	5	6	7	8
模式串	a	b	a	a	b	c	a	c
next[*j*]	0							

```
while(i < T[0]) { // i=1<8 , j=0
    if( j == 0 || T[i] == T[j] ){
    ++i; ++j; next[i]=j;
}// 第一次 i=2,j=1, next[2]=1
```

T[0]=8

j	1	2	3	4	5	6	7	8
模式串	a	b	a	a	b	c	a	c
next[j]	0	1						

```
while(i < T[0]) { // 当前i=2 , j=1
    因T[2]≠T[1]
    else  j=next[j]=next[1]=0;
}// 此时 i=2,j=0
```

T[0]=8

j	1	2	3	4	5	6	7	8
模式串	a	b	a	a	b	c	a	c
next[j]	0	1						

```
while(i < T[0]) { // 当前i=2 , j=0
    因 j==0
    ++i; ++j; next[i]=j;
}// 此时 i=3,j=1, next[3]=j=1
```

T[0]=8

j	1	2	3	4	5	6	7	8
模式串	a	b	a	a	b	c	a	c
next[j]	0	1	1					

```
while(i < T[0]) { // 当前i=3 , j=1
    因T[3] = T[1]
    ++i; ++j; next[i]=j;
}// 此时 i=4,j=2, next[4]=j=2
```

T[0]=8

j	1	2	3	4	5	6	7	8
模式串	a	b	a	a	b	c	a	c
next[j]	0	1	1	2				

```
while(i < T[0]) { // 当前i=4 , j=2
    因T[4] ≠ T[2]
    else  j=next[j]=next[2]=1;
}// 此时 i=4,j=1
```

T[0]=8

j	1	2	3	4	5	6	7	8
模式串	a	b	a	a	b	c	a	c
next[j]	0	1	1	2				

```
while(i < T[0]) { // 当前i=4 , j=1
    因T[4] = T[1]
    ++i; ++j; next[i]=j;
}// 此时 i=5,j=2, next[5]=j=2
```

T[0]=8

j	1	2	3	4	5	6	7	8
模式串	a	b	a	a	b	c	a	c
next[j]	0	1	1	2	2			

```
while(i < T[0]) { // 当前i=5 , j=2
    因T[5] = T[2]
    ++i; ++j; next[i]=j;
}// 此时 i=6,j=3, next[6]=j=3
```

T[0]=8

j	1	2	3	4	5	6	7	8
模式串	a	b	a	a	b	c	a	c
next[j]	0	1	1	2	2	3		

```
while(i < T[0]) { // 当前i=6 , j=3
    因T[6] ≠ T[3]
    else  j=next[j]=next[3]=1;
}// 此时 i=6,j=1
```

T[0]=8

j	1	2	3	4	5	6	7	8
模式串	a	b	a	a	b	c	a	c
next[j]	0	1	1	2	2	3		

```
while(i < T[0]) { // 当前i=6 , j=1
    因T[6] ≠ T[1]
    clsc  j=next[j]=next[1]=0;
}// 此时 i=6,j=0
```

T[0]=8

j	1	2	3	4	5	6	7	8
模式串	a	b	a	a	b	c	a	c
next[j]	0	1	1	2	2	3		

$T[0]=8$

```
while(i < T[0]) { // 当前i=6 ,j=0
  因 j == 0
  ++i; ++j; next[i]=j;
}// 此时 i=7,j=1, next[7]=1
```

j	1	2	3	4	5	6	7	8
模式串	a	b	a	a	b	c	a	c
next[j]	0	1	1	2	2	3	1	

```
void get_next(SString &T,int &next[]) {
    因（i=T[0]）
}//结束
```

图 4.21　利用 get_next 算法计算 next[j]

求出的 next[j]结果如图 4.22 所示。

j	1	2	3	4	5	6	7	8
模式串	a	b	a	a	b	c	a	c
next[j]	0	1	1	2	2	3	1	2

图 4.22　利用 get_next 算法计算 next[j]的结果

（3）在已知模式串的 next 函数值的基础上，执行 KMP 算法。

2）KMP 模式匹配算法的实现

```
int Index_KMP(SString S, SString T, int pos) {
    //1≤pos≤StrLength(S)
    i=pos;   j=1;
    while (i<=S[0] && j<=T[0]) {
        if (j==0 || S[i]==T[j]) { ++i;  ++j; }
        // 继续比较后继字符
        else  j=next[j];     // 模式串向右移动
    }
    if (j>T[0])  return  i-T[0];    // 匹配成功
    else  return 0;
} // Index_KMP
```

例 4.12　以主串 S="acabaabaabcacaabc"和模式串 T="abaabcac"为例，图 4.23 给出了 KMP 算法实现的全过程。

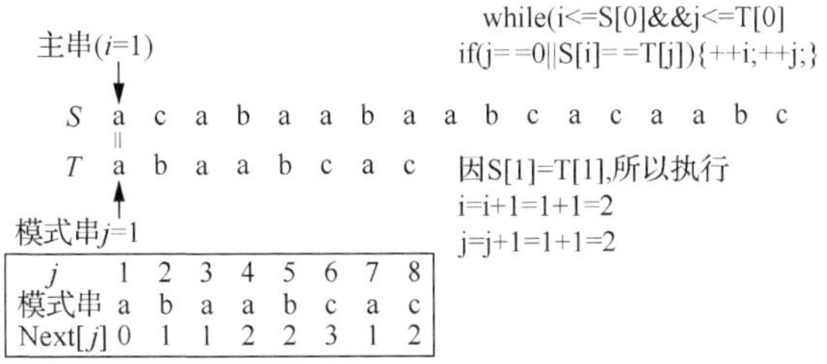

主串(i=1)

```
       while(i<=S[0]&&j<=T[0]
       if(j==0||S[i]==T[j]){++i;++j;}
S  a c a b a a b a a b c a c a a b c
   ‖
T  a b a a b c a c          因S[1]=T[1],所以执行
                            i=i+1=1+1=2
模式串j=1                    j=j+1=1+1=2
```

j	1	2	3	4	5	6	7	8
模式串	a	b	a	a	b	c	a	c
Next[j]	0	1	1	2	2	3	1	2

主串(*i*=2)

S a c a b a a b a a b c a c a a b c

T a b a a b c a c

模式串*j*=2

while(i<=S[0]&&j<=T[0]
        else j=next[j];

因S[2]≠T[2],所以执行
j=next[j]=next[2]=1;

j	1	2	3	4	5	6	7	8
模式串	a	b	a	a	b	c	a	c
Next[*j*]	0	1	1	2	2	3	1	2

主串(*i*=2)

S a c a b a a b a a b c a c a a b c

T a b a a b c a c

模式串*j*=1

while(i<=S[0]&&j<=T[0]
        else j=next[j];

因S[2]≠T[1],所以执行
j=next[j]=next[1]=0;

j	1	2	3	4	5	6	7	8
模式串	a	b	a	a	b	c	a	c
Next[*j*]	0	1	1	2	2	3	1	2

主串(*i*=2)

S a c a b a a b a a b c a c a a b c

T a b a a b c a c

while(i<=S[0]&&j<=T[0]
        if(j==0‖S[i]==T[j]){++i;++j;}

因j=0,所以执行
i=i+1=2+1=3
j=j+1=0+1=1

j	1	2	3	4	5	6	7	8
模式串	a	b	a	a	b	c	a	c
Next[*j*]	0	1	1	2	2	3	1	2

主串(*i*=3)

S a c a b a a b a a b c a c a a b c

T a b a a b c a c

模式串*j*=1

while(i<=S[0]&&j<=T[0]
        if(j==0‖S[i]==T[j]){++i;++j;}

因S[3]=T[1],所以执行
i=i+1=3+1=4
j=j+1=1+1=2

j	1	2	3	4	5	6	7	8
模式串	a	b	a	a	b	c	a	c
Next[*j*]	0	1	1	2	2	3	1	2

主串(*i*=4)

S a c a b a a b a a b c a c a a b c

T a b a a b c a c

模式串*j*=2

while(i<=S[0]&&j<=T[0]
        if(j==0‖S[i]==T[j]){++i;++j;}

因S[4]=T[2],所以执行
i=i+1=4+1=5
j=j+1=2+1=3

j	1	2	3	4	5	6	7	8
模式串	a	b	a	a	b	c	a	c
Next[*j*]	0	1	1	2	2	3	1	2

主串(*i*=5)

while(i<=S[0]&&j<=T[0]
if(j==0||S[i]==T[j]){++i;++j;}

S a c a b a a b a a b c a c a a b c
T   a b a a b c a c

因S[5]=T[3],所以执行
i=i+1=5+1=6
j=j+1=3+1=4

模式串*j*=3

j	1	2	3	4	5	6	7	8
模式串	a	b	a	a	b	c	a	c
Next[*j*]	0	1	1	2	2	3	1	2

主串(*i*=6)

while(i<=S[0]&&j<=T[0]
if(j==0||S[i]==T[j]){++i;++j;}

S a c a b a a b a a b c a c a a b c
T   a b a a b c a c

因S[6]=T[4],所以执行
i=i+1=6+1=7
j=j+1=4+1=5

模式串*j*=4

j	1	2	3	4	5	6	7	8
模式串	a	b	a	a	b	c	a	c
Next[*j*]	0	1	1	2	2	3	1	2

主串(*i*=7)

while(i<=S[0]&&j<=T[0]
if(j==0||S[i]==T[j]){++i;++j;}

S a c a b a a b a a b c a c a a b c
T   a b a a b c a c

因S[7]=T[5],所以执行
i=i+1=7+1=8
j=j+1=5+1=6

模式串*j*=5

j	1	2	3	4	5	6	7	8
模式串	a	b	a	a	b	c	a	c
Next[*j*]	0	1	1	2	2	3	1	2

主串(*i*=8)

while(i<=S[0]&&j<=T[0]
else j=next[j];

S a c a b a a b a a b c a c a a b c
T   a b a a b c a c

因S[8]≠T[6],所以执行
j=next[j]=next[6]=3;

模式串*j*=6

j	1	2	3	4	5	6	7	8
模式串	a	b	a	a	b	c	a	c
Next[*j*]	0	1	1	2	2	3	1	2

主串(*i*=8)

while(i<=S[0]&&j<=T[0]
if(j==0||S[i]==T[j]){++i;++j;}

S a c a b a a b a a b c a c a a b c
T   a b a a b c a c

模式串*j*=3

主串(*i*=9)

while(i<=S[0]&&j<=T[0]
if(j==0||S[i]==T[j]){++i;++j;}

S a c a b a a b a a b c a c a a b c
T   a b a a b c a c

模式串*j*=4

図 4.23　KMP 算法实现的过程

因此，执行语句"if (j > T[0])　return　i−T[0];"后，得出最终的运行结果——"匹配成功，返回值为(14−8)=6"。

3）KMP 模式匹配算法的归纳总结

（1）KMP 算法优点：可以在 $O(m+n)$ 的时间复杂度内完成模式匹配操作，即对 index_BF(*S*,*T*,pos)匹配算法进行改进，取消了主串的回溯。

（2）KMP 算法基本思想：每当匹配过程中出现字符比较不等时，*i* 不回溯。

（3）KMP 算法的时间复杂度可达到 $O(m+n)$。

（4）KMP 算法核心——当 $S[i] \Leftrightarrow T[j]$ 时，已经得到的结果：

$$S[i−j+1] \cdots S[i−1] == T[1] \cdots T[j−1]$$

若已知 $T[1] \cdots T[k−1]==T[j−k+1] \cdots T[j−1]$，则有 $S[i−k+1] \cdots S[i−1] ==T[1] \cdots T[k−1]$。

4）KMP 模式匹配算法的解释

（1）$t_1 \cdots t_{k−1} = t_{j−(k−1)} \cdots t_{j−1}$ 说明了什么？

A．k 与 j 具有函数关系，由当前失配位置 j，可以计算出滑动位置 k（即比较的新起点）。

B．滑动位置 k 仅与模式串 T 有关。

（2）$t_1 \cdots t_{k−1} = t_{j−(k−1)} \cdots t_{j−1}$ 的物理意义是什么？（见图 4.24）

A．$t_1 \cdots t_{k−1}$ 的物理意义是：从第 1 位往右经过 $k−1$ 位；

B．$t_{j−(k−1)} \cdots t_{j−1}$ 的物理意义是：从 $j−1$ 位往左经过 $k−1$ 位。

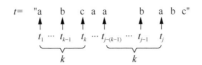

图 4.24　$t_1 \cdots t_{k-1} = t_{j-(k-1)} \cdots t_{j-1}$ 的物理意义

（3）模式应该向右滑多远才是最高效率的?

A. $k = \max\{k \mid 1 < k < j \, \text{且} \, t_1 \cdots t_{k-1} = t_{j-(k-1)} \cdots t_{j-1}\}$

令 $k = \text{next}[j]$，则

$$\text{next}[j] = \begin{cases} 0, \text{当} \, j = 1 \\ \max\{k \mid 1 < k < j \, \text{且} \, "t_1 t_2 \cdots t_{k-1}" = "t_{j-(k-1)} t_{j-(k-2)} \cdots t_{j-1}"\} \\ 1, \text{其他情况} \end{cases}$$

令 $k = \text{next}[j]$，$\text{next}[j]$ 函数表征着模式串 T 中最大相同首子串和尾子串（真子串）的长度。

B. 可见，模式中相似部分越多，$\text{next}[j]$ 函数值越大，它表示模式串 T 字符之间的相关度越高，模式串向右滑动得越远，与主串进行比较的次数越少，时间复杂度就越低。

C. 还有一种特殊情况需要考虑：例如：$S = "aaabaaaab"$，$T = "aaaab"$，$\text{next}[j] = 01234$。

分析：前面定义的求 $\text{next}[j]$ 函数在某些情况下尚有缺陷。例如子串 $T = "aaaab"$ 在和主串 $S = "aabaaaab"$ 匹配时，其 next 函数值依次为 0、1、2、1、2、3、3、3。当 $i = 4$，$j = 4$ 时，$S[4] \neq T[4]$，由 next 指示还需要进行 $i = 4$，$j = 3$，$i = 3$，$j = 2$，$i = 2$，$j = 1$ 这 3 次比较。实际上，因为模式串中第 1、第 2、第 3 个字符和第 4 个字符都相等，因此不需要再和 S 中第 4 个字符相比较，而可以将子串一起向右移动 4 个字符的位置直接进行 $i = 5$，$j = 1$ 的比较。这就是说，若按上述定义得到 $\text{next}[j] = k$，而子串中 $T[j] = T[k]$，则当 S 中字符 $S[i]$ 和 $T[j]$ 不相等时，不需要再和 $T[k]$ 进行比较，而直接和 $T[\text{next}[k]]$ 进行比较，换句话说，此时的 $\text{next}[j]$ 和 $\text{next}[k]$ 相同。

D. 为避免此类情况，提出 $\text{next}[j]$ 函数的修正方法，即 $\text{nextval}[j]$ 的实现算法，使得 $\text{nextval}[j] = 00004$（图 4.25），$\text{nextval}[j]$ 函数解决了重复问题，也提高了匹配的效率，具体算法如下。

```
void get_nextval(SString T,int nextval[])
{
    //求模式串 T 的 next 函数修正值并存入数组 nextval 中
    int  i=1,j=0;  //i 为模式串下标，j 为在 i 位置之前已经匹配的模式串最长长度
    nextval[1]=0;
    while(i <T[0])
        if ( j==0&&T[i]==T[j])  //比较第 i 和第 j 个字符
        {
            ++i;
            ++j;
            //比较第 i+1 和第 j+1 个字符不等，说明 j 为当前模式匹配的最长长度
            if(T[i]!=T[j])  nextval[i]=j;
            /*第 i+1 字符和第 j+1 个字符相等，说明第 i+1 个字符比较不同后，可后退
              到第 next[j]个字符开始比较*/
            else  nextval[i]=nextval[j];
        }
        else
            j=nextval[j];  //往后找 j 值,此时 j 值表现为模式串的下标
}
```

j	1	2	3	4	5
T	a	a	a	a	b
next[j]	0	1	2	3	4
nextval[j]	0	0	0	0	4

图 4.25　next 和 nextval 的函数值

4.1.4　文本编辑的应用

1.　文本编辑举例

文本编辑程序是一个面向用户的系统服务程序，被广泛用于源程序的输入和修改，甚至用于报刊和书籍的编辑排版以及办公室的公文书信的起草和润色。在文本编辑中，我们时常会遇到文本信息的统计问题、小型子串的查找问题和删除问题等。如果靠人自己观察和执行相关操作的话，不仅累人，而且容易出错。而使用计算机程序去实现的话，则会省力不少，同时相对来说也更加精确。

文本编辑的实质是修改字符数据的形式或格式。虽然各种文本编辑程序的功能强弱不同，但是其基本操作是一致的，一般都包括串的查找、插入和删除等基本操作。

为了编辑的方便，用户可以利用换页符和换行符把文本划分为若干页，每页有若干行（当然，也可不分页而把文件直接划分成若干行）。我们可以把文本看成一个字符串，称之为文本串。页则是文本串的子串，行又是页的子串。

例 4.13　对下面一段源程序利用换行符进行划分，并建立相应的行表。

```
main(){
    float a,b,c,max;
    scanf("%f,%f",&a,&b);
    if(a>b) max=a;
    else max=b;
    b=c+2*a;
}
```

我们可以把此源程序看成一个文本串。输入内存后如图 4.26 所示，图中"↙"为换行符。

m	a	i	n	(	)	{	↙		f	l	o	a	t		a	,	b	,
c	,	m	a	x	;	↙			s	c	a	n	f	(	"	%	f	,	%
f	"	,	&	a	,	&	b	)	;	↙			i	f	(	a	>	b	)
m	a	x	=	a	;	↙			e	l	s	e		m	a	x	=	b	;
↙			b	=	c	+	2	*	a	;	↙					}			

图 4.26　文本格式示例

为了管理文本串的页和行，在进入文本编辑的时候，编辑程序先为文本串建立相应的页表和行表，即建立各子串的存储映像。页表的每一项给出了页号和该页的起始行号。而行表的每一项则指示了每一行的行号、起始地址和该行子串的长度。假设图 4.26 所示文本串只占一页，且起始行号为 100，则该文本串的行表如表 4.2 所示。

表 4.2　图 4.26 所示文本串的行表

行号	起始地址	长度
100	201	8
101	209	19
102	228	24
103	252	16
104	268	14
105	282	11
106	293	1

　　文本编辑程序中设立页指针、行指针和字符指针，分别指示当前操作的页、行和字符。如果在某行内插入或删除若干字符，则要修改行表中该行的长度。若该行的长度超出了分配给它的存储空间，则要为该行重新分配存储空间，同时还要修改该行的起始位置。如果要插入或删除一行，就要涉及行表的插入或删除。若被删除的行是所在页的起始行，则还要修改页表中相应页的起始行号（修改为下一行的行号）。为了查找方便，行表是按行号递增顺序存储的，因此，对行表进行的插入或删除运算需移动删除位置以后的全部表项。页表的维护与行表类似，在此不再赘述。由于访问是以页表和行表作为索引的，所以在做行和页的删除操作时，可以只对行表和页表做相应的修改，不必删除所涉及的字符。这可以节省不少时间。

　　以上概述了文本编辑程序中的基本操作，读者可以在学习本章之后自行编写其具体的算法。

2. 高级程序设计语言的编译方法

　　仍以上述文本编辑的例子作为编译程序的加工对象即源程序，运用 C 编译方法来解释上述程序在内存中分配空间的详细过程。

　　我们将源程序用高级程序设计语言编译成目标程序的主要步骤是：词法分析、语法分析、语义分析、中间代码生成、代码优化、目标代码生成。

　　1）词法分析

　　（1）扫描的概念。

　　在对上述源程序进行阅读后，逐一输入编译程序指定的内存中存放，将源程序从头到尾读入计算机的过程叫作一次扫描。一般的编译程序需要至少二次的扫描过程，才能够获得对应的目标代码即程序。

　　（2）读字符子程序。

　　读字符子程序作为词法分析的核心功能，其主要作用在于：将源程序这个大字符串一个一个地读入，并且边读入边拼接单词，读入编译程序指定的机内存放区中，这种存放的表示方式叫作词法分析阶段的机内表示。仍然以例 4.13 的一段源程序为例，该源程序输入内存后的机内表示见图 4.26。因此，图 4.26 表示了在编译过程中所完成的 C 语言中各类标识符的分隔任务。图 4.26 表示源程序在机内表示形式。该源程序文本串的行表如表 4.2 所示。也就是说，词法分析的主要功能在于：将高级语言的某个语句分隔成一个个字符的形式。如表达式"$b=c+2*a$"在词法分析阶段分隔成如下的单词：

　　① 标识符：b

　　② 赋值号：=

　　③ 标识符：c

　　④ 加号：+

　　⑤ 整数：2

⑥ 乘号：*

⑦ 标识符：a

2）语法分析

语法分析是编译过程的第二个阶段。语法分析的任务是：将词法分析阶段的结果作为编译过程的第二个阶段处理的对象，即将上述的单词序列分解成语法短语，如"程序""语句""表达式"等。仍以表达式"$b=c+2*a$"为例，由于这个过程属于表达式的翻译，因此，在语法分析中，需要给出某种高级语言的规则表达式。将一般具有普遍意义的表达式给出如下的定义规则。

（1）任何的标识符都可以独立作为表达式。

（2）任何常数（整数、实数）也可以独立作为表达式。

（3）表达式与表达式的基本运算也是表达式，即

① 表达式 1+表达式 2；

② 表达式 1*表达式 2；

③ 表达式 1；

④ 表达式 2；

都是表达式。

例如，本例中"$b=c+2*a$"是表达式，而 c 本身也是表达式，a 是表达式，$2*a$ 也是表达式。

一般来说，语法分析有以下两种表达方法。

（1）采用自定义的规则式表示。如将 C 语言的语句表达式定义为：

① 标识符=表达式；

② if 表达式 Then 语句；或 if 表达式 1 Then 语句 1 else 语句 2；

③ for（表达式 1；表达式 2；表达式 3）语句；

④ do 语句 while（表达式）；

上述列举的是几个基本语句，还有许多复合语句在此就不做介绍。

（2）将语句构造成一棵语法树，如将赋值语句"$b=c+2*a$"构造为一棵语法树，如图 4.27 所示。

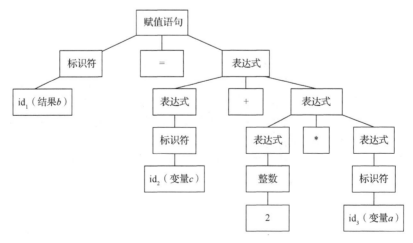

图 4.27　赋值语句"$b=c+2*a$"的语法树一

上述语法树也可以用图 4.28 的形式来表示。

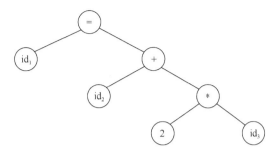

图 4.28 赋值语句"$b=c+2*a$"的语法树二

从上述的语法树可见：词法分析只能保证对源程序的一个个语句进行扫描，而语法分析是在词法分析的基础上建立对应的语法树，但是这种顺序的扫描，不能识别上述树的递归定义的语法成分，也不能区分每个配对表达式的"左括号"和"右括号"。

3）语义分析

语义分析的任务是检查源程序是否存在语法错误，为代码生成阶段收集信息。在编译表达式语句"$b=3*2+a$"中的语义分析的主要任务是检查该语句是否存在错误的语法。如程序中已经定义变量 a 和变量 b 都是整型变量，才能保证其运算结果的正确性。如果变量 a 定义的类型是实数型的，则在编译过程的语义分析中给出语法错误信息。

4）中间代码生成

语句"$b=c+2*a$"的语义分析结果是 $id_1=id_2+2*id_3$，其中 id_1、id_2、id_3 属于编译过程的临时变量名称。具体的中间代码如下。

```
(internal,2-t₁)
(*,id₃,t₁,t₂)
(+,id₂,t₂,t₃)
(:=t₃-id₁)
```

5）代码优化

优化后的代码如下。

```
(*,id₃,2,t₁)
(+,id₂,t₁,id₁)
```

6）目标代码生成

目标代码生成的任务是将中间代码变成机器指令或汇编语言的指令。这部分的转换工作与计算机的硬件和所支持的机器指令紧密相关。

上述的编译（翻译）过程，仅完成对源程序的一次完整扫描和对每个阶段的处理过程。如何执行语句"$b=c+2*a$"的语义分析后的结果"$id_1=id_2+2*id_3$"呢？在程序执行时，按照本书中 3.2.5 节的求值方法，借助两个栈即运算符栈和操作数栈来完成运算。具体的过程，请参考编译原理或编译方法的相关教科书。

4.2　数组及其应用

4.2.1　数组

1. 数组的定义

我们先来看一个 $m \times n$ 矩阵：

$$A_{m \times n} = \begin{bmatrix} a_{11} & a_{12} & \cdots & a_{1n} \\ a_{21} & a_{22} & \cdots & a_{2n} \\ \vdots & \vdots & & \vdots \\ a_{m1} & a_{m2} & \cdots & a_{mn} \end{bmatrix}$$

在这个二维数组中，每个元素 a_{ij} 都属于两个线性表："行 i" 的线性表 $a_{i1}, a_{i2}, \cdots, a_{in}$；"列 j" 的线性表 $a_{1j}, a_{2j}, \cdots, a_{mj}$。

每个数据元素 a_{ij} 都受两个条件——行和列的约束。a_{ij} 在同一行中的直接前驱元素为 $a_{i,j-1}$，直接后继元素 $a_{i,j+1}$；a_{ij} 在同一列中的直接前驱元素为 $a_{i-1,j}$，直接后继元素为 $a_{i+1,j}$，即把二维数组看成这样一个线性表：它的每个数据元素是一个线性表。

对于上述二维数组 A，我们可以将它看成一个线性表：$A' = (\alpha_1, \alpha_2, \cdots, \alpha_m)$，其中每个元素 α_i 是一个行向量的线性表 $\alpha_i = (a_{i1}, a_{i2}, \cdots, a_{in})$（$1 \leqslant i \leqslant m$）。同样，也可将二维数组 A 看成这样一个线性表：$A'' = (\beta_1, \beta_2, \cdots, \beta_n)$，其中每个元素 β_j 是一个列向量的线性表 $\beta_j = (a_{1j}, a_{2j}, \cdots, a_{mj})$（$1 \leqslant j \leqslant n$）。

因此，一个三维数组可以看成数据元素为二维数组的线性表。以此类推，一个 n（$n>1$）维数组是一个线性表，它的每个数据元素是 $n-1$ 维数组。和线性表一样，数组中所有的数据元素都必须属于同一数据类型。

对于数组，通常只有以下两种基本运算。

基本运算一：给定一组下标，存取相应的数据元素。

基本运算二：给定一组下标，修改相应的数据元素。

由于多维数组的数据元素可以是结构类型，因此，以上两个基本运算可以读取或修改一个数据元素的某一个或几个数据项的值。

2. 数组的抽象数据类型定义

1）数组的抽象数据类型定义的架构

```
ADT Array {
    数组的数据结构的形式化定义；
    数组的所有基本操作；
} ADT Array
```

2）数组的抽象数据类型的详细定义

ADT Array {
　　　　数据对象：$D = \{a_{j_1 j_2 \cdots j_n} \mid n(>0)$ 称为数组的维数，j_i 是数组元素第 i 维下标，$j_i = 1, \cdots, b_i$，b_i 是数组第 i 维的长度，$i-1, 2, \cdots, n; a_{j_1 j_2 \cdots j_n} \in \text{ElemSet}\}$

　　　　数据关系：$R = \{R_1, R_2, \cdots, R_n\}$

$$R_i = \{< a_{j_1 \cdots j_i \cdots j_n}, a_{j_1 \cdots j_{i+1} \cdots j_n} > | 0 \leqslant j_k \leqslant b_{k-1}, 1 \leqslant k \leqslant n \text{且} k \neq i, 0 \leqslant j_i \leqslant b_{i-2}, i = 2, \cdots, n\}$$

基本操作：

函数操作	函数说明
InitArray(&A,n,bound1,$\cdots$,boundn)	操作结果：若维数 n 和各维长度合法，则构造相应的数组 A 并返回 OK
DestroyArray(&A)	操作结果：销毁数组 A
Value(A,&e,index1,$\cdots$,indexn)	初始条件：A 是 n 维数组，e 为元素变量，随后是 n 个标值 操作结果：若各下标不超界，则 e 赋值为所指定的 A 的元素值，并返回 OK
Assign(&A,e,index1,$\cdots$,indexn)	初始条件：A 是 n 维数组，e 为元素变量，随后是 n 个下标值 操作结果：若各下标不超界，则将 e 赋值给所指定的 A 的元素并返回 OK

} ADT Array

3. 数组的表示和实现

通过前面的讨论得知，数组是一种独立的数据结构，可以选用不同的存储结构存储数组元素。由于数组一般不作插入或删除运算，因此数组元素之间的位置是有规律的，一般采用顺序存储结构表示数组。

由于存储单元是一维的结构，而数组是个多维的结构，则用一组连续存储单元存放数组的数据元素就有个次序约定问题。对于二维数组可有两种存储方式：一种是以列序为主序（column major order）的存储方式；另一种是以行序为主序（row major order）的存储方式，如图 4.29 所示。

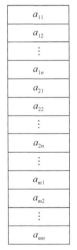

（a）行优先存储方式　　　　（b）列优先存储方式

图 4.29　二维数组的两种存储结构

因此，一旦定义了数组，即规定了它的维数和各维的上、下界，便可为它分配存储空间。反之，只要给出一组下标，便可求得相应数组元素在存储器中的存储位置。

下面通过以行优先存储方式的例子来说明存储位置和下标的关系。

1）一维数组的寻址公式 $\text{Loc}(a_i)$

假设每个数据元素占 C 个存储单元，则一维数组 A 中任一元素 a_i 的存储位置可由式（4.5）确定：

$$\text{Loc}(a_i) = \text{Loc}(a_1) + (i-1) \times C \qquad (4.5)$$

式中，Loc(a_1)是 a_1 的存储位置，称为数组的基地址或基址。

2）二维数组的寻址公式 Loc(a_{ij})

二维数组结构如图 4.30 所示，假设每个数据元素占 C 个存储单元，则二维数组 A 中任一元素 a_{ij} 的存储位置可由式（4.6）确定：

$$\text{Loc}(a_{ij}) = \text{Loc}(a_{11}) + [(i-1) \times n + j - 1] \times C \tag{4.6}$$

式中，Loc(a_{11})是 a_{11} 的存储位置。

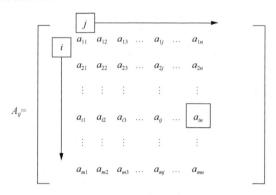

图 4.30　二维数组寻址公式

3）三维数组的寻址公式 Loc(a_{ijk})

三维数组模型如图 4.31 所示。

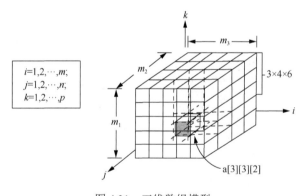

图 4.31　三维数组模型

（1）当 $k=1$ 不变化时，令 i 与 j 变化；第一层 i 与 j 变化数据元素情况如图 4.32 所示。

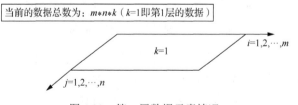

图 4.32　第一层数据元素情况

（2）当 $k=2$ 不变化时，令 i 与 j 变化；则第二层 i 与 j 变化数据元素情况如图 4.33 所示。

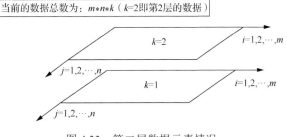

图 4.33 第二层数据元素情况

（3）当 $k=3$ 不变化时，令 i 与 j 变化；则第三层 i 与 j 变化数据元素情况如图 4.34 所示。

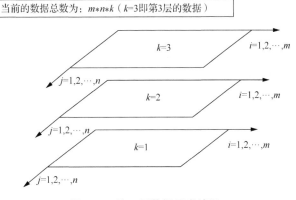

图 4.34 第三层数据元素情况

（4）当 $k=\theta-1$ 不变化时，令 i 与 j 变化；则第 $\theta-1$ 层 i 与 j 变化数据元素情况如图 4.35 所示。

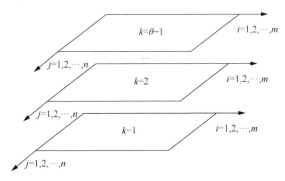

图 4.35 第 $\theta-1$ 层数据元素情况

（5）当 $k=\theta$ 不变化时，令 i 与 j 变化；则第 θ 层：i 与 j 变化数据元素情况如图 4.36 所示。

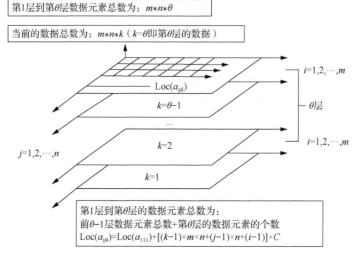

图 4.36 第 θ 层数据元素情况

4）一种通用的多维数组寻址公式

（1）一种通用的三维数组寻址公式。

假设：$i=c_1,\cdots,d_1; j=c_2,\cdots,d_2; k=c_3,\cdots,d_3$；基地址为 $\mathrm{Loc}(c_1c_2c_3)$，则寻址公式为

$$\mathrm{Loc}(a_{ijk})=\mathrm{Loc}(a_{c_1c_2c_3})+[(k-c_3)\times(d_2-c_2+1)\times(d_1-c_1+1)+(j-c_2)\times(d_1-c_1+1)+(i-c_1)]\times C$$

（2）一种通用的 n 维数组寻址公式。

假设：n 维分别为 $j_1,j_2,\cdots,j_n; j_1=c_1,\cdots,d_1; j_2=c_2,\cdots,d_2;\cdots; j_n=c_n,\cdots,d_n$；基地址为 $\mathrm{Loc}(a_{c_1c_2\cdots c_n})$，则寻址公式为

$$\mathrm{Loc}(a_{j_1j_2\ldots j_n})=\mathrm{Loc}(a_{c_1c_2\cdots c_n})+[(j_n-c_n)\times(d_{n-1}-c_{n-1}+1)\times(d_{n-2}-c_{n-2}+1)\times\cdots\times(d_1-c_1+1)$$
$$+\cdots+(j_2-c_2)\times(d_1-c_1+1)+(j_1-c_1)]\times C$$

由上述可知，计算任意数组元素存储位置所需的时间是相同的，因此存取数组中任意元素的时间是相等的。我们称具有这一特点的存储结构为随机存取结构。数组的顺序存储结构可以用 C 语言定义如下。

```
//-------------------------数组的顺序存储表------------------------
#include <stdarg.h>
//标准头文件，提供宏 va_start、va_arg 和 va_end，用于存取变长参数表
#define MAX_ARRAY_DIM 8   //假设数组维数的最大值为 8
typedef struct {
    ElemType *base;   //数组元素基址，由函数 InitArray()分配
    int dim;   //数组维数
    int *bounds;   //数组维界基址，由函数 InitArray()分配
    int *constants;   //数组映像函数常量基址，由函数 InitArray()分配
} Array;
```

4.2.2　数组的应用——矩阵的压缩存储

通常称二维数组为矩阵。如果二维数组的行数和列数相同，则称它为方阵。在实际工程技术问题中，经常出现一些阶数很高的矩阵，而且矩阵中有许多值相同的元素或零元素。对于这类矩阵，如果将其所有元素都存储在内存中，显然是对存储资源的浪费。为此，有必要研究其物理结构问题。为了节省存储空间，可以对这类矩阵进行压缩存储。所谓**压缩存储**是指：为值相同的多个元素只分配一个存储空间，对零元素不分配存储空间。

按矩阵中值的特性，可以把矩阵分为两种：特殊矩阵和稀疏矩阵。所谓**特殊矩阵**是指矩阵中值相同的元素或零元素的分布有一定的规律的一类矩阵；**稀疏矩阵**是指矩阵中非零元素比零元素少，并且分布没有一定规律的矩阵。这些矩阵的存储及操作方法不同于普通矩阵。

下面我们总结一下以二维数组表示高阶的稀疏矩阵时产生的问题，具体如下。

（1）零元素占了很大空间。

（2）计算中进行了很多和零值的运算，遇除法还需判别除数是否为零。

解决问题的原则如下。

（1）尽可能少存或不存零元素。

（2）尽可能减少没有实际意义的运算。

（3）操作方便，尽可能快地找到与下标值(i, j)对应的元素，尽可能快地找到同一行或同一列的非零元素。

1. 特殊矩阵

常见的特殊矩阵有对称矩阵、三角矩阵和对角矩阵。

1）对称矩阵

在一个 n 阶方阵 A 中，若元素满足下述性质：

$$a_{ij} = a_{ji} \qquad 1 \leqslant i, j \leqslant n$$

则称 A 为 n 阶对称矩阵，如图 4.37 所示。关于对称矩阵，除对角线上的元素外，只需存储一半元素，即为每一对元素分配一个存储空间，从而可将 n^2 个元素压缩到 $n(n+1)/2$ 个元素的空间中。假设以一维数组 S 作为 n 阶对称矩阵 A 的存储结构，先以行优先存储方式存储其下三角（包括对角线）中的元素。

$$\begin{array}{ccccc} a_{11} & & & & \\ a_{21} & a_{22} & & & \\ a_{31} & a_{32} & a_{33} & & \\ \vdots & \vdots & \vdots & \ddots & \\ a_{n1} & a_{n2} & a_{n3} & \cdots & a_{nn} \end{array} \qquad \begin{array}{ccccc} a_{11} & a_{12} & a_{13} & \cdots & a_{1n} \\ & a_{22} & a_{23} & \cdots & a_{2n} \\ & & a_{33} & \cdots & a_{3n} \\ & & & \ddots & \vdots \\ & & & & a_{nn} \end{array}$$

（a）对称矩阵的下三角部分　　（b）对称矩阵的上三角部分

图 4.37　对称矩阵

数组元素 $S[k]$和矩阵元素 $A[i, j]$之间存在如下一一对应的关系。

$$k = \begin{cases} \dfrac{i(i-1)}{2} + j - 1, \ i \geqslant j \\ \dfrac{j(j-1)}{2} + i - 1, \ i < j \end{cases} \tag{4.7}$$

例如，从下列的对称矩阵 A 及其对应的下三角矩阵中，可以得出其数组元素 $S[k]$ 和矩阵元素 $A[i,j]$ 之间存在如下对应的关系，如图 4.38 和图 4.39 所示。

$$A=\begin{bmatrix} 3 & 6 & 4 & 7 & 8 \\ 6 & 2 & 8 & 4 & 2 \\ 4 & 8 & 1 & 6 & 9 \\ 7 & 4 & 6 & 0 & 5 \\ 8 & 2 & 9 & 5 & 7 \end{bmatrix}\qquad \begin{bmatrix} a_{11} & & & & \\ a_{21} & a_{22} & & & \\ a_{31} & a_{32} & a_{33} & & \\ \vdots & \vdots & \vdots & \ddots & \\ a_{n1} & a_{n2} & a_{n3} & \cdots & a_{nn} \end{bmatrix}$$

图 4.38　对称矩阵 A 及其对应的下三角矩阵

$S[1]$	$S[2]$	$S[3]$			...			$S[k]$			...			$S[n(n+1)/2]$
3	6	2	4	8	1	7	4	6	0	8	2	9	5	7

图 4.39　数组元素 $S[k]$ 和矩阵元素 $A[i,j]$ 之间存在的对应关系

（1）通过这个例子，我们得知：

① 在对称矩阵的下三角矩阵中，第 i 行恰有 i 个元素；

② 矩阵元素按行次序分别存放在数组 $S[1],\cdots,S[n(n+1)/2]$ 中；

③ 矩阵元素总数为 $n(n+1)/2$；

④ a_{ij} 和 S 数组下标 k 的关系如图 4.40 所示。

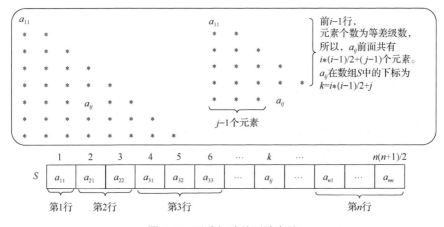

图 4.40　对称矩阵的压缩存储

（2）通过上述例子，我们也可以得出 a_{ij} 和 $S[k]$ 的关系如下：

下标 k 与 i、j 的关系为：$k=i*(i-1)/2+j$，其中，$1\leqslant k\leqslant n*(n+1)/2$，本例子元素下标 i、j 分别从 1 开始。

因此，访问上三角中的元素 a_{ij}（$i<j$）时，则去访问和它对应的下三角中的 a_{ji} 即可，即 $k=j*(j-1)/2+i$。

结论：对于对称矩阵中的任意元素 a_{ij}，若令 $I=\max(i,j)$，$J=\min(i,j)$，则

$$k = I*(I-1)/2+J \tag{4.8}$$

2）三角矩阵

矩阵的压缩存储方法同样也适用于三角矩阵。以对角线划分，三角矩阵有上三角和下三角矩阵两种，如图 4.41 所示。所谓上（下）三角矩阵是指矩阵的下（上）三角（不包括对角

线）中的元素均为常数 c 或 0。用和对称矩阵一样的压缩存储方法存储其上（下）三角中的元素，另外再加一个存储空间存储常数 c。

$$\begin{bmatrix} a_{11} & a_{12} & a_{13} & \cdots & a_{1n} \\ c & a_{22} & a_{23} & \cdots & a_{2n} \\ c & c & a_{33} & \cdots & a_{3n} \\ \vdots & \vdots & \vdots & & \vdots \\ c & c & c & \cdots & a_{nn} \end{bmatrix} \qquad \begin{bmatrix} a_{11} & c & c & \cdots & c \\ a_{21} & a_{22} & c & \cdots & c \\ a_{31} & a_{32} & a_{33} & \cdots & c \\ \vdots & \vdots & \vdots & & \vdots \\ a_{n1} & a_{n2} & a_{n3} & \cdots & a_{nn} \end{bmatrix}$$

（a）上三角矩阵　　　　　　　　　　　　（b）下三角矩阵

图 4.41　三角矩阵

因此，三角矩阵可压缩存储到数组 S 中，其中常数 c 存放到数组 S 的最后一个存储位置中。按行优先存储方式存放下三角矩阵，$S[k]$ 和 $A[i,j]$ 的对应关系为

$$k = \begin{cases} \dfrac{i(i-1)}{2} + j - 1, & i \geqslant j \\ \dfrac{n(n+1)}{2}, & i < j \end{cases} \tag{4.9}$$

按行优先存储方式存放上三角矩阵，$S[k]$ 和 $A[i,j]$ 的对应关系为

$$k = \begin{cases} \dfrac{i-1}{2}(2n-i+2) + j - i, & i \leqslant j \\ \dfrac{n(n+1)}{2}, & i > j \end{cases} \tag{4.10}$$

3）对角矩阵

所谓对角矩阵，是指在矩阵中所有的非零元素都集中在以主对角线为中心的带状区域中，即除了主对角线上和直接在主对角线上、下方若干条对角线上的元素以外，其他的元素皆为零，如图 4.42 所示。注意这 m 条对角线是关于主对角线对称的。m 必为奇数，压缩的 m 对角矩阵共需存储单元的个数为

$$\left(2n - \frac{m-1}{2}\right)\frac{m+1}{2} - n \tag{4.11}$$

对这种矩阵，亦可按行优先存储方式将其压缩存储到一维数组上。

$$\begin{bmatrix} a_{11} & a_{12} & & & & \\ a_{21} & a_{22} & a_{23} & & 0 & \\ & a_{32} & a_{33} & a_{34} & & \\ & & \cdots & \cdots & \cdots & \\ & 0 & & \cdots & & a_{n-1,n} \\ & & & & a_{n,n-1} & a_{nn} \end{bmatrix}$$

图 4.42　n 阶三对角矩阵

假设以行优先存储方式把 n 阶三对角矩阵压缩存储到一维数组 S 中，$S[k]$ 和 $A[i,j]$ 的对应关系为

$$k = 2(i-1) + j - 1, \ |i-j| \leqslant 1 \tag{4.12}$$

在所有这些被称为特殊的矩阵中，非零元素的分布都有一个明显的规律，从而可将其压

缩存储到一维数组中，并找到每个非零元素在一维数组中的对应关系。

2. 稀疏矩阵

若一个矩阵中的许多元素为零，且非零元素的分布没有规律，则称该矩阵为稀疏矩阵。稀疏矩阵的压缩存储要比特殊矩阵复杂，需要合理地表示非零元素。

1）稀疏矩阵的抽象数据类型定义的架构

```
ADT SparseMatrix {
    稀疏矩阵的数据结构的形式化定义；
    稀疏矩阵的所有基本操作；
} ADT SparseMatrix
```

2）稀疏矩阵的抽象数据类型的详细定义

ADT SparseMatrix {

　　数据对象：$D=\{a_{ij}|i=1,2,\cdots,m; j=1,2,\cdots,n; a_{ij}\in \text{ElemSet},$
　　　　　　　m 和 n 分别称为矩阵的行数和列数$\}$

　　数据关系：$R=\{\text{Row},\text{Col}\}$
　　　　　　　$\text{Row}=\{<a_{i,j},a_{i,j+1}>|1\leqslant i\leqslant m, 1\leqslant j\leqslant n-1\}$
　　　　　　　$\text{Col}=\{<a_{i,j},a_{i+1,j}>|1\leqslant i\leqslant m-1, 1\leqslant j\leqslant n\}$

　　基本操作：

函数操作	函数说明
CreateSMatrix(&M)	操作结果：创建稀疏矩阵 M
DestroySMatrix(&M)	初始条件：稀疏矩阵 M 存在 操作结果：销毁稀疏矩阵 M
PrintSMatrix(M)	初始条件：稀疏矩阵 M 存在 操作结果：输出稀疏矩阵 M
CopySMatrix(M,&T)	初始条件：稀疏矩阵 M 存在 操作结果：由稀疏矩阵 M 复制得到 T
AddSMatrix(M,N,&Q)	初始条件：稀疏矩阵 M 与 N 的行数和列数对应相等 操作结果：求稀疏矩阵的和 Q=M+N
SubtMatrix(M,N,&Q)	初始条件：稀疏矩阵 M 与 N 的行数和列数对应相等 操作结果：求稀疏矩阵的差 Q=M−N
MultSMatrix(M,N,&Q)	初始条件：稀疏矩阵 M 的列数等于 N 的行数 操作结果：求稀疏矩阵乘积 Q=M×N
TransposeSMatrix(M,&T)	初始条件：稀疏矩阵 M 存在 操作结果：求稀疏矩阵 M 的转置矩阵 T

} ADT SparseMatrix

矩阵中的每个元素均可用它的行标号和列标号来唯一确定，如第 i 行第 j 列就唯一地确定了矩阵中的一个元素 $A[i,j]$。由此，可以用一个三元组表示稀疏矩阵中的非零元素，即(i,j,v)。其中 i、j 表示非零元素在稀疏矩阵中的行、列标号，v 表示该元素的值。对于任何一个稀疏矩阵，都可将它的非零元素化成三元组形式，并按一定次序（如行不减序，同行按列递增次序）排列在一起构成三元组表。例如，稀疏矩阵：

$$A = \begin{bmatrix} 11 & 0 & 0 & 13 & 0 & 0 \\ 0 & 15 & 0 & 0 & 0 & 0 \\ 0 & 0 & 0 & 17 & 0 & 0 \\ 0 & 0 & 0 & 0 & 0 & 0 \\ 19 & 0 & 0 & 0 & 0 & 0 \\ 0 & 0 & 21 & 0 & 0 & 0 \end{bmatrix}$$

可将 A 表示成如下的三元组线性表：((1,1,11),(1,4,13),(2,2,15),(3,4,17),(5,1,19),(6,3,21))。

三元组线性表同样也有顺序存储结构和链式存储结构两种存储方式，因而可导出两种稀疏矩阵的压缩存储方法。

3. 稀疏矩阵的压缩存储

1）三元组顺序表

以顺序存储结构来表示三元组表，则可得稀疏矩阵的一种压缩存储方式——三元组顺序表。

```
//------------------稀疏矩阵的三元组顺序表存储表示------------------
#define MAXSIZE 12500  //假设非零元素的个数的最大值为12500
typedef struct {
    int i, j;  //该非零元素的行下标和列下标
    ElemType e;
} Triple;
typedef struct {
    Triple data[MAXSIZE+1];  //非零元素三元组表，data[0]未用
    int mu, nu, tu;  //矩阵的行数、列数和非零元素个数
} TSMatrix;
```

在此，data 域中表示非零元素的三元组是以行序为主序顺序排列的，下面将讨论在这种压缩存储结构下如何实现矩阵的转置运算，图 4.43 给出了稀疏矩阵 A 的转置矩阵 B，图 4.44 给出了稀疏矩阵 A 和 B 的三元组表示。

$$B = \begin{bmatrix} 11 & 0 & 0 & 0 & 19 & 0 \\ 0 & 15 & 0 & 0 & 0 & 0 \\ 0 & 0 & 0 & 0 & 0 & 21 \\ 13 & 0 & 17 & 0 & 0 & 0 \\ 0 & 0 & 0 & 0 & 0 & 0 \\ 0 & 0 & 0 & 0 & 0 & 0 \end{bmatrix}$$

i	j	v
1	1	11
1	4	13
2	2	15
3	4	17
5	1	19
6	3	21

i	j	v
1	1	11
1	5	19
2	2	15
3	6	21
4	1	13
4	3	17

图 4.43　稀疏矩阵 A 的转置矩阵 B　　　　（a）矩阵A的三元组　　（b）矩阵B的三元组

图 4.44　稀疏矩阵 A 和 B 的三元组表示

显然，一个稀疏矩阵的转置矩阵仍然是稀疏矩阵。求转置矩阵的思想是：对于原矩阵三元组表的每一元素(i,j,v)，交换 i 与 j 的位置，将其存放于转置矩阵三元组表的(j,i,v)位置上，这样转置矩阵三元组表仍然是以行序为主序依次排列的。

```
void TransposeSMatrix(TSMatrix M, TSMatrix &T)
{
    //求稀疏矩阵 M 的转置矩阵 T
    int p, col, q=1;  //q 指示转置矩阵 T 的当前元素,初值为 1
    T.mu=M.nu;  //矩阵 T 的行数=矩阵 M 的列数
    T.nu=M.mu;  //矩阵 T 的列数=矩阵 M 的行数
    T.tu=M.tu;  //矩阵 T 的非零元素个数=矩阵 M 的非零元素个数
    if(M.tu)  //矩阵非空
        for(col=1; col<=M.nu;++col)  //从矩阵 T 的第 1 行到最后 1 行
            for(p=1;p<=M.tu;++p)  //对于矩阵 M 的所有元素
                if(M.data[p].j==col)  //该元素的列数=当前矩阵 T 的行数
                {
                    T.data[q].i=M.data[p].j;  //将矩阵M的值行列对调赋给T的当
                                                前元素
                    T.data[q].j=M.data[p].i;
                    T.data[q++].e=M.data[p].e;  //转置矩阵 T 的当前元素指针+1
                }
}
```

分析这个算法,主要的工作是在 p 和 col 的两重循环中完成的,故算法的时间复杂度为 $O(\text{nu}*\text{tu})$,即与 M 的列数及非零元素的个数的乘积成正比。我们知道,一般矩阵的转置算法为

```
for(col=1;col<=nu;++col)
    for(row=1;row<=mu;++row)
        T[col][row]=M[row][col];
```

其时间复杂度为 $O(\text{mu}*\text{nu})$。当非零元素的个数 tu 和 mu*nu 同数量级时,上述算法的时间复杂度就为 $O(\text{mu}*\text{nu}^2)$ 了(例如,假设在 100×500 的矩阵中有 tu=1000 个非零元素),虽然节省了存储空间,但时间复杂度提高了,因此上述算法仅适用于 tu<<mu*nu 的情况。

现在我们需要解决的是,如何把 (j,i,v) 正确定位于转置矩阵的三元组表中。为此,可依照下列思想进行处理:寻找原矩阵三元组表列 1 中的所有元素,并把它们依次放置在转置矩阵三元组表行 1 中;寻找列 2 中的所有元素,并把它们放置在行 2,以此类推。由于原矩阵三元组表的初始状态是按行序组织的,这意味着也按正确的列顺序定位了元素。

在此,需要附设 num 和 cpot 两个向量。num[col]表示原矩阵中第 col 列中非零元素的个数,cpot[col]指示原矩阵中第 col 列的第一个非零元素在转置矩阵 T 中的恰当位置。显然有

$$\begin{cases} \text{cpot}[1] = 1 \\ \text{cpot}[\text{col}] = \text{cpot}[\text{col}-1] + \text{num}[\text{col}-1], \ 2 \leqslant \text{col} \leqslant M.\text{nu} \end{cases} \quad (4.13)$$

例 4.14 M 矩阵如下,其 num 和 cpot 向量值如图 4.45 所示。

$$M = \begin{bmatrix} 0 & 15 & 0 & 0 & -5 \\ 0 & -7 & 0 & 0 & 0 \\ 36 & 0 & 0 & 28 & 0 \end{bmatrix}$$

col	1	2	3	4	5
num[col]	1	2	0	1	1
cpot[col]	1	2	4	4	5

图 4.45 矩阵 M 的 num 和向量 cpot 的值

可以利用 num 和 cpot 两个向量进行快速转置，这种转置方法称为快速转置，其具体算法描述如下。

```
void FastTransposeSMatrix(TSMatrix M, TSMatrix &T)
{
    //快速求稀疏矩阵 M 的转置矩阵 T
    int p,q,col,*num,*cpot;
    num=(int*)malloc((M.nu+1)*sizeof(int));   //存 M 每列（T 每行）非零元素个数
    cpot=(int*)malloc((M.nu+1)*sizeof(int));   //存 T 每行下一个非零元素的位置
    T.mu=M.nu;   //T 的行数=M 的列数
    T.nu=M.mu;   //T 的列数=M 的行数
    T.tu=M.tu;   //T 的非零元素个数=M 的非零元素个数
    if(T.tu)   //T 是非零矩阵
    {
        for(col=1;col<=M.nu;++col)   //从 M 的第 1 列到最后 1 列
            num[col]=0;   //计数器初值为 0
        for(p=1; p<=M.tu;++p)   //对于 M 的每一个非零元素
            ++num[M.data[p].j];   //根据它所在的列进行统计
        cpot[1]=1;   //T 的第 1 行的第 1 个非零元素在 T.data 中的序号为 1
        for(col=2;col<=M.nu;++col)
            /*从 M(T)的第 2 列(行)到最后一列（行）求 T 的第 col 行第 1 个
            非零元素在 T.data 中的序号*/
            cpot[col]=cpot[col-1]+num[col-1];
        for(p=1;p<=M.tu;++p)   //对于 M 的每一个非零元素
        {
            col=M.data[p].j;   //将其在 M 中的列数赋给 col
            q=cpot[col];   //q 指示 M 当前的元素在 T 中的序号
            T.data[q].i=M.data[p].j;   //将 M 当前的元素转置赋给 T
            T.data[q].j=M.data[p].i;
            T.data[q].e=M.data[p].e;
            ++cpot[col];
                //T 第 col 行的下一个非零元素在 T.data 中的序号比当前元素的序号大 1
        }
    }
    free(num);   //释放 num 和 cpot 所指向的动态存储空间
    free(cpot);
}
```

对于例 4.14 中的矩阵 *M*，我们来详细讨论采用快速转置方法得到其转置矩阵 *T* 的过程，如图 4.46 所示。

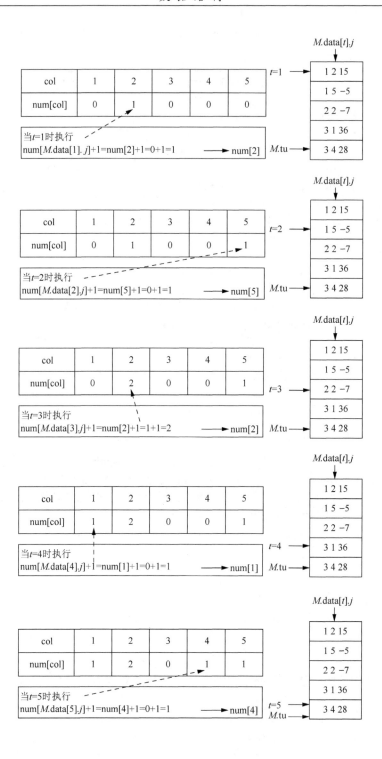

```
cpot[1]=1;
for(col=2;col<=M.nu;++col)
    cpot[col]=cpot[col-1]+num[col-1];
```

col	1	2	3	4	5
num[col]	1	2	0	1	1
cpot[col]	1				

```
for(col=2;col<=M.nu;++col)
    cpot[col]=cpot[col-1]+num[col-1];
```

col	1	2	3	4	5
num[col]	1	2	0	1	1
cpot[col]	1	1+1=2			

```
for(col=3;col<=M.nu;++col)
    cpot[col]=cpot[col-1]+num[col-1];
```

col	1	2	3	4	5
num[col]	1	2	0	1	1
cpot[col]	1	2	2+2=4		

```
for(col=4;col<=M.nu;++col)
    cpot[col]=cpot[col-1]+num[col-1];
```

col	1	2	3	4	5
num[col]	1	2	0	1	1
cpot[col]	1	2	4	4+0=4	

```
for(col=5;col<=M.nu;++col)
    cpot[col]=cpot[col-1]+num[col-1];
```

col	1	2	3	4	5
num[col]	1	2	0	1	1
cpot[col]	1	2	4	4	4+1=5

图 4.46　快速转置方法得到矩阵 M 的转置矩阵 T

这个算法仅比前一个算法多用了两个辅助向量。从时间上看，算法中有 4 个并列的单循环，循环次数分别为 nu 和 tu，因而总的时间复杂度为 $O(\text{nu+tu})$。在 M 的非零元素个数 tu 和 nu*tu 等数量级时，其时间复杂度为 $O(\text{mu*nu})$，和经典算法的时间复杂度相同。

例 4.15 稀疏矩阵相加。

$$A = \begin{bmatrix} 6 & 0 & 1 & 0 \\ 0 & 0 & 0 & 0 \\ 3 & 0 & 0 & 0 \end{bmatrix} \quad B = \begin{bmatrix} 0 & 0 & -1 & 0 \\ 4 & 0 & 0 & 0 \\ 0 & 0 & 0 & 5 \end{bmatrix} \quad C = \begin{bmatrix} 6 & 0 & 0 & 0 \\ 4 & 0 & 0 & 0 \\ 3 & 0 & 0 & 5 \end{bmatrix}$$

它们的三元组 A.data，B.data，C.data 如图 4.47 所示。

i	j	v
1	1	6
1	3	1
3	1	3

（a）A.data

i	j	v
1	3	–1
2	1	4
3	4	5

（b）B.data

i	j	v
1	1	6
2	1	4
3	1	3
3	4	5

（c）C.data

图 4.47　矩阵三元组表示

稀疏矩阵相加的基本操作是：对于 A 中的每个元素 A.data$[p]$$(p=1,2,\cdots,A.\text{tu})$，和 B 中每个元素 B.data$[q]$ 进行比较，若不是同行(A.data$[p].i \neq B$.data$[q].i$)，则将行号小的元素赋给 C.data$[s]$；若同行，则判断是否同列，若不同列(A.data$[p].j \neq B$.data$[q].j$)，则将列号小的元素赋给 C.data$[s]$；若是同列，当 A.data$[p].v + B$.data$[q].v \neq 0$，将两数组元素之和赋给 C.data$[s]$。

具体算法描述如下。

```
Status AddMatrix(TSMatrix M, TSMatrix N, TSMatrix Q)
{
    //求稀疏矩阵的和 Q=M+N
    int p=1,q=1,s=1;
    while(p<=M.tu&&q<=N.tu)
    {
        //同时扫描 M 和 N 中非零元素
        if(M.data[p].i <N.data[q].i)
        /*若 M 中第 p 个非零元素的行号小于 N 中第 q 个非零元素的行号,
        则将 M 中该非零元素的行号、列号和值复制到 Q 中*/
        {
            Q.data[s].i=M.data[p].i;
            Q.data[s].j=M.data[p].j;
            Q.data[s].e=M.data[p].e;
            s++;
            p++;
            continue;
        }
        if(M.data[p].i==N.data[q].i)
        {
            //M 中第 p 个非零元素的行等于 N 中第 q 个非零元素的行,则判断两个非零元素的列号
```

```
        if(M.data[p].j <N.data[q].j)
        {
            /*M中第 p 个非零元素的列小于 N 中第 q 个非零元素的列,
            则将 M 中该非零元素复制到 Q 中*/
            Q.data[s].i=M.data[p].i;
            Q.data[s].j=M.data[p].j;
            Q.data[s].e=M.data[p].e;
            s++;
            p++;
            continue;
        }
        else if(M.data[p].j==N.data[q].j)
        {
            /*M中第 p 个非零元素的列等于 N 中第 q 个非零元素的列,并且两个非零元素的
            和不为零,则将行号、列号和它们的和存入 Q 中*/
            if(M.data[p].e +N.data[q].e!=0)
            {
                Q.data[s].i=M.data[p].i;
                Q.data[s].j=M.data[p].j;
                Q.data[s].e=M.data[p].e+N.data[q].e;
                s++;
                p++;
                q++;
                continue;
            }
            else
            {
                p++;
                q++;
            }
        }
        else
        {   /*M中第 p 个非零元素的列大于 N 中第 q 个非零元素的列,则将 N 中
            该非零元素复制到 Q 中*/
            Q.data[s].i=N.data[q].i;
            Q.data[s].j=N.data[q].j;
            Q.data[s].e=N.data[q].e;
            s++;
            q++;
            continue;
        }
    }
    if(M.data[p].i>N.data[q].i)
    {
        /*M中第 p 个非零元素的行大于 N 中第 q 个非零元素的行,则将 N 中
        该非零元素复制到 Q 中*/
        Q.data[s].i=N.data[q].i;
        Q.data[s].i=N.data[q].j;
```

```
                    Q.data[s].e=N.data[q].e;
                    s++;
                    q++;
                }
            }
            if(p>M.tu&&q<=N.tu)
            {
            /*如果M的三元组已扫描完，N的三元组没有扫描完，那么将N中
            剩余的三元组复制到Q中*/
            while(q<=N.tu)
            {
                Q.data[s].i=N.data[q].i;
                Q.data[s].j=N.data[q].j;
                Q.data[s].e=N.data[q].e;
                s++;
                q++;
            }
            }
            else if(q>N.tu&& p<=M.tu)
                /*如果N的三元组已扫描完，M的三元组没有扫描完，那么将M中
                剩余的三元组复制到Q中*/
                while(p<=M.tu)
                {
                    Q.data[s].i=M.data[p].i;
                    Q.data[s].j=M.data[p].j;
                    Q.data[s].e=M.data[p].e;
                    s++;
                    p++;
                }
            //为Q的行数、列数和非零元素数目赋值
            Q.mu=M.mu;
            Q.nu=M.nu;
            Q.tu=--s;
            return OK;
    }
```

三元组顺序表又称有序的双下标法，它的特点是，非零元素在表中按行序有序存储，因此便于进行依行顺序处理的矩阵运算。然而，若需按行号存取某一行的非零元素，则需从头开始进行查找。

2）行逻辑链接的顺序表

为了便于随机存取任意一行的非零元素，则需知道每一行的第一个非零元素在三元组表中的位置。为此，可将快速转置矩阵的算法中创建的，指示"行"信息的辅助数组cpot固定在稀疏矩阵的存储结构中。我们称这种"带行链接信息"的三元组表为行逻辑链接的顺序表，其类型描述如下。

```
typedef struct {
    Triple data[MAXSIZE+1];   //非零元素三元组表
```

```
        int rpos[MAXRC+1];   //各行第一个非零元素的位置表
        int mu,nu,tu;   //矩阵的行数、列数和非零元素个数
    }RLSMatrix;
```

在下面讨论的两个稀疏矩阵相乘的例子中，容易看出这种表示方法的优越性。

两个矩阵相乘的经典算法也是大家所熟悉的。若设

$$Q = M \times N \tag{4.14}$$

式中，M 是 $m_1 \times n_1$ 矩阵；N 是 $m_2 \times n_2$ 矩阵。当 $n_1 = m_2$ 时，稀疏矩阵相乘算法核心语句如下。

```
for(i=1; i<=m1;++i)
    for(j=1; j<=n2;j++)
    {
        Q[i][j]=0;
        for(k=1;k<=n1;++k)
            Q[i][j]+=M[i][k]*N[k][j];
    }
```

此算法的时间复杂度是 $O(m_1 * n_1 * n_2)$。

当 M 和 N 是稀疏矩阵并用三元组表作存储结构时，就不能套用上述算法。假设 M 和 N 分别为

$$M = \begin{bmatrix} 3 & 0 & 0 & 5 \\ 0 & -1 & 0 & 0 \\ 2 & 0 & 0 & 0 \end{bmatrix}, \qquad N = \begin{bmatrix} 0 & 2 \\ 1 & 0 \\ -2 & 4 \\ 0 & 0 \end{bmatrix} \tag{4.15}$$

则 $Q = M \times N$ 为

$$Q = \begin{bmatrix} 0 & 6 \\ -1 & 0 \\ 0 & 4 \end{bmatrix} \tag{4.16}$$

它的三元组 M.data、N.data 和 Q.data 如图 4.48 所示。

i	j	v
1	1	3
1	4	5
2	2	-1
3	1	2

i	j	v
1	2	2
2	1	1
3	1	-2
3	2	4

i	j	v
1	2	6
2	1	-1
3	2	4

（a）M.data　　　　（b）N.data　　　　（c）Q.data

图 4.48　M、N、Q 矩阵的三元组表示

那么如何从 M 和 N 求得 Q 呢？

（1）乘积矩阵 Q 中元素

$$Q(i,j) = \sum_{k=1}^{n_1} M(i,k) \times N(k,j), \quad 1 \leqslant i \leqslant m_1; 1 \leqslant j \leqslant n_2 \qquad (4.17)$$

在经典算法中，不论 $M(i,j)$ 和 $N(k,j)$ 的值是否为零，都要进行一次乘法运算，而实际上，这两者有一个值为零时，其乘积也为零。因此，在对稀疏矩阵进行运算时，应免去这种无效操作，换句话说，为求 Q 的值，只需在 $M.data$ 和 $N.data$ 中找到相应的各对元素（即 $M.data$ 中的 j 值和 $N.data$ 中的 i 值相等的各对元素）相乘即可。在稀疏矩阵的行逻辑链接的顺序表中，$N.rpos$ 为我们提供了有关信息，如图 4.49 所示。

row	1	2	3	4
rpos[row]	1	2	3	5

图 4.49　矩阵 N 的 rpos 值

并且，由于 rpos[row]指示矩阵 N 的第 row 行中第一个非零元素在 $N.data$ 中的序号，则 rpos[row+1]−1 指示矩阵 N 的第 row 行中最后一个非零元素在 $N.data$ 中的序号。而最后一行中最后一个非零元素在 $N.data$ 中的位置显然就是 $N.tu$ 了。

（2）稀疏矩阵相乘的基本操作是：对于 M 中每个元素 $M.data[p]$（$p = 1,2,\cdots,M.tu$），找到 N 中所有满足条件 $M.data[p].j = N.data[q].i$ 的元素 $N.data[q]$，求得 $M.data[p].v$ 和 $N.data[q].v$ 的乘积，从式(4.17)中可以得知，乘积矩阵 Q 中每个元素的值是个累计和，这个乘积 $M.data[p].v \times N.data[q].v$ 只是 $Q[i][j]$ 中的一部分。为便于操作，应对每个元素设一累计和的变量，其初值为零，然后扫描数组 M，求得相应元素的乘积并累加到适当的求累计和的变量上。

（3）两个稀疏矩阵的乘积不一定是稀疏矩阵。反之，即使式(4.17)中每个分量值 $M(i,k) \times N(k,j)$ 不为零，其累加值 $Q[i][j]$ 也可能为零。因此乘积矩阵 Q 中的元素是否为零元，只有在求得其累加和后才能得知。由于 Q 中元素的行号和 M 中元素的行号一致，又 M 中元素排列是以 M 的行序为主序的，由此可对 Q 进行逐行处理，先求得累计和的中间结果（Q 的一行），然后再压缩存储到 $Q.data$ 中去。

由此，两个稀疏矩阵相乘（$Q = M \times N$）的过程可描述如下。

```
Status MultSMatrix(RLSMatrix M, RLSMatrix N, RLSMatrix &Q)
{
    //求稀疏矩阵乘积 Q=M×N
    int arow,brow,p,q,ccol,ctemp[MAXRC+1],t,tp;
    if(M.nu!=N.mu)  //矩阵 M 和 N 无法相乘
        return ERROR;
    Q.mu=M.mu;  //Q 的行数=M 的行数
    Q.nu=N.nu;  //Q 的列数=N 的列数
    Q.tu=0;  //Q 的非零元素个数的初值为 0
    if(M.tu*N.tu!=0)  //Q 是非零矩阵
        for(arow=1;arow<=M.mu;++arow)  //对 M 的每一行,arow 是 M 的当前行
        {
            for(ccol=1;ccol<=Q.nu;++ccol)  //从 Q 的第 1 列到最后 1 列
                ctemp[ccol]=0;
                    /*Q 的当前行的各列元素累计器清零,Q 当前行的第 1
                    个元素位于上 1 行最后 1 个元素之后*/
            Q.rpos[arow]=Q.tu+1;
```

```
        if(arow<M.mu)
            //不是最后一行下一行的第1个元素的位置是本行元素的上界
            tp=M.rpos[arow+1];
        else
            tp=M.tu+1;    //给最后一行设上界
        for(p=M.rpos[arow];p<tp;++p)
        {
            //找到对应元素在N中的行号
            brow=M.data[p].j;
            if(brow<N.mu)
                //不是最后一行下一行的第一个元素的位置是本行元素的上界
                t=N.rpos[brow+1];
            else   //是最后一行
                t=N.tu+1;    //给最后一行设上界
            for(q=N.rpos[brow];q<t;q++)
            {
                ccol=N.data[q].j;
                    //乘积元素在Q中的列号将乘积累加到Q的arow行ccol列中
                ctemp[ccol]+=M.data[p].e*N.data[q].e;
            }
        }
        for(ccol=1;ccol<=Q.nu;++ccol)
            if(ctemp[ccol])   //该列的值不为0
            {
                if(++Q.tu>MAXSIZE)
                    return ERROR;
                Q.data[Q.tu].i=arow;
                Q.data[Q.tu].j=ccol;
                Q.data[Q.tu].e=ctemp[ccol];
            }
    }
    return OK;
}
```

分析上述算法的时间复杂度有如下结果：累加器 ctemp 初始化的时间复杂度为 $O(M.mu \times N.nu)$，求 Q 的所有非零元素的时间复杂度为 $O(M.tu \times N.tu/N.mu)$，进行压缩存储的时间复杂度为 $O(M.mu \times N.nu)$，因此，总的时间复杂度就是 $O(M.mu \times N.nu + M.tu \times N.tu/N.mu)$。

3）十字链表

当稀疏矩阵中非零元素的位置或个数经常变动时，三元组表就不适合于做稀疏矩阵的存储结构，此时采用链表存储结构更为恰当。将稀疏矩阵的每一行的非零元素链接起来，每一列的非零元素也链接起来。在链表中每个元素格式如图 4.50 所示。

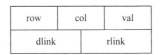

图 4.50　链表中元素格式

图 4.50 中，row、col、val 分别表示非零元素所在的行、列和值，dlink（向下域）用以链接同一列中下一个非零元素，rlink（向右域）用以链接同一行中下一个非零元素。显然，稀疏矩阵中的每个非零元素属于两个链表。按不同行列链接成彼此相交的链表，称作十字链表。

为了使整个链表的结点的结构一致及处理方便，我们规定行（列）链接成一个带表头结点的循环链表，表头结点的结构与非零元素的结点结构相同，并且置表头结点的行域和列域均为–1。

例如，下述矩阵的十字链表如图 4.51 所示。

$$A = \begin{bmatrix} 5 & 0 & 0 & 0 \\ 4 & 0 & 2 & 0 \\ 0 & 0 & 0 & 3 \end{bmatrix} \tag{4.18}$$

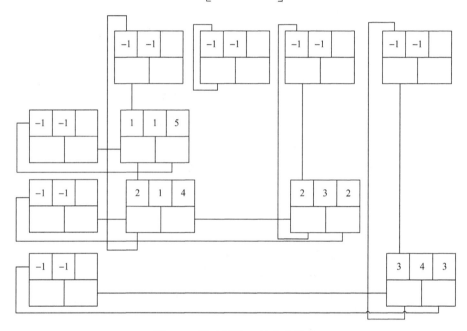

图 4.51　稀疏矩阵 A 的十字链表

可见，每一列链表的表头结点只使用了 dlink 链域，而每一行链表的表头结点只使用 rlink 链域，其余的域值相同，故这两组表头可以合二为一（即第 i 行链表和第 i 列链表共用一个表头结点）。下面给出稀疏矩阵十字链表的存储表示。

```
//--------------------稀疏矩阵的十字链表存储表示--------------------
typedef struct OLNode {
    int row,col; //该非零元素的行和列下标
    ElemType val;
    struct OLNode *rlink,*dlink;  //该非零元素所在行表和列表的后继链域
} OLNode,*OLinkList;
```

也可将各链表的表头结点链接成一个循环链表，即把 val 域定义成变体，val 域在表头结点中为指针域，指向下一个表头结点。在该循环链表中加上表头结点（其 row 域和 col 域的值分别为稀疏矩阵的行数和列数），如图 4.52 所示。

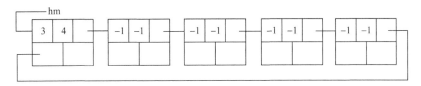

图 4.52　各表头结点链接成循环链表

采用十字链表表示稀疏矩阵，可方便地实现矩阵的相加、相乘运算。有关十字链表的运算请参考有关文献。

4.3　广义表的基本概念、抽象数据类型定义与基本操作

4.3.1　广义表的基本概念

前面讨论的数组是一种推广的线性表，例如，把二维数组看成每个元素具有相同结构线性表的线性表。广义表也是一种推广的线性表，即其数据元素本身也是一个数据结构。与数组不同，广义表的所有元素可以有不同的结构。

所谓**广义表**，逻辑上就是线性表 $(a_1, a_2, \cdots, a_n)$ 中的每个元素 $a_i(1 \leqslant i \leqslant n)$，不仅仅是原子类型的数据元素，也可以是线性表。这里允许线性表 a_i 本身又可以为广义表。显然这个定义是递归的。

广义表一般记作

$$\text{LS} = (a_1, a_2, \cdots, a_n)$$

下面给出广义表结构中的一些术语。

LS 是广义表 $(a_1, a_2, \cdots, a_n)$ 的名称，n 是它的长度。在线性表的定义中，$a_i(1 \leqslant i \leqslant n)$ 只限于单个元素。而在广义表的定义中，a_i 可以是单个元素，也可以是广义表，分别称为广义表 LS 的**原子**和**子表**。习惯上，用大写字母表示广义表的名称，用小写字母表示原子。当广义表 LS 非空时，称第一个元素 a_1 为 LS 的**表头**，称其余元素组成的表 $(a_2, a_3, \cdots, a_n)$ 为 LS 的**表尾**。

1）广义表的几种逻辑形式

（1）$A=()$——A 是一个空表，它的长度为零。

（2）$B=(e)$——列表 B 只有一个原子 e，B 的长度为1。

（3）$C=(a,(b,c,d))$——列表 C 的长度为2，两个元素分别为原子 a 和子表 (b,c,d)。

（4）$D=(A,B,C)$——列表 D 的长度为3，3 个元素都是列表。显然，将子表的值代入后，则有 $D=((),(e),(a,(b,c,d)))$。

（5）$E=(a,E)$——这是一个递归的表，它的长度为2。E 相当于一个无限的列表 $E = I(a,(a,(a,\cdots)))$。

从上述定义和例子可以看出，广义表是一个多层次的线性结构。例如，$D=(E,F)$，其中 $E=(a,(b,c))$，$F=(d,(e))$，如图 4.53 所示。

2）由广义表的定义可得出广义表的几个重要特征

（1）广义表中的数据元素有相对次序。

（2）广义表的长度定义为最外层包含元素个数。

（3）广义表的深度定义为所含括弧的重数（注意"原子"的深

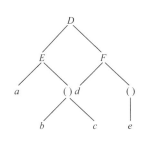

图 4.53　多层次的线性结构

度为 0，"空表"的深度为 1）。

（4）广义表可以共享。

（5）广义表可以是一个递归的表，递归表的深度是无穷值，长度是有限值。

（6）任何一个非空广义表均可分解为表头和表尾两部分。

显然，广义表可以看成是线性表的推广，而当广义表的所有元素都是单元素时，该广义表就蜕化为线性表了。

广义表有两个重要的基本运算：取表头 GetHead (LS)和取表尾 GetTail(LS)。

前面已经定义了广义表的表头和表尾，由此可知，任何一个非空广义表，其表头可能是单元素，也可能是广义表，而其表尾必定是广义表。对图 4.53 所示的广义表进行取表头和表尾操作如下。

```
D=(E,F)=((a,(b,c)),F)
GetHead(D)=E  GetTail(D)=(F)
GetHead(E)=a  GetTail(E)=((b,c))
GetHead(((b,c)))=(b,c)  GetTail(((b,c)))=()
GetHead((b,c))=b  GetTail((b,c))=(c)
GetHead((c))=c  GetTail((c))=()
```

注意，广义表()和(())不同，前者为空表长度为零；后者长度为 1，即有一个元素()，其表头和表尾均为空表。

对广义表还可进行查找、复制、插入和删除，以及求广义表长度等运算。

4.3.2 广义表的抽象数据类型定义

1. 广义表的抽象数据类型定义的架构

```
ADT GList {
    广义表的数据结构的形式化定义；
    广义表的所有基本操作；
} ADT GList
```

2. 广义表的抽象数据类型的详细定义

ADT GList {

　　数据对象：$D=\{e_i|i=1,2,\cdots,n;n\leqslant0;e_i\in$ AtomSet 或 $e_i\in$ GList,AtomSet 为某个数据对象}

　　数据关系：$R=\{<e_{i-1},e_i>|e_{i-1},e_i\in D,2\leqslant i\leqslant n\}$

　　基本操作：

函数操作	函数说明
InitGList(&L)	操作结果：创建空的广义表 L
CreateGList(&L,S)	初始条件：S 是广义表的书写形式串 操作结果：由 S 创建广义表 L
DestroyGList(&L)	初始条件：广义表 L 存在 操作结果：销毁广义表 L
CopyGList(&T,L)	初始条件：广义表 L 存在 操作结果：由广义表 L 复制得到广义表 T
GListLength(L)	初始条件：广义表 L 存在 操作结果：求广义表 L 的长度，即元素个数

续表

函数操作	函数说明
GListDepth(L)	初始条件：广义表 L 存在 操作结果：求广义表 L 的深度
GListEmpty(L)	初始条件：广义表 L 存在 操作结果：判定广义表 L 是否为空
GetHead(L)	初始条件：广义表 L 存在 操作结果：取广义表 L 的头
GetTail(L)	初始条件：广义表 L 存在 操作结果：取广义表 L 的尾
InsertFirst(&L,e)	初始条件：广义表 L 存在 操作结果：插入元素 e 作为广义表 L 的第一个元素
DeleteFirst(&L,&e)	初始条件：广义表 L 存在 操作结果：删除广义表 L 的第一个元素，并用 e 返回其值
Traverse(L,Visit())	初始条件：广义表 L 存在 操作结果：遍历广义表 L，用函数 Visit()处理每个元素

} ADT Glist

4.3.3 广义表的表示和实现

1. 广义表的头尾链表存储表示

广义表中的数据元素可以具有不同的结构，因此不适合用顺序存储结构表示。通常采用链式存储结构，每个数据元素都可用一个结点表示。

由于广义表中的数据元素可能为原子或广义表，因此需要两种结构的结点：一种是表结点，用以表示广义表；另一种是原子结点，用以表示原子。一个表结点由三个域组成，即标志域、指示表头的指针域和指示表尾的指针域；而原子结点只需两个域，即标志域和值域，如图 4.54 所示。

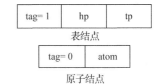

图 4.54 广义表的链表结点结构

```
//------------------------广义表的头尾链表存储表示------------------
typedef enum {ATOM, LIST} ElemTag; //ATOM==0：原子，LIST==1：子表
typedef struct GLNode {
    ElemTag tag;  //公共部分，用于区分原子结点和表结点
    union {
        //原子结点和表结点的联合部分
        AtomType atom;  //atom 是原子结点的值域，AtomType 由用户定义
        struct {
            struct GLNode *hp,*tp;
        }ptr;  //ptr 是表结点的指针域，ptr.hp 和 ptr.tp 分别指向表头和表尾
    };
}*GList;  //广义表类型
```

在图 4.55 所示的存储结构中有以下几种情况。

（1）除空表的表头指针为空外，对任何非空广义表，其表头指针均指向一个表结点，且该结点中的 hp 域指示广义表表头（或为原子结点，或为表结点），tp 域指向广义表表尾（除非表尾为空，则指针为空，否则必为表结点）。

（2）容易分清广义表中原子和子表所在层次。如在广义表 D 中，原子 a 和 e 在同一层次上，而 b、c 和 d 在同一层次且比 a 和 e 低一层，B 和 C 是同一层的子表。

（3）最高层的表结点个数即为广义表的长度。

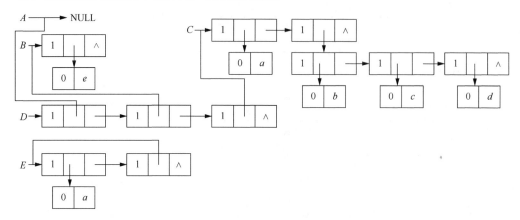

图 4.55 广义表 $A=(),B=(e),C=(a,(b,c,d)),D=(A,B,C),E=(a,E)$ 的链表存储结构

2. 广义表的头尾链表存储结构

上述三个特点在某种程度上给广义表的操作带来方便，但也可采用另一种结点结构的链表表示广义表，如图 4.56、图 4.57 所示。

图 4.56 广义表的另一种结点结构

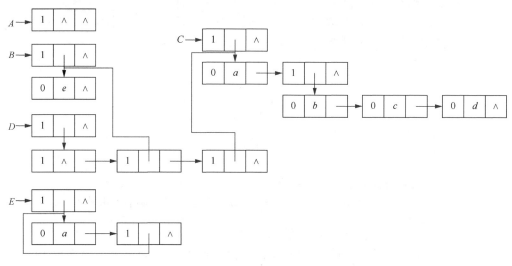

图 4.57 广义表的另一种链表表示

广义表的扩展线性表存储表示如下。

```
//---------------------广义表的扩展线性表存储表示---------------------
typedef enmu {ATOM, LIST}ElemTag;  //ATOM==0：原子，LIST==1：子表
typedef struct GLNode2 {
    ElemTag tag;   //公共部分，用于区分原子结点和表结点
```

```
        union {
            AtomType atom;   //原子结点的值域
            struct GLNode2 *hp;  //表结点的表头指针
        };
        struct GLNode2 *tp;  //相当于线性链表的next，指向下一个元素结点
    }*GList2;   //广义表类型GList是一种扩展的线性链表
```

对于广义表的这两种存储结构，读者只要根据自己的习惯掌握其中一种即可。

以第一种存储结构为例，广义表的基本操作的算法描述如下。

1）求广义表的深度

广义表的深度定义为广义表中括弧的重数。设非空广义表为 $LS = (a_1, a_2, \cdots, a_n)$ ，其中 $a_i(i = 1, 2, \cdots, n)$ 或为原子或为 LS 的子表，则求 LS 的深度可分解为 n 个子问题，每个子问题为求 a_i 的深度，若 a_i 是原子，则由定义其深度为零；若 a_i 是广义表，则和上述一样处理，而 LS 的深度为各 $a_i(i = 1, 2, \cdots, n)$ 的深度中最大值加 1。空表也是广义表，并由定义可知空表的深度为 1。

由此可见，求广义表深度的过程是一个递归的过程。这个过程有两个终结状态：空表和原子，且只要求得 $a_i(i = 1, 2, \cdots, n)$ 的深度，广义表的深度就容易求得了。显然，它应比子表深度的最大值多 1。

广义表 $LS = (a_1, a_2, \cdots, a_n)$ 的深度 DEPTH(LS)的递归定义如下。

基本项：

DEPTH(LS)=1，当 LS 为空表时；

DEPTH(LS)=0，当 LS 为原子时。

归纳项：

DEPTH(LS)=1+MAX{DEPTH(a_i)}， $n \geq 1$ 。

由此定义容易写出求深度的递归函数。假设 L 是 GList 型的变量，则 L=NULL 表明广义表为空表，L->tag=0 表明是原子。反之，L 指向表结点，该结点中的 hp 指针指向表头，即为 L 的第一个子表，而结点中的 tp 指针所指表尾结点中的 hp 指针指向 L 的第二个子表。在第一层中由 tp 相连的所有尾结点中的 hp 指针均指向 L 的子表。求广义表深度的递归函数如下所示。

```
    int GListDepth(GList L)
    {
        int max=0,dep;
        GList pp;
        if(!L)  //广义表L为空
            return 1;  //空表深度为1
        if(L->tag==ATOM)  //是原子结点
            return 0;  //单原子表深度为0，只会出现在递归调用中
        for(pp=L;pp;pp=pp->ptr.tp)  //从本层的第一个元素到最后一个元素
        {
            //递归求以pp->ptr.hp为头指针的子表深度
            dep=GListDepth(pp->ptr.hp);
            if(dep>max)
                max=dep;  //保存本层子表深度的最大值
        }
        return max+1;  //非空表的深度是各元素的深度的最大值加1
    }
```

上述算法的执行过程实质上是遍历广义表的过程，在遍历时首先求得各子表的深度，然后综合得到广义表的深度。若按递归定义分析广义表 D 的深度，则有

DEPTH(D)=1+MAX{DEPTH(A),DEPTH(B),DEPTH(C)};

DEPTH(A)=1;

DEPTH(B)=1+MAX{DEPTH(e)}=1+0=1;

DEPTH(C)=1+MAX{DEPTH(a),DEPTH(b,c,d)}=2;

DEPTH(a)=0;

DEPTH((b,c,d))=1+MAX{DEPTH(a),DEPTH(b),DEPTH(c)}=1+0=1;

由此，DEPTH(D)=1+MAX{1,1,2}=3。

2）复制广义表

前面提到，任何一个非空广义表均可分解成表头和表尾，反之，一对确定的表头和表尾可唯一确定一个广义表。由此，复制一个广义表只要分别复制其表头和表尾，然后合成即可。假设 LS 是原表，NEWLS 是复制表，则复制操作的递归定义如下。

基本项：

InitGList(NEWLS) {置空表}，当 LS 为空表时。

归纳项：

COPY(GetHead(LS)–>GetHead(NEWLS))　{复制表头};

COPY(GetTail(LS)–>GetTail(NEWLS))　{复制表尾}。

只要建立和原表中的结点一一对应的新结点，便可得到复制表的新链表。复制广义表的递归算法如下所示。

```
void CopyGList(GList &T, GList L)
{
    if(!L)  //复制空表
        T=NULL;
    else
    {
        T=(GList)malloc(sizeof(GLNode));  //建立表结点
        if(!T)
            exit(OVERFLOW);
        T->tag=L->tag;  //复制标志域
        if(L->tag==ATOM)  //单原子
            T->atom=L->atom;  //复制单原子
        else  //子表
        {
            CopyGList(T->ptr.hp,L->ptr.hp);  //递归复制表头子表
            CopyGList(T->ptr.tp,L->ptr.tp);  //递归复制表尾
        }
    }
}
```

3）广义表的举例

（1）求广义表长度与深度的举例。

求广义表 F =(())的长度与深度。答：F 的长度为 1，深度为 2。

（2）求广义表的表头和表尾的举例。

根据给出的广义表 $A=(a,b,(c,d),(e,(f,g)))$，求出 Head(Tail(Head(Tail(Tail(A)))))。

答：按照层次先从该广义表的最里层逐层进行计算，其顺序分别如下。

Tail(A)=$(b,(c,d),(e,(f,g)))$；

Tail(Tail(A))=$((c,d),(e,(f,g)))$；

Head(Tail(Tail(A)))=(c,d)；

Tail(Head(Tail(Tail(A))))=(d)；

所以，Head(Tail(Head(Tail(Tail(A)))))=d。

习　　题

一、填空题

1. ＿＿＿＿＿＿＿＿＿＿＿＿＿＿＿称为空串；＿＿＿＿＿＿＿＿＿＿＿＿＿＿＿称为空白串。

2. 设 S="A;/document/Mary.doc"，则 strlen(s)=＿＿＿＿＿＿＿，"/"的字符定位的位置为＿＿＿＿＿＿＿＿。

3. 子串的定位运算称为串的模式匹配；＿＿＿＿＿＿＿＿称为目标串，＿＿＿＿＿＿＿称为模式串。

4. 设目标串 T="abccdcdccbaa"，模式串 P="cdcc"，则第＿＿＿＿＿次匹配成功。

5. 若 n 为主串长，m 为子串长，则串的古典匹配算法最坏的情况下需要比较字符的总次数为＿＿＿＿＿＿。

6. 假设有二维数组 $A_{6\times8}$，每个元素用相邻的 6 个字节存储，存储器按字节编址。已知 A 的起始存储位置（基地址）为 1000，则数组 A 的体积（存储量）为＿＿＿＿＿＿；末尾元素 A_{57} 的第一个字节地址为＿＿＿＿＿＿；若按行存储时，元素 A_{14} 的第一个字节地址为＿＿＿＿＿＿；若按列存储时，元素 A_{47} 的第一个字节地址为＿＿＿＿＿＿。

7. 设数组 $a[1\cdots60, 1\cdots70]$ 的基地址为 2048，每个元素占 2 个存储单元，若以列序为主序顺序存储，则元素 $a[32,58]$ 的存储地址为＿＿＿＿＿＿。

8. 三元组表中的每个结点对应于稀疏矩阵的一个非零元素，它包含有三个数据项，分别表示该元素的＿＿＿＿＿＿、＿＿＿＿＿＿和＿＿＿＿＿＿。

9. 求下列广义表操作的结果：

（1）GetHead(((a,b),(c,d)))=＿＿＿＿＿＿＿＿＿＿＿＿；

（2）GetHead(GetTail(((a,b),(c,d))))=＿＿＿＿＿＿＿＿＿＿＿＿；

（3）GetHead(GetTail(GetHead(((a,b),(c,d)))))=＿＿＿＿＿＿＿＿＿＿＿＿；

（4）GetTail(GetHead(GetTail(((a,b),(c,d)))))=＿＿＿＿＿＿＿＿＿＿＿＿。

二、单项选择题

1. 串是一种特殊的线性表，其特殊性体现在（　　　）。

　　A．可以顺序存储　　　　　　　　　　B．数据元素是一个字符

　　C．可以链式存储　　　　　　　　　　D．数据元素可以是多个字符

2. 设有两个串 p 和 q，求 q 在 p 中首次出现的位置的运算称作（　　　）。

　　A．联接　　　　　　B．模式匹配　　　　　C．求子串　　　　　　D．求串长

3. 设串 $s1$="ABCDEFG"，$s2$="PQRST"，函数 con(x,y)返回 x 和 y 串的联接串，subs(s, i, j)返回串 s 的从序号 i 开始的 j 个字符组成的子串，len(s)返回串 s 的长度，则 con(subs($s1$, 2, len($s2$)), subs($s1$, len($s2$), 2))的结果串是（　　　）。

　　A．BCDEF　　　　B．BCDEFG　　　C．BCPQRST　　　D．BCDEFEF

4. 设矩阵 A 是一个对称矩阵，为了节省存储空间，将其下三角部分（如右图所示）按行序存放在一维数组 $B[1, n(n-1)/2]$ 中，对下三角部分中任一元素 $a_{i,j}(i \leqslant j)$，在一维数组 B 中下标 k 的值是（　　　）。

$$A = \begin{bmatrix} a_{1,1} & & & \\ a_{2,1} & a_{2,2} & & \\ \vdots & \vdots & \ddots & \\ a_{n,1} & a_{n,2} & \cdots & a_{n,n} \end{bmatrix}$$

　　A．$i(i-1)/2+j-1$　　　　　　　　　　　　B．$i(i-1)/2+j$

　　C．$i(i+1)/2+j-1$　　　　　　　　　　　　D．$i(i+1)/2+j$

5. 从供选择的答案中，选出应填入下面叙述___?___内的最确切的解答，把相应编号写在对应栏内。

有一个二维数组 A，行下标的范围是 0 到 8，列下标的范围是 1 到 5，每个数组元素用相邻的 4 个字节存储。存储器按字节编址。假设存储数组元素 $A[0,1]$ 的第一个字节的地址是 0。存储数组 A 的最后一个元素的第一个字节的地址是___A___。若按行存储，则 $A[3,5]$ 和 $A[5,3]$ 的第一个字节的地址分别是___B___和___C___。若按列存储，则 $A[7,1]$ 和 $A[2,4]$ 的第一个字节的地址分别是___D___和___E___。

供选择的答案如下。

A～E：①28　②44　③76　④92　⑤108　⑥116　⑦132　⑧176　⑨184 ⑩188

答案：A＝_____　B＝_____　C＝_____　D＝_____　E＝_____

6. 从供选择的答案中，选出应填入下面叙述___?___内的最确切的解答，把相应编号写在对应栏内。

有一个二维数组 A，行下标的范围是 1 到 6，列下标的范围是 0 到 7，每个数组元素用相邻的 6 个字节存储，存储器按字节编址。那么，这个数组的所占内存空间是___A___个字节。假设存储数组元素 $A[1,0]$ 的第一个字节的地址是 0，则存储数组 A 的最后一个元素的第一个字节的地址是___B___。若按行存储，则 $A[2,4]$ 的第一个字节的地址是___C___。若按列存储，则 $A[5,7]$ 的第一个字节的地址是___D___。

供选择的答案如下。

A～D：①12　②66　③72　④96　⑤114　⑥120　⑦156　⑧234　⑨276　⑩282 ⑪283　⑫288

答案：A＝_____　B＝_____　C＝_____　D＝_____　E＝_____

三、简答题

1. KMP 算法的设计思想是什么？它有什么优点？

2．已知二维数组 A_{mm} 采用按行优先顺序存放，每个元素占 K 个存储单元，并且第一个元素的存储地址为 $Loc(a_{11})$，请写出求 $Loc(a_{ij})$ 的计算公式。如果采用列优先顺序存放呢？

3．递归算法是否比非递归算法花费更多的时间？为什么？

四、计算题

1．设 s="I AM A STUDENT", t="GOOD", q="WORKER"，求 Replace(s,"STUDENT",q) 和 Concat(SubString(s,6,2), Concat(t,SubString(s,7,8)))。

2．已知主串 s="ADBADABBAABADADBBADADA"，模式串 pat="ADABBADADA"。写出模式串的 nextval 函数值，并由此画出 KMP 算法匹配的全过程。

3．用三元组表表示下列稀疏矩阵：

$$
(1)\begin{bmatrix}
00000000 \\
00000000 \\
03000800 \\
00000000 \\
00060000 \\
00000000 \\
00000005 \\
20000000
\end{bmatrix}
\qquad
(2)\begin{bmatrix}
00000-2 \\
00009\ 0 \\
00000\ 0 \\
00500\ 0 \\
00000\ 0 \\
00003\ 0
\end{bmatrix}
$$

4．下列各三元组表分别表示一个稀疏矩阵，试写出它们的稀疏矩阵。

$$（1）\begin{bmatrix} 6 & 4 & 6 \\ 1 & 2 & 2 \\ 2 & 1 & 12 \\ 3 & 1 & 3 \\ 4 & 4 & 4 \\ 5 & 3 & 6 \\ 6 & 1 & 16 \end{bmatrix} \qquad （2）\begin{bmatrix} 4 & 5 & 5 \\ 1 & 1 & 1 \\ 2 & 4 & 9 \\ 3 & 2 & 8 \\ 3 & 5 & 6 \\ 4 & 3 & 7 \end{bmatrix}$$

五、算法设计题

编写一个实现串的置换操作 Replace(&S, T, V)的算法。

第 5 章　树和二叉树

【内容提要】本章主要讨论非线性数据结构——树。从数据元素之间对应的数量关系（关系基数）来看，树属于一对多的关系。本章在介绍树相关概念的基础上，着重介绍二叉树这种数据结构，从二叉树的抽象数据类型入手，介绍树的逻辑结构和存储结构及在存储结构基础上对树的基本操作；本章还列举了在树的遍历递归算法基础之上的应用算法；介绍了二叉树的二叉链表存储结构、二叉树与树和森林之间的对应关系以及树和森林数据类型的抽象数据类型的定义；最后介绍了一种应用广泛的树的数据结构——哈夫曼树的构造和应用算法。

【学习要求】熟练掌握二叉树的结构特性，了解相应的证明方法；熟悉二叉树的各种存储结构的特点及适用范围；掌握各种遍历策略的递归算法，灵活运用遍历算法实现二叉树的其他操作；理解二叉树线索化的实质是建立结点与其在相应序列中的前驱或后继之间的直接联系，熟练掌握二叉树的线索化过程以及在中序线索化树上找给定结点的前驱和后继的方法；熟悉树的各种存储结构及其特点，掌握树和森林与二叉树的转换方法；学会编写实现树的各种操作的算法；了解最优树的特性，掌握建立最优树和哈夫曼编码的方法。

5.1　树

5.1.1　树的定义

树（tree）是 $n(n{\geqslant}0)$ 个结点的有限集。当 $n=0$ 时称为空树，任意一棵非空树满足以下条件：

（1）有且仅有一个特定的称为根的结点，如图 5.1(a)所示；

（2）当 $n>1$ 时，除根结点之外的其余结点被分成 $m(m>0)$ 个互不相交的有限集 $T_1,T_2,\cdots,T_m$，其中每个集合本身又是一棵树，并称其为这个根结点的**子树**（sub tree）。如图 5.1(b)所示。

图 5.1 中 $A,B,\cdots,M$ 表示树的结点。

树的结点包含一个数据元素及若干指向其子树的分支。结点拥有的子树数称为**结点的度**。度为 0 的结点称为**叶子结点**或终端结点。度不为 0 的结点，称为**分支结点**或非终端结点。除根结点之外，分支结点也称为内部结点。树的度是树内各结点的度的最大值。结点的子树的根称为该结点的**孩子**，相应的该结点称为孩子的**双亲**，同一个双亲的孩子之间互称**兄弟**。如果树的结点序列 $n_1,n_2,\cdots,n_k$ 有如下关系：结点 n_i 是 n_{i+1} 的双亲（$1<i<k$），则把 $n_1,n_2,\cdots,n_k$ 称为一条由 n_1 至 n_k 的**路径**。路径上经过的边的个数称为**路径长度**。结点的**祖先**是从根结点到该结点所经分支上的所有结点。反之，以某结点为根的子树中的任意结点都称为该结点的**子孙**。结点的**层次**从根开始定义，根为第一层，根的孩子为第二层。若某结点在第 L 层，则其子树的根就在第 $L+1$ 层。其双亲在同一层的结点互为**堂兄弟**。树中结点最大的层次称为**树的深度**或高度。

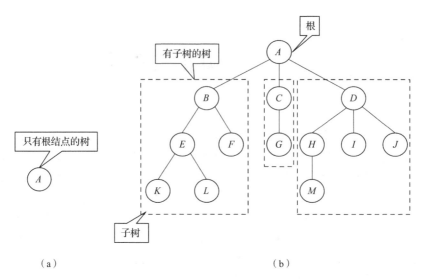

（a）   （b）

图 5.1   非空树的示例

例 5.1   图 5.2 是一棵具有 13 个结点的树。树的根结点为 A，有三个子树，分别是 T_1,T_2,T_3。其中，$T_1=\{B,E,F,K,L\},T_2=\{C,G\},T_3=\{D,H,I,J,M\}$。

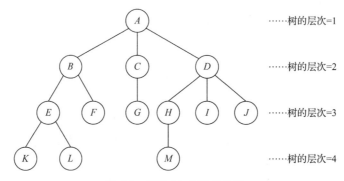

图 5.2   具有 13 个结点的树

T_1,T_2,T_3 作为互不相交的子树，同时，结点 B,C,D 分别作为子树 T_1,T_2,T_3 的根，也作为整个树根结点 A 的孩子。

树的结构定义是一个递归的定义，即在树的定义中又用到树的概念。一般来说，分等级的分类方案都可用层次结构来表示，也就是说，都可产生一个树结构。就逻辑结构而言，任何一棵树是一个二元组 Tree=(root,F)，其中，root 是数据元素，称作树的根结点；F 是 $m(m\geqslant0)$ 棵树的森林，$F=(T_1,T_2,\cdots,T_m)$，$T_i=(r_i,F_i)$ 称作根 root 的第 i 棵子树；当 $m\neq0$ 时，在树根和其子树森林之间存在下列关系：

$$RF = \{ <root,r_i>\,|\,i=1,2,\cdots,m;m>0\}$$

这个定义将有助于得到森林和树与二叉树之间转换的递归定义。

5.1.2   树的抽象数据类型定义

1. 树的抽象数据类型定义的架构

```
ADT Tree {
    树的数据结构的形式化定义;
```

```
        树的所有基本操作;
    } ADT Tree
```

2. 树的抽象数据类型的详细定义

ADT Tree {

数据对象 D：D 是具有相同特性的数据元素的集合。

数据关系 R：若 D 为空集，则称为空树；若 D 仅含一个数据元素，则 R 为空集，否则 $R=\{H\}$，H 是如下二元关系：

（1）D 存在唯一的称为根的数据元素 root，它在关系 H 下无前驱；

（2）若 $D-\{root\}\neq\Phi$，则存在 $D-\{root\}$ 的一个划分 $D_1, D_2,\cdots, D_m (m>0)$，对任意 $j\neq k(1\leqslant j, k\leqslant m)$ 有 $D_j\cap D_k=\Phi$，且对任意的 $i(1\leqslant i\leqslant m)$，唯一存在数据元素 $x_i\in D_i$，有 $<root,x_i>\in H_i$；

（3）对应于 $D-\{root\}$ 的划分，$H-\{<root, x_1>,\cdots,<root, x_m>\}$ 有唯一的一个划分 $H_1, H_2,\cdots, H_m(m>0)$，对任意 $j\neq k(1\leqslant j, k\leqslant m)$ 有 $H_j\cap H_k=\Phi$，且对任意 $i(1\leqslant i\leqslant m)$，$H_i$ 是 D_i 上的二元关系，$(D_i, \{H_i\})$ 是一棵符合本定义的树，称为根 root 的子树。

基本操作：

函数操作	函数说明
InitTree(&T)	操作结果：构造空树 T
DestroyTree(&T)	初始条件：树 T 存在 操作结果：销毁树 T
CreateTree(&T, definition)	初始条件：definition 给出树 T 的定义 操作结果：按 definition 构造树 T
ClearTree(&T)	初始条件：树 T 存在 操作结果：将树清为空树
TreeEmpty(T)	初始条件：树 T 存在 操作结果：若 T 为空树，则返回 TRUE，否则返回 FALSE
TreeDepth(T)	初始条件：树 T 存在 操作结果：返回 T 的深度
Root(T)	初始条件：树 T 存在 操作结果：返回 T 的根
Value(T, cur_e)	初始条件：树 T 存在，cur_e 是 T 中某个结点 操作结果：返回 cur_e 的值
Assign(T, cur_e, value)	初始条件：树 T 存在，cur_e 是 T 中某个结点 操作结果：结点 cur_e 赋值为 value
Parent(T, cur_e)	初始条件：树 T 存在，cur_e 是 T 中某个结点 操作结果：若 cur_e 是 T 的非根结点，则返回它的双亲，否则返回"空"
LeftChild(T, cur_e)	初始条件：树 T 存在，cur_e 是 T 中某个结点 操作结果：若 cur_e 是 T 的非叶子结点，则返回它的最左孩子，否则返回"空"
RightSibling(T, cur_e)	初始条件：树 T 存在，cur_e 是 T 中某个结点 操作结果：若 cur_e 有右兄弟，则返回它的右兄弟，否则返回"空"
InsertChild(&T, &p, i, c)	初始条件：树 T 存在，p 指向 T 中某个结点，$1\leqslant i\leqslant p$ 所指结点的度+1，非空树 c 与 T 不相交 操作结果：插入 c 为 T 中 p 所指结点的第 i 棵子树

续表

函数操作	函数说明
DeleteChild(&T, &p, i)	初始条件：树 T 存在，p 指向 T 中某个结点，且 $1 \leqslant i \leqslant p$ 操作结果：删除 T 中 p 所指结点的第 i 棵子树
TraverseTree(T, Visit())	初始条件：树 T 存在，Visit()是对结点操作的应用函数 操作结果：按某种次序对 T 的每个结点调用函数 Visit()一次且至多一次。一旦 Visit()失败，则操作失败

} ADT Tree

5.2　二　叉　树

在讨论一般树的存储结构及其操作之前，我们首先研究一种称为二叉树的抽象数据类型。由于很多常规问题往往都可以抽象成二叉树的模型，且二叉树的算法、存储等都较为简单，因此有关二叉树的概念、性质和算法就显得相对重要了。

5.2.1　二叉树的定义

二叉树（binary tree）是 $n(n \geqslant 0)$ 个结点的有限集，它或为空树($n=0$)，或由一个根结点和两棵分别称为左子树和右子树的互不相交的二叉树构成。图 5.3 是二叉树的五种基本形态。

　（a）空二叉树　　（b）只有根结点　　（c）右子树为空　　（d）左子树为空　　（e）左、右子树均非空

图 5.3　二叉树的五种基本形态

二叉树的特点如下。
（1）每个结点至多有两棵子树（即不存在度大于 2 的结点）。
（2）二叉树的子树有左、右之分，且其次序不能任意颠倒。

5.2.2　二叉树的抽象数据类型定义

1. 二叉树的抽象数据类型定义的架构

```
ADT BinaryTree {
    二叉树的数据结构的形式化定义；
    二叉树的所有基本操作；
} ADT BinaryTree
```

2. 二叉树的抽象数据类型的详细定义

ADT BinaryTree {
　　数据对象 D：D 是具有相同特性的数据元素的集合。
　　数据关系 R：若 $D=\Phi$，则 $R=\Phi$，称 BinaryTree 为空二叉树；若 $D \neq \Phi$，则 $R=\{H\}$，H 是如下二元关系：
　　（1）在 D 中存在唯一的称为根的数据元素 root，它在关系 H 下无前驱；

（2）若 $D-\{root\}\neq\varPhi$，则存在 $D-\{root\}=\{D_l,D_r\}$，且 $D_l\cap D_r=\varPhi$；

（3）若 $D_l\neq\varPhi$，则 D_l 中存在唯一的元素 x_l，$<root,x_l>\in H$，且存在 D_l 上的关系 $H_l\subset H$；若 $D_r\neq\varPhi$，则 D_r 中存在唯一的元素 x_r，$<root,x_r>\in H$，且存在 D_r 上的关系 $H_r\subset H$；$H=\{<root,x_l>,<root,x_r>,H_l,H_r\}$；

（4）$(D_l,\{H_l\})$ 是一棵符合本定义的二叉树，称为根的左子树，$(D_r,\{H_r\})$ 是一棵符合本定义的二叉树，称为根的右子树。

基本操作：

函数操作	函数说明
InitBiTree(&T)	操作结果：构造空二叉树 T
DestroyBiTree(&T)	初始条件：二叉树 T 存在 操作结果：销毁二叉树 T
CreateBiTree(&T, definition)	初始条件：definition 给出二叉树 T 的定义 操作结果：按 definition 构造二叉树 T
ClearBiTree(&T)	初始条件：二叉树 T 存在 操作结果：将二叉树 T 清为空树
BiTreeEmpty(T)	初始条件：二叉树 T 存在 操作结果：若 T 为空二叉树，则返回 TRUE，否则返回 FALSE
BiTreeDepth(T)	初始条件：二叉树 T 存在 操作结果：返回 T 的深度
Root(T)	初始条件：二叉树 T 存在 操作结果：返回 T 的根
Value(T, e)	初始条件：二叉树 T 存在，e 是 T 中某个结点 操作结果：返回 e 的值
Assign(T, &e, value)	初始条件：二叉树 T 存在，e 是 T 中某个结点 操作结果：结点 e 赋值为 value
Parent(T, e)	初始条件：二叉树 T 存在，e 是 T 中某个结点 操作结果：若 e 是 T 的非根结点，则返回它的双亲，否则返回"空"
LeftChild(T, e)	初始条件：二叉树 T 存在，e 是 T 中某个结点 操作结果：返回 e 的左孩子。若 e 无左孩子，则返回"空"
RightChild(T, e)	初始条件：二叉树 T 存在，e 是 T 中某个结点 操作结果：返回 e 的右孩子，若 e 无右孩子，则返回"空"
LeftSibling(T, e)	初始条件：二叉树 T 存在，e 是 T 中某个结点 操作结果：返回 e 的左兄弟。若 e 是 T 的左孩子或无左兄弟，则返回"空"
RightSibling(T, e)	初始条件：二叉树 T 存在，e 是 T 中某个结点 操作结果：返回 e 的右兄弟。若 e 是 T 的右孩子或无右兄弟，则返回"空"
InsertChild(T, p, LR, c)	初始条件：二叉树 T 存在，p 指向 T 中某个结点，LR 为 0 或 1，非空二叉树 c 与 T 不相交且右子树为空 操作结果：根据 LR 为 0 或 1，插入 c 为 T 中 p 所指结点的左或右子树。p 所指结点的原有左或右子树则成为 c 的右子树
DeleteChild(T, p, LR)	初始条件：二叉树 T 存在，p 指向 T 中某个结点，LR 为 0 或 1 操作结果：根据 LR 为 0 或 1，删除 T 中 p 所指结点的左或右子树
PreOrderTraverse(T, Visit())	初始条件：二叉树 T 存在，Visit() 是对结点操作的应用函数 操作结果：先序遍历 T，对每个结点调用函数 Visit() 一次且仅一次。一旦 Visit() 失败，则操作失败

函数操作	函数说明
InOrderTraverse(T, Visit())	初始条件：二叉树 T 存在，Visit()是对结点操作的应用函数 操作结果：中序遍历 T，对每个结点调用函数 Visit()一次且仅一次。一旦 Visit()失败，则操作失败
PostOrderTraverse(T, Visit())	初始条件：二叉树 T 存在，Visit()是对结点操作的应用函数 操作结果：后序遍历 T，对每个结点调用函数 Visit()一次且仅一次。一旦 Visit()失败，则操作失败
LevelOrderTraverse(T, Visit())	初始条件：二叉树 T 存在，Visit()是对结点操作的应用函数 操作结果：层序遍历 T，对每个结点调用函数 Visit()一次且仅一次。一旦 Visit()失败，则操作失败

} ADT BinaryTree

上述数据结构的递归定义表明二叉树或为空，或是由一个根结点加上两棵分别称为左子树和右子树的、互不相交的二叉树组成。由于这两棵子树也是二叉树，则由二叉树的定义，它们也可以是空树。

5.1 节中引入的有关树的术语也都适用于二叉树。

5.2.3　二叉树的性质

二叉树具有下列重要性质。

性质 1　在二叉树的第 i 层上至多有 2^{i-1} 个结点$(i \geqslant 1)$。

证明　用归纳法证明：

（1）$i=1$ 时，只有一个根结点，$2^{i-1}=2^0=1$ 是对的；

（2）假设对所有 $j(1 \leqslant j < i)$命题成立，即第 j 层上至多有 2^{j-1} 个结点，那么，第 $i-1$ 层至多有 2^{i-2} 个结点。又二叉树每个结点的度至多为 2；所以，第 i 层上最大结点数是第 $i-1$ 层的 2 倍，即 $2 \times 2^{i-2}=2^{i-1}$。

故命题得证。

性质 2　深度为 k 的二叉树至多有 2^k-1 个结点$(k \geqslant 1)$。

证明　仅当每一层都含有最大结点数时，二叉树的结点数最多，利用性质 1 可得深度为 k 的二叉树的最大结点数为

$$2^0 + 2^1 + 2^2 + 2^3 + \cdots + 2^{k-1} = 2^k - 1$$

$$\sum_{i=1}^{k}(第 i 层的最大结点数) = \sum_{i=1}^{k} 2^{i-1} = 2^k - 1$$

性质 3　对任何一棵二叉树 T，如果其终端结点数为 n_0，度为 2 的结点数为 n_2，则 $n_0=n_2+1$。

证明一　设 n_1 为二叉树 T 中度为 1 的结点数，因为二叉树中所有结点的度均小于或等于 2，所以其结点总数 $n=n_0+n_1+n_2$。

又因为二叉树中，除根结点外，其余结点都只有一个分支进入。设 B 为分支总数，则 $n=B+1$。由于分支由度为 1 和度为 2 的结点分出；故 $B=n_1+2n_2$；于是 $n=B+1=n_1+2n_2+1=n_0+n_1+n_2$；综上，$n_0=n_2+1$。

下面给出性质 3 的另外一种证明方法。

证明二

（1）结点总数为度为 0 的结点加上度为 1 的结点再加上度为 2 的结点：$n=n_0+n_1+n_2$。

（2）另一方面，二叉树中一度结点有一个孩子，二度结点有两个孩子，根结点不是任何结点的孩子，因此，结点总数为 $n=n_1+2n_2+1$。

（3）两式相减，得到 $n_0=n_2+1$。

完全二叉树和满二叉树是两种特殊形态的二叉树。

一棵深度为 k 且有 2^k-1 个结点的二叉树称为**满二叉树**。图 5.4 是一棵深度为 4 的满二叉树，这种树的特点是每一层上的结点数都是最大结点数。

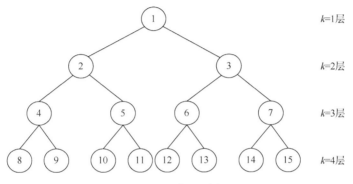

图 5.4　满二叉树

可以对满二叉树的结点进行连续编号，约定编号从根结点起，自上而下，自左至右。由此可引出完全二叉树的定义。深度为 k 的，有 n 个结点的二叉树，当且仅当其每一个结点都与深度为 k 的满二叉树中编号从 1 至 n 的结点一一对应时，称之为**完全二叉树**。图 5.5 为一棵深度为 4 的完全二叉树。显然，**完全二叉树**的特点是：①叶子结点只可能在层次最大的两层上出现；②对任意结点，若其右分支下的子孙的最大层次为 L，则其左分支下的子孙的最大层次必为 L 或 $L+1$。

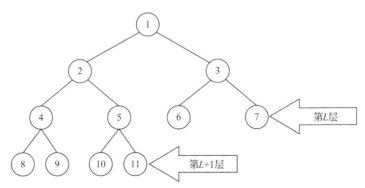

图 5.5　深度 $k=4$ 的完全二叉树最底 2 层结点的示例

完全二叉树可应用于很多场合，下面介绍完全二叉树的两个重要特性。

性质 4　具有 n 个结点的完全二叉树的深度为 $\lfloor \log_2 n \rfloor +1$（$\lfloor\ \rfloor$ 表示下取整）。

证明　根据**性质 2** 和完全二叉树（图 5.6）的定义，性质 4 可证。

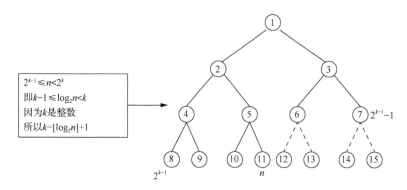

图 5.6　n 个结点 k 层完全二叉树的示例

性质 5　若对含 n 个结点的完全二叉树（图 5.7）从上到下分层，且每层从左至右从 1 至 n 进行编号，则对完全二叉树中任意一个编号为 $i(1 \leqslant i \leqslant n)$ 的结点：

（1）若 $i=1$，则该结点是二叉树的根，无双亲；否则，其双亲结点编号为 $\lfloor i/2 \rfloor$；其左孩子结点编号为 $2i$；其右孩子结点编号为 $2i+1$。

（2）若 $2i>n$，则该结点无左孩子。

（3）若 $2i+1>n$，则该结点无右孩子。

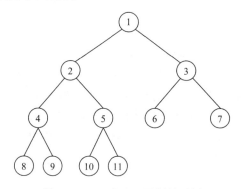

图 5.7　$n=11$ 完全二叉树的示例

证明

性质 5 的（1）：

当 $i=1$ 时，只有根结点，因此无双亲，当 $i>1$ 时，如果 i 为左孩子，即 $2 \times (i/2)=i$，则 $i/2$ 是 i 的双亲；如果 i 为右孩子，假设 i 的双亲为 p，即 $i=2p+1$，i 的双亲应为 p，则 $p=(i-1)/2=i/2$。结点总数为度为 0 的结点加上度为 1 的结点再加上度为 2 的结点：$n=n_0+n_1+n_2$。

性质 5 的（2）和（3）：

A．对于 $i=1$，由完全二叉树的定义，其左孩子是结点 2，若 $2>n$，即不存在结点 2，结点 i 无孩子。结点 i 的右孩子也只能是结点 3，若结点 3 不存在，即 $3>n$，此时结点 i 无右孩子。

B．对于 $i>1$，可分为以下两种情况。

a．设第 $j(1 \leqslant j \leqslant \log_2 n)$ 层的第一个结点的编号为 i，出二叉树的性质 2 和定义知 $i=2^{j-1}$，结点 i 的左孩子必定为第 $j+1$ 层的第一个结点，其编号为 $2^j = 2 \times 2^{j-1} = 2i$。如果 $2i>n$，则无左孩子。其右孩子必定为第 $j+1$ 层的第二个结点，编号为 $2i+1$。若 $2i+1>n$，则无右孩子。

　　b．假设第 $j(1 \leqslant j \leqslant \log_2 n)$ 层上的某个结点编号为 i $(2^{j-1} \leqslant i \leqslant 2^j - 1)$，且 $2i+1<n$，其左孩子为 $2i$，右孩子为 $2i+1$，则编号为 $i+1$ 的结点是编号为 i 的结点的右兄弟或堂兄弟。若它有左孩子，则其编号必定为 $2i+2=2 \times (i+1)$；若它有右孩子，则其编号必定为 $2i+3=2 \times (i+1)+1$。

　　问题：为何要研究这两种特殊形式的二叉树？因为它们在顺序存储方式下可以复原。如图 5.8 所示。

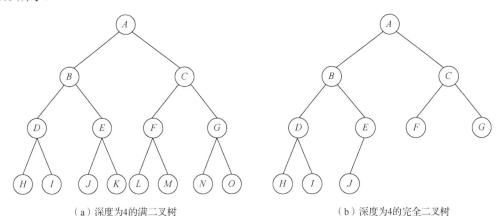

（a）深度为4的满二叉树　　　　　　　　　　　（b）深度为4的完全二叉树

图 5.8　满二叉树和完全二叉树

例 5.2　如图 5.9 所示的完全二叉树，求结点 $i=6$ 的孩子结点。

解　根据已知 $i=6$：因为 $2i=12$，所以其左孩子结点为 12。

因为 $2i+1=13>n$，所以结点 6 无右孩子。

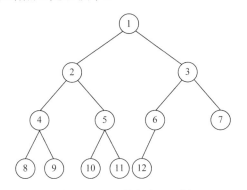

图 5.9　$n=12$ 的完全二叉树

5.2.4　二叉树的存储结构

二叉树的存储结构分为顺序存储结构和链式存储结构两种形式。

1．顺序存储结构

把二叉树的所有结点按照一定的次序存储到一片连续的存储单元中，使得结点在这个序列中的相互位置能反映结点之间的逻辑关系。

```
//------------------------二叉树的顺序存储表示------------------------
#define MAX_TREE_SIZE  100  //二叉树的最大结点数
typedef TElemType SqBiTree[MAX_TREE_SIZE];  //0 号单元存储根结点
SqBiTree bt;
```

例 5.3　实现按满二叉树的结点层次编号，依次存放该完全二叉树（图 5.10）中的数据元素。

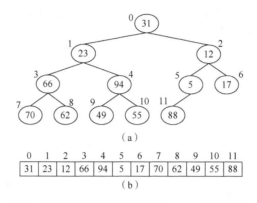

图 5.10　按满二叉树的结点层次编号的完全二叉树的顺序存储例子

例 5.4　实现图 5.11 所示非完全二叉树的顺序存储，如图 5.12 所示。

可见，二叉树顺序存储的特点是结点间关系蕴含在其存储位置中。非完全二叉树采用顺序存储结构浪费空间，只有满二叉树和完全二叉树才适合二叉树顺序存储。

图 5.11　非完全二叉树　　　　　图 5.12　非完全二叉树的顺序存储示例

2. 链式存储结构

二叉树常见的**链式存储结构**有二叉链表、三叉链表、双亲链表和线索链表（将在后面的章节介绍）。

1）二叉链表

二叉链表，顾名思义，其结点结构特点是具有两个指针，逻辑结构特点是具有两个分叉的树即二叉树。二叉链表的结点结构形式及逻辑结构示例如图 5.13 所示。

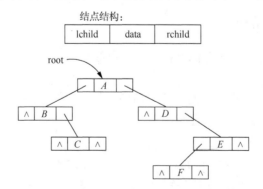

图 5.13　二叉链表的结点结构形式及逻辑结构示例

二叉链表的 C 语言的类型描述如下。

```
typedef struct BiTNode { // 结点结构
    TElemType  data;
    struct BiTNode *lchild, *rchild;  // 左右孩子指针
}BiTNode, *BiTree;
```

2）三叉链表

三叉链表的结点结构形式及逻辑结构示例如图 5.14 所示。

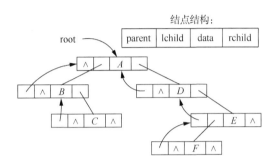

图 5.14   三叉链表的结点结构形式及逻辑结构示例

三叉链表的 C 语言的类型描述如下。

```
typedef struct TriTNode{   //结点结构
    TElemType  data;
    struct TriTNode *lchild,*rchild;   //左右孩子指针
    struct TriTNode *parent;   //双亲指针
}TriTNode,*TriTree;
```

三叉链表逻辑结构与物理结构（链式存储结构）示例如图 5.15 所示。

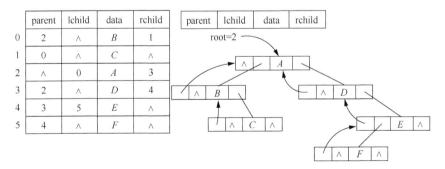

图 5.15   三叉链表逻辑结构与物理结构（链式存储结构）示例

3）双亲链表

双亲链表的结点结构、逻辑结构与物理结构（存储结构）示例如图 5.16 所示。

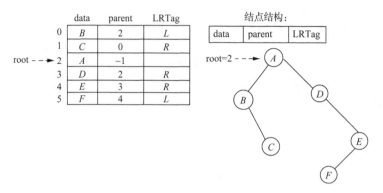

图 5.16　双亲链表的数据结构示例

双亲链表的 C 语言的类型描述如下。

```
typedef struct BPTNode{      //结点结构
    TElemType  data;
    int  *parent;    //指向双亲的指针
    char  LRTag;     //左、右孩子标志域
}BPTNode
typedef struct BPTree{    //树结构
    BPTNode nodes[MAX_TREE_SIZE];
    int num_node;    //结点数目
    int  root;    //根结点的位置
}BPTree
```

4）线索链表

此部分内容将在 5.4 节中介绍。

3. 顺序存储与链式存储的比较

（1）时间性能：若在二叉树上进行查找运算，不需移动结点，用完全二叉树的顺序存储结构要快，链表慢一些。因为顺序存储结构是随机查找，而链表必须从根结点查找。顺序查找可以同时查找指向结点的双亲、孩子和兄弟；而采用链式存储进行查找必须用三叉存储结构才可以同时查找指向结点的双亲、孩子和兄弟，并且查找速度也慢。若是在二叉树上进行插入、删除和移动结点等运算，顺序存储效率没有链式存储效率高。

（2）空间性能：顺序存储增加"虚结点"补足完全二叉树，浪费一些存储空间，而链式存储增加指针域也浪费一些存储空间，哪一种存储方式浪费更多取决于具体情况。

例 5.5　n 个结点的二叉树，每个结点占用 m 个存储空间，若用顺序存储方式需增加 10% 的虚结点；若用链式存储方式，指针域增加 5% 的数据空间。试比较两种存储方式占用的空间。

顺序存储：$(n+n*10\%)*m=1.1mn$

链式存储：$(m+m*5\%)*n=1.05mn$

5.3　遍历二叉树

5.3.1　问题的提出

在二叉树的具体应用中，会涉及**遍历二叉树**的问题，比如查找具有某种特征的结点或者对树中的全部结点逐个进行某项操作，也就是要解决如何按某一条搜索路径巡访二叉树中的结点，使得每个结点均被访问一次，而且仅被访问一次。"访问"的含义可以很广，如输出结点的信息等。"遍历"是任何类型均有的操作，对线性结构而言，只有一条搜索路径（因为每个结点均只有一个后继），故不需要另加讨论。而二叉树是非线性结构，每个结点有两个后继，则存在如何遍历即按什么样的搜索路径遍历的问题。

　　一棵非空的二叉树由三部分构成——根结点、左子树和右子树，而每个子树又是由这三部分构成的，因此遍历的关键是递归访问根结点、左子树和右子树的次序。

　　一般规定左子树的访问在右子树之前，因此有以下三种遍历（对应的算法也叫作先左后右的遍历算法）方式。

　　先序遍历：根→左子树→右子树；

　　中序遍历：左子树→根→右子树；

　　后序遍历：左子树→右子树→根。

　　先序遍历也叫作先根遍历或者是前序遍历；中序遍历也叫作中根遍历；后序遍历也叫作后根遍历。

　　本书中给出的三种遍历算法均基于递归，递归的终止条件是二叉树为空。因此，定义结点 $n=0$ 时为空二叉树，这对于二叉树运算算法的实现是非常重要的。至于遍历中对该结点的"访问"内容，可视具体情况而定。为讨论算法方便起见，假定访问的内容为打印数据域信息。

5.3.2　二叉树遍历算法

1. 二叉树遍历的递归算法

1）先序遍历算法

先序遍历算法如图 5.17 所示。

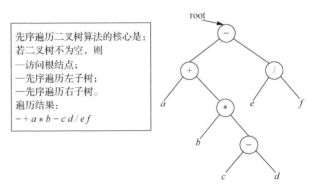

图 5.17　先序遍历算法

算法描述如下。

```
void PreOrderTraverse(BiTree T, int(*Visit)(TElemType e))
{
    //先序递归遍历 T，对每个结点调用函数 Visit()一次且仅一次
    if(T)  //T 不空
    {
        Visit(T->data);  //先序访问根结点
```

```
        PreOrderTraverse(T->lchild,Visit);   //先序遍历左子树
        PreOrderTraverse(T->rchild,Visit);   //先序遍历右子树
    }
}
```

2）中序遍历算法

中序遍历算法如图 5.18 所示。

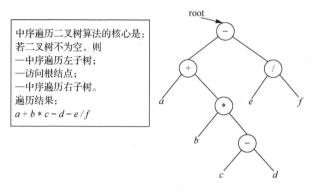

图 5.18　中序遍历算法

算法描述如下。

```
void InOrderTraverse(BiTree T, int(*Visit)(TElemType e))
{
    //中序递归遍历 T，对每个结点调用函数 Visit()一次且仅一次
    if(T)   //T 不空
    {
        InOrderTraverse(T->lchild,Visit);   //中序遍历左子树
        Visit(T->data);   //中序访问根结点
        InOrderTraverse(T->rchild,Visit);   //中序遍历右子树
    }
}
```

3）后序遍历算法

后序遍历算法如图 5.19 所示。

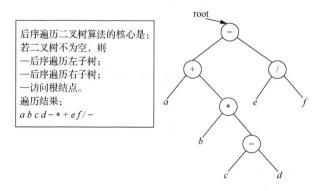

图 5.19　后序遍历算法

算法描述如下。

```
void PostOrderTraverse(BiTree T, int(*Visit)(TElemType e))
{
    //后序递归遍历 T，对每个结点调用函数 Visit()一次且仅一次
    if(T)  //T 不空
    {
        PostOrderTraverse(T->lchild,Visit);  //后序遍历左子树
        PostOrderTraverse(T->rchild,Visit);  //后序遍历右子树
        Visit(T->data);  //后序访问根结点
    }
}
```

可见，三种算法中，Visit()在程序中的位置不同。若去掉 Visit()语句，则三种算法是一致的，这说明三种遍历的探索路径相同。该路线从根结点出发逆时针沿着二叉树移动，对每个结点"经过"三次。若第一次经过时访问该结点，则是先序遍历；若第二次经过时访问该结点，则是中序遍历；若第三次经过时访问该结点，则是后序遍历。不同的遍历，其实质是访问结点的"时机"不同。

2. 二叉树遍历的递归算法的时间与空间复杂度分析及思考题

1）二叉树递归遍历算法分析

图 5.20 所示的二叉树，共 7 个结点，图中虚线给出了以 A 为根结点二叉树先序递归遍历过程。

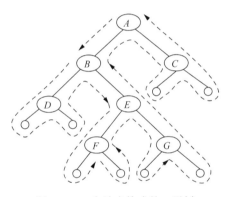

图 5.20　7 个结点构成的二叉树

（1）无论是先序遍历还是中序遍历或者是后序遍历，每种算法的时间复杂度即时间效率都是 $O(n)$。

（2）由于每种遍历算法中每个结点只访问一次，因此，每种算法的空间复杂度即空间效率都是 $O(n)$，即作为栈占用的最大辅助空间。

2）思考题

如果我们仅知二叉树的先序遍历序列能否唯一确定一棵二叉树？比如先序遍历序列为 abc。

答：根据二叉树的形态，我们按照先序遍历 abc 的顺序，可以是图 5.21 的组合形式。

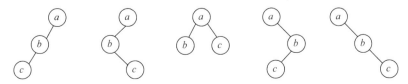

图 5.21　先序遍历 abc 的顺序对应二叉树的组合形式

因此，我们仅知二叉树的先序遍历序列，不能唯一确定一棵二叉树。

3. 两个重要推论

推论一：已知二叉树的先序和中序遍历序列，可唯一确定一棵二叉树。

推论二：已知二叉树的后序和中序遍历序列，可唯一确定一棵二叉树。

以下用归纳法证明推论一。

（1）当 $n=1$ 时，结论显然成立；

（2）假定当 $n \leq k$ 时，结论成立；

（3）当 $n=k+1$ 时，假定先序遍历序列和中序遍历序列分别为 $\{a_1, \cdots, a_m\}$ 和 $\{b_1, \cdots, b_m\}$。

若中序遍历序列中与先序遍历序列 a_1 相同的元素为 b_j：

（1）若 $j=1$，二叉树无左子树，由 $\{a_2, \cdots, a_m\}$ 和 $\{b_2, \cdots, b_m\}$ 可以唯一确定二叉树的右子树；

（2）若 $j=m$，二叉树无右子树，由 $\{a_2, \cdots, a_m\}$ 和 $\{b_1, \cdots, b_{m-1}\}$ 可以唯一确定二叉树的左子树；

（3）若 $2 \leq j \leq m-1$，则子序列 $\{a_2, \cdots, a_j\}$ 和 $\{b_1, \cdots, b_{j-1}\}$ 唯一确定二叉树的左子树，子序列 $\{a_{j+1}, \cdots, a_m\}$ 和 $\{b_{j+1}, \cdots, b_m\}$ 唯一确定二叉树的右子树。

推论一得证。

4. 二叉树遍历算法执行过程举例分析

1）"推论一"的理解思路

先根据**先序和中序遍历序列**确定二叉树的根，如图 5.22 所示。

例 5.6 先序遍历为 *abcdefg*，中序遍历为 *cbdaegf*。图 5.23 给出了根据已知先序和中序遍历序列唯一确定二叉树的逻辑结构的表示。

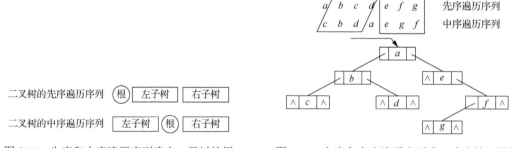

图 5.22　先序和中序遍历序列确定二叉树的根　　　图 5.23　先序和中序遍历序列唯一确定的二叉树

该二叉树的根是 *a*；后面的推论还是按照先序和中序遍历序列的规律，相继找出每个结点所处的层次即位置，直到形成一棵完整的二叉树为止。

2）"推论二"的理解思路

与"推论一"的理解思路相同，也根据推论二的已知条件即根据中序遍历序列和后序遍历序列，先确定其二叉树的根。

例 5.7 已知一棵二叉树的中序遍历序列和后序遍历序列分别是 *BDCEAFHG* 和 *DECBHGFA*，请画出这棵二叉树。

首先根据**中序和后序遍历**序列确定二叉树的根，如图 5.24 所示。

然后根据后序中的 *DECB* 可确定 *B* 为 *A* 的左孩子，*HGF* 可确定 *F* 为 *A* 的右孩子，以此类推。图 5.25 是根据给出的中序和后序遍历序列，逐步建立二叉树的结果。

中序遍历序列：_B D C E A F H G_
后序遍历序列：_D E C B H G F A_

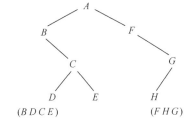

二叉树的中序遍历序列　 左子树 　根　 右子树

二叉树的后序遍历序列　 左子树 　 右子树 　根

图 5.24　中序和后序遍历序列确定二叉树的根　　图 5.25　根据给出的中序和后序遍历序列唯一确定的二叉树

　　重要结论——若二叉树中各结点的值均不相同，则：由先序遍历序列和中序遍历序列，或由后序遍历序列和中序遍历序列，均能唯一地确定一棵二叉树；由先序遍历序列和后序遍历序列不一定能唯一地确定一棵二叉树。

　　例 5.8　假如一个二叉树的先序遍历序列为−+a*b−cd/ef，其中序遍历序列为a+b*c−d−e/f，试构造对应的二叉树。

　　（1）根据先序遍历结果可以看出该二叉树的根结点为"−"；

　　（2）根据中序遍历结果可以看出其左子树部分结果为{a+b*c−d}，右子树部分结果为{e/f}；

　　（3）根据左子树部分结果{a+b*c−d}可以找出该树的最左结点为"a"，最右结点为"d"；

　　（4）再根据先序遍历结果"+"紧跟在根结点"−"的后面，因此，"a"的当前根结点为"+"；

　　（5）再根据先序遍历和中序遍历结果找出"*"作为当前"+"的右结点。以此类推，得出当前的二叉树，如图 5-17 右侧部分二叉树。

　　例 5.9　已知先序遍历序列为{ABHFDECKG}，中序遍历序列为{HBDFAEKCG}，试构造对应的二叉树。构造过程如图 5.26 所示。

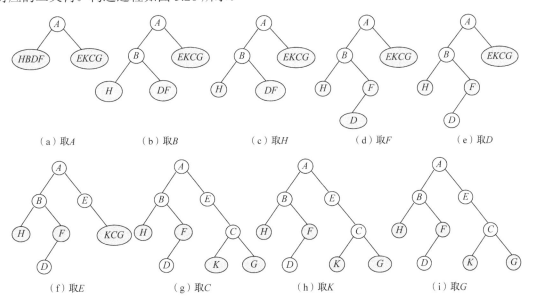

（a）取A　　（b）取B　　（c）取H　　（d）取F　　（e）取D

（f）取E　　（g）取C　　（h）取K　　（i）取G

图 5.26　由先序和中序遍历序列构造的二叉树示例

注意，如果先序遍历序列固定不变，给出不同的中序遍历序列，可得到不同的二叉树，如图 5.27 所示。

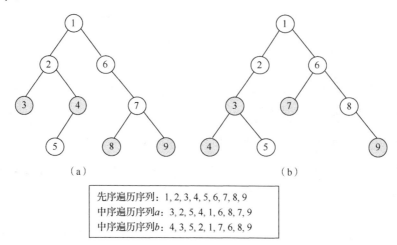

（a）　　　　　　　　　　　　　　　　（b）

> 先序遍历序列：1, 2, 3, 4, 5, 6, 7, 8, 9
> 中序遍历序列a：3, 2, 5, 4, 1, 6, 8, 7, 9
> 中序遍历序列b：4, 3, 5, 2, 1, 7, 6, 8, 9

图 5.27　先序遍历序列固定，不同中序遍历序列示例

例 5.10　若二叉树有 3 个结点{1,2,3}，先序遍历序列为 123，则可得 5 种不同的二叉树，如图 5.28 所示。

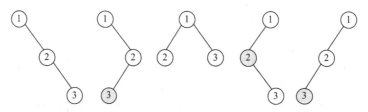

图 5.28　先序遍历序列 123 的 5 种二叉树

下面为三种遍历算法的递归执行过程，如图 5.29 所示。

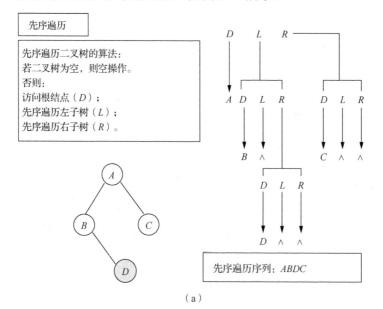

（a）

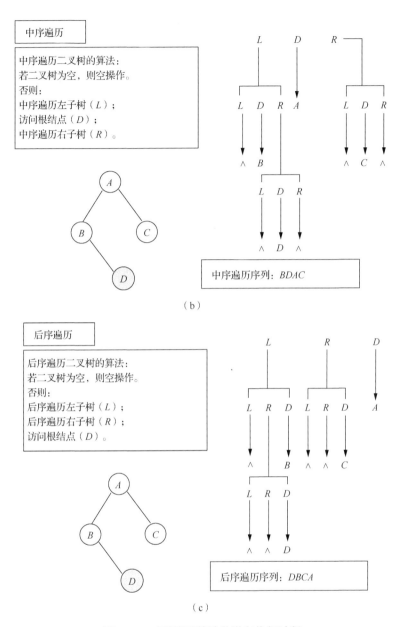

图 5.29 三种遍历算法的递归执行过程

5.3.3 二叉树遍历递归算法的应用

"遍历"是二叉树各种操作的基础，可以在遍历过程中对结点进行各种操作，如对于一棵已知树可求结点的双亲，求结点的孩子结点，判定结点所在层次等；反之，也可在遍历的过程中生成结点，建立二叉树的存储结构。下面我们来看遍历算法的一些应用（使用二叉链表树）。

1．统计二叉树中叶子结点的个数

算法基本思想：先序（或中序或后序）遍历二叉树，在遍历过程中查找叶子结点，并计数。由此，需在遍历算法中增添一个"计数"的参数，并将算法中"访问结点"的操作改为：

若是叶子，则计数器增1。

```
void CountLeaf(BiTree T,int &count)
{
    if(T)
    {
        if((!T->lchild)&&(!T->rchild))
            count++;   //对叶子结点计数
        CountLeaf(T->lchild,count);
        CountLeaf(T->rchild,count);
    }
}
```

2. 求二叉树的深度（后序遍历）

算法基本思想：首先分析二叉树的深度和它的左、右子树深度之间的关系。从二叉树深度的定义可知，二叉树的深度应为其左、右子树深度的最大值加1。由此，需先分别求得左、右子树的深度，算法中"访问结点"的操作为：求得左、右子树深度的最大值，然后加1。

```
int BiTreeDepth (BiTree T ){ // 返回二叉树的深度
    if (!T)
        return 0;
    else{
        depthL=BiTreeDepth( T->lchild );
        depthR=BiTreeDepth( T->rchild );
        if(depthL>depthR)return (depthL+1);
        else  return(depthR+1) ;
    }
}
```

3. 复制二叉树（后序遍历）

基本操作：生成一个结点。

```
BiTree GetTreeNode(TElemType item,BiTNode *lptr,BiTNode *rptr)
{
    if(!(T=(BiTNode*)malloc(sizeof(BiTNode))))
        exit(OVERFLOW);
    T->data=item;
    T->lchild=lptr;
    T->rchild=rptr;
    return T;
}

BiTree CopyTree(BiTNode *T)
{
    if(!T)
        return NULL;
    if(T->lchild)
        newlptr=CopyTree(T->lchild);   //复制左子树
    else
```

```
                newlptr=NULL;  //当前不存在左子树
            if(T->rchild)
                newrptr=CopyTree(T->rchild);  //复制右子树
            else
                newrptr=NULL;  //当前不存在右子树
            newT=GetTreeNode(T->data,newlptr,newrptr);
            return newT;
        }
```

4. 建立二叉树的存储结构

不同的定义方法相应有不同的存储结构的建立算法，下面以二叉链表的形式将二叉树存入计算机内。需要考虑以下两个问题。

问题 1：输入结点"空指针域"的表示方法如何？

问题 1 的解决方法：用空格或者用"#"字符表示"无孩子"或指针为空。

例如，图 5.30 给出了一棵二叉树及其存储结构示例。

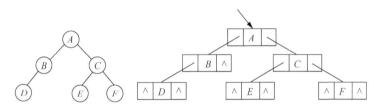

图 5.30　二叉树及其存储结构示例

在算法实现中，我们约定用"#"字符表示"无孩子"或指针为空的顺序存储，将二叉树按先序遍历次序输入对应的顺序存储如下。

ABD # # # CE ## F # # (\n)

对应的算法如下。

```
Status CreateBiTree(BiTree &T){
    scanf(&ch);
    if(ch=='#')T=NULL;
    else{
        T=new BiTNode;
        T->data=ch;  //生成根结点
        CreateBiTree(T->lchild);  //构造左子树
        CreateBiTree(T->rchild);  //构造右子树
    }
    return OK;
}//CreateBiTree
```

问题 2：以哪种遍历方式来输入与建立二叉树？

问题 2 的解决方法：按照先序遍历建立二叉树较方便。以先序遍历最为合适的原因为：这种方法能够使得每个结点都能及时被联接到当前所构造的二叉树之中。

按照图 5.30 给出的二叉树，调用上述"CreateBiTree(BiTree &T)"过程，构造二叉树的结果如下。

（1）构造根结点 *A*，即 *ABD###CE##F##(\n)*，如图 5.31 所示。

图 5.31　构造二叉树的过程一

（2）构造 A 的左孩子 B，即 ABD###CE##F##$(\n)$，如图 5.32 所示。

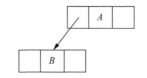

图 5.32　构造二叉树的过程二

（3）构造 B 的左孩子 D，即 ABD###CE##F##$(\n)$，如图 5.33 所示。

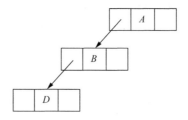

图 5.33　构造二叉树的过程三

（4）构造 D 的左孩子域值=∧（即 D 结点无左孩子时，指针域为空，用"∧"表示），即 ABD###CE##F##$(\n)$，如图 5.34 所示。

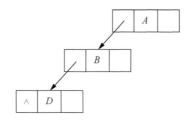

图 5.34　构造二叉树的过程四

（5）构造 D 的右孩子域值=∧（即 D 结点无右孩子时，指针域为空，用"∧"表示），即 ABD###CE##F##$(\n)$，如图 5.35 所示。

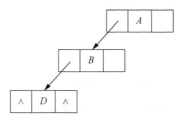

图 5.35　构造二叉树的过程五

（6）根据先序遍历再构造 B 的右孩子域值=∧（即 B 结点无右孩子时，指针域为空，用"∧"表示），即 ABD###CE##F##$(\n)$，如图 5.36 所示。

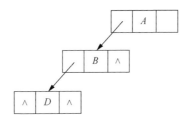

图 5.36　构造二叉树的过程六

（7）目前已经构造 A 的全部左子树，再根据先序遍历，构造 A 的右孩子=C，即 $ABD\#\#\#CE\#\#$ $F\#\#(\backslash n)$，如图 5.37 所示。

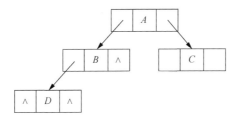

图 5.37　构造二叉树的过程七

（8）根据先序遍历，构造 C 的左孩子=E，即 $ABD\#\#\#CE\#\#F\#\#(\backslash n)$，如图 5.38 所示。

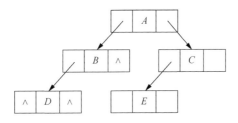

图 5.38　构造二叉树的过程八

（9）根据先序遍历，构造 E 的左孩子=$\wedge$，即 $ABD\#\#\#CE\#\#F\#\#(\backslash n)$，如图 5.39 所示。

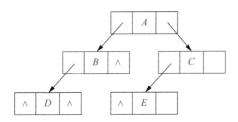

图 5.39　构造二叉树的过程九

（10）根据先序遍历，构造 E 的右孩子=$\wedge$，即 $ABD\#\#\#CE\#\#F\#\#(\backslash n)$，如图 5.40 所示。

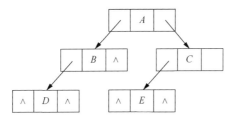

图 5.40　构造二叉树的过程十

（11）根据先序遍历，构造 C 的右孩子=F，即 $ABD\#\#\#CE\#\#F\#\#(\backslash n)$，如图 5.41 所示。

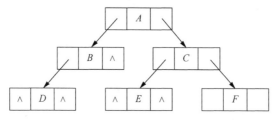

图 5.41　构造二叉树的过程十一

（12）根据先序遍历，构造 F 的左孩子=$\wedge$，即 $ABD\#\#\#CE\#\#F\#\#(\backslash n)$，如图 5.42 所示。

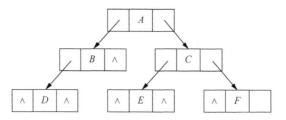

图 5.42　构造二叉树的过程十二

（13）根据先序遍历，构造 F 的右孩子=$\wedge$，即 $ABD\#\#\#CE\#\#F\#\#(\backslash n)$，如图 5.43 所示。

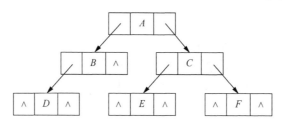

图 5.43　构造二叉树的过程十三

当遇到结尾符($\backslash n$)时，表明构造二叉树已经完成。

总结：对二叉树进行遍历的搜索路径除了上述按先序、中序和后序外，还可从上到下、从左至右按层次进行。

显然，遍历二叉树算法中的基本操作是访问结点，那么不论按哪一种次序进行遍历，对含 n 个结点的二叉树，其时间复杂度均为 $O(n)$。所需辅助空间为遍历过程中栈的最大容量，即树的深度，最坏情况下为 n，则空间复杂度也为 $O(n)$。遍历时也可采用二叉树的其他存储结构，如带标志域的三叉链表，此时因存储结构中已存有遍历所需的足够信息，则遍历过程中不需另设栈。

5.4　线索二叉树

5.4.1　问题的提出

当用二叉链表作为存储结构时，因为每个结点中只有两个指向其左、右孩子结点的指针域，所以一般情况下无法直接找到某结点在某种遍历序列中的前驱和后继结点。因此，可在每个结点中增加两个指针域来存放遍历时得到的前驱和后继信息，但要浪费大量的存储空间。n 个结点的二叉树中，共有 $n-1$ 条边，n 个结点共有 $2n$ 个指针域，其中 $2n-(n-1)=n+1$ 存放的是空指针域，因此可以利用这些空指针域存放前驱或后继的指针，这种附加指针被称为**线索**。

5.4.2　线索二叉树的存储结构

线索二叉树的结点结构如图 5.44 所示。

| lchild | LTag | data | RTag | rchild |

图 5.44　线索二叉树的结点结构

其中，

$$LTag=\begin{cases}0, & lchild域指示结点的左孩子 \\ 1, & lchild域指示结点的前驱\end{cases}$$

$$RTag=\begin{cases}0, & rchild域指示结点的右孩子 \\ 1, & rchild域指示结点的后继\end{cases}$$

为了区别一个结点的指针是指向孩子还是指向其前驱或后继，在二叉链表的结点中增加以下两个标志域。

（1）若该结点的左子树不空，则 lchild 域指针指向其左子树，且左标志域的值为 0，即"指针 Link"；否则 lchild 域指针指向其"前驱"，且左标志域的值为 1，即"线索 Thread"。

（2）若该结点的右子树不空，则 rchild 域指针指向其右子树，且右标志域的值为 0，即"指针 Link"；否则 rchild 域指针指向其"后继"，且右标志域的值为 1，即"线索 Thread"。

```
//-----------------------二叉树的二叉线索存储表示-----------------------
typedef enum {Link, Thread} PointThr;  //Link==0:指针,Thread==1:线索
typedef struct BiThrNode {
    TElemType data;
    struct BiThrNode *lchild,*rchild;  //左右孩子指针
    PointerTag LTag, RTag;  //左右标志
} BiThrNode,*BiThrTree;
```

以上述结点结构构成的二叉链表作为二叉树的存储结构，叫作**线索链表**。其中指向前驱和后继结点的指针，叫作**线索**。线索链表表示的二叉树称为**线索二叉树**。线索二叉树及其存储结构如图 5.45 所示。

对二叉树以某种次序遍历使其变为线索二叉树的过程叫作**线索化**。注意：不同的遍历方法，某结点的直接前驱和直接后继不一定相同。在线索二叉树中，一个结点是叶子结点的充要条件是左、右线索标志均为 1。因此，用普通二叉树的左、右孩子指针域均为空判断某结点是不是叶子结点是不行的。

那么如何在线索二叉树上进行遍历呢？只要找到序列中的第一个结点，然后依次找结点的直接后继，当直接后继为空时结束。

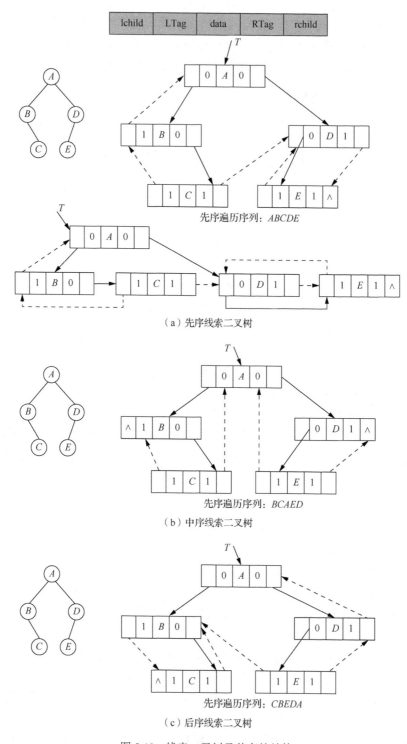

图 5.45　线索二叉树及其存储结构

5.4.3 节以中序线索二叉树为例，将讨论以下几个典型的问题。

（1）线索链表存储结构，这在前面已经提及。

（2）对给定的二叉树进行线索化。

（3）查找中序遍历序列指定结点的直接前驱和直接后继。

（4）遍历线索二叉树。

5.4.3　二叉树的中序线索化

线索化的实质是将二叉链表中的空指针改为指向前驱或后继的线索，而前驱或后继的信息只有在遍历时才能得到，因此线索化的过程即为在遍历的过程中修改空指针的过程。为了记下遍历过程中访问结点的先后关系，附设一个指针 pre 始终指向刚刚访问过的结点，若指针 p 指向当前访问的结点，则 pre 指向它的前驱。

1.　二叉树的中序线索化算法

```
Status InOrderThreading(BiThrTree &Thrt, BiThrTree T)
{
    //中序遍历二叉树 T，并将其中序线索化，Thrt 指向头结点
    if(!(Thrt=(BiThrTree)malloc(sizeof(BiThrNode))))   //生成头结点不成功
        exit(OVERFLOW);
    Thrt->LTag=Link;   //建头结点，左标志为指针
    Thrt->RTag=Thread;   //右标志为线索
    Thrt->rchild=Thrt;   //右孩子指针回指
    if(!T)
        Thrt->lchild=Thrt;   //若二叉树空，则左孩子指针回指
    else
    {
        Thrt->lchild=T;   //头结点的左孩子指针指向根结点
        pre=Thrt;   //pre 的初值指向头结点
        InThreading(T);   //中序遍历进行中序线索化
        pre->rchild=Thrt;   //最后一个结点的右孩子指针指向头结点
        pre->RTag=Thread;    //最后一个结点的右标志为线索
        Thrt->rchild=pre;   //头结点的右孩子指针指向中序遍历的最后
    }
    return OK;
}
void InThreading(BiThrTree p)
{
    //通过中序遍历进行中序线索化，线索化之后 pre 指向最后一个结点
    if(p)   //线索二叉树不空
    {
        InThreading(p->lchild);   //递归左子树线索化
        if(!p->lchild)   //没有左孩子
        {
            p->LTag=Thread;   //左标志为线索
            p->lchild=pre;   //左孩子指针指向前驱
        }
        if(!pre->rchild)   //前驱没有右孩子
        {
            pre->RTag=Thread;   //前驱的右标志为线索
            pre->rchild=p;   //前驱右孩子指针指向其后继
```

```
            }
            pre=p;   //保持 pre 指向 p 的前驱
            InThreading(p->rchild);   //递归右子树线索化
        }
    }
```

中序线索化过程如下。

（1）为了记下遍历过程中访问结点的先后关系，附设一个指针 pre 始终指向刚刚访问过的结点，若指针 p 指向当前访问的结点，则 pre 指向它的前驱，如图 5.46 所示。

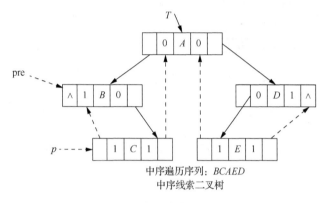

图 5.46   中序线索化过程一

（2）建立头结点，pre 指向头结点，头结点的 lchild 指向根结点，即当前访问的是根结点（A 结点），A 结点压入栈，如图 5.47 所示。

（3）访问 A 结点的左孩子（B 结点），B 结点压入栈，如图 5.48 所示。

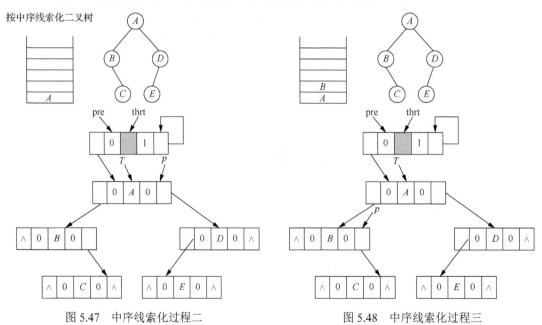

图 5.47   中序线索化过程二   图 5.48   中序线索化过程三

（4）访问 B 结点的左孩子，为空，p=NULL，如图 5.49 所示。

（5）由于 B 结点的左孩子为空，B 结点弹出栈，将 B 结点的 LTag 置为 1，lchild 指向其前驱（头结点），如图 5.50 所示。

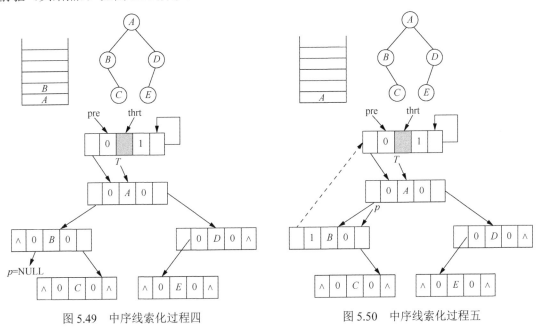

图 5.49 中序线索化过程四   图 5.50 中序线索化过程五

（6）访问 B 结点的右孩子（C 结点），C 结点压入栈，pre 指针指向 B 结点，如图 5.51 所示。

（7）访问 C 结点的左孩子，为空，p=NULL，如图 5.52 所示。

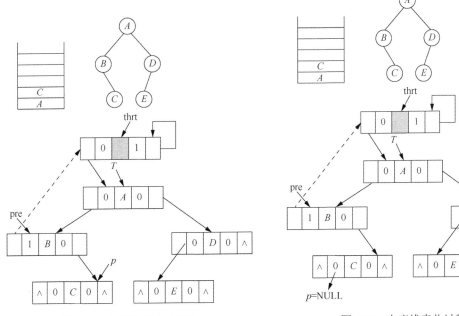

图 5.51 中序线索化过程六   图 5.52 中序线索化过程七

（8）由于 C 结点的左孩子为空，C 结点弹出栈，将 C 结点的 LTag 置为 1，lchild 指向其前驱（B 结点），如图 5.53 所示。

（9）访问 C 结点的右孩子，为空，p=NULL，pre 指针指向 C 结点，如图 5.54 所示。

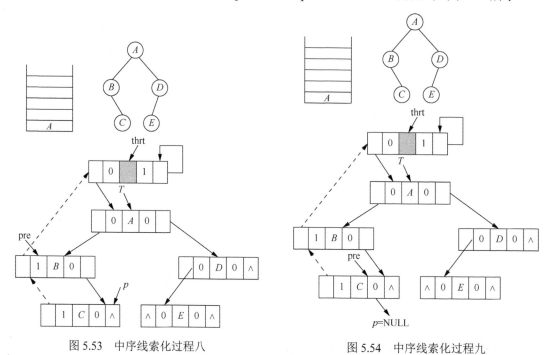

图 5.53　中序线索化过程八　　　　　　　图 5.54　中序线索化过程九

（10）由于 C 结点的右孩子为空，A 结点弹出栈，将 C 结点的 RTag 置为 1，rchild 指向其后继（A 结点），如图 5.55 所示。

（11）访问 A 结点的右孩子（D 结点），D 结点压入栈，pre 指向 A 结点，如图 5.56 所示。

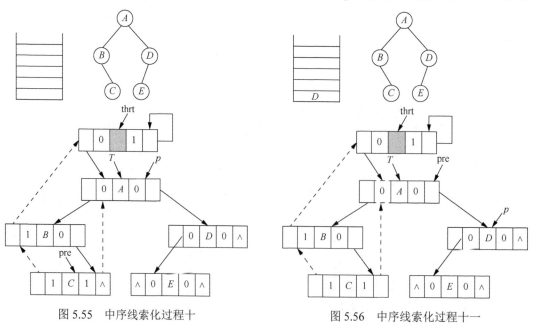

图 5.55　中序线索化过程十　　　　　　　图 5.56　中序线索化过程十一

（12）访问 D 结点的左孩子（E 结点），E 结点压入栈，如图 5.57 所示。

（13）访问 E 结点的左孩子，为空，p=NULL，如图 5.58 所示。

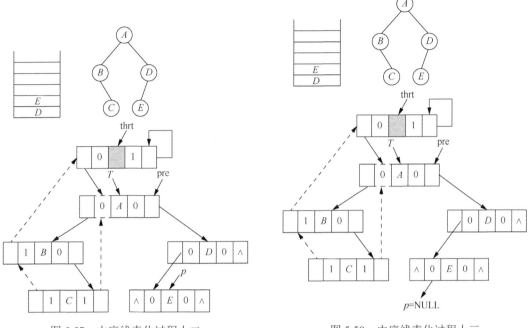

图 5.57　中序线索化过程十二　　　　　　　　　　图 5.58　中序线索化过程十三

（14）由于 E 结点的左孩子为空，E 结点出栈，将 E 结点的 LTag 置为 1，lchild 指向其前驱（A 结点），如图 5.59 所示。

（15）访问 E 结点的右孩子，为空，p=NULL，pre 指针指向 E 结点，如图 5.60 所示。

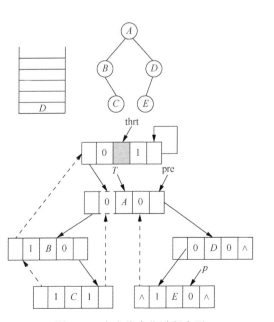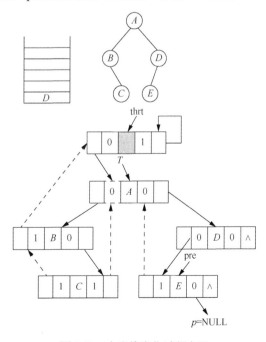

图 5.59　中序线索化过程十四　　　　　　　　　　图 5.60　中序线索化过程十五

（16）由于 E 结点的右孩子为空，D 结点弹出栈，将 E 结点的 RTag 置为 1，rchild 指向其后继（D 结点），如图 5.61 所示。

（17）访问 D 结点的右孩子，为空，p=NULL，pre 指针指向 D 结点，如图 5.62 所示。

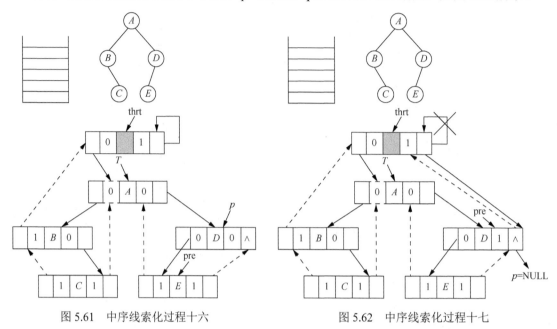

图 5.61　中序线索化过程十六　　　　　　　　图 5.62　中序线索化过程十七

（18）由于 D 结点的右孩子为空，且栈为空，将 D 结点的 RTag 置为 1，rchild 指向其后继（头结点），如图 5.63 所示。

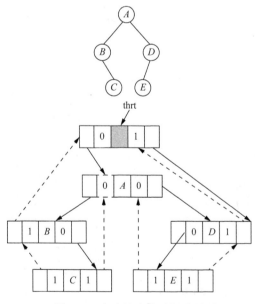

图 5.63　中序线索化过程十八

2. 查找中序遍历序列指定结点 p 的直接前驱和直接后继

查找 p 的后继结点分以下两种情况。

（1）若 p 的右子树为空，则 p->rchild 为右线索，存储的是 p 的后继。

（2）若 p 的右子树非空，则 p 的直接后继是 p 的右子树中第一个遍历到的结点。

如图 5.64 所示，从 p 的右孩子 Q_1 开始沿左指针链往下查找，直至找到一个 Q_n 无左孩子时停止。Q_n 也可能无右孩子，也可能有右孩子。

类似，求 p 的直接前驱，如图 5.65 所示。若 p 的左子树为空，则 p->lchild 为左线索，存储直接前驱的地址。若 p 的左子树不空，则从 p 的左孩子 Q_1 出发沿右指针链往下查找，直至找到一个没有右孩子的结点 Q_n 为止。Q_n 可能有左孩子，也可能没有左孩子。

显然，一般的二叉树从根结点出发可以查找任何结点，对于中序线索二叉树可以从任何结点出发寻找直接前驱和后继，这对于非线索化二叉树是做不到的，必须增加指向双亲的指针才行。

线索对于查找先序遍历下结点的直接前驱没有帮助，对于查找后序遍历下的结点直接后继也没有帮助。这就是为什么重点讨论中序线索二叉树的原因。

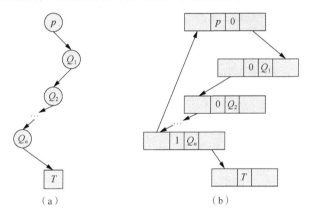

图 5.64 查找 p 的后继结点图示

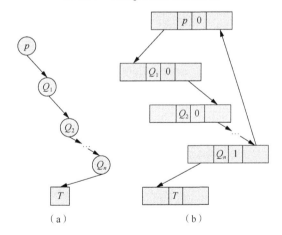

图 5.65 查找 p 的前驱结点图示

3. 中序遍历中序线索二叉树

在中序线索树上遍历二叉树，虽然时间复杂度亦为 $O(n)$，但常数因子要比上节讨论的算法小，且不需要设栈。因此，若在某程序中所用二叉树需经常遍历或查找结点在遍历所得线性序列中的前驱和后继，则应采用线索链表作存储结构。

为了方便起见，仿照线性表的存储结构，在二叉树的线索链表上也添加一个头结点，并令其 lchild 域的指针指向二叉树的根结点，其 rchild 域的指针指向中序遍历时访问的最后一个结点；反之，令二叉树中序遍历序列中第一个结点的 lchild 域指针和最后一个结点 rchild 域的指针均指向头结点。这好比为二叉树建立了一个双向线索链表，既可从第一个结点起按其后继进行遍历，也可从最后一个结点起按其前驱进行遍历。

1）中序遍历双向线索链表二叉树的算法

```
void InOrderTraverse(BiThrTree T,void(*Visit)(TElemType e))
{
    BiThrNode p=T->lchild;  //p 指向根结点
    while (p!=T)  //空树或遍历结束时，p==T
    {
        while(p->LTag==Link)
            p=p->lchild;  //第一个结点
        Visit(p->data);
        while(p->RTag==Thread&&p->rchild!=T)
        {
            p=p->rchild;
            Visit(p->data);  //访问后继结点
        }
        p=p->rchild;  //p 进至其右子树根
    }
}
```

2）中序遍历中序线索二叉树的过程

（1）Link=0——指针；Thread=1——线索。

头结点：LTag=0，lchild 指向根结点。RTag=1，rchild 指向遍历序列中最后一个结点。遍历序列中第一个结点的 lchild 域和最后一个结点的 rchild 域都指向头结点，如图 5.66 所示。

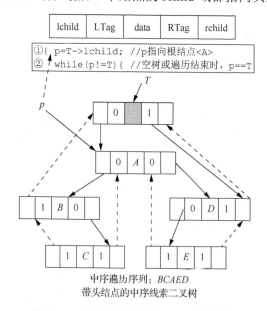

中序遍历序列：*BCAED*
带头结点的中序线索二叉树

图 5.66　中序遍历中序线索二叉树过程一

（2）访问 *A* 结点的左孩子（*B* 结点），如图 5.67 所示。

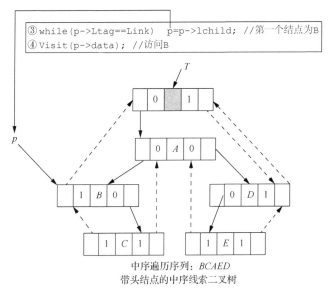

图 5.67　中序遍历中序线索二叉树过程二

（3）*B* 的 RTag=0 不满足 while 条件，执行 *p*=*p*->rchild，即 *p* 指针指向 *B* 的右孩子（*C* 结点），如图 5.68 所示。

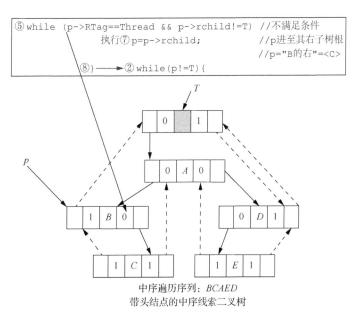

图 5.68　中序遍历中序线索二叉树过程三

（4）访问 *C* 结点，*C* 的 RTag=1=Thread 且 *C* 结点无右孩子，满足 while 条件，访问 *C* 结点的后继（*A* 结点），如图 5.69 所示。

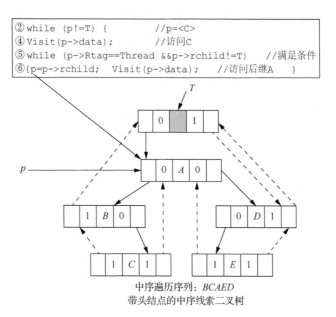

中序遍历序列：*BCAED*
带头结点的中序线索二叉树

图 5.69　中序遍历中序线索二叉树过程四

（5）*p* 指针指向 *A* 的右孩子（*D* 结点），如图 5.70 所示。

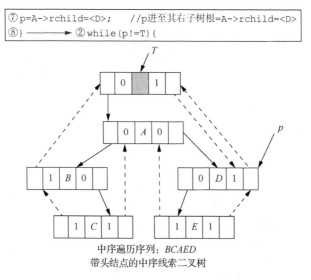

中序遍历序列：*BCAED*
带头结点的中序线索二叉树

图 5.70　中序遍历中序线索二叉树过程五

（6）*D* 结点的子树不为空且 LTag=0 满足 while 条件，*p* 指针指向 *D* 结点的左孩子（*E* 结点），并访问 *E* 结点，如图 5.71 所示。

```
⑧}————▶②while (p!=T){
②while(p!=T){ //p=<D>
③while(p->LTag=NULL)p=p->lchild;//第一个结点="左"=E
④Visit(p->data);//访问E
⑤while(p->RTag==Thread && p->rchild!=T)//满足条件
```

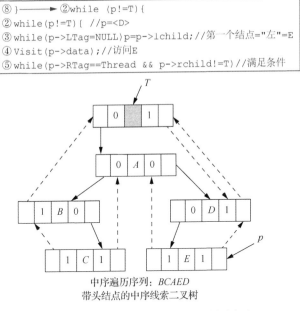

中序遍历序列：*BCAED*
带头结点的中序线索二叉树

图 5.71　中序遍历中序线索二叉树过程六

（7）*E* 结点的 RTag=1=Thread 且 *E*->rchild!=*T*，满足 while 条件，访问 *E* 结点的后继（*D* 结点），*p* 指针指向 *D* 结点的右孩子，如图 5.72 所示。

```
⑤while(E->Rtag==Thread && E->rchild!=T)　//满足条件
⑥{ p=E->rchild=D; Visit(p->data);　　　//访问后继D }
⑦p=D->rchild=T;　　　　　　//p进至其右子树根="D的右"=T
⑧}
```

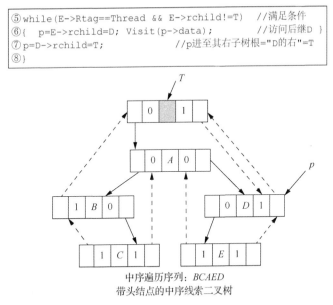

中序遍历序列：*BCAED*
带头结点的中序线索二叉树

图 5.72　中序遍历中序线索二叉树过程七

　　线索是与遍历密切相关的，无论是遍历、插入、删除还是查找，都是寻找指定结点的前驱或后继（多数情况下，只用到后继），有时候可根据右线索直接找到后继，有时候右线索域为 0，存储的是右孩子。此时只能根据中序的特点寻找，即若 *p* 的右标志为 0（有右孩子，不是线索），则 *p* 的后继在 *p* 的右孩子为根的子树中，也就是子树中中序最先遍历的结点。

　　有关先序遍历线索二叉树和后序遍历线索二叉树的内容，由于其实用性不如中序线索二叉树，在此就不介绍了。

5.5 树 和 森 林

本节将讨论树的表示及其遍历操作，并建立森林与二叉树的对应关系。

5.5.1 树、森林与二叉树的相互转换

树、森林与二叉树之间有一一对应的关系。任何一个森林或一棵树可唯一地对应一棵二叉树；反之，一棵二叉树也唯一地对应于一个森林或一棵树。

由此，树的各种操作均可对应二叉树的操作来完成。

1）树转换成二叉树的方法（步骤）

如图 5.73 所示，树对应的二叉树，其左、右子树的概念已改变为：左是孩子，右是兄弟。

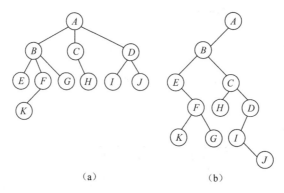

（a）　　　　　　　　　（b）

图 5.73　树及其对应的二叉树

树转换为二叉树的方法（步骤）是：①加线；②抹线；③旋转。

例如，将如图 5.73（a）所示的树转换成对应的如图 5.73（b）所示的二叉树，其具体步骤如下。

（1）**加线**，如图 5.74 所示。

（2）**抹线**，如图 5.75 所示。

（3）**旋转**，如图 5.76 所示。

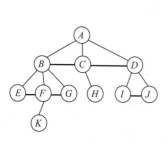

图 5.74　加线（所有横线即加粗部分）

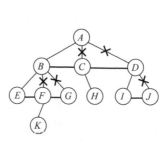

图 5.75　抹线

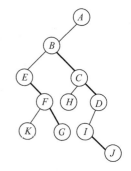

图 5.76　旋转

树转换成二叉树的方法的特点是：该树根结点没有右孩子。

2）二叉树转换为树（二叉树还原为一般树）的方法

转换要点：逆操作（即树转换为二叉树的逆操作），将所有右孩子变为兄弟。图 5.77 给出了二叉树转换为树的示例。

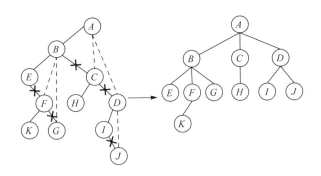

图 5.77　二叉树转换为树的示例

二叉树还原为一般树的方法（步骤）如下。

（1）将所有右孩子变为兄弟——加线。

（2）抹去右孩子的连线——抹线。

（3）把结点按层次排列——整理。

图 5.78 给出了一个二叉树还原为一般树的例子。

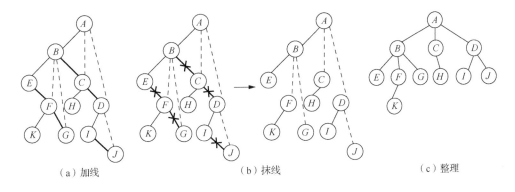

（a）加线　　　　　　　　　　（b）抹线　　　　　　　　　　（c）整理

图 5.78　二叉树还原为一般树的例子

3）森林与二叉树的转换

森林转换为二叉树的方法（步骤）如下。

（1）森林各树先各自转为二叉树。

（2）后一个依次连到前一个二叉树的右子树上。

下面我们来看一个森林转换二叉树的例子，如图 5.79 所示。

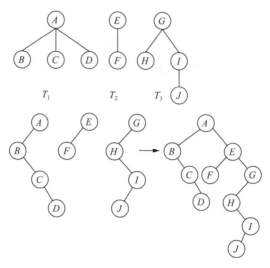

图 5.79　森林转换二叉树的例子

通过森林或树与二叉树可以相互转换，其形式定义如下。

假设：森林由如下 n 棵树组成，即

$$F = (T_1, T_2, \cdots, T_n)$$
$$T_1 = (\text{root}, t_{11}, t_{12}, \cdots, t_{1m})$$

二叉树 $B=(\text{LBT}, \text{Node(root)}, \text{RBT})$；

① 森林转换成二叉树。

若 $F=\Phi$，则 $B=\Phi$。

否则：由 $\text{ROOT}(T_1)$对应得到 Node(root)；

由 $(t_{11}, t_{12}, \cdots, t_{1m})$ 对应得到 LBT；

由 $(T_2, T_3, \cdots, T_n)$ 对应得到 RBT。

② 二叉树转换成森林。

若 $B=\Phi$，则 $F=\Phi$。

否则：由 Node(root)对应得到 $\text{ROOT}(T_1)$；

由 LBT 对应得到 $(t_{11}, t_{12}, \cdots, t_{1m})$；

由 RBT 对应得到 $(T_2, T_3, \cdots, T_n)$。

从上述递归定义容易写出相互转换的递归算法。同时，森林和树的操作亦可转换成二叉树的操作来实现。

5.5.2　树和森林的存储

原则上树和森林都可以转换成对应的二叉树，利用二叉树的存储方法存储树或森林。由于森林的每个子树是树，所以森林的存储可以先存储每个子树，再用一个单链表存储各个子树的根。基于上述原因，在此重点讨论树的各种存储方式。

在大量的应用中，人们曾使用多种形式的存储结构来表示树。这里，我们将介绍三种常用的链表结构。

1. 双亲表示法

假设以一组连续空间存储树的结点，同时在每个结点中附设一个指示器指示其双亲结点在链表中的位置，树的双亲表存储表示如下。

```
//--------------------------树的双亲表存储表示--------------------
#define MAX_TREE_SIZE 100
typedef struct PTNode {  //结点结构
    TElemtype data;
    int parent;  //双亲位置域
} PTNode;
typedef struct {  //树结构
    PTNode nodes[MAX_TREE_SIZE];
    int r, n;  //根的位置和结点数
} PTree;
```

图 5.80 展示了一棵树及其双亲表示的存储结构。

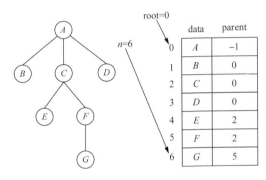

图 5.80　树的双亲表示法示例

这种存储结构利用了每个结点（除根结点外）只有唯一的双亲的性质。PARENT(T,x)操作可以在常量时间内实现。反复调用 PARENT 操作，直到遇见无双亲的结点时，便找到了树的根，这就是 ROOT(x)操作的执行过程。但是，在这种表示法中，求结点的孩子时需要遍历整个结构。

2．孩子表示法

由于树中孩子个数没有限制，用数组存储，则必须按树的度来设置每个结点指针，造成空间的浪费。例如，设树中有 n 个结点，树的度为 k，则空指针数目为 $kn-(n-1)$。

比较好的方法是为树中每个结点建立一个孩子链表。为了便于查找，可将树中的各结点孩子链表的头结点（即树中所有结点）存放在一个向量中。树的孩子链表存储表示如下。

```
//--------------------------树的孩子链表存储表示--------------------
typedef struct CTNode {  //孩子结点
    int child;
    struct CTNode *next;
} *ChildPtr;
typedef struct {
    TElemType data;
    ChildPtr firstchild;  //孩子链表头指针
} CTBox;
typedef struct {
    CTBox nodes[MAX_TREE_SIZE];
```

```
    int n, r;   //结点数和根的位置
  } CTree;
```

图 5.81 是树的孩子链表表示法。与双亲表示法相反，孩子表示法便于那些涉及孩子的操作的实现，却不适用于 PARENT(T,x) 的操作。我们可以把双亲表示法和孩子表示法结合起来，即将双亲链表和孩子链表合在一起。

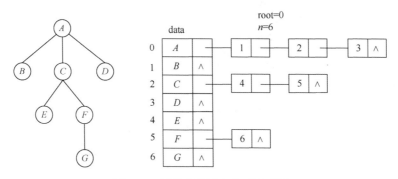

图 5.81　树的孩子链表表示法示例

图 5.82 就是这种存储结构的一个例子，它与图 5.81 表示的是同一棵树。

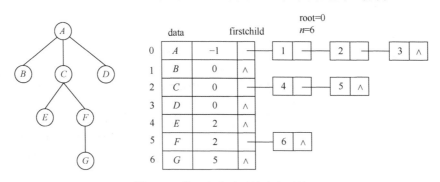

图 5.82　带双亲的孩子链表表示法

3. 树的孩子兄弟表示法

树的孩子兄弟表示法也叫作树的二叉链表表示法，以二叉链表作为树的存储结构。

思路：用树转换二叉树的思路方法，用二叉链表来表示树，但两个指针域的含义不同。

左指针域指向该结点的第一个孩子，右指针指向该结点的下一个兄弟，分别命名为 firstchild 域和 nextsibling 域。

firstchild	data	nextsibling
指向左孩子		指向右兄弟

图 5.83　树的孩子兄弟表示法的结点结构形式

树的孩子兄弟表示法的结点结构形式如图 5.83 所示。

树的孩子兄弟表示法的结点结构存储 C 语言的类型描述如下。

```
//---------------树的二叉链表（孩子兄弟）存储表示---------------
typedef struct CSNode {
    ElemType data;
    struct CSNode *firstchild,*nextsibling;
} CSNode, *CSTree;
```

利用这种存储结构便于实现对各种树的操作。首先易于实现找孩子结点等操作。例如，若要访问结点 x 的第 i 个孩子，则只要先从 firstchild 域找到第 1 个孩子结点，然后沿着孩子结点的 nextsibling 域连续走 $i-1$ 步，便可找到 x 的第 i 个孩子。当然，如果为每个结点增设一个 PARENT 域，则同样能方便地实现 PARENT(T, x)操作。图 5.84 是树的孩子兄弟表示法示例。

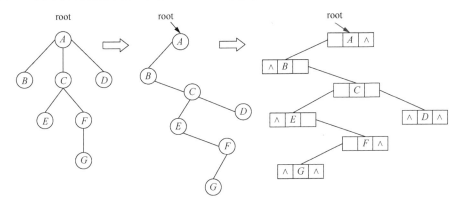

图 5.84　树的孩子兄弟表示法示例

讨论：树→二叉树的"加线—抹线—旋转"如何由计算机自动实现？

用孩子兄弟表示法来存储即可，存储的过程就是树转换为二叉树的过程。

可见，孩子兄弟表示法最大优点是结点结构统一、与二叉树的表示完全一样，因此可利用二叉树的算法来实现对树的操作。

我们再看图 5.85 所示二叉树逻辑结构对应存储（物理）结构的例子，得出以下结论：从物理结构看，树的二叉链表与二叉树的二叉链表是相同的，只是解释不同。

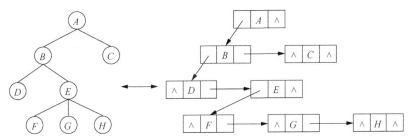

图 5.85　二叉树逻辑结构对应存储（物理）结构的例子

5.5.3　树和森林的遍历

1. 树的遍历

由树结构的定义可引出三种次序遍历树的方法：一种是先序遍历，即先访问树的根结点，然后依次先序遍历根结点的每棵子树；一种是后序遍历，即先依次后序遍历每棵子树，然后访问根结点；还有一种是按层次遍历，即若树不空，则自上而下、自左至右访问树中每个结点。**树的遍历示例**如图 5.86 所示。

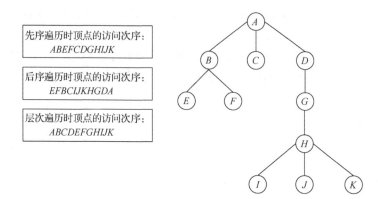

图 5.86　树的遍历示例

根据上述树的三种遍历结果，我们来讨论这样的问题：如果采用"树的遍历"与"先转换成二叉树，后遍历"的方式，结果是否一样？如图 5.87 所示。

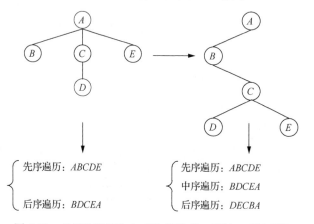

图 5.87　"树的遍历"与"先转换成二叉树，后遍历"

综上所述，得出以下结论：①树的先序遍历与二叉树的先序遍历相同；②树的后序遍历相当于二叉树的中序遍历。

2. 森林的遍历

森林的定义如图 5.88 所示，按照森林和树相互递归的定义，我们可以推出森林的两种遍历方法。

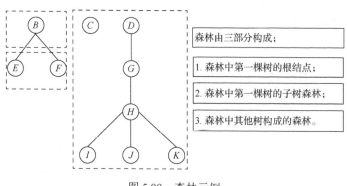

图 5.88　森林示例

1）先序遍历森林

（1）若森林非空，则访问森林中第一棵树的根结点。

（2）先序遍历森林中第一棵树的根结点的子树森林。

（3）先序遍历森林中（除第一棵树之外）其余树构成的森林。

即依次从左至右对森林中的每一棵树进行先序遍历。

2）中序遍历森林

（1）若森林非空，则中序遍历森林中第一棵树的根结点的子树森林。

（2）访问森林中第一棵树的根结点。

（3）中序遍历森林中（除第一棵树之外）其余树构成的森林。

即依次从左至右对森林中的每一棵树进行后序遍历。

由上节森林与二叉树之间转换的规则可知，当森林转换成二叉树时，其第一棵树的子树森林转换成左子树，剩余的森林转换成右子树，则上述森林的先序和中序遍历即为其对应的二叉树的先序遍历和中序遍历。图 5.89 给出了森林的中序遍历的示例，即依次从左至右对森林中的每一棵树进行后序遍历。

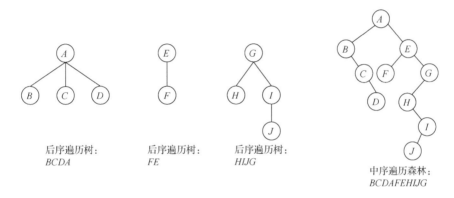

图 5.89　森林的中序遍历的示例

由此可见，当以二叉链表作为树的存储结构时，树的先序遍历和后序遍历可借用二叉树的先序遍历和中序遍历的算法实现。

树、森林和二叉树遍历的对应关系如表 5.1 所示。

表 5.1　树、森林和二叉树遍历的对应关系

树	森林	二叉树
先序遍历	先序遍历	先序遍历
后序遍历	中序遍历	中序遍历

5.6　哈夫曼树及其应用

哈夫曼（Huffman）树又称最优二叉树，是一种带权路径长度最短的树，有着广泛的应用。

5.6.1　哈夫曼树

根据哈夫曼树是一种带权路径长度最短的树的概念，我们分别给出树的结点的路径长度、

树的路径长度、树的带权路径长度及哈夫曼树的定义。

定义一：树的结点的路径长度——从树的根结点到该结点的路径上分支的数目。

定义二：树的路径长度——树中每个结点的路径长度之和。

定义三：树的带权路径长度（weight path length, WPL）——树中所有叶子结点的带权路径长度之和。

$$\mathrm{WPL} = \sum_{k=1}^{n} w_k l_k \quad（对所有叶子结点）\tag{5.1}$$

定义四：哈夫曼树——假设有 n 个权值 $\{w_1, w_2, \cdots, w_n\}$，试构造一棵 n 个叶子结点的二叉树，每个叶子结点带权为 w_i，则其中带权路径长度 WPL 最小的二叉树称为哈夫曼树。在所有含 n 个叶子结点、并带相同权值的 m 叉树中，必存在一棵其带权路径长度取最小值的树，称为**最优树**。

例 5.11　图 5.90 是 4 个权值 $\{7,5,2,4\}$，构造的具有 4 个叶子结点的二叉树。

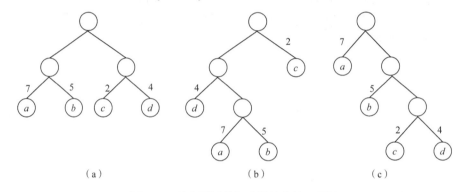

（a）　　　　　　　　　　　（b）　　　　　　　　　　　（c）

图 5.90　具有不同带权路径长度的二叉树

（1）WPL(a)=7×2+5×2+2×2+4×2=36。

（2）WPL(b)=4×2+7×3+5×3+2×1=46。

（3）WPL(c)=7×1+5×2+2×3+4×3=35。

可以验证图 5.90（c）的 WPL 最小，所以图 5.90（c）为哈夫曼树。

那么，如何构造哈夫曼树呢？哈夫曼最早给出了一个带有一般规律的算法，俗称哈夫曼算法。现将其步骤叙述如下。

（1）根据给定的 n 个权值 $\{w_1, w_2, \cdots, w_n\}$，构造 n 棵二叉树的集合 $F = \{T_1, T_2, \cdots, T_n\}$，其中每棵二叉树中均只含一个带权值为 w_i 的根结点，其左、右子树为空树。

（2）在 F 中选取两棵根结点的权值最小的二叉树分别作为左、右子树，构造一棵新的二叉树，并置这棵新二叉树的根结点的权值为其左、右子树根结点的权值之和。

（3）从 F 中删去这两棵树，同时将刚生成的新二叉树加入 F 中。

（4）重复步骤（2）和（3），直至 F 中只含一棵树为止。

例 5.12　一组字符 $\{A,B,C,D,E,F,G\}$ 出现的频率分别是 $\{9,11,5,7,8,2,3\}$，构造哈夫曼树。

（1）根据给定的 7 个权值 $\{9,11,5,7,8,2,3\}$，构造 7 棵二叉树的集合 F，$F = \{T_1, T_2, \cdots, T_n\}$，如图 5.91（a）所示，其中每棵二叉树中均只含一个带权值为 w_i 的根结点，其左、右子树为空树。

（2）在 F 中选取两棵根结点的权值最小的二叉树分别作为左、右子树，构造一棵新的二叉树，并置这棵新二叉树根结点的权值为其左、右子树根结点的权值之和。

（3）从 F 中删去这两棵树，同时将刚生成的新二叉树加入 F 中，如图 5.91（b）所示。

（4）重复步骤（2）和步骤（3），直至 F 中只含一棵树为止。

哈夫曼树的构造过程如图 5.91 所示。

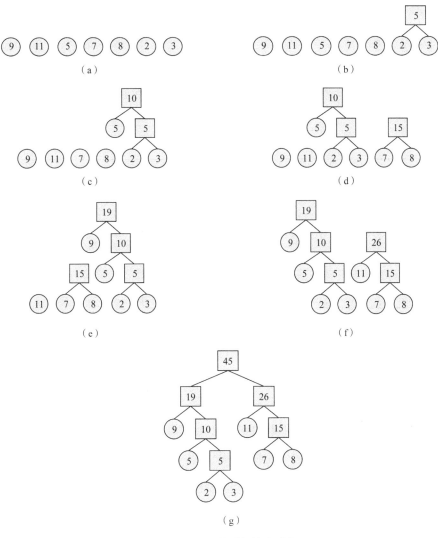

图 5.91　哈夫曼树的构造过程

图 5.91（g）中仅含有一棵树，因此该树为哈夫曼树。

由上述算法及例题可以看出，开始情况下有 n 棵二叉树（每棵树只有一个根结点），每合并一次，增加一个新结点，共合并 $n-1$ 次，使之成为哈夫曼树。因此，给定的哈夫曼树有 n 个叶子，共有 $n+(n-1)=2n-1$ 个结点，并且哈夫曼树中的结点度数或者为 0 或者为 2，没有度数为 1 的结点。

例 5.13　以合并权值 2,3,4,6,10 的结点构造哈夫曼树为例，说明算法的实现过程。

初始状态：　<u>2</u>　　<u>3</u>　　4　　6　　10

第一次合并：2*　3*　<u>4</u>　　6　　10　　<u>5</u>(2+3)

第二次合并：2*　3*　4*　<u>6</u>　　10　　5*　<u>9</u>(4+5)

第三次合并：2*　3*　4*　6*　<u>10</u>　5*　9*　<u>15</u>(6+9)

第四次合并：2*　3*　4*　6*　10*　5*　9*　15*　25(10+15)

叶子结点 $n=5$，其合并 $n-1=4$ 次。第一次合并 2 和 3（加下划线），表示当前权值最小和次小对应的两个结点合并产生的一个新结点作为这两个权值所对应的两个结点的双亲，由于 2 和 3 有了双亲，不再是根结点了，打上*号，产生的新结点 5 放入第 6 个位置。打上*号的结点以后不再考虑。

新的两个最小的权值为 4 和 5（加下划线），权值之和为 9 放入第 7 个位置，在 4 和 5 上打上*号。以此类推，最后一次合并成权值 25，放入第 9 个位置（$2n-1=9$）后，结束。

最后结点中各域的状况如表 5.2 所示。

表 5.2　哈夫曼树构造完成后结点中各域的情况

存储位置	weight	parent	lchild	rchild
1	2	6	0	0
2	3	6	0	0
3	4	7	0	0
4	6	8	0	0
5	10	9	0	0
6	5	7	1	2
7	9	8	3	6
8	15	9	4	7
9	25	0	5	8

5.6.2　哈夫曼编码

哈夫曼算法的应用很广泛，在此介绍它在编码领域的应用。在电报通信中，电文是以 0、1 二进制序列传送的。在发送端，将电文翻译成二进制 0、1 序列，接收端再把 0、1 序列翻译成电文。常见的编码方案是等长编码。用若干位二进制代表一个英文字母。例如，假设需传送的电文为"ABACCDA"，它只有 4 种字符，只需两个字符的串便可分辨。假设 A、B、C、D 的编码分别为 00、01、10 和 11，则上述 7 个字符的电文便为"00010010101100"，总长 14 位，对方接收时，可按二位一分进行译码。

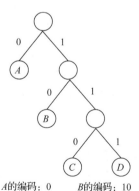

当然，在传送电文时，希望总长尽可能地短。如果对每个字符设计长度不等的编码，且让电文中出现次数较多的字符采用尽可能短的编码，则传送电文的总长度便可减少。如果设计 A、B、C、D 的编码分别为 0、00、1 和 01，则上述 7 个字符的电文可转换成总长为 9 的字符串"000011010"。但是，这样的电文无法翻译，如传送过去的字符串中前 4 个字符的子串"0000"就可能有多种译法，可以是"AAAA"，也可以是"ABA"或"BB"等。因此，若要设计长短不同的编码，则必须是任一个字符的编码都不是另一个字符的编码的前缀，这种编码称作**前缀编码**。图 5.92 是前缀编码示例。

A的编码：0　　　B的编码：10
C的编码：110　　D的编码：111

图 5.92　前缀编码示例

如何得到使电文总长最短的二进制前缀编码呢？假设每种字符在电文中出现的次数为 w_i，其编码长度为 l_i，电文中只有 n 种字符，

则电文总长为 $\sum_{i=1}^{n} w_i l_i$。对应到二叉树上，若置 w_i 为叶子结点的权，l_i 恰为从根结点到叶子结点的路径长度，则 $\sum_{i=1}^{n} w_i l_i$ 恰为二叉树上带权路径长度。由此可见，设计电文总长最短的二进制前缀编码即为以 n 种字符出现的频率作权，设计一棵哈夫曼树的问题，由此得到的二进制前缀编码便称为**哈夫曼编码**。

例 5.14 一组字符 $\{A,B,C,D,E,F,G\}$ 出现的频率分别是 $\{9,11,5,7,8,2,3\}$，设计最经济的编码方案，如图 5.93 所示。

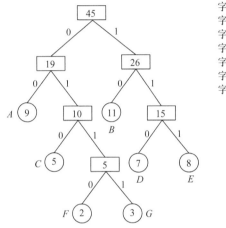

字符A的编码：00
字符B的编码：10
字符C的编码：010
字符D的编码：110
字符E的编码：111
字符F的编码：0110
字符G的编码：0111

图 5.93 哈夫曼编码示例

由于哈夫曼编码是基于哈夫曼树构造的，因此具有很多特点。

（1）高频优先，使用频率高的字母（或汉字字符）的编码短，这也是现代编码的基础。高频优先是汉字编码的简码设计原则，也是动态高频优先的原则。

（2）平均码长短，由哈夫曼树的构造可知，哈夫曼树的权最小。用于编码时，权值为字符的使用频率。哈夫曼树的权越小，也就是平均码长越短。

（3）字符集中的任一字符的编码都不是其他字符编码的前缀，可直接用于译码。例如，接收方收到一组 0、1 序列：

$$\underline{010} \quad \underline{00} \quad \underline{0110} \quad \underline{111} \quad \underline{110}$$
$$C \qquad A \qquad F \qquad E \qquad D$$

实际上译码是从根结点出发按二进制序列的 0、1 确定是左孩子还是右孩子，当到达叶子结点时，译出该叶子结点对应的字符。然后再回到树根重新译码。

下面讨论哈夫曼编码的具体做法。

由于哈夫曼树中没有度为 1 的结点，一棵有 n 个叶子结点的哈夫曼树有 $2n-1$ 个结点，可以存储在一个大小为 $2n-1$ 的一维数组中。如何选定结点结构？由于在构成哈夫曼树之后，为求编码需从叶子结点出发走一条从叶子结点到根结点的路径；而为译码需从根出发走一条从根结点到叶子结点的路径。则对每个结点而言，既需知双亲结点的信息，又需知孩子结点的信息。由此，设定下述存储结构。

```
//-------------------哈夫曼树和哈夫曼编码的存储表示-------------------
typedef struct {
```

```
        unsigned int weight;
        unsigned int parent, lchild, rchild;
    } HTNode,*HuffmanTree;  //动态分配数组存储哈夫曼树
    typedef char **HuffmanCode;  //动态分配数组存储哈夫曼编码表
```

下面给出具体算法。

```
    void HuffmanCoding(HuffmanTree &HT, HuffmanCode &HC, int *w, int n)
    {
        /*w 存放 n 个字符的权值（均>0），构造哈夫曼树 HT，并求出 n 个字符的哈夫曼编码 HC*/
        int m,i,s1,s2,start;
        unsigned c,f;
        HuffmanTree p;
        char *cd;
        if(n<=1)  //叶子结点树不大于 n
            return;
        m=2*n-1;  //n 个叶子结点的哈夫曼树共有 m 个结点
        HT=(HuffmanTree)malloc((m+1)*sizeof(HTNode));  //0 号单元未用
        for(p=HT+1,i=1;i<=n;++i,++p,++w)
        //从 1 号单元开始到 n 号单元，给叶子结点赋值
        {
            (*p).weight=*w;  //赋权值
            (*p).parent=0;  //双亲域为空（是根结点）
            (*p).lchild=0;  //左右孩子为空
            (*p).rchild=0;
        }
        for(;i<=m;++i,++p)  //初始化双亲位置
            (*p).parent=0;  //其余结点的双亲域初值为 0
        for(i=n+1;i<=m;++i)  //建哈夫曼树
        {
        //在 HT[1~i-1]中选择 parent 为 0 且 weight 最小的两个结点,其序号分别为 s1 和 s2
            select(HT,i-1,s1,s2);
            HT[s1].parent=HT[s2].parent=i;  //i 号单元是 s1 和 s2 的双亲
            HT[i].lchild=s1;  //i 号单元的左右孩子分别是 s1 和 s2
            HT[i].rchild=s2;
            HT[i].weight=HT[s1].weight+HT[s2].weight;
                                //i 号单元的权值是 s1 和 s2 的权值之和
        }
        //从叶子到根逆向求每个字符的哈夫曼编码
        HC=(HuffmanCode)malloc((n+1)*sizeof(char*));
                                //分配 n 个字符编码的头指针向量,0 号单元未用
        cd=(char*)malloc(n*sizeof(char));  //分配求编码的工作空间
        cd[n-1]='\0';  //编码结束符
        for(i=1; i<=n;i++)  //逐个字符求哈夫曼编码
        {
            start=n-1;  //编码结束符位置
            for(c=i,f=HT[i].parent;f!=0;c=f,f=HT[f].parent)
    //从叶子到根逆向求编码
```

```
                if(HT[f].lchild==c)
                    cd[--start]='0';
                else
                    cd[--start]='1';
            HC[i]=(char*)malloc((n-start)*sizeof(char));
//为第 i 个字符编码分配空间
            strcpy(HC[i],&cd[start]);  //从 cd 复制编码（串）到 HC
        }
        free(cd);  //释放工作空间
}
void select(HuffmanTree t,int i,int &s1,int &s2)
{
    //s1 为最小的两个值中序号小的那个
    int j;
    s1=min1(t,i);  //权值最小的根结点序号
    s2=min1(t,i);   //权值第二小的根结点序号
    if(s1>s2)  //s1 的序号大于 s2 的
    {
        j=s1;
        s1=s2;  //s1 是权值最小的两个中序号较小的
        s2=j;   //s2 是权值最小的两个中序号较大的
    }
}
int min1(HuffmanTree t, int i)
{
    //函数 select()调用
    int j,flag;
    unsigned int k=UINT_MAX;  //取 k 为不小于可能的值
    for(j=1; j<=i;j++)
        if(t[j].weight<k &&t[j].parent==0)
            k=t[j].weight,flag=j;
    t[flag].parent=1;
    return flag;
}
void main()
{
    HuffmanTree HT;
    HuffmanCode HC;
    int *w,n,i;
    printf("请输入权值的个数（>1）: ");
    scanf("%d",&n);
    w=(int*)malloc(n*sizeof(int));
    printf("请依次输入%d 个权值（整型）: \n",n);
    for(i=0;i<=n-1;i++)
        scanf("%d",w+i);
    HuffmanCoding(HT,HC,w,n);
    for(i=1;i<=n;i++)
    puts(HC[i]);
}
```

程序运行结果。

```
请输入权值的个数（>1）: 4 ↙
请依次输入 4 个权值（整型）:
7 5 2 4 ↙
0
10
110
111
```

下面我们来看构造哈夫曼树的核心算法代码。

假设：字符 a,b,c,d 出现的频率分别为 $w=[7,5,2,4]$。

（1）从 1 号单元开始到 n 号单元，给叶子结点赋值，包括赋权值，双亲域为空（是根结点）左右孩子为空，如图 5.94 所示。

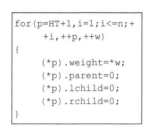

	weight	parent	lchild	rchild
1	7	0	0	0
2	5	0	0	0
3	2	0	0	0
4	4	0	0	0
5	weight	parent	lchild	rchild
6	weight	parent	lchild	rchild
HT[m+1]	weight	parent	lchild	rchild

```
for(p=HT+1,i=1;i<=n;+
        +i,++p,++w)
{
    (*p).weight=*w;
    (*p).parent=0;
    (*p).lchild=0;
    (*p).rchild=0;
}
```

图 5.94　哈夫曼树核心代码分析过程一

（2）初始化双亲位置，其余结点的双亲域初值为 0，如图 5.95 所示。

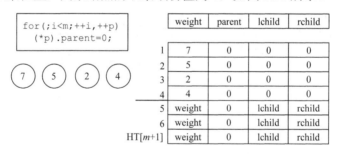

```
for(;i<m;++i,++p)
    (*p).parent=0;
```

	weight	parent	lchild	rchild
1	7	0	0	0
2	5	0	0	0
3	2	0	0	0
4	4	0	0	0
5	weight	0	lchild	rchild
6	weight	0	lchild	rchild
HT[m+1]	weight	0	lchild	rchild

图 5.95　哈夫曼树核心代码分析过程二

（3）建哈夫曼树，在 HT[1]…HT[i-1]中选择 parent 为 0 且 weight 最小的两个结点，其序号分别为 $s1$ 和 $s2$，i 号单元是 $s1$ 和 $s2$ 的双亲，i 号单元的左右孩子分别是 $s1$ 和 $s2$，i 号单元的权值是 $s1$ 和 $s2$ 的权值之和。

（4）第一次在根结点集合中取权值最小的两个结点，分别为 2 和 4 的结点，构成一个新的权值为 6 的结点加入到根结点集合，并将权值为 2 和 4 的结点从根结点集合中删除，如图 5.96 所示。

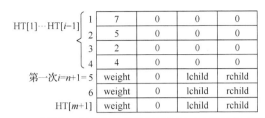

图 5.96 哈夫曼树核心代码分析过程三

（5）第二次在根结点集合中取权值最小的两个结点，分别为 5 和 6 的结点，构成一个新的权值为 11 的结点加入到根结点集合，并将权值为 5 和 6 的结点从根结点集合中删除，如图 5.97 所示。

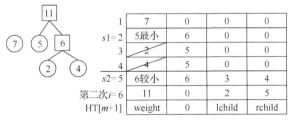

图 5.97 哈夫曼树核心代码分析过程四

（6）第三次在根结点集合中取权值最小的两个结点，分别为 7 和 11 的结点，构成一个新的权值为 18 的结点加入到根结点集合，并将权值为 7 和 11 的结点从根结点集合中删除，如图 5.98 所示。

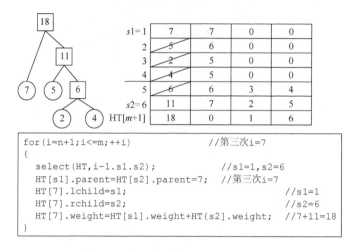

```
for(i=n+1;i<=m;++i)                    //第三次i=7
{
    select(HT,i-1.s1.s2);              //s1=1,s2=6
    HT[s1].parent=HT[s2].parent=7;     //第三次i=7
    HT[7].lchild=s1;                               //s1=1
    HT[7].rchild=s2;                               //s2=6
    HT[7].weight=HT[s1].weight+HT{s2}.weight;  //7+11=18
}
```

图 5.98   哈夫曼树核心代码分析过程五

例 5.15   假设有{d,i,a,n,k}五个字符，它们出现的频率分别为{9,7,6,5,2}，怎样编码才能使它们组成的报文在网络中传输得最快？

方法 1：可以采用二进制等长编码实现。

选取 d=000，i=001，a=010，n=011，k=100（87 位二进制长）

方法 2：用哈夫曼编码（不等长编码）实现。

选取 d=01，i=11，a=10，n=000，k=001（65 位二进制长，其编码最短）

5.6.3   哈夫曼树的应用

在解某些判定问题时，利用哈夫曼树可以得到最佳的判定算法。考查科目评分时往往把百分制转换成等级制，如图 5.99 所示。

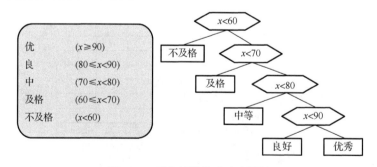

图 5.99   百分制转换成哈夫曼树

在实际生活中，学生的成绩在五个等级上的分布是不平均的。其分布情况为：0～59 分占 5%；60～69 分占 15%；70～79 分占 40%；80～89 分占 30%；90～100 分占 10%。使用图 5.99 的算法对于 70～89 分的学生至少需比较三次才行。显然比较的次数较多，现在利用哈夫曼树实现算法的优化。按权数集{5(0～59),15(60～69),40(70～79),30(80～89),10(90～100)}构造的哈夫曼树如图 5.100 所示。

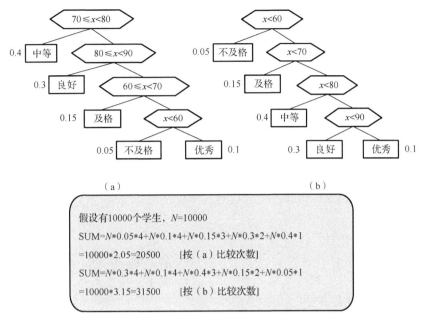

图 5.100 百分制转换的哈夫曼树构造

习 题

一、判断题

（ ）1．若二叉树用二叉链表作存储结构，则在 n 个结点的二叉树链表中只有 $n-1$ 个非空指针域。

（ ）2．二叉树中每个结点的两棵子树的高度差等于 1。

（ ）3．二叉树中每个结点的两棵子树是有序的。

（ ）4．二叉树中每个结点有两棵非空子树或有两棵空子树。

（ ）5．二叉树中每个结点的关键字值大于其左非空子树（若存在的话）所有结点的关键字值，且小于其右非空子树（若存在的话）所有结点的关键字值。

（ ）6．二叉树中所有结点个数是 $2^{k-1}-1$，其中 k 是树的深度。

（ ）7．二叉树中所有结点，如果不存在非空左子树，则不存在非空右子树。

（ ）8．对于一棵非空二叉树，它的根结点作为第一层，则它的第 i 层上最多能有 $2^{i}-1$ 个结点。

（ ）9．用二叉链表存储包含 n 个结点的二叉树，结点的 $2n$ 个指针区域中有 $n+1$ 个为空指针。

（ ）10．具有 12 个结点的完全二叉树有 5 个度为 2 的结点。

二、填空题

1．由 3 个结点所构成的二叉树有_____种形态。

2．一棵深度为 6 的满二叉树有_____个分支结点和_____个叶子。

3．一棵具有 257 个结点的完全二叉树，它的深度为_____。

4．设一棵完全二叉树有 700 个结点，则共有_____个叶子结点。

5. 设一棵完全二叉树具有 1000 个结点，则此完全二叉树有_____个叶子结点，有_____个度为 2 的结点，有_____个结点只有非空左子树，有_____个结点只有非空右子树。

6. 一棵含有 n 个结点的 k 叉树，可能达到的最大深度为_____，最小深度为_____。

7. 二叉树的基本组成部分是：根（N）、左子树（L）和右子树（R）。因而二叉树的遍历次序有六种。最常用的是三种：前序法（即按 NLR 次序），后序法（即按_____次序）和中序法（也称对称序法，即按 LNR 次序）。这三种方法相互之间有关联。若已知一棵二叉树的前序序列是 $BEFCGDH$，中序序列是 $FEBGCHD$，则它的后序序列必是_____。

8. 中序遍历的递归算法平均空间复杂度为_____。

9. 用 5 个权值{3,2,4,5,1}构造的哈夫曼树的带权路径长度是_____。

三、单项选择题

1. 不含任何结点的空树（　　　）。
   A．是一棵树
   B．是一棵二叉树
   C．是一棵树也是一棵二叉树
   D．既不是树也不是二叉树

2. 二叉树是非线性数据结构，所以（　　　）。
   A．它不能用顺序存储结构存储
   B．它不能用链式存储结构存储
   C．顺序存储结构和链式存储结构都能存储
   D．顺序存储结构和链式存储结构都不能使用

3. 具有 $n(n>0)$ 个结点的完全二叉树的深度为（　　　）。
   A．$\lceil \log_2(n) \rceil$　　　B．$\lfloor \log_2(n) \rfloor$　　　C．$\lfloor \log_2(n) \rfloor + 1$　　　D．$\lceil \log_2(n) + 1 \rceil$

4. 把一棵树转换为二叉树后，这棵二叉树的形态是（　　　）。
   A．唯一的
   B．有多种
   C．有多种，但根结点都没有左孩子
   D．有多种，但根结点都没有右孩子

5. 树是结点的有限集合，它___A___ 根结点，记为 T。其余的结点分成为 m（$m \geqslant 0$）个___B___的集合 $T_1, T_2, \cdots, T_m$，每个集合又都是树，此时结点 T 称为 T_i 的父结点，T_i 称为 T 的子结点（$1 \leqslant i \leqslant m$）。一个结点的子结点个数为该结点的___C___。
   供选择的答案如下。
   A．①有 0 个或 1 个　　②有 0 个或多个　　③有且只有 1 个　　④有 1 个或 1 个以上
   B．①互不相交　　②允许相交　　③允许叶结点相交　　④允许树枝结点相交
   C．①权　　　　②维数　　　　③次数　　　　④序
   答案：A=_____　　　B=_____　　　C=_____

6. 二叉树___A___。在完全二叉树中，若一个结点没有___B___，则它必定是叶结点。每棵树都能唯一地转换成与它对应的二叉树。由树转换成的二叉树里，一个结点 N 的左子女是 N 在原树里对应结点的___C___，而 N 的右子女是它在原树里对应结点的___D___。
   供选择的答案如下。
   A．①是特殊的树　　②不是树的特殊形式　　③是两棵树的总称　　④有且只有二个根结点的树形结构
   B．①左子结点　　②右子结点　　③左子结点或者没有右子结点　　④兄弟
   C～D．①最左子结点　　②最右子结点　　③最邻近的右兄弟　　④最邻近的左兄弟

⑤最左的兄弟　　⑥最右的兄弟

　　答案：A=_____　　B=_____　　C=_____　　D=_____

四、简答题

1．一棵度为 2 的树与一棵二叉树有何区别？

2．设如下图所示的二叉树 B 的存储结构为二叉链表，root 为根指针，结点结构为：(lchild,data,rchild)。其中 lchild，rchild 分别为指向左、右孩子的指针，data 为字符型，root 为根指针，试回答下列问题：

（1）对下列二叉树 B，执行下列算法 traversal(root)，试指出其输出结果；

（2）假定二叉树 B 共有 n 个结点，试分析算法 traversal(root)的时间复杂度。

C 的结点类型定义如下：

```
struct node
{char data;
 struct node *lchild, rchild;
};
```

C 算法如下：

```
void traversal(struct node *root)
{if (root)
 {   printf("%c", root->data);
     traversal(root->lchild);
     printf("%c", root->data);
     traversal(root->rchild);
 }
}
```

二叉树 B

3. 给定二叉树的两种遍历序列，分别为：前序遍历序列——*DACEBHFGI*；中序遍历序列——*DCBEHAGIF*。

试画出二叉树 *B*，并简述由任意二叉树 *B* 的前序遍历序列和中序遍历序列求二叉树 *B* 的思想方法。

4. 给定如图所示二叉树 *T*，请画出与其对应的中序线索二叉树。

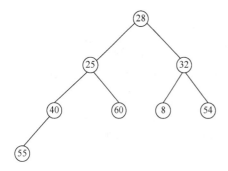

五、阅读分析题

1. 试写出如图所示的二叉树分别按先序、中序、后序遍历时得到的结点序列。

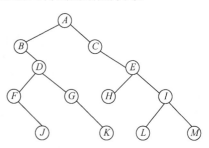

2. 把如图所示的树转化成二叉树。

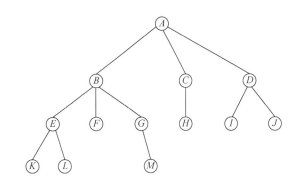

3. 阅读下列算法，若有错，指出并改正。

```
BiTree InSucc(BiTree q){
//已知 q 是指向中序线索二叉树上某个结点的指针
//本函数返回指向*q 的后继的指针
r=q->rchild;
if(!r->rtag)
    while(!r->rtag)r=r->rchild;
    return r;
}//ISucc
```

4. 画出和下列二叉树相应的森林。

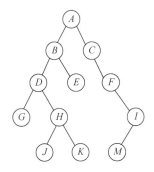

六、算法设计题

1．编写递归算法，计算二叉树中叶子结点的数目。

2．写出求二叉树深度的算法，先定义二叉树的抽象数据类型。

3．编写递归算法，求二叉树中以元素值为 x 的结点为根的子树的深度。

4．编写按层次顺序（同一层自左至右）遍历二叉树的算法。

5．编写算法判别给定二叉树是否为完全二叉树。

6．假设用于通信的电文仅由 8 个字母组成，字母在电文中出现的频率分别为 0.07,0.19, 0.02,0.06,0.32,0.03,0.21,0.10。试为这 8 个字母设计哈夫曼编码。使用 0～7 的二进制表示形式是另一种编码方案。对于上述实例，比较两种方案的优缺点。

第6章 图

【内容提要】图是一种典型的非线性结构，在自然科学的各个领域都有广泛的应用。线性结构中，数据元素之间仅有线性关系，除开始结点和终端结点之外每个数据元素只有一个直接前驱和一个直接后继；而在非线性结构中，每个数据元素可能有多个直接前驱和多个直接后继。本章的基本内容是图的定义及相关概念、图的存储方法、图的遍历及各种特殊的图，还介绍了图的应用：拓扑排序与关键路径。

【学习要求】掌握图的抽象数据类型定义及其基本术语；掌握图的邻接矩阵和邻接表的存储方法；理解图的十字链表存储；掌握图的遍历方法及其在邻接矩阵和邻接表存储结构上的实现；理解无向图的连通性；了解有向图的连通性；掌握构造最小生成树的 Prim 算法和 Kruskal 算法的基本思想和求解过程；掌握求解最短路径的 Dijkstra 算法和 Floyd 算法的基本思想及过程；掌握拓扑序列的定义及拓扑排序算法；掌握关键路径的定义及求解过程；理解求关键路径的算法。

6.1 图的定义、抽象数据类型定义和存储结构

6.1.1 图的定义和基本术语

1. 图的定义

一般将图分为有向图与无向图，图的定义描述为：图中的数据元素通常称作顶点，图 $G=(V,VR)$ 是由 V 和 VR 组成的，V 是顶点的有穷非空集合，VR 是两个顶点之间关系的集合，如图 6.1 所示。

由于 VR 表示图的任意两个顶点间的关系，也叫作图的边，因此，图的定义也可以这样描述：图 $G=(V,E)$ 是由 V 和 E 组成的，V 是顶点的有穷非空集合，E 是边的集合。

在后面的叙述中，可能会用到这两种不同的定义形式。

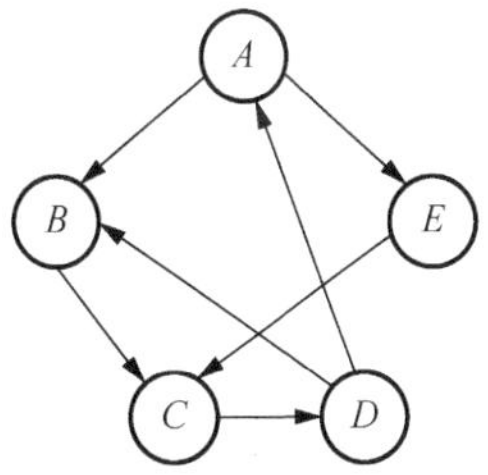

图 6.1 有向图 G

2. 图的基本术语

（1）有向图：图中的每条边都是有方向的。

（2）弧：有方向的边，用顶点对 $<v,w>$ 表示，v 称为弧尾，w 称为弧头。

有向图举例 1：从图 6.1 有向图 G 中，我们根据定义 $G=(V,VR)$ 得知：

$<A,B>A$ 为弧尾，B 为弧头；$<B,C>B$ 为弧尾，C 为弧头……

有向图举例 2：图 6.2 有向图 $G_1 = (V_1,VR_1)$，其中 $V_1=\{1,2,3,4,5,6,7\}$，$VR_1=\{<1,3>,<1,2>,<3,7>,<3,6>,<2,6>,<2,5>,<2,4>,<5,7>,<6,7>\}$，可得 $<1,3>1$ 为弧尾，3 为弧头，$<3,7>3$ 为弧尾，7 为弧头……

（3）无向图：无向图中的每条边都是无方向的边，通常用顶点对 (v,w) 表示，顶点对 (v,w) 是无序的。

如图 6.3 所示的无向图由顶点集和边集构成的图 $G_2=(V_2,VR_2)$：$V_2=\{A,B,C,D,E,F\}$，$VR_2=\{(A,B),(A,E),(B,E),(C,D),(D,F),(B,F),(C,F)\}$。

结论：在无向图中，若$(v,w)\in VR$ 必有$(w,v)\in VR$，则称(v,w)为顶点 v 和顶点 w 之间存在一条边，并且$(v,w)=(w,v)$是同一条边。

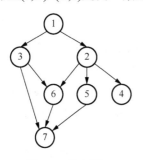
图 6.2　有向图 G_1

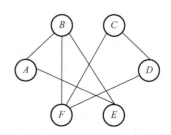
图 6.3　无向图 G_2

（4）**权**：如图 6.4 所示，与边或弧相关的数称为权，如弧 AE 的权值为 9，弧 AB 的权值为 15 等。

（5）**网**：带权的图称为网，如图 6.4 所示。

（6）**有向网**：弧带权的图称作有向网。

（7）**无向网**：边带权的图称作无向网。

（8）**子图**：如果图 $G=(V,VR)$存在，若图 $G'=(V',VR')$满足 $V'\subseteq V,VR'\subseteq VR$,则称 G' 为 G 的子图，如图 6.5 所示。

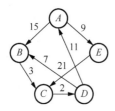
图 6.4　带权的图 G

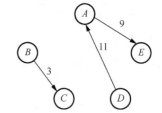
图 6.5　带权的图 G 的子图 G' 的示例

（9）**完全图**：图中任意两个点都有一条边相连。

（10）**无向完全图**：图中有 $n(n-1)/2$ 条边。

（11）**有向完全图**：图中有 $n(n-1)$ 条弧。

如图 6.6 所示，分别给出了无向完全图、有向完全图等的示例。

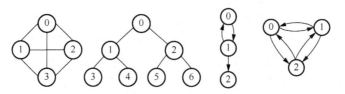

无向完全图　　　不是无向完全图　　　不是有向完全图　有向完全图

图 6.6　无向完全图、有向完全图等的示例

（12）**稀疏图**：边或弧的个数很少的图。

（13）**稠密图**：边或弧的个数较多的图。

图 6.7 给出了稀疏图和稠密图的示例。

综上所述，归纳总结如下。我们用 n 表示图中顶点的数目，用 e 表示边或弧的数目。在下面的讨论中，不考虑顶点到其自身的弧或边，即若 $(v_i,v_j) \in VR$，且 $v_i \neq v_j$，那么对于无向图，e 的取值范围是 0 到 $n(n-1)/2$。对于有向图，e 的取值范围是 0 到 $n(n-1)$。含有 $e=n(n-1)$ 条弧的有向图称作有向完全图，如图 6.8（a）所示；含有 $e=n(n-1)/2$ 条边的无向图称作无向完全图，如图 6.8（b）所示。边或弧的个数 $e<n\log_2 n$ 的图，则称作稀疏图，否则称作稠密图。

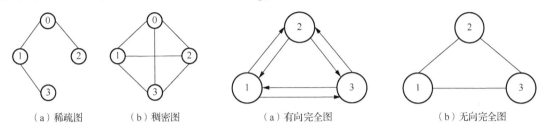

|（a）稀疏图 | （b）稠密图 | （a）有向完全图 | （b）无向完全图 |

图 6.7 稀疏图和稠密图　　　　图 6.8 有向完全图和无向完全图示例

（14）**关联**：边(v,w)或弧$\langle v,w \rangle$ 与顶点 v 和 w 相关联，如 ⓥ—ⓦ，ⓥ→ⓦ。

（15）**邻接点**：无向图中有边(v,w)，则称顶点 v 和 w 互为邻接点，如 ⓥ—ⓦ。

（16）**邻接**：有向图中有弧$<v,w>$，则称顶点 v 邻接到顶点 w 顶点，w 邻接自顶点 v，v 称为弧尾，w 称为弧头，如 ⓥ→ⓦ。

（17）**顶点的度**：与图中顶点 v 相关联的边的条数，记作 $TD(v)$。

顶点的**入度**——以 v 为终点的有向边的条数，记作 $ID(v)$；

顶点的**出度**——以 v 为始点的有向边的条数，记作 $OD(v)$。

在有向图中，$TD(v)=ID(v)+OD(v)$。

例如，求图 6.1 有向图 G 中顶点 B 的度数，即 $TD(B)$。

因为：$OD(B)=1$，$ID(B)=2$，顶点的度（TD）＝出度（OD）＋入度（ID）；因此，$TD(B)=2+1=3$。

如何求无向图中结点的度？主要看当前结点的连线即边的条数即可。

例如，求图 6.3 无向图 G_2 中顶点 B、顶点 A 和顶点 F 的度。

根据 B 的边数是 3，求出 $TD(B)=3$；

根据 A 的边数是 2，求出 $TD(A)=2$；

根据 F 的边数是 3，求出 $TD(F)=3$。

（18）**路径**：从顶点 v_i 到达顶点 v_j，连续的边构成的顶点序列。

（19）**路径长度**：路径上边的条数。

（20）**网的路径长度**：路径上各边的权之和。

例如，分别求图 6.9 中有向图从 v_i 到 v_j 的路径序列、路径长度和有向网的序列、有向网的路径长度。

根据定义知：有向图从 v_i 到 v_j 的路径序列是$<A,B>$和$<B,C>$，路径长度为 2。

有向网的序列从 v_i 到 v_j 的路径序列是$<A,B>$和$<B,C>$，路径长度为 2；$<A,B>$和$<B,C>$路径上各边的权之和为：15+3=18。

（21）**简单路径**：序列中顶点不重复出现的路径。

例如，图 6.10 中的 0-1-2-3 的路径是简单路径。

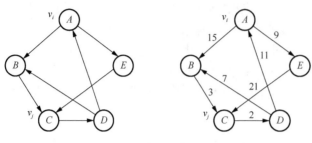

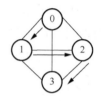

图 6.9　求路径长度示例图　　　　　　　　　图 6.10　简单路径示意图

（22）**简单回路**：序列中第一个顶点和最后一个顶点相同的路径。

例如，图 6.11 中的 0-1-2-0 的路径是简单回路。

例如，在图 6.12 无向图 G_1 中，v_0,v_1,v_2,v_3 是简单路径，v_0,v_1,v_2,v_4,v_1 不是简单路径。在图 6.12 有向图 G_2 中，v_0,v_2,v_3,v_0 是简单回路。

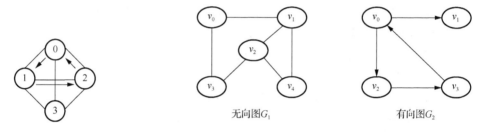

图 6.11　简单回路示意图　　　　　图 6.12　有向图和无向图中的简单回路

例 6.1　图 6.13 是路径相关概念的示例。

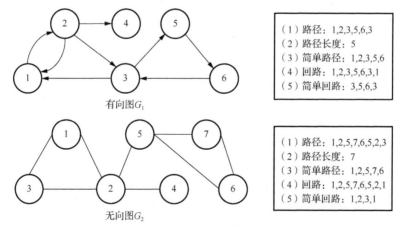

有向图 G_1

（1）路径：1,2,3,5,6,3
（2）路径长度：5
（3）简单路径：1,2,3,5,6
（4）回路：1,2,3,5,6,3,1
（5）简单回路：3,5,6,3

无向图 G_2

（1）路径：1,2,5,7,6,5,2,3
（2）路径长度：7
（3）简单路径：1,2,5,7,6
（4）回路：1,2,5,7,6,5,2,1
（5）简单回路：1,2,3,1

图 6.13　路径相关概念示例

（23）**连通图**：在无（有）向图 $G=(V,\{VR\})$ 中，若对任何两个顶点 v、w 都存在从 v 到 w 的路径，则称 G 是**连通图**，如图 6.14 所示。

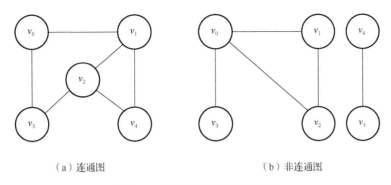

（a）连通图　　　　　　　　　　　　（b）非连通图

图 6.14　连通图与非连通图示例

若无向图为非连通图，则图中各个极大连通子图称为此图的**连通分量**，如图 6.15 所示，G_2 和 G_3 是非连通图 G_1 的两个连通分量。**极大连通子图**意思是：该子图是 G 的连通子图，将 G 中任何不在该子图中的顶点加入，子图不再连通。

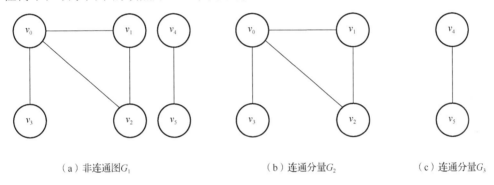

（a）非连通图 G_1　　　　　　（b）连通分量 G_2　　　　　　（c）连通分量 G_3

图 6.15　连通分量示例

对有向图 G，若任意两个顶点之间都存在一条有向路径，则称此有向图为**强连通图**。否则，其各个极大强连通子图称为 G 的**强连通分量**，如图 6.16 所示，G_2 和 G_3 是非强连通图 G_1 的两个强连通分量。**极大强连通子图**意思是：该子图是 G 的强连通子图，将 G 中任何不在该子图中的顶点加入，子图不再是强连通图。

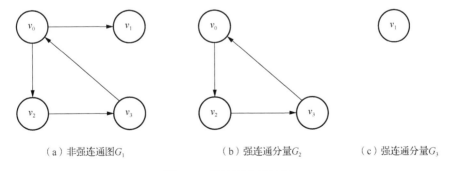

（a）非强连通图 G_1　　　　　　（b）强连通分量 G_2　　　　　　（c）强连通分量 G_3

图 6.16　强连通分量示例

假设一个连通图有 n 个顶点和 e 条边，其中 $n-1$ 条边和 n 个顶点构成一个极小连通子图，称该极小连通子图为此连通图的**生成树**，图 6.17(a) 为一连通图 G_1，图 6.17(b) 为 G_1 的生成树。如果在一棵生成树上添加一条边，必定构成一个环，因为这条边使得它依附的那两个顶点之间有了第二条路径。

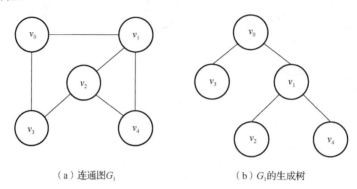

(a) 连通图 G_1 (b) G_1 的生成树

图 6.17　生成树示例

一棵有 n 个顶点的生成树有且仅有 $n-1$ 条边。如果一个图有 n 个顶点和小于 $n-1$ 条边，则是非连通图。如果它多于 $n-1$ 条边，则一定有环。但是，有 $n-1$ 条边的图不一定是生成树。

对于非连通图，则称各个连通分量的生成树的集合为此非连通图的**生成森林**。

在前述图基本操作的定义中，关于"顶点的位置"和"邻接点的位置"只是一个相对的概念。因为，从图的逻辑结构的定义来看，图中的顶点之间不存在全序的关系（即无法将图中顶点排列成一个线性序列），任何一个顶点都可被看成是第一个顶点；此外，任一顶点的邻接点之间也不存在次序关系。但为了操作方便，我们需要将图中顶点按任意的顺序排列起来（这个排列和关系 VR 无关）。由此，所谓"顶点在图中的位置"指的是该顶点在这个人为的随意排列中的位置（或序号）。同理，可对某个顶点的所有邻接点进行排队，在这个排队中自然形成了第一个或第 k 个邻接点。若某个顶点的邻接点的个数大于 k，则称第 $k+1$ 个邻接点为第 k 个邻接点的下一个邻接点，而最后一个邻接点的下一个邻接点为"空"。

6.1.2　图的抽象数据类型定义

1. 图的抽象数据类型定义的架构

```
ADT Graph {
    图的数据结构的形式化定义;
    图的所有基本操作;
} ADT Graph
```

2. 图的抽象数据类型的详细定义

ADT Graph {

数据对象 V：V 是具有相同特性的数据元素的集合，称为顶点集。

数据关系 R：$R=\{VR\}$

$VR=\{<v,w>|v,w \in V$ 且 $P(v,w)$, $<v, w>$ 表示从 v 到 w 的弧，谓词 $P(v,w)$ 定义了弧 $<v,w>$ 的意义或信息$\}$

基本操作：

函数操作	函数说明
CreateGraph(&G,V,VR)	初始条件：V 是图的顶点集，VR 是图中弧的集合 操作结果：按 V 和 VR 的定义构造图 G
DestroyGraph(&G)	初始条件：图 G 存在 操作结果：销毁图 G
LocateVex(G,u)	初始条件：图 G 存在，u 和 G 中顶点有相同特征 操作结果：若 G 中存在顶点 u，则返回该顶点在图中位置；否则返回其他信息
GetVex(G,v)	初始条件：图 G 存在，v 是 G 中某个顶点 操作结果：返回 v 的值
PutVex(&G, v,value)	初始条件：图 G 存在，v 是 G 中某个顶点 操作结果：对 v 赋值 value
FirstAdjVex(G,v)	初始条件：图 G 存在，v 是 G 中某个顶点 操作结果：返回 v 的第一个邻接顶点。若顶点在 G 中没有邻接顶点，则返回"空"
NextAdjVex(G,v,w)	初始条件：图 G 存在，v 是 G 中某个顶点，w 是 v 的邻接顶点 操作结果：返回 v 的（相对于 w 的）下一个邻接顶点。若 w 是 v 的最后一个邻接点，则返回"空"
InsertVex(&G,v)	初始条件：图 G 存在，v 和图中顶点有相同特征 操作结果：在图 G 中增添新顶点 v
DeleteVex(&G,v)	初始条件：图 G 存在，v 是 G 中某个顶点 操作结果：删除 G 中顶点 v 及其相关的弧
InsertArc(&G,v,w)	初始条件：图 G 存在，v 和 w 是 G 中两个顶点 操作结果：在 G 中增添弧<v,w>，若 G 是无向的，则还增添对称弧<w,v>
DFSTraverse(G,Visit())	初始条件：图 G 存在，Visit()是顶点的应用函数 操作结果：对图进行深度优先遍历。在遍历过程中对每个顶点调用函数 Visit()一次且仅一次。一旦 Visit()失败，则操作失败
BFSTraverse(G, Visit())	初始条件：图 G 存在，Visit()是顶点的应用函数 操作结果：对图进行广度优先遍历。在遍历过程中对每个顶点调用函数 Visit()一次且仅一次。一旦 Visit()失败，则操作失败

}ADT Graph

6.1.3 图的存储结构

图常用的存储结构归纳为两种：顺序存储结构和链式存储结构。顺序存储结构采用数组表示法（邻接矩阵）来表示；链式存储结构采用邻接表（链式结构）表示。在图的链式存储结构中还包括图的十字链表和邻接多重表等存储方式。本节重点介绍常用的顺序存储结构（邻接矩阵）和链式存储结构（邻接表）的结构形式、图的存储结构及实现，即根据图的定义，图是由顶点和边组成的，分别考虑如何存储图的顶点以及图中顶点之间的边。在实际问题中，具体选用哪种存储方法取决于具体的应用和对其进行的操作。

1. 图的数组（邻接矩阵）存储表示

图的顺序存储结构采用的是邻接矩阵的逻辑表示法。邻接矩阵表示图中各个顶点间相连关系的矩阵。设 G=(V,{VR}) 是有 n≥1 个顶点的图，G 的邻接矩阵 A 是具有以下性质的 n 阶方阵：

$$A[i,j] = \begin{cases} 1, & \text{若} (v_i, v_j) \text{或} <v_i, v_j> \in VR \\ 0, & \text{其他} \end{cases} \quad (6.1)$$

如图 6.18 列出的是一个有向图及其对应的邻接矩阵。

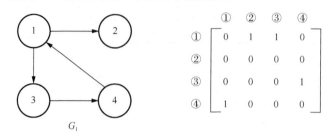

图 6.18 有向图及其对应的邻接矩阵

网的邻接矩阵可定义如下。

$$A[i,j]=\begin{cases}w_{i,j}, & 若(v_i,v_j)或<v_i,v_j>\in VR\\ \infty, & 其他\end{cases} \tag{6.2}$$

如图 6.19 列出的是一个无向网及其对应的邻接矩阵。

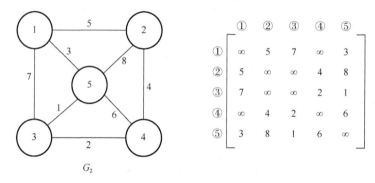

图 6.19 无向图及其对应的邻接矩阵

借助于邻接矩阵容易判定任意两个顶点之间是否有边（或弧）相连，并容易求得各个顶点的度。对于无向图，顶点 v_i 的度是邻接矩阵中第 i 行（或第 i 列）的元素之和，即

$$TD(v_i)=\sum_{j=0}^{n-1}A[i][j](n=MAX\_VERTEX\_NUM) \tag{6.3}$$

对于有向图，第 i 行的元素之和为顶点 v_i 的出度 $OD(v_i)$，第 j 列的元素之和为顶点 v_j 的入度 $ID(v_j)$。

我们需要用两个数组分别存储数据元素（顶点）的信息和数据元素之间的关系（边或弧）的信息，其存储结构的形式描述如下。

```
//-------------------图的邻接矩阵存储表示-------------------
#define INFINITY INT_MAX  //最大值∞
#define MAX_VERTEX_NUM 20  //最大顶点个数
typedef enum {DG,DN,UDG,UDN} GraphKind;  //{有向图,有向网,无向图,无向网}
typedef struct ArcCell {
    VRType adj;  //VRType 是顶点关系类型。对无权图，用 1 或 0
    InfoType *info;  //该弧相关信息的指针
} ArcCell, AdjMatrix[MAX_VERTEX_NUM][MAX_VERTEXT_NUM];
typedef struct {
```

```
        VertexType vexs[MAX_VERTEX_NUM];  //顶点向量
        AdjMatrix arcs;  //邻接矩阵
        int vexnum, arcnum;  //图的当前顶点数和弧数
        GraphKind kind;  //图的种类标志
    } MGraph;
```

在上述定义中，结构体 **MGraph** 中存储顶点信息的类型是 VertexType 类型（顶点类型），它一般是结构体类型，用来存储有关顶点的一切信息，如顶点名称、顶点坐标等。图的顶点信息因图而异，最简单的 VertexType 类型只包括一个成员：顶点名称。

MGraph 中存储弧（边）的信息类型是 AdjMatrix 类型，它是一个二维数组，用来存储任意 2 个顶点之间弧（边）的信息。数组的元素类型是 ArcCell 类型，它是结构体类型，包括 **VRType** 和 **InfoType** 类型。VRType 的类型这里没有定义，需根据具体问题而定。InfoType 一般是结构体类型，存储弧（边）的相关信息，如果是文字信息，InfoType 就应是 char 类型。结构简单的弧（边），也可能没有相关信息，则要设置指针为空。

2. 邻接表

邻接表是图的一种链式存储结构。在邻接表中，对图中的每个顶点建立一个单链表，存储该顶点所有邻接点及其相关信息。每个单链表设一个头结点，称为顶点结点。单链表中的结点称为表结点，第 i 个结点表示该顶点的第 i 个邻接点。对于具有 n 个顶点的图来说，其邻接表是由 n 个链表组成的。邻接表的结点结构如图 6.20 所示。

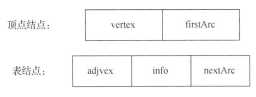

图 6.20　邻接表的结点结构

每个链表的顶点结点包括两个域：

（1）Vertex 域存放顶点的数据信息；

（2）FirstArc 域指出依附于该顶点的第一条弧（边）。

表结点由三个域组成：

（1）Adjvex 域存放相邻接顶点的位置；

（2）Info 域存放相应的弧或边的信息（包括权值），对于无带权图，如果没有与边相关的其他信息，可省略此域；

（3）NextArc 域指向下一个表结点。

图的邻接表存储表示如下。

```
//----------------------图的邻接表存储表示----------------------
#define MAX_VERTEX_NUM 20
typedef struct ArcNode {
    int adjvex;  //该弧所指向的顶点的位置
    struct ArcNode *nextarc;  //指向下一条弧的指针
    InfoType *info;  //该弧相关信息的指针
} ArcNode;
typedef struct VNode {
    VertexType data;  //顶点信息
```

```
        ArcNode *firstarc;  //指向第一条依附该顶点的弧的指针
    } VNode,AdjList[MAX_VERTEX_NUM];
    typedef struct {
        AdjList vertices;
        int vexnum,arcnum;  //图的当前顶点数和弧数
        int kind;  //图的种类标志
    } ALGraph;
```

与图的邻接矩阵存储结构一样，图的邻接表存储结构也用 VertexType 类型存储有关顶点的一切信息。

图的邻接表存储结构中的 InfoType 类型存储有关弧（边）的一切信息。它和图的邻接矩阵存储结构中的 InfoType 类型是有区别的。在 MGraph 中，弧（边）的信息被分成两部分：一部分是顶点关系类型 VRType，其中根据不同情况分别存储 0、1、∞ 和权值；另一部分是 InfoType 类型，存储弧（边）除此之外的一切信息。而在图的邻接表存储结构中，0、1、∞ 根本不需要存储，权值和弧（边）的其他信息一起存储在 InfoType 类型中。结构简单的图，可以没有相关信息，则设指向 InfoType 类型的指针为空。网（带权图）的 InfoType 类型应是结构体，其中至少有权值项。图 6.21 列出了有向图和无向图的邻接表示例。图 6.22 给出了逆邻接表示例。

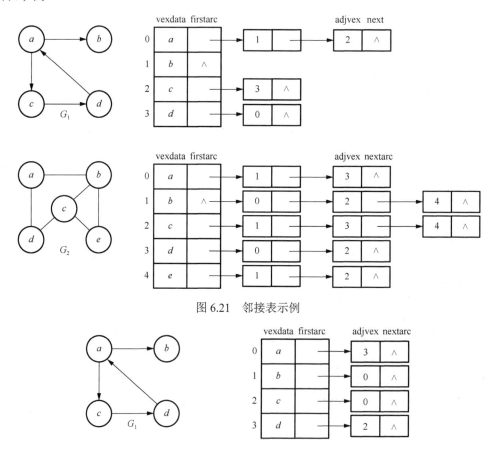

图 6.21　邻接表示例

图 6.22　逆邻接表示例

在无向图的邻接表中，顶点 v_i 的度恰为第 i 个链表中的结点数；而在有向图中，第 i 个链表中的结点个数只是顶点 v_i 的出度，为求入度，必须遍历整个邻接表。在所有链表中其邻接点域的值为 i 的结点的个数是顶点 v_i 的入度。有时，为了便于确定顶点的入度或以顶点 v_i 为头的弧，可以建立一个有向图的逆邻接表，即对每个顶点 v_i 建立一个链接以 v_i 为头的弧的表，例如图 6.22 所示的有向图 G_1 的逆邻接表。同时，对有向图而言，邻接表表结点个数=逆邻接表表结点个数=图的边数，该结论很容易验证。

应当注意以下几个问题。

（1）图的邻接矩阵表示是唯一的（图的顶点标号确定），而邻接表表示不唯一，这是因为在邻接表表示中，各边表结点的链接次序取决于建立邻接表的算法以及边的输入次序。

（2）若图中有 n 个顶点、e 条边，则用邻接表表示无向图，需要 n 个头结点，$2e$ 个表结点；用邻接表表示有向图，若不考虑逆邻接表，只需要 n 个头结点，e 个表结点。若用邻接矩阵表示，无向图有 $n(n-1)/2$ 个结点，有向图有 $n(n-1)$ 个结点。显然在边稀疏时，用邻接表表示优于邻接矩阵，当和边相关的信息较多时更是如此。邻接表中由于要附加链域，所以当无向图边数接近于 $n(n-1)/2$，有向图的边数接近于 $n(n-1)$ 时，用邻接矩阵表示无论在空间和时间上都优于用邻接表表示。

（3）在邻接矩阵中，判定 $<v_i, v_j>$ 之间是否有边，只要判断 a_{ij} 是否为 0 即可，但在邻接表中，查找第 i 个单链表平均要扫描表长的一半，最坏的情况下，需要扫描整个单链表。

3. 十字链表

十字链表是有向图的另一种链式存储结构，可以看成将有向图的邻接表和逆邻接表结合在一起得到的一种链表。在十字链表中既容易找到以 v_i 为尾的弧，也容易找到以 v_i 为头的弧，因而容易求得顶点的出度和入度（若需要，可在建立十字链表的同时求出）。十字链表在某些有向图的应用中，是非常有用的工具。

在十字链表中，对应于有向图中每一条弧有一个结点，对应于每个结点也有一个结点。十字链表的结点结构如图 6.23 所示。

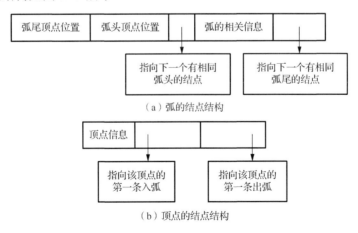

（a）弧的结点结构

（b）顶点的结点结构

图 6.23　十字链表的结点结构

图 6.24 列出了有向图及其十字链表。

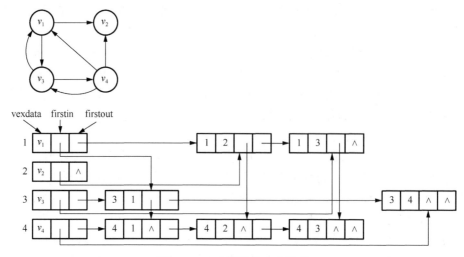

图 6.24　有向图及其十字链表

有向图的十字链表存储表示的形式说明如下。

```
//--------------------------有向图的十字链表存储表示--------------------------
#define MAX_VERTEX_NUM 20
typedef struct ArcBox {
    int tailvex,headvex;  //该弧的尾和头顶点的位置
    struct ArcBox *hlink,*tlink;  //分别为弧头相同和弧尾相同的弧的链域
    InfoType *info;  //该弧相关信息的指针
} ArcBox;
typedef struct VexNode {
    VertexType data;
    ArcBox *firstin,*firstout;  //分别指向该顶点第一条入弧和出弧
} VexNode;
typedef struct {
    VexNode xlist[MAX_VERTEX_NUM];  //表头向量
    int vexnum,arcnum;  //有向图的当前顶点数和弧数
} OLGraph;
```

6.2　图 的 遍 历

从图中某一顶点出发遍历图中其余顶点，且使每一个顶点仅被访问一次，这一过程就叫作**图的遍历**。遍历图有两种基本的方法：**深度优先搜索**和**广度优先搜索**。这两种方法既适合于有向图也适合于无向图。由于图中的任何结点都可能和其余结点相邻接，因此，在访问了某个结点之后，可能顺着某条路径又回到了该结点。为了避免同一顶点被访问多次，在遍历图的过程中，必须记下每个已访问过的顶点。为此，我们可以设一个辅助数组 Visited$[0\cdots n-1]$，它的初始值置为"假"或者零，一旦访问了顶点 v_i，便置 Visited$[i]$ 为"真"或者为被访问时的次序号。

6.2.1　深度优先搜索递归算法及其阅读

1. 深度优先搜索递归算法

深度优先搜索（depth first search, DFS）的基本思想是假定图中某个顶点 v_1 为出发点，首先访问 v_1，然后任选一个 v_1 的未被访问的邻接点 v_2，以 v_2 为新出发点继续访问，直到图中所有顶点都被访问过。这个过程是一个递归过程。深度优先搜索的特点是尽可能向纵深方向进行搜索。

以图 6.25(a)中无向图 G_1 为例，深度优先搜索遍历图的过程如图 6.25(b)所示。假设从顶点 v_1 出发进行搜索，在访问了顶点 v_1 之后，选择邻接点 v_2。因为 v_2 未曾被访问过，则访问 v_2，从 v_2 出发搜索 v_2 的下一层的第一个邻接点即访问 v_4；从 v_2 进行搜索 v_2 的下一层的第二个邻接点即访问 v_5；从 v_2 出发搜索 v_2 的下一层的第三个邻接点为空，则暂时结束当前的 v_1 层面的访问。下一次的访问次序是搜索以 v_4 为根的下一层的第一个邻接点即 v_8；再以同样的方法访问 v_5。由于同样的搜索继续回到 v_8、v_4、v_2 直至 v_1，此时由于 v_1 的另一个邻接点未被访问，则搜索又从 v_1 到 v_3，再继续进行下去。由此，得到的顶点访问序列为：$v_1 \rightarrow v_2 \rightarrow v_4 \rightarrow v_8 \rightarrow v_5 \rightarrow v_3 \rightarrow v_6 \rightarrow v_7$。

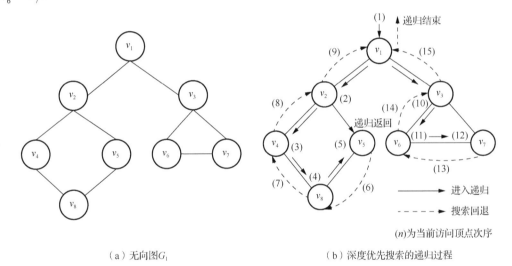

（a）无向图 G_1　　　　　　　　　　　（b）深度优先搜索的递归过程

图 6.25　图 G_1 深度优先搜索的递归过程的图解

深度优先搜索的具体算法如下。

```
Boolean Visited[MAX_VERTEX_NUM];  //访问标志数组（全局变量）
void(*VisitFunc)(int v);  //函数变量
void DFS(Graph G,int v)
{    //从第 v 个顶点出发递归地深度优先遍历图 G
   int w;
   Visited[v]=TRUE;  //设置访问标志位 TRUE（已访问）
   VisitFunc(GetVex(G,v));  //访问第 v 个顶点
   for(w=FirstAdjVex(G,v);w!=0;w=NextAdjVex(G,v,w))
                                //从顶点 v 的第 1 个邻接点 w 开始
       if(!Visited[w])  //邻接点 w 尚未被访问
          DFS(G,w);  //对 v 的尚未访问的序号为 w 的邻接点递归调用 DFS
}
```

```
void DFSTraverse(Graph G, void(*Visit)(int v))
{
    //初始条件: 图 G 存在, Visit 是顶点的应用函数
    /*操作结果: 从第 1 个顶点起, 深度优先遍历图 G, 并对每个顶点调用函数 Visit 一
    次且仅一次*/
    int v;
    VisitFunc=Visit;  //使用全局变量 VisitFunc, 使 DFS 不必设函数指针参数
    for(v=0;v<G.vexnum;v++)  //对图 G 的所有顶点
        Visited[v]=FALSE;  //访问标志数组初始化
    for(v=0;v<G.vexnum;v++)  //对图 G 的所有顶点
        if(!Visited[v])  //顶点 v 尚未被访问
            DFS(G,v);  //对尚未访问的序号为 v 的顶点调用 DFS
    printf("\n");
}
```

对图进行深度优先搜索时, 按访问顶点的先后次序得到的顶点序列称为图的深度优先搜索序列, 简称 DFS 序列。一个图的 DFS 序列可能不唯一, 它与算法的存储结构密切相关。当用邻接矩阵存储时, 从顶点 v_i 出发, 在邻接矩阵中的第 i 行, 从左至右选择下一个未曾被访问过的邻接点作为新的出发点, 若这种邻接点多于一个, 则选中的是序列中序号小的那一个。若图的邻接矩阵所表示的图的标号不唯一, 则从指定顶点出发, 基于给定图的 DFS 序列也不唯一。如果出现给定的顶点有多个邻接点时, 若用邻接表表示, 由于邻接表表示不唯一, 因此得到的 DFS 序列也不唯一。

分析上述算法, 在遍历图时, 对图中每个顶点至多调用一次 DFS 函数, 因为一旦某个顶点被标识成已被访问, 就不再从它出发进行搜索。因此, 遍历图的过程实质上是对每个顶点查找其邻接点的过程。其耗费的时间取决于所采用的存储结构。当用二维数组表示邻接矩阵作为图的存储结构时, 查找每个顶点的邻接点所需时间为 $O(n^2)$, 其中 n 为图中顶点数。而当以邻接表作为图的存储结构时, 找邻接点所需时间为 $O(e)$, 其中 e 为无向图中边的数或有向图中弧的数。由此, 当以邻接表作存储结构时, 深度优先搜索遍历图的时间复杂度为 $O(n+e)$。

2. 深度优先搜索递归算法阅读

例 6.2 深度优先搜索遍历的具体过程。

1) 初始条件

对图 6.26 所示的无向图进行深度优先搜索遍历, 得到其访问次序。所求无向图的邻接表如图 6.27 所示。

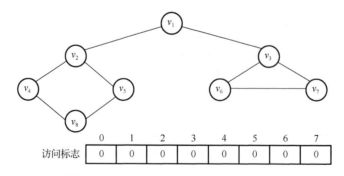

图 6.26　无向图及其深度优先搜索访问次序

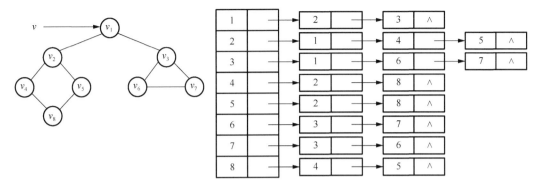

图 6.27 无向图的邻接表

2）深度优先遍历的（运算）操作过程

对于递归算法，我们需要确定地址栈的内容，包括两部分：①保存递归函数返回地址；②保存当前递归运行的参数。

对访问标志数组初始化，如图 6.28 所示。当前状态地址栈的内容为空。

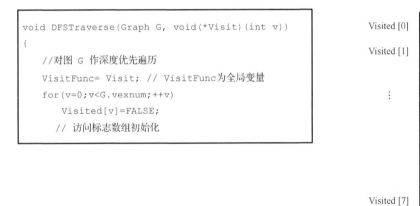

图 6.28 访问标志数组初始化

（1）主函数转入 DFS 过程的状态。

计算机执行当前主程序，对尚未访问的顶点调用"DFS(G,v);"时，计算机需要做如下的工作。

A. 将主程序的"DFS(G,v);"的过程调用语句的下一个语句地址（标号）保存在地址栈中，此处为了说明方便和便于理解算法，保存地址栈的内容如图 6.29 所示。

图 6.29 主函数进入 DFS 调用过程

B. 转去执行"DFS(G,v);"过程，并将当前的实参(G,v_1)赋值给形参(G,v)。

（2）第一次调用 DFS 过程的状态，如图 6.30 所示。

A. 第一次调用 DFS，$v=v_1$，按照顺序执行程序，当执行到语句"DFS(G,w);"时，出现自身调用自身的情况，与计算机执行主程序的过程一样，需要做如下工作。

B. 将"DFS(*G*,*w*);"的过程调用语句的下一个语句地址（标号）保存在地址栈中，地址栈的内容如图 6.30 所示。

C. 转去执行第二次 DFS 调用。

第一次：$v=v_1$

```
void DFS(Graph G,int v)
{
    Visited[v]=TRUE; VisitFunc(v);// 访问v1
    for(w=FirstAdjVex(G,v);//v=v1,w=v2
        w!=0;w=NextAdjVex(G,v,w))
        if(!Visited[w])DFS(G,w);// 第一次递归调用
Δ2: }
```

TOP=2 → $Δ2,v=v_1,w=v_2$ / $Δ1,v=v_1$

图 6.30　第一次调用 DFS 过程的状态

（3）第二次调用 DFS 过程的状态，如图 6.31 所示。

A. 第二次调用 DFS，$v=v_2$，按照顺序执行程序，第一个邻接点为 v_1，由于已经被访问过，继续寻找下一个邻接点，如图 6.31（a）所示。

B. 寻找下一个邻接点为 v_4，访问标识为 0，执行语句"DFS(*G*,*w*);"，地址栈压入 $v=v_2$，$w=v_4$，如图 6.31（b）所示。转入第三次调用。

第二次：$v=v_2$，第一个邻接点为 $w=v_1$

```
void DFS(Graph G,int v)
{
    Visited[v]=TRUE; VisitFunc(v); //访问v2
    for(w=FirstAdjVex(G,v); //v=v2,w=v1
        w!=0;w=NextAdjVex(G,v,w))
        if(!Visited[w]) DFS(G,w);
        //因 Visited[v1]=1,继续寻找下一个邻接点
Δ3: }
```

TOP=2 → $Δ2,v=v_1,w=v_2$ / $Δ1,v=v_1$

（a）

第二次：$v=v_2$，寻找下一个邻接点为 $w=v_4$

```
for(w=FirstAdjVex(G,v); //v=v2, w=v4
    w!=0;w=NextAdjVex(G,v,w))
    if(!Visited[w]) DFS(G,w);
        //因 Visited[v4]=0,转入递归
Δ3: }
```

TOP =3 → $Δ3,v=v_2,w=v_4$ / $Δ2,v=v_1,w=v_2$ / $Δ1,v=v_1$

（b）

图 6.31　第二次调用 DFS 过程的状态

（4）第三次调用 DFS 过程的状态，如图 6.32 所示。

A. 第三次调用 DFS，$v=v_4$，按照顺序执行程序，第一个邻接点为 v_2，由于已经被访问过，继续寻找下一个邻接点，如图 6.32（a）所示。

B．寻找下一个邻接点为v_8，访问标识为 0，执行语句"DFS(G,w);"，地址栈压入 $v=v_4$，$w=v_8$，如图 6.32（b）所示。转入第四次调用。

第三次：$v=v_4$，第一个邻接点为$w=v_2$

```
void DFS(Graph G, int v)
{
    Visited[v]=TRUE; VisitFunc(v); // 访问v4
    for(w=FirstAdjVex(G,v); //v=v4,w=v2
        w!=0;w=NextAdjVex(G,v,w))
        if(!Visited[w]) DFS(G,w);
        //因Visited[v2]=1,继续寻找下一个邻接点
Δ4: }
```

TOP=3 → $\Delta3,v=v_2,w=v_4$

$\Delta2,v=v_1,w=v_2$

$\Delta1,v=v_1$

（a）

第三次：$v=v_4$，寻找下一个邻接点为$w=v_8$

```
    for(w=FirstAdjVex(G,v);
        w!=0;w=NextAdjVex(G,v,w)) //w=v8
        if(!Visited[w]) DFS(G,w);
            //因Visited[v8]=0,转入递归
Δ4: }
```

TOP=4 → $\Delta4,v=v_4,w=v_8$

$\Delta3,v=v_2,w=v_4$

$\Delta2,v=v_1,w=v_2$

$\Delta1,v=v_1$

（b）

图 6.32　第三次调用 DFS 过程的状态

（5）第四次调用 DFS 过程的状态，如图 6.33 所示。

A．第四次调用 DFS，$v=v_8$，按照顺序执行程序，第一个邻接点为 v_4，由于已经被访问过，继续寻找下一个邻接点，如图 6.33（a）所示。

B．寻找下一个邻接点为 v_5，访问标识为 0，执行语句"DFS(G,w);"，地址栈压入 $v=v_8$，$w=v_5$，如图 6.33（b）所示。转入第五次调用。

第四次：$v=v_8$，第一个邻接点为$w=v_4$

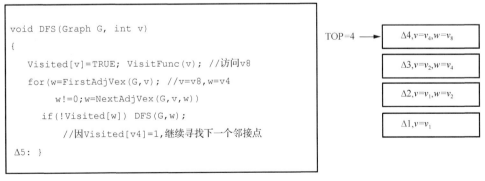

```
void DFS(Graph G, int v)
{
    Visited[v]=TRUE; VisitFunc(v); //访问v8
    for(w=FirstAdjVex(G,v); //v=v8,w=v4
        w!=0;w=NextAdjVex(G,v,w))
        if(!Visited[w]) DFS(G,w);
            //因Visited[v4]=1,继续寻找下一个邻接点
Δ5: }
```

TOP=4 → $\Delta4,v=v_4,w=v_8$

$\Delta3,v=v_2,w=v_4$

$\Delta2,v=v_1,w=v_2$

$\Delta1,v=v_1$

（a）

第四次: $v=v_8$, 寻找下一个邻接点为 $w=v_5$

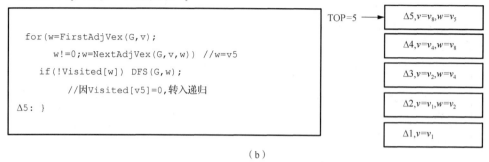

（b）

图 6.33　第四次调用 DFS 过程的状态

（6）第五次调用 DFS 过程的状态

A. 第五次调用 DFS, $v=v_5$, 按照顺序执行程序, 第一个邻接点为 v_2, 由于已经被访问过, 继续寻找下一个邻接点, 如图 6.34 所示。

第五次: $v=v_5$, 第一个邻接点为 $w=v_2$

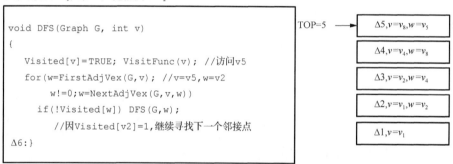

图 6.34　第五次调用 DFS 过程的状态一

B. 寻找下一个邻接点为 v_8, 由于已经被访问过, 继续寻找下一个邻接点, 如图 6.35 所示。

第五次: $v=v_5$, 寻找下一个邻接点为 $w=v_8$

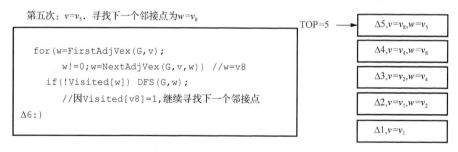

图 6.35　第五次调用 DFS 过程的状态二

C. 寻找下一个邻接点为空, 第五次调用结束, 从地址栈弹出下次执行语句地址与对应的参数, 结果为 "$\Delta 5, v=v_8, w=v_5$", 如图 6.36 所示。

第五次：$v=v_5$，寻找下一个邻接点为空

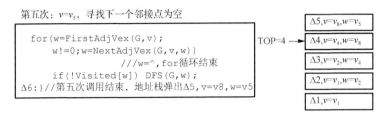

```
for(w=FirstAdjVex(G,v);
    w!=0;w=NextAdjVex(G,v,w))
                   ///w=^,for循环结束
    if(!Visited[w]) DFS(G,w);
Δ6:}//第五次调用结束，地址栈弹出Δ5,v=v8,w=v5
```

图 6.36　第五次调用 DFS 过程的状态三

D．根据地址栈弹出的信息，回到第四次调用 DFS 函数中，$v=v_8,w=v_5$，v_8 的下一个邻接点为空，故 for 循环结束，第四次 DFS 调用结束，从地址栈弹出下次执行语句地址与对应的参数，结果为"$\Delta 4,v=v_4,w=v_8$"，如图 6.37 所示。

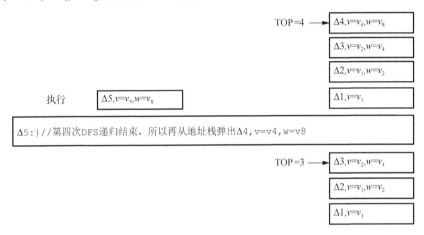

图 6.37　第五次调用 DFS 过程的状态四

E．根据地址栈弹出的信息，回到第三次调用 DFS 函数中，$v=v_4,w=v_8$，v_4 的下一个邻接点为空，故 for 循环结束，第三次 DFS 调用结束，从地址栈弹出下次执行语句地址与对应的参数，结果为"$\Delta 3,v=v_2,w=v_4$"，如图 6.38 所示。

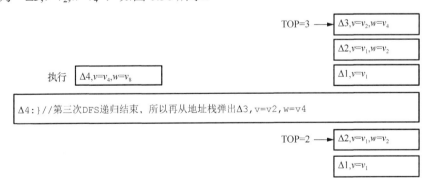

图 6.38　第五次调用 DFS 过程的状态五

F．根据地址栈弹出的信息，回到第二次调用 DFS 函数中，$v=v_2,w=v_4$，v_2 的下一个邻接点为空，故 for 循环结束，第二次 DFS 调用结束，从地址栈弹出下次执行语句地址与对应的参数，结果为"$\Delta 2,v=v_1,w=v_2$"，如图 6.39 所示。

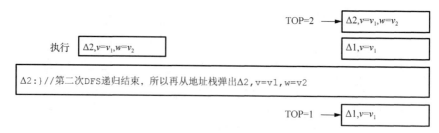

图 6.39　第五次调用 DFS 过程的状态六

G. 根据地址栈弹出的信息，回到第一次调用 DFS 函数中，$v=v_1$，$w=v_2$，如图 6.40 所示。

第一次：$v=v_1$

```
void    DFS(Graph G, int v)
{
   Visited[v] = TRUE;    VisitFunc(v); // 访问v1
   for(w=FirstAdjVex(G,v);   //v=v1,w=v2
       w!=0;w=NextAdjVex(G,v,w))
     if(!Visited[w])    DFS(G,w);
Δ2: } //执行Δ2,v=v1,w=v2
```

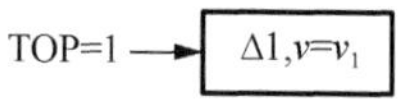

TOP=1 ➝ Δ1,$v=v_1$

图 6.40　第五次调用 DFS 过程的状态七

H. 寻找 v_1 的下一个邻接点为 v_3，访问标识为 0，执行语句"DFS(G,v);"，地址栈压入 $v=v_1$，$w=v_3$，如图 6.41 所示。转入第六次调用。

第一次：$v=v_1$，寻找下一个邻接点为v_3

```
void DFS(Graph G, int v)
{
   Visited[v]=TRUE; VisitFunc(v);
   for(w=FirstAdjVex(G,v);
       w!=0;w=NextAdjVex(G,v,w))//w=v3
     if(!Visited[w]) DFS(G,w);
         //因Visited[v3]=0,转入递归
Δ2:}
```

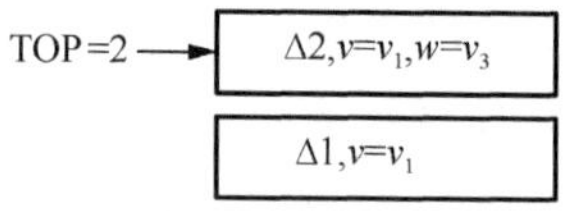

TOP=2 ➝ Δ2,$v=v_1$,$w=v_3$

Δ1,$v=v_1$

图 6.41　第五次调用 DFS 过程的状态八

（7）第六次调用 DFS 过程的状态，如图 6.42 所示。

A. 第六次调用 DFS，$v=v_3$，第一个邻接点为 v_1，由于已经被访问过，继续寻找下一个邻接点。

B. 寻找下一个邻接点为 v_6，访问标识为 0，执行语句 "DFS(G,v);"，地址栈压入 $v=v_3$，$w=v_6$。转入第七次调用。

第六次: $v=v_3$, 第一个邻接点为 v_1

```
void DFS(Graph G, int v)
{
   Visited[v]=TRUE; VisitFunc(v);//访问v3
   for(w=FirstAdjVex(G,v);  //v=v3,w=v1
      w!=0;w=NextAdjVex(G,v,w))
     if(!Visited[w]) DFS(G,w);
        //因Visited[v1]=1,继续寻找下一个邻接点
Δ7:}
```

TOP=2 →
| $\Delta2,v=v_1,w=v_3$ |
| $\Delta1,v=v_1$ |

（a）

第六次: $v=v_3$, 寻找下一个邻接点为 v_6

```
   for(w=FirstAdjVex(G,v);
      w!=0;w=NextAdjVex(G,v,w)) //w=v6
     if(!Visited[w]) DFS(G, w);
        //因Visited[v6]=0,转入递归
Δ7:}
```

TOP=3 →
| $\Delta7,v=v_3,w=v_6$ |
| $\Delta2,v=v_1,w=v_3$ |
| $\Delta1,v=v_1$ |

（b）

图 6.42　第六次调用 DFS 过程的状态

（8）第七次调用 DFS 过程的状态, 如图 6.43 所示。

A. 第七次调用 DFS, $v=v_6$, 第一个邻接点为 v_3, 由于已经被访问过, 继续寻找下一个邻接点。

B. 寻找下一个邻接点为 v_7, 访问标识为 0, 执行语句 "DFS(G,v);", 地址栈压入 $v=v_6$, $w=v_7$。转入第八次调用。

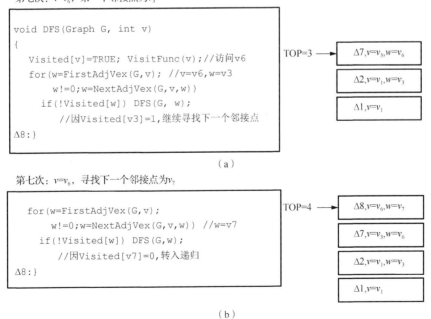

第七次: $v=v_6$, 第一个邻接点为 v_3

```
void DFS(Graph G, int v)
{
   Visited[v]=TRUE; VisitFunc(v);//访问v6
   for(w=FirstAdjVex(G,v);  //v=v6,w=v3
      w!=0;w=NextAdjVex(G,v,w))
     if(!Visited[w]) DFS(G, w);
        //因Visited[v3]=1,继续寻找下一个邻接点
Δ8:}
```

TOP=3 →
| $\Delta7,v=v_3,w=v_6$ |
| $\Delta2,v=v_1,w=v_3$ |
| $\Delta1,v=v_1$ |

（a）

第七次: $v=v_6$, 寻找下一个邻接点为 v_7

```
   for(w=FirstAdjVex(G,v);
      w!=0;w=NextAdjVex(G,v,w)) //w=v7
     if(!Visited[w]) DFS(G,w);
        //因Visited[v7]=0,转入递归
Δ8:}
```

TOP=4 →
| $\Delta8,v=v_6,w=v_7$ |
| $\Delta7,v=v_3,w=v_6$ |
| $\Delta2,v=v_1,w=v_3$ |
| $\Delta1,v=v_1$ |

（b）

图 6.43　第七次调用 DFS 过程的状态

（9）第八次调用 DFS 过程的状态。

A. 第八次调用 DFS，$v=v_7$，第一个邻接点为 v_3，由于已经被访问过，继续寻找下一个邻接点，如图 6.44 所示。

第八次：$v=v_7$，第一个邻接点为 v_3

```
void DFS(Graph G, int v)
{
    Visited[v]=TRUE; VisitFunc(v); //访问v7
    for(w=FirstAdjVex(G,v); //v=v7,w=v3
        w!=0;w=NextAdjVex(G,v,w))
        if(!Visited[w]) DFS(G,w);
            //因Visited[v3]=1,继续寻找下一个邻接点
Δ9:}
```

TOP = 4 →

$\Delta 8, v=v_6, w=v_7$
$\Delta 7, v=v_3, w=v_6$
$\Delta 2, v=v_1, w=v_3$
$\Delta 1, v=v_1$

图 6.44　第八次调用 DFS 过程的状态一

B. 寻找下一个邻接点为 v_6，由于已经被访问过，继续寻找下一个邻接点，如图 6.45 所示。

第八次：$v=v_7$，寻找下一个邻接点为 v_6

```
for(w=FirstAdjVex(G,v);
    w!=0;w=NextAdjVex(G,v,w)) //w=v6
  if(!Visited[w]) DFS(G,w);
        //因Visited[v6]=1,继续寻找下一个邻接点
Δ9:}
```

TOP = 4 →

$\Delta 8, v=v_6, w=v_7$
$\Delta 7, v=v_3, w=v_6$
$\Delta 2, v=v_1, w=v_3$
$\Delta 1, v=v_1$

图 6.45　第八次调用 DFS 过程的状态二

C. 寻找下一个邻接点为空，第八次调用结束，从地址栈弹出下次执行语句地址与对应的参数，结果为"$\Delta 8, v=v_6, w=v_7$"，如图 6.46 所示。

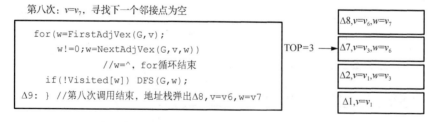

第八次：$v=v_7$，寻找下一个邻接点为空

```
for(w=FirstAdjVex(G,v);
    w!=0;w=NextAdjVex(G,v,w))
            //w=^, for循环结束
  if(!Visited[w]) DFS(G,w);
Δ9: } //第八次调用结束，地址栈弹出Δ8,v=v6,w=v7
```

TOP=3 →

$\Delta 8, v=v_6, w=v_7$
$\Delta 7, v=v_3, w=v_6$
$\Delta 2, v=v_1, w=v_3$
$\Delta 1, v=v_1$

图 6.46　第八次调用 DFS 过程的状态三

D. 根据地址栈弹出信息，回到第七次调用 DFS 函数中，$v=v_6$，$w=v_7$，v_6 的下一个邻接点为空，故 for 循环结束，第七次 DFS 调用结束，从地址栈弹出下次执行语句地址与对应的参数，结果为"$\Delta 7, v=v_3, w=v_6$"，如图 6.47 所示。

TOP=3
Δ7,v=v3,w=v6
Δ2,v=v1,w=v3
执行
Δ7,v=v3,w=v6
Δ1,v=v1
Δ8:}//第七次DFS递归结束，所以再从地址栈弹出Δ2,v=v1,w=v3
TOP=2
Δ2,v=v1,w=v3
Δ1,v=v1

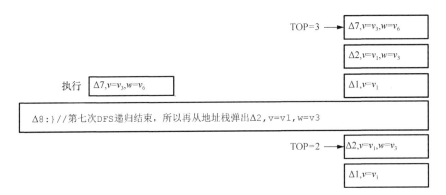

图 6.47　第八次调用 DFS 过程的状态四

E. 根据地址栈弹出的信息，回到第六次调用 DFS 函数中，$v=v_3,w=v_6$，如图 6.48 所示。

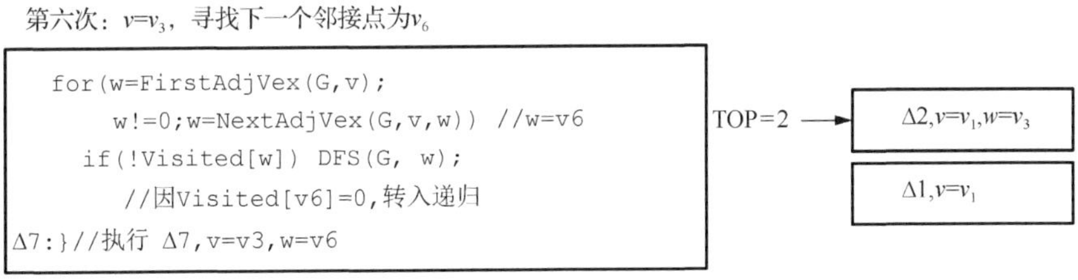

第六次：v=v3，寻找下一个邻接点为v6
for(w=FirstAdjVex(G,v);
w!=0;w=NextAdjVex(G,v,w)) //w=v6
if(!Visited[w]) DFS(G, w);
//因Visited[v6]=0,转入递归
Δ7:}//执行 Δ7,v=v3,w=v6
TOP=2
Δ2,v=v1,w=v3
Δ1,v=v1

图 6.48　第八次调用 DFS 过程的状态五

F. 寻找 v_3 的下一个邻接点为 v_7，由于已经被访问过，继续寻找下一个邻接点，如图 6.49 所示。

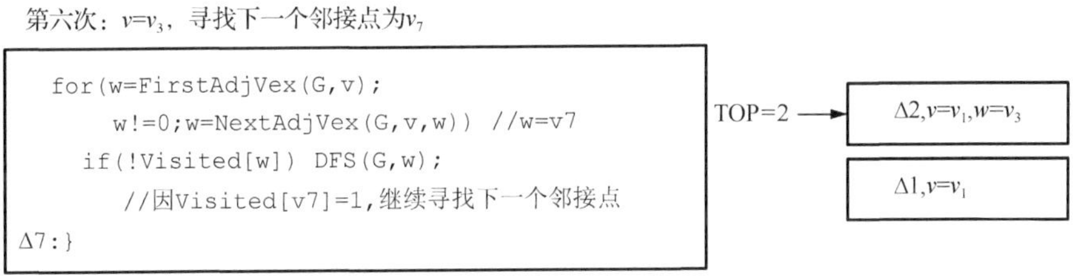

第六次：v=v3，寻找下一个邻接点为v7
for(w=FirstAdjVex(G,v);
w!=0;w=NextAdjVex(G,v,w)) //w=v7
if(!Visited[w]) DFS(G,w);
//因Visited[v7]=1,继续寻找下一个邻接点
Δ7:}
TOP=2
Δ2,v=v1,w=v3
Δ1,v=v1

图 6.49　第八次调用 DFS 过程的状态六

G. 寻找下一个邻接点为空，第六次调用结束，从地址栈弹出下次执行语句地址与对应的参数，结果为“$\Delta2,v=v_1,w=v_3$”，如图 6.50 所示。

第六次：v=v3，寻找下一个邻接点为空
for(w=FirstAdjVex(G,v);
w!=0;w=NextAdjVex(G,v,w))
//w=^, for循环结束
if(!Visited[w]) DFS(G,w);
Δ7:} 第六次调用结束，地址栈弹出Δ2,v=v1,w=v3
Δ2,v=v1,w=v3
TOP=1
Δ1,v=v1

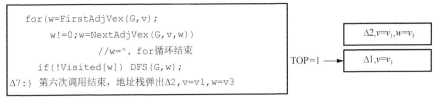

图 6.50　第八次调用 DFS 过程的状态七

H. 根据地址栈弹出信息，回到第一次调用 DFS 函数中，$v=v_1$，$w=v_3$。v_1 的再下一个邻接点为空，故 for 循环结束，第一次 DFS 调用结束，地址栈弹出栈顶元素，如图 6.51 所示。

第一次：$v=v_1$，寻找下一个邻接点为v_3

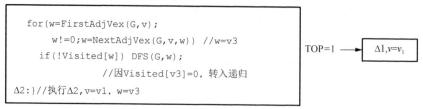

图 6.51　第八次调用 DFS 过程的状态八

I. 寻找下一个邻接点为空，第一次调用结束，从地址栈弹出下次执行语句地址与对应的参数，结果为"$\Delta 1, v=v_1$"，如图 6.52 所示。

第一次：$v=v_1$，寻找下一个邻接点为空

图 6.52　第八次调用 DFS 过程的状态九

J. 根据地址栈弹出的信息，回到 DFSTraverse 函数中，如图 6.53 所示。

```
for(v=0; v<G.vexnum; ++v)
   if(!Visited[v]) DFS(G,v);
       //对尚未访问的顶点v1调用DFS
   Δ1}//执行Δ1,v=v1
```

图 6.53　第八次调用 DFS 过程的状态十

K. DFS 递归结束，for 循环，由于全部结点均被访问过，for 循环结束，执行 DFSTraverse 函数中的剩余语句，得出访问次序即访问结果，如图 6.54 所示。

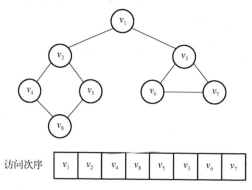

图 6.54　第八次调用 DFS 过程的状态十一

6.2.2　广度优先搜索算法及其阅读

1. 广度优先搜索算法

广度优先搜索算法的核心是采用树的层次遍历方法实现的，所以，在下面的算法实现过程中，引入队列的进与出的主要过程辅助完成，这属于非递归算法。

假设图 G 的初始状态是所有顶点均未被访问过，则广度优先搜索的基本思想如下。在 G 中任选一顶点 v_i 为初始出发点，首先，访问顶点 v_i，接着依次访问 v_i 的所有邻接点 $p_1,p_2,\cdots,p_t$，然后再依次访问与 $p_1,p_2,\cdots,p_t$ 邻接的且未曾被访问过的顶点，直到图中所有和初始出发点 v_i 可达的顶点都已被访问完毕。若此时图中尚有顶点未被访问，则另选图中的一个未曾被访问的顶点作为起始点，重复上述过程，直至图中所有顶点都被访问到为止。广度优先搜索是尽可能向横向进行搜索，即先被访问的顶点的邻接点亦先被访问。

对图 6.55 中的无向图进行广度优先搜索遍历，按照树的层次顺序首先访问 v_1 和 v_1 的邻接点 v_2 和 v_3，然后依次访问 v_2 的邻接点 v_4 和 v_5 及 v_3 的邻接点 v_6 和 v_7，最后访问 v_4 的邻接点 v_8。由于这些顶点的邻接点均已被访问，并且图中所有顶点都被访问，由此完成了图的遍历。得到的顶点访问序列为：$v_1 \rightarrow v_2 \rightarrow v_3 \rightarrow v_4 \rightarrow v_5 \rightarrow v_6 \rightarrow v_7 \rightarrow v_8$。

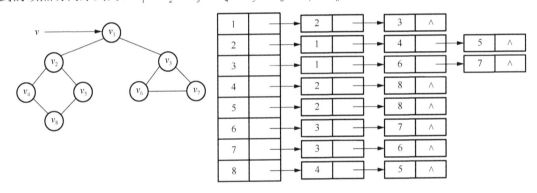

图 6.55　广度优先搜索遍历示例

具体算法如下。

```
void BFSTraverse(Graph G, void(*Visit)(int))
{
    //初始条件：图 G 存在，Visit()是顶点的应用函数
    /*操作结果：从第 1 个顶点起，按广度优先非递归遍历图 G，并对每个顶点调用函
    数 Visit()一次且仅一次*/
    int v, u, w;
    LinkQueue Q;  //使用辅助队列 Q 和访问标志数组 Visited
    for(v=0; v<G.vexnum;v++)  //对图 G 的所有顶点
        Visited[v]=FALSE;  //访问标志数组初始化
    for(v=0;v<G.vexnum;v++)  //对图 G 的所有顶点
        if(!Visited[v])  //顶点 v 尚未被访问
        {
            Visited[v]=TRUE;  //设置访问标志为 TRUE（已访问）
            Visit(GetVex(G,v));  //访问顶点
            EnQueue(Q,v);  //v 入队列 Q
```

```
                while(!QueueEmpty(Q))   //队列 Q 不空
                {
                    DeQueue(Q,u);  //队头元素出队并置为 u
                    for(w=FirstAdjVex(G,u);w!=0;w=NextAdjVex(G,u,w))
                                                    //从 u 的第 1 个邻接顶点 w 起
                        if(!Visited[w])   //w 为 u 的尚未访问的邻接顶点
                        {
                            Visited[w]=TRUE;
                            Visit(GetVex(G,w));  //访问顶点 w
                            EnQueue(Q,w);  //w 入队列 Q
                        }
                }
        }
```

分析上述算法，每个顶点至多进一次队列。遍历图的过程实质上是通过边或弧找邻接点的过程，因此广度优先搜索遍历图的时间复杂度和深度优先搜索遍历相同，两种算法的不同之处仅仅在于对顶点访问的顺序不同。

2. 广度优先搜索非递归算法阅读

例 6.3 广度优先搜索非递归遍历的具体过程如下。

（1）对图 6.55 中的无向图进行广度优先搜索遍历。首先对访问标志数组和辅助队列 Q 进行初始化，如图 6.56 所示。

```
void BFSTraverse(Graph G, Status(*Visit)(int v)){
//按广度优先非递归遍历图G，使用辅助队列Q和访问标志数组Visited
①for(v=0;v<G.vexnum;++v) Visited[v]=FALSE; //初始化访问标志
②InitQueue(Q); //置空的辅助队列Q
```

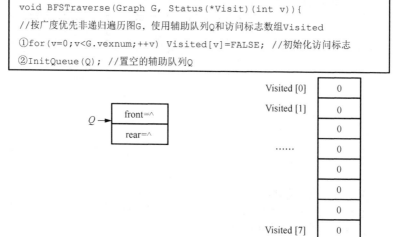

图 6.56 广度优先搜索遍历图的过程一

（2）执行语句③，$v=v_1$，因 Visited[v_1]=0，故访问 v_1，v_1 入队列 Q，队头元素出队列并置 $u=v_1$，第一个邻接点 $w=v_2$，访问 v_2 后 v_2 入队列 Q，如图 6.57 所示。

```
③      for(v=0;v<G.vexnum;++v)
④        if(!Visited[v]) { //第一次v=v1,因Visited[0]=0 尚未访问
⑤          Visited[v]=TRUE; Visit(v); //访问v1
⑥          EnQueue(Q,v); //v1入队列
⑦          while(!QueueEmpty(Q)){
⑧            DeQueue(Q,u); //第一次队头元素出队并置为u=v1
⑨            for(w=FirstAdjVex(G,u);w>=0;w=NextAdjVex(G,u,w))
⑩              if(!Visited[w]){ //w为u的尚未访问的邻接顶点, w=v2
⑪                Visited[w]=TRUE; Visit(w); //访问v2
⑫                EnQueue(Q,w); //访问的顶点v2入队列
⑬              }
⑭            }
⑮          }
```

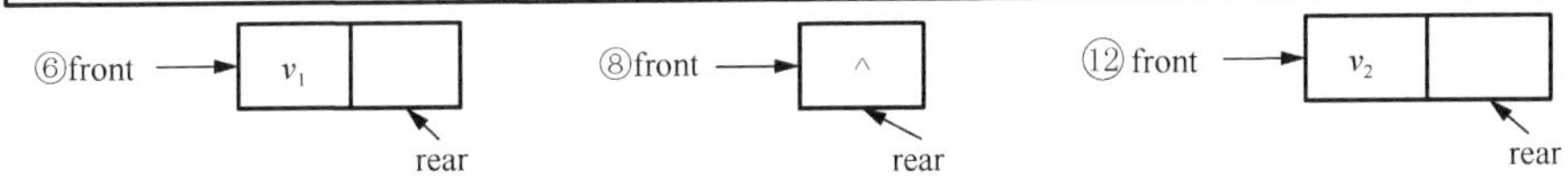

⑥front →　v_1　　　　　　⑧front →　∧　　　　　　⑫ front →　v_2
　　　　　　　　rear　　　　　　　　　　rear　　　　　　　　　　rear

图 6.57　广度优先搜索遍历图的过程二

（3）执行语句⑨w=NextAdjVex(G,u,w)=v_3，访问 v_3 后 v_3 入队列 Q，如图 6.58 所示。

```
⑨        for(w=FirstAdjVex(G,u);w>=0;w=NextAdjVex(G,u,w)) //w=v3
⑩          if(!Visited[w]){
⑪            Visited[w]=TRUE; Visit(w);
⑫            EnQueue(Q,w); //v3入队列
⑬          }
```

⑨　w>=0;w=NextAdjVex(G,u,w)=v_3　　　　　⑫　front →　v_2 | v_3

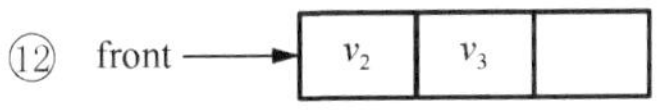

图 6.58　广度优先搜索遍历图的过程三

（4）执行语句⑨w=NextAdjVex(G,u,w)=∧，转去执行语句⑦。w=0 含义：v_1 的邻接点 v_2,v_3 全部访问结束，其下一个为空，如图 6.59 所示。

⑨　w>=0;w=NextAdjVex(G,u,w)=∧　　　　　front →　v_2 | v_3

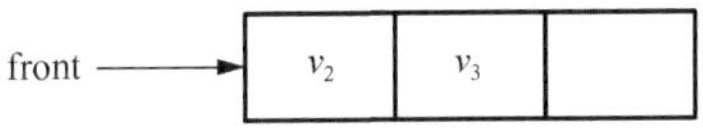

图 6.59　广度优先搜索遍历图的过程四

（5）队头元素出列，并置 $u=v_2$，第一个邻接点 $w=v_1$，已经被访问过，下一个邻接点 w=NextAdjVex(G,u,w)=v_4，访问 v_4 后 v_4 入队列 Q，如图 6.60 所示。

```
⑦        while(!QueueEmpty(Q)){
⑧          DeQueue(Q,u);   //次队头元素出队并置为u=v2
⑨          for(w=FirstAdjVex(G,u);w>=0;w=NextAdjVex(G,u,w)) //w=v4
⑩            if(!Visited[w]){
⑪              Visited[w]=TRUE; Visit(w);
⑫              EnQueue(Q,w); //v4入队列
⑬            }
⑭        }
```

⑧　　$u \rightarrow \boxed{v_2}$　　　　$\boxed{v_3}$　　　　front $\rightarrow$ $\boxed{v_3\;|\;v_4\;|\;}$

图 6.60　广度优先搜索遍历图的过程五

（6）执行语句⑨w=NextAdjVex(G,u,w)=v_5，访问 v_5 后 v_5 入队列 Q，如图 6.61 所示。

```
⑨        for(w=FirstAdjVex(G,u);w>=0;w=NextAdjVex(G,u,w)) //w=v5
⑩          if(!Visited[w]){
⑪            Visited[w]=TRUE;  Visit(w);
⑫            EnQueue(Q,w);   //v5入队列
⑬          }
⑭        }
```

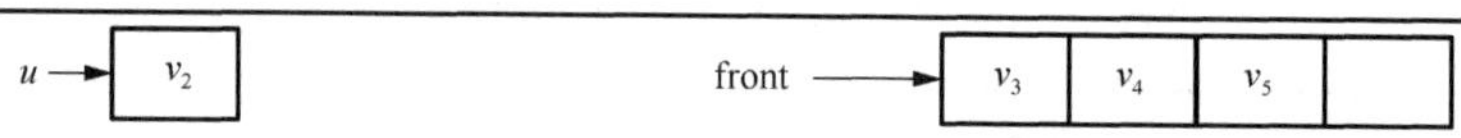

$u \rightarrow \boxed{v_2}$　　　　　front $\rightarrow$ $\boxed{v_3\;|\;v_4\;|\;v_5\;|\;}$

图 6.61　广度优先搜索遍历图的过程六

（7）执行语句⑨w=NextAdjVex(G,u,w)=∧，转去执行语句⑦。头元素出列，并置 u=v_3，第一个邻接点 w=v_1，已经被访问过，下一个邻接点 w=NextAdjVex(G,u,w)=v_6，访问 v_6 后 v_6 入队列 Q，如图 6.62 所示。

```
⑦        while(!QueueEmpty(Q)){
⑧          DeQueue(Q,u); //队头元素出队并置为u=v3
⑨          for(w=FirstAdjVex(G,u);w>=0;w=NextAdjVex(G,u,w)) //w=v6
⑩            if(!Visited[w]){
⑪              Visited[w]=TRUE; Visit(w);
⑫              EnQueue(Q,w); //v6入队列
⑬            }
⑭        }
```

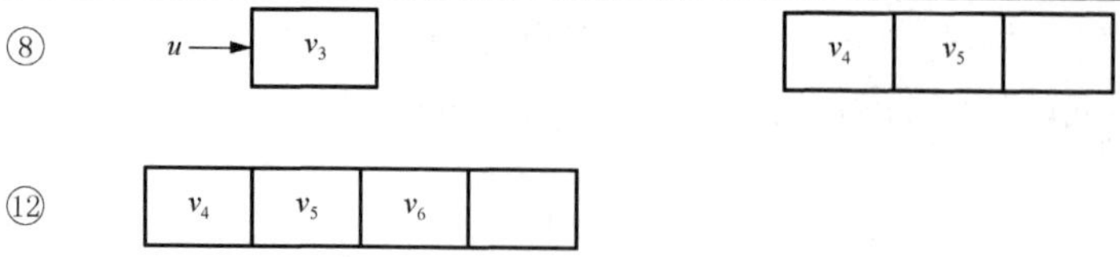

⑧　　$u \rightarrow \boxed{v_3}$　　　　$\boxed{v_4\;|\;v_5\;|\;}$

⑫　　$\boxed{v_4\;|\;v_5\;|\;v_6\;|\;}$

图 6.62　广度优先搜索遍历图的过程七

（8）执行语句⑨w=NextAdjVex(G,u,w)=v_7，访问 v_7 后 v_7 入队列 Q，如图 6.63 所示。

```
⑨            for(w=FirstAdjVex(G,u);w>=0;w=NextAdjVex(G,u,w))  //w=v7
⑩              if(!Visited[w]){
⑪                Visited[w]=TRUE; Visit(w);
⑫                EnQueue(Q,w); //v7入队列
⑬              }
```

图 6.63　广度优先搜索遍历图的过程八

（9）执行语句⑨w=NextAdjVex(G,u,w)=^，转去执行语句⑦。头元素出列，并置 $u=v_4$，第一个邻接点 $w=v_2$，已经被访问过，下一个邻接点 w=NextAdjVex(G,u,w)=v_8，访问 v_8 后 v_8 入队列 Q，如图 6.64 所示。

```
⑦           while(!QueueEmpty(Q)){
⑧             DeQueue(Q,u);  //队头元素出队并置为u=v4
⑨             for(w=FirstAdjVex(G,u);w>=0;w=NextAdjVex(G,u,w))  //w=v8
⑩               if(!Visited[w]){
⑪                 Visited[w]=TRUE; Visit(w);
⑫                 EnQueue(Q,w); //v8入队列
⑬               }
⑭             }
```

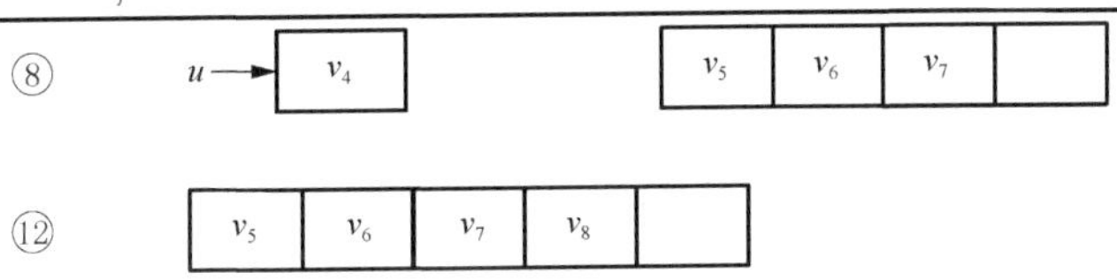

⑧ $u \rightarrow$ | v_4 |　　　| v_5 | v_6 | v_7 | |

⑫ | v_5 | v_6 | v_7 | v_8 | |

图 6.64　广度优先搜索遍历图的过程九

（10）执行语句⑨w=NextAdjVex(G,u,w)=^，转去执行语句⑦。头元素出列，并置 $u=v_5$，由于 v_5 的两个邻接点 v_2 和 v_8 都已经被访问过，其下一个邻接点为空，执行语句⑦，如图 6.65 所示。

```
⑦           while(!QueueEmpty(Q)){
⑧             DeQueue(Q,u);  //队头元素出队并置为u=v5
⑨             for(w=FirstAdjVex(G,u);w>=0;w=NextAdjVex(G,u,w))
⑩               if(!Visited[w]){
⑪                 Visited[w]=TRUE; Visit(w);
⑫                 EnQueue(Q,w);
⑬               }
⑭             }
```

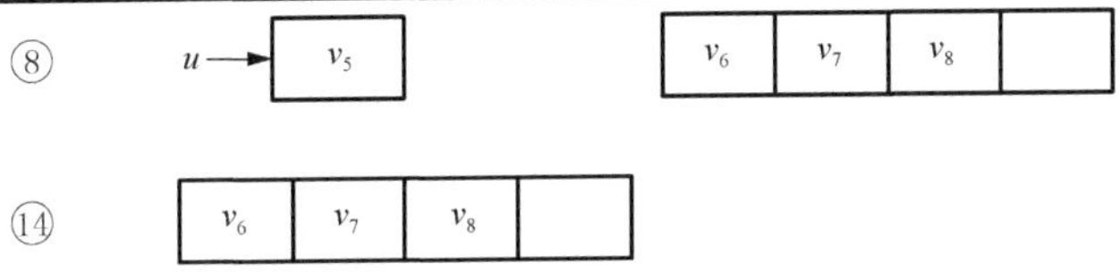

⑧ $u \rightarrow$ | v_5 |　　　| v_6 | v_7 | v_8 | |

⑭ | v_6 | v_7 | v_8 | |

图 6.65　广度优先搜索遍历图的过程十

（11）队头元素出列，并置 $u=v_6$，由于 v_6 的两个邻接点 v_3 和 v_7 都已经被访问过，其下一个邻接点为空，执行语句⑦，如图 6.66 所示。

```
⑦        while(!QueueEmpty(Q)){
⑧           DeQueue(Q,u); //队头元素出队并置为u=v6
⑨           for(w=FirstAdjVex(G,u);w>=0;w=NextAdjVex(G,u,w))
⑩              if(!Visited[w]){
⑪                 Visited[w]=TRUE; Visit(w);
⑫                 EnQueue(Q,w);
⑬              }
⑭           }
```

⑧　　　u ⟶ $\boxed{v_6}$　　　　　　　　$\boxed{v_7 \mid v_8 \mid\ }$

⑭　　　$\boxed{v_7 \mid v_8 \mid\ }$

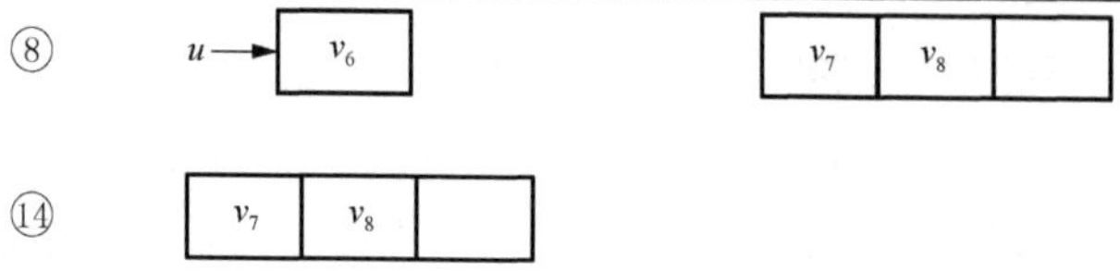

图 6.66　广度优先搜索遍历图的过程十一

（12）队头元素出列，并置 $u=v_7$，由于 v_7 的两个邻接点 v_3 和 v_6 都已经被访问过，其下一个邻接点为空，执行语句⑦，如图 6.67 所示。

```
⑦        while(!QueueEmpty(Q)){
⑧           DeQueue(Q,u); //队头元素出队并置为u=v7
⑨           for(w=FirstAdjVex(G,u);w>=0;w=NextAdjVex(G,u,w))
⑩              if(!Visited[w]){
⑪                 Visited[w]=TRUE; Visit(w);
⑫                 EnQueue(Q,w);
⑬              }
⑭           }
```

⑧　　　u ⟶ $\boxed{v_7}$　　　　　　　　$\boxed{v_8 \mid\ }$

⑭　　　$\boxed{v_8 \mid\ }$

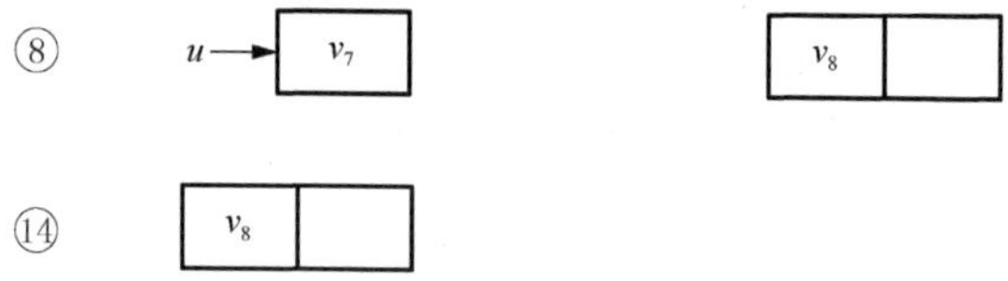

图 6.67　广度优先搜索遍历图的过程十二

（13）队头元素出列，并置 $u=v_8$，由于 v_8 的两个邻接点 v_4 和 v_5 都已经被访问过，其下一个邻接点为空，执行语句⑦，如图 6.68 所示。

```
⑦        while(!QueueEmpty(Q)){
⑧           DeQueue(Q,u); //队头元素出队并置为u=v8
⑨           for(w=FirstAdjVex(G,u);w>=0;w=NextAdjVex(G,u,w))
⑩              if(!Visited[w]){
⑪                 Visited[w]=TRUE; Visit(w);
⑫                 EnQueue(Q,w);
⑬              }
⑭           }
```

⑧　　　u ⟶ $\boxed{v_8}$

⑭　　　Q ⟶ $\boxed{\ }$ ⟵ front
　　　　　　　　　　 ⟵ rear

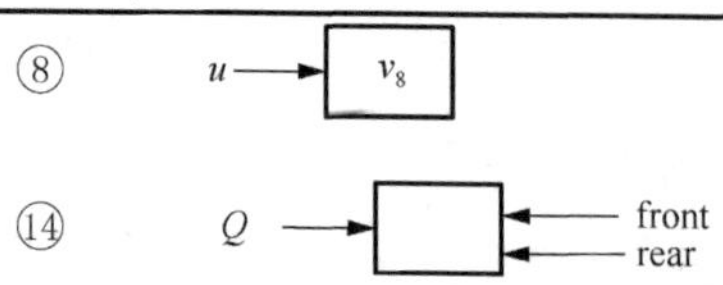

图 6.68　广度优先搜索遍历图的过程十三

（14）队列为空，执行语句③，图中所有顶点都已经被访问过，搜索结束，如图 6.69 所示。

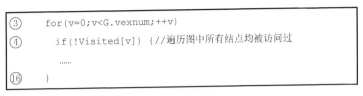

```
③      for(v=0;v<G.vexnum;++v)
④        if(!Visited[v]) {//遍历图中所有结点均被访问过
         ......
⑯      }
```

图 6.69　广度优先搜索遍历图的过程十四

6.3　生成树与最小生成树

n 个城市之间要修建公路，最多可以修建 $n(n-1)/2$ 条公路。但要连通这 n 个城市，只需要 $n-1$ 条公路就可以了。由于不同城市之间公路的长度不同，因而造价也不同。现在的问题是，如何精心选择这 $n-1$ 条公路进行修建，使总造价最低。上面的问题实际上是在一个连通网中确定最小生成树。

可以用连通网来表示 n 个城市以及 n 个城市间可能设置的公路线路，其中网的顶点表示城市，边表示两城市之间的线路，赋予边的权值表示相应的代价。对于 n 个顶点的连通网可以建立许多不同的生成树，如图 6.70 所示，每一棵生成树都可以是一个公路网。现在，我们要选择使总的耗费最少的一棵生成树。这个问题就是构造连通网的最小代价生成树（简称**最小生成树**）。一棵生成树的代价就是树上各边的代价之和。

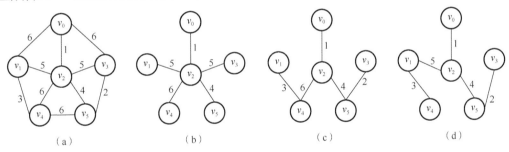

图 6.70　生成树不唯一示例

最小生成树有很广泛的应用。比如，构造最低价的通信网（电话网、地下水管网、煤气管网等），这在市政管理中有较为实际的应用。多个城市之间，多个国家之间构造通信网也都属于这类问题。

构造最小生成树可以有多种算法，常见的经典算法有**普里姆算法（Prim 算法）、克鲁斯卡尔算法（Kruskal 算法）和破圈法**。其中多数算法利用了最小生成树的 MST 性质：假设 $N=(V,\{E\})$ 是一个连通网，U 是顶点 V 的一个非空子集。若 (u,v) 是一条具有最小权值（代价）的边，其中 $u \in U$，$v \in V-U$，则必存在一棵包含边 (u,v) 的最小生成树。

MST 性质可以用反证法证明。假设网 N 的任何一棵最小生成树都不包含 (u,v)。设 T 是连通网上的一棵最小生成树，当将边 (u,v) 加入到 T 中时，由生成树的定义，T 中必存在一条包含 (u,v) 的回路。另一方面，由于 T 是生成树，则在 T 上必存在另一条边 (u',v')，其中 $u' \in U$，$v' \in V-U$，且 u 和 u' 之间，v 和 v' 之间均有路径相通。删去边 (u',v')，便可消除上述回路，同时得到另一棵生成树 T'。因为 (u,v) 的代价不高于 (u',v')，则 T' 的代价亦不高于 T，T' 是包含 (u,v) 的一棵最小生成树。由此和假设矛盾。

6.3.1 Prim 算法

假设 $G=(V,\{E\})$ 是连通网，$T=(U,\{TE\})$ 为欲构造的最小生成树。初始 $U=\{u_0\}$，$TE=\{\Phi\}$。其中，U 为已落在生成树上的顶点集，$V-U$ 为尚未落在生成树上的顶点集。重复如下操作：在所有 $u\in U$，$v\in V-U$ 的边中，选择一条权值最小的边 (u,v) 并入 TE，同时将 v 并入 U，直到 $U=V$ 为止。

为实现这个算法，需附设一个辅助数组 closedge，对于每个顶点 $v_i\in V-U$，在辅助数组 closedge 中存在一个分量 closedge[$i-1$]，其中：

（1）closedge[$i-1$].adjvex 存储权值最小的边在 U 中的顶点；

（2）closedge[$i-1$].lowcost 存储该边上的权值；

（3）k 表示 lowcost 最小的顶点在 closedge 数组中的下标。

显然，closedge[$i-1$].lowcost=Min$\{cost(u,v_i)|u\in U\}$，其中 $cost(u,v_i)$ 为边 (u,v_i) 的权，一旦顶点 v_i 并入 U，则 closedge[$i-1$].lowcost 置为 0。

例如，图 6.71 为按 Prim 算法构造网的一棵最小生成树的过程，在构造过程中辅助数组中各分量值的变化如表 6.1 所示。

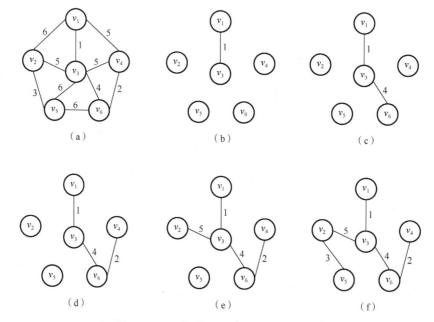

图 6.71　Prim 算法构造最小生成树的过程

表 6.1　构造最小生成树过程中辅助数组中各分量的值

closedge[i]	1（v_2）	2（v_3）	3（v_4）	4（v_5）	5（v_6）	U	$V-U$	k
adjvex	v_1	v_1	v_1			{v_1}	{$v_2,v_3,$ v_4,v_5,v_6}	2
lowcost	6	1	5					
adjvex	v_3		v_1	v_3	v_3	{v_1,v_3}	{v_2,v_4,v_5,v_6}	5
lowcost	5	0	5	6	4			
adjvex	v_3		v_6	v_3		{v_1,v_3,v_6}	{v_2,v_4,v_5}	3
lowcost	5	0	2	6	0			

续表

closedge[i]	1 (v_2)	2 (v_3)	3 (v_4)	4 (v_5)	5 (v_6)	U	$V-U$	k
adjvex	v_3			v_3		$\{v_1,v_3,v_6,v_4\}$	$\{v_2,v_5\}$	1
lowcost	5	0	0	6	0			
adjvex				v_2		$\{v_1,v_3,v_6,v_4,v_2\}$	$\{v_5\}$	4
lowcost	0	0	0	3	0			
adjvex						$\{v_1,v_3,v_6,v_4,v_2,v_5\}$	$\{\}$	
lowcost	0	0	0	0	0			

初始状态时，由于 $U=\{v_1\}$，则寻找 v_1 到集合 $V-U$ 中各顶点的最小边，即从依附于顶点 v_1 的各条边中，找到一条代价最小的边 $(u_0,v_0)=(1,3)$ 为生成树上的第一条边，同时将 $v_0(=v_3)$ 并入集合 U。然后修改辅助数组中的值。首先将 closedge[2].lowcost 改为"0"，以示顶点 v_3 已并入 U。然后，由于边 (v_3,v_2) 上的权值小于 closedge[1].lowcost，则需修改 closedge[1] 为边 (v_3,v_2) 及其权值。同理修改 closedge[4] 和 closedge[5]。以此类推，直到 $U=V$。假设以二维数组表示网的邻接矩阵，且令两个顶点之间不存在边的权值为机内允许的最大值（INT_MAX），则 Prim 算法如下。

```
typedef struct {
    //记录从顶点集 U 到 V-U 的代价最小的边的辅助数组定义
    int adjvex;    //顶点集 U 中到该点为最小权值的那个顶点的序号
    VRType lowcost;   //那个顶点到该点的权值（最小权值）
} minside[MAX_VERTEX_NUM];

int minimum(minside SZ,MGraph G)
{
    //求 SZ.lowcost 的最小正值，并返回其在 SZ 中的序号
    int i=0,j,k,min;
    while(!SZ[i].lowcost)   //找第一个值不为 0 的 SZ[i].lowcost 的序号
        i++;
    min=SZ[i].lowcost;   //min 标记第一个不为 0 的值
    k=i;   //k 标记该值的序号
    for(j=i+1;j<G.vexnum;j++)   //继续向后找
        if(SZ[j].lowcost>0&&SZ[j].lowcost<min)   //找到新的更小的值
        {
            min=SZ[j].lowcost;   //min 标记此正值
            k=j;   //k 标记此正值的序号
        }
    return k;   //返回当前最小正值在 SZ 中的序号
}

void MiniSpanTree_PRIM(MGraph G,VertexType u)
{
    //用 Prim 算法从顶点 u 出发构造网 G 的最小生成树 T，输出 T 的各条边
    int i,j,k;
    minside closedge;
    k=LocateVex(G,u);   //顶点 u 的序号
    for(j=0; j<G.vexnum;j++)   //辅助数组初始化
```

```
        {
            if(j!=k)
            {
                closedge[j].adjvex=k;   //顶点 u 的序号赋给 closedge[j].adjvex
                closedge[j].lowcost=G.arcs[k][j].adj;   //顶点 u 到该点的权值
            }
        }
        closedge[k].lowcost=0;   //初始, U={u}
        printf("最小代价生成树的各条边为\n");
        for(i=1;i<G.vexnum;i++)   //选择其余 G.vexnum-1 个顶点
        {
            k=minimum(closedge,G);   //求出最小生成树 T 的下一个结点
            printf("(%s-%s)\n",G.vexs[closedge[k].adjvex].name,G.vexs[k].name);
                                                //输出最小生成树 T 的边
            closedge[k].lowcost=0;   //第 k 顶点并入 U 集
            for(j=0;j<G.vexnum;j++)
                if(G.arcs[k][j].adj<closedge[j].lowcost)
                {
                    closedge[j].adjvex=k;
                    closedge[j].lowcost=G.arcs[k][j].adj;
                }
        }
    }
```

对图 6.71（a）中的网，利用 Prim 算法，将输出生成树上的 5 条边为 $\{(v_1,v_3),(v_3,v_6),(v_6,v_4),(v_3,v_2),(v_2,v_5)\}$。

分析 Prim 算法，假设网中有 n 个顶点，则第一个进行初始化的循环语句的频度为 n，第二个循环语句的频度为 $n-1$。其中有两个内循环：其一是在 closedge[v].lowcost 中求最小值，其频度为 $n-1$；其二是重新选择具有最小代价的边，其频度为 n。由此，Prim 算法的时间复杂度为 $O(n^2)$，与网中的边数无关，因此适用于求边稠密的网的最小生成树。

6.3.2　Kruskal 算法

Kruskal 算法的时间复杂度为 $O(e\log_2 e)$（e 为网中边的数目），因此它相对于 Prim 算法而言，适合于求边稀疏的网的最小生成树。

Kruskal 算法考虑问题的出发点：为使生成树上边的权值之和达到最小，则应使生成树中每一条边的权值尽可能地小。具体做法是：先构造一个只含 n 个顶点的子图 T，然后从权值最小的边开始，若它的添加不使 T 中产生回路，则在 T 中加上这条边，否则，舍去此边而选择下一条代价最小的边。以此类推，直至加上 $n-1$ 条边为止。

图 6.72 为依照 Kruskal 算法构造一棵最小生成树的过程。代价分别为 1,2,3,4 的 4 条边由于满足上述条件，则先后被加入到 T 中，代价为 5 的两条边 (v_1,v_4) 和 (v_3,v_4) 被舍去。因为它们依附的两顶点在同一连通分量上，它们若加入到 T 中，则会使 T 中产生回路，而下一条代价（=5）最小的边 (v_2,v_3) 联结两个连通分量，则可加入 T。由此，构造一棵最小生成树。

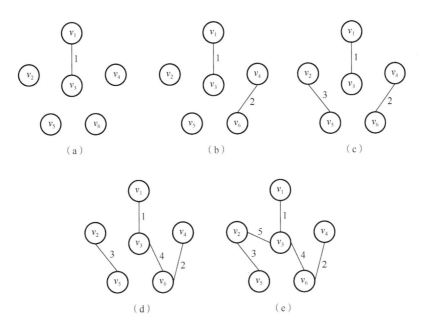

図 6.72　Kruskal 算法构造最小生成树的过程

Kruskal 算法如下。

```
struct side {
    //图的边信息存储结构
    int a,b;  //边的两个顶点的序号
    VRType weight;  //边的权值
};

void Kruskal(MGraph G)
{
    //Kruskal 算法求无向连通网 G 的最小生成树
    int set[MAX_VERTEX_NUM],senumber=0,sb,i,j,k;
    side se[MAX_VERTEX_NUM*(MAX_VERTEX_NUM-1)/2];
                                     //存储边信息的一维数组
    for(i=0;i<G.vexnum;i++)  //查找所有的边，并根据权值升序插到 se 中
        for(j=i+1;j<G.vexnum;j++)  //无向网，只在上三角查找
            if(G.arcs[i][j].adj<INFINITY)  //顶点[i][j]之间有边
            {
                k=senumber-1;  //k 指向 se 的最后一条边
                while(k>=0)  //k 仍指向 se 的边
                    if(se[k].weight>G.arcs[i][j].adj)
                                     //k 所指边的权值大于刚找到的边的权值
                    {
                        se[k+1]=se[k];  //k 所指的边向后移
                        k--;  //k 指向前一条边
                    }
                    else
                        break;  //跳出 while 循环
```

```
                    se[k+1].a=i;    //将刚找到的边的信息按权值升序插入 se
                    se[k+1].b=j;
                    se[k+1].weight=G.arcs[i][j].adj;
                    senumber++;   //se 的边数+1
                }
        printf("i se[i].a se[i].b se[i].weight\n");
        for(i=0; i<senumbe; i++)
            printf("%d %4d %7d %9d\n", i, se[i].a, se[i].b, se[i].weight);
        for(i=0;i<G.vexnum;i++)    //对于所有顶点
            set[i]=i;  //设置初态,各顶点分别属于各个集合
        printf("最小代价生成树的各条边为\n");
        j=0;  //j 指示 se 当前要并入最小生成树的边的序号,初值为 0
        k=0;   //k 指示当前构成最小生成树的边数
        while(k<G.vexnum-1)   //最小生成树应有 G.vexnum-1 条边
        {
            if(set[se[j].a]!=set[se[j].b])   //j 所指边的两个顶点不属于同一集合
            {
                printf("(%s - %s)\n",G.vexs[se[j].a].name,G.vexs[se[j].b].name);
                sb=set[se[j].b];
                for(i=0;i<G.vexnum;i++)
                    if(set[i]==sb)   //与顶点 se[j].b 在同一集合中
                        set[i]=set[se[j].a];
                k++;  //当前构成最小生成树的边数+1
            }
            j++;   //j 指示 se 下一条要并入最小生成树的边的序号
        }
    }
```

6.3.3　破圈法

管梅谷是我国著名数学家,在 1975 年提出破圈法。破圈法在最短投递路线问题的研究上取得成果。该问题被冠名为中国邮路问题,被列入经典图论教材和著作。破圈法思路:从赋权图 G 的任意圈开始,去掉该圈中权值最大的一条边,称为破圈。不断破圈,直到 G 中没有圈为止,最后剩下的 G 的子图为 G 的最小生成树。

例如,图 6.73 给出了运用破圈法将下列图 G 构造成最小生成树的过程。

算法步骤如下。

(1)确定运用顺序存储结构还是链式存储结构(假设选用链式存储结构,则选用邻接表的存储方式进行运算)。

(2)确定顶点最大个数等。

(3)建立图结点结构定义。

(4)建立图的过程。

(5)运用破圈算法进行构造 MST(每次去掉当前最大权值的边)。

(6)输出 MST。

关于具体算法,请读者参考运筹学中相关算法进行编程。

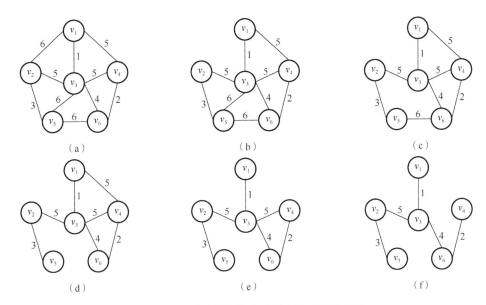

图 6.73 运用破圈法构造成最小生成树的过程

这三种算法的各自的特点如下。

（1）在图 6.71 所示的 Prim 算法中，其考虑问题的出发点是：为求出最小代价的树，每次处理时，都将其结点与结点相连边上的权值最小的边留在所构造的树上，最终所构造的树即为最小生成树，即第一次构造最小生成树的边是(v_1, v_3)；第二次构造最小生成树的边是(v_3, v_6)；第三次构造最小生成树的边是(v_4, v_6)；第四次构造最小生成树的边是(v_2, v_3)；第五次构造最小生成树的边是(v_2, v_5)。因此，运用 Prim 算法产生的最小生成树的总代价和=1（(v_1, v_3)边上权值）+4（(v_3, v_6)边上权值）+2（(v_4, v_6)边上权值）+5（(v_2, v_3)边上权值）+3（(v_2, v_5)边上权值）=15。

（2）在图 6.72 所示的 Kruskal 算法中，其考虑问题的出发点是：为使生成树上边的权值之和达到最小，每次处理时，选择生成树中每一条边的权值尽可能地小，即第一次选取最小代价的边，因此，第一次构造最小生成树的边是(v_1, v_3)；第二次构造最小生成树的边是(v_4, v_6)；第三次构造最小生成树的边是(v_2, v_5)；第四次构造最小生成树的边是(v_3, v_6)；第五次构造最小生成树的边是(v_2, v_3)。因此，运用 Kruskal 算法产生的最小生成树的总代价和=1（(v_1, v_3)边上权值）+2（(v_4, v_6)边上权值）+3（(v_2, v_5)边上权值）+4（(v_3, v_6)边上权值）+5（(v_2, v_3)边上权值）=15。

（3）在图 6.73 所示的破圈法中，其考虑问题的出发点是：为使生成树上边的权值之和达到最小，每次处理时，都将图中其结点与结点相连边上的权值最大的边去掉，最终所构造的树即为最小生成树上所有边上权值之和为最小。因此，第一次去掉的边是(v_1, v_2)，对应的权值=6（图中最大的权值）；第二次去掉的边是(v_3, v_5)，对应的权值=6（图中最大的权值）；第三次去掉的边是(v_5, v_6)，对应的权值=6（图中最大的权值）；第四次去掉的边是(v_1, v_4)，对应的权值=5（图中较大的权值）；第五次去掉的边是(v_3, v_4)，对应的权值=5（图中较大的权值）。因此，运用破圈法产生的最小生成树的总代价和=1（(v_1, v_3)边上权值）+5（(v_2, v_3)边上权值）+3（(v_2, v_5)边上权值）+4（(v_3, v_6)边上权值）+2（(v_4, v_6)边上权值）=15。

6.3.4 生成树与图的遍历

对于给定的无向连通图 G，如何根据需求求其生成树 T 呢？

（1）用 Prim 算法或 Kruskal 算法求赋权图 G 的最小生成树。

（2）在用深度优先搜索和广度优先搜索的访问过程中，用访问的边构成一个图，即深度优先生成树和广度优先生成树，但这种方式生成的树未必是最小生成树。

若要证明在访问过程中生成边构成的图 T 是生成树，只需要证明以下几点。

（1）T 是连通图，且 T 无回路，则 T 是树。

（2）T 与原来的图顶点相同，T 是生成树。

设图 G 是一个具有 n 个顶点的连通图，则从 G 的任一顶点出发，做一次深度优先搜索或广度优先搜索，就可将 G 中的所有 n 个顶点都访问到。显然，在这两种搜索方法中，从一个已被访问过的顶点 v_i 搜索到一个未曾被访问过的邻接点 v_j，必定要经过 G 中的一条边 $<v_i, v_j>$，而这两种方法对图中的 n 个顶点都仅被访问过一次，因此，除初始出发点外，对其余 $n-1$ 个顶点的访问一共要经过 G 中的 $n-1$ 条边。这 $n-1$ 条边将 G 中的 n 个顶点联接成一个连通图，因此，它是 G 的一棵生成树。由深度优先搜索得到的生成树称为深度优先生成树，由广度优先搜索得到的生成树称为广度优先生成树。由图 6.74（a），从顶点 1 出发得到的生成树如图 6.74（b）、（c）所示，其中：

深度优先序列：$1{\rightarrow}2{\rightarrow}4{\rightarrow}8{\rightarrow}5{\rightarrow}3{\rightarrow}6{\rightarrow}7$

广度优先序列：$1{\rightarrow}2{\rightarrow}3{\rightarrow}4{\rightarrow}5{\rightarrow}6{\rightarrow}7{\rightarrow}8$

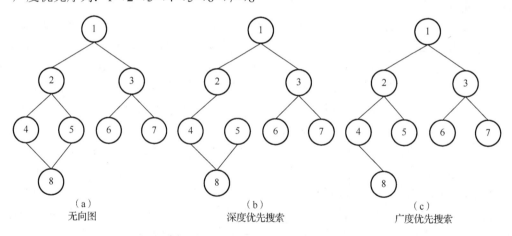

图 6.74　无向图及其遍历的生成树

通过上面的讨论，可以把生成树归纳为以下几点。

（1）对于给定的图 G，能产生生成树 T_G。产生的方法有两种：①用图的遍历算法产生一般的生成树。若图 G 是有向图，产生有向生成树。②用 Prim 算法或 Kruskal 算法生成无向赋权图的权值总和最小的生成树——最小生成树。对 Prim 算法和 Kruskal 算法稍加改进，也能产生有向图的最小生成树。

（2）生成树是树，满足树的定义，也具有树的一切性质，包括前面讨论过的树的遍历与存储。但单独的一棵树是不能称为生成树的，一定要指明是哪个图的生成树。

（3）生成树是连通图，具有图的一切性质，包括图的邻接矩阵存储和邻接表存储。

（4）生成树的概念还可以扩大。当给定一组顶点，每个顶点具有权值时，还可以生成哈夫曼树。不过，哈夫曼树不是传统意义上的生成树，而是由一组孤立顶点生成出来的树，所以它不需要预先给出一个图。当然，哈夫曼树也可以看成是由一组孤立顶点生成出来的赋权图。

数据模型叫什么名词或从什么角度看并不重要，关键是这样的数据结构模型应用在哪些工程领域中。名词的定义和看问题的角度是为了便于读者全面、准确地把握数据结构模型的特点，深刻地理解数据结构模型的内涵。

6.4 两点之间的最短路径

假如要在计算机中建立一个交通咨询系统，可以采用图的结构来表示实际的交通网络。如图 6.75 所示，图中顶点表示城市，边表示城市间的交通联系。这个交通咨询系统可以回答旅客提出的各种问题，例如，①两地之间是否有公路可通？②在有多条路可通的情况下，哪一条路最短？

例如，一位旅客要从 A 城到 B 城，他希望选择一条站点最少的路线。这个问题抽象成图论的问题，就是找一条从顶点 A 到顶点 B 所含边的数目最少的路径。这只需从顶点 A 出发，对图做广度优先搜索，一旦遇到顶点 B 就终止。由此所得的广度优先生成树上，从顶点 A 到顶点 B 的路径就是站点最少的路径。

为了在图上表示有关信息，可对边赋以权，权的值表示两城市间的距离，或途中所需时间，或交通费用等。此时路径长

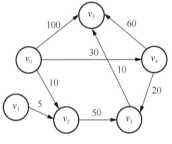

图 6.75 交通网例图

度的度量就不再是路径上边的数目，而是路径上边的权值之和。考虑到交通图的有向性，本节将讨论带权有向图，并称路径上的第一个顶点为**源点**，最后一个顶点为**终点**。下面讨论两种较为常见的最短路径问题。

6.4.1 从某个源点到其余各顶点的最短路径

我们先来讨论单源点的最短路径问题：给定带权有向图 G 和源点 v，求从 v 到 G 中其余各顶点的最短路径。例如，由图 6.75 所示的带权有向图，求 v_0 到其余各顶点的最短路径。v_0 到其余各顶点的最短路径和路径长度为

$v_0 \rightarrow v_1$：无路径

$v_0 \rightarrow v_2$：10

$v_0 \rightarrow v_4$：30

$v_0 \rightarrow v_3$：50（经 v_4）

$v_0 \rightarrow v_5$：60（经 v_4、v_3）

如何求得这些路径？迪杰斯特拉（Dijkstra）在 1959 年提出了一个算法——迪杰斯特拉算法（Dijkstra 算法）：按路径长度递增的次序产生最短路径。Dijkstra 算法的基本思想：将图中所有顶点分成两组——①第一组 S，包括已确定最短路径的顶点（初始：只含源点）；②第二组 V–S，包括尚未确定最短路径的顶点（初始：含除源点外的其他顶点），按路径长度递增的顺序计算源点到各顶点的最短路径，逐个将第二组中的顶点加到第一组中去，直至 $S=V$。

（1）路径长度最短的最短路径的特点：在这条路径上，必定只含一条弧 (v,v_i)，并且这条

弧的权值最小。

（2）下一条路径长度次短的最短路径的特点：可能有以下两种情况——①直接从源点到该点 v_j［只含一条弧(v,v_j)］；②从源点经过顶点 v_i，再到达该顶点 v_j［由两条弧(v,v_i)和(v_i,v_j)组成］。

（3）再下一条路径长度次短的最短路径的特点：可能有以下四种情况——①直接从源点到该点（只含一条弧）；②从源点经过顶点 v_i，再到达该顶点（由两条弧组成）；③从源点经过顶点 v_j，再到达该顶点；④从源点经过顶点 v_i,v_j，再到达该顶点。

（4）其余最短路径的特点：可能有两种情况——①直接从源点到该点（只含一条弧）；②从源点经过已求得最短路径的顶点，再到达该顶点。

仍以图 6.75 为例，假设源点为顶点 v_0，初始状态 $S=\{v_0\}$，在产生最短路径的过程中，v_2,v_4,v_3,v_5 依次进入 S 集合，求得结果为

$v_0 \rightarrow v_2$：10

$v_0 \rightarrow v_4$：30

$v_0 \rightarrow v_3$：50（经 v_4）

$v_0 \rightarrow v_5$：60（经 v_4、v_3）

$v_0 \rightarrow v_1$：不存在

算法实现需三个数组：final[n]，$D[n]$，$p[n]$（即 path[n]的缩写）。

（1）$\text{final}[i]=\begin{cases}1, & \text{当顶点}v_i\text{已加入}S\text{集合}\\0, & \text{当顶点}v_i\text{尚未求得最短路径}\end{cases}$

（2）$D[i]$为记录源点到顶点 v_i 当前的最短距离：

① $D[i]$=<源点到顶点 i 的弧上的权值>；

② $D[i]$=<源点到其他顶点的路径长度>+<其他顶点到顶点 i 的弧上的权值>。

（3）$p[i]$：表示从源点 v_0 到顶点 v_i 之间的最短路径上该顶点的前驱顶点，若从源点到顶点 v_i 无路径，则 $p[i]=-1$。

算法执行时从集合 $V-S$ 中选出一个顶点 v_k，使 $D[k]$的值最小；将 v_k 加入集合 S 中，即 final[k]=1；同时调整集合 $V-S$ 中的各个顶点的距离值——从原来的 $D[j]$ 和 $D[k]+\text{arcs}[k][j]$ 中选择较小的值作为新的 $D[j]$。

Dijkstra 算法描述如下。

```
    typedef Status PathMatrix[MAX_VERTEX_NUM][MAX_VERTEX_NUM];
                                        //路径矩阵，二维数组
    typedef VRType ShortPathTable[];  //最短距离表，一维数组
    void ShortestPath_DIJ(MGraph G, int v0,PathMatrix P,ShortPathTable D)
    {
        /*用Dijkstra算法求有向网G的v0顶点到其余顶点v的最短路径P[v]及带权长度D[v]。
        若P[v][w]为TRUE，则w是从v0到v当前求得最短路径上的顶点。final[v]为TRUE
        当且仅当v∈S，即已经求得从v0到v的最短路径。*/
        int v,w,i,j;
        VRType min;
        Status final[MAX_VERTEX_NUM];
                    //辅助矩阵，若为真表示该顶点到v0的最短距离已求出，初值为假
        for(v=0;v<G.vexnum;++v)
```

```
    {
        final[v]=FALSE;  //设初值
        D[v]=G.arcs[v0][v].adj;
        //D[]存放 v0 到 v 的最短距离,初值为 v0 到 v 的直接距离
        for(w=0;w<G.vexnum;w++)
            P[v][w]=FALSE;  //设 P[][]初值为 FALSE,没有路径
            if(D[v]<INFINITY)  //v0 到 v 有直接路径
                P[v][v0]=P[v][v]=TRUE;
                            //一维数组 P[]表示源点 v0 到 v 最短路径通过的顶点
    }
    D[v0]=0;  //v0 到 v0 的距离为 0
    final[v0]=TRUE;  //v0 顶点并入 S 集合
    for(i=1;i<G.vexnum;i++)  //对于其余 G.vexnum-1 个顶点
                //开始主循环,每次求得 v0 到某个顶点 v 的最短路径,并将 v 并入 S 集合
    {
        min=INFINITY;  //当前所知离 v0 顶点的最近距离,设初值为∞
        for(w=0;w<G.vexnum;w++)  //对所有顶点检查
            if(!final[w]&&D[w]<min)
            //在 S 集合之外的顶点中找离 v0 最近的顶点 w,并将其赋给 v,距离赋给 min
            {
                v=w;  //在 S 集合之外的离 v0 最近的顶点序号
                min=D[w];  //最近的距离
            }
        final[v]=TRUE;  //将 v 并入 S 集合
        for(w=0;w<G.vexnum;w++)
                //根据新并入的顶点,更新不在 S 集合的顶点到 v0 的距离和路径数组
            if(!final[w]&&min<INFINITY&&G.arcs[v][w].adj<INFINITY
                                &&(min+G.arcs[v][w].adj<D[w]))
                    //w 不属于 S 集合且 v0→v→w 的距离小于 v0→w 的距离
            {
                D[w]=min+G.arcs[v][w].adj;  //更新 D[w]
                for(j=0;j<G.vexnum;j++)
                //修改 P[w],v0 到 w 经过的顶点包括 v0 到 v 经过的顶点再加上顶点 w
                    P[w][j]=P[v][j];
                    P[w][w]=TRUE;
            }
    }
}
```

我们分析这个算法的运行时间。第一个 for 循环的时间复杂度是 $O(n)$,第二个 for 循环共进行 $n-1$ 次,每次执行的时间是 $O(n)$,总的时间复杂度是 $O(n^2)$。如果用带权的邻接表作为有向图的存储结构,则虽然修改 D 的时间可以减少,但是由于在 D 向量中选择最小分量的时间不变,所以总的时间仍为 $O(n^2)$。

人们可能只希望找到从源点到某一特定的终点的最短路径,但是,这个问题和求源点到其他所有顶点的最短路径一样复杂,其时间复杂度也是 $O(n^2)$。Dijkstra 算法的具体过程如下。

(1)用邻接矩阵表示有向网。第一次循环 $i=0$,将 v_0 并入 S 集,初始化 $p[n]$ 和 final$[n]$的值,final$[0]=1$,计算求出 $D[n]$的值,如图 6.76 所示。

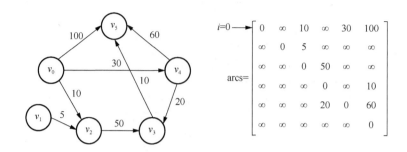

初始化final[0]=1

循环	选择顶点 v	final[n]=1						$D[n]$						$p[n]$					
		0	1	2	3	4	5	0	1	2	3	4	5	0	1	2	3	4	5
i=0	0	1	0	0	0	0	0	0	∞	10	∞	30	100	−1	−1	0	−1	0	0

图 6.76　Dijkstra 算法求有向网的源点到其余各顶点的最短路径过程一

（2）从集合 $V-S$ 中选出一个顶点 v_k，$D[k]$ 的最小值为 10，并找到其对应的顶点 v_2，v_0 到 v_2 的最短距离即为 10。将 $p[2]$ 置为 0，如图 6.77 所示。

循环	选择顶点 v	final[n]=1						$D[n]$						$p[n]$					
		0	1	2	3	4	5	0	1	2	3	4	5	0	1	2	3	4	5
i=0	0	1	0	0	0	0	0	0	∞	10	∞	30	100	−1	−1	0	−1	0	0

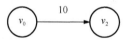

图 6.77　Dijkstra 算法求有向网的源点到其余各顶点的最短路径过程二

（3）第二次循环 i=1，将 v_2 并入 S 集，final[2]=1，计算求出 $D[n]$ 的值。从集合 $V-S$ 中选出一个顶点 v_k，$D[k]$ 的最小值为 30，并找到其对应的顶点 v_4，v_0 到 v_4 的最短距离即为 30。同时求得 $D[3]$=60<∞，将 $p[3]$ 置为 2，如图 6.78 所示。

循环	选择顶点 v	final[n]=1						$D[n]$						$p[n]$					
		0	1	2	3	4	5	0	1	2	3	4	5	0	1	2	3	4	5
i=0	0	1	0	0	0	0	0	0	∞	10	∞	30	100	−1	−1	0	−1	0	0
i=1	2	1	0	1	0	0	0	0	∞	10	60	30	100	−1	−1	0	2	0	0

图 6.78　Dijkstra 算法求有向网的源点到其余各顶点的最短路径过程三

（4）第三次循环 i=2，将 v_4 并入 S 集，final[4]=1，计算求出 $D[n]$ 的值。从集合 $V-S$ 中选出一个顶点 v_k，$D[k]$ 的最小值为 50，并找到其对应的顶点 v_3，v_0 到 v_3 的最短距离即为 50。将

$p[3]$置为 4。同时求得 $D[5]=90<100$，将 $p[5]$置为 4，如图 6.79 所示。

循环	选择顶点 v	final[n]=1						$D[n]$						$p[n]$					
		0	1	2	3	4	5	0	1	2	3	4	5	0	1	2	3	4	5
$i=0$	0	1	0	0	0	0	0	0	∞	10	∞	30	100	−1	−1	0	−1	0	0
$i=1$	2	1	0	1	0	0	0	0	∞	10	60	30	100	−1	−1	0	2	0	0
$i=2$	4	1	0	1	0	1	0	0	∞	10	50	30	90	−1	−1	0	4	0	4

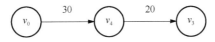

图 6.79 Dijkstra 算法求有向网的源点到其余各顶点的最短路径过程四

（5）第四次循环 $i=3$，将 v_3 并入 S 集，final[3]=1，计算求出 $D[n]$ 的值。选取 $D[n]$ 的最小值 60，并找到其对应的顶点 v_5，v_0 到 v_5 的最短距离即为 60。将 $p[5]$ 置为 3，如图 6.80 所示。

循环	选择顶点 v	final[n]=1						$D[n]$						$p[n]$					
		0	1	2	3	4	5	0	1	2	3	4	5	0	1	2	3	4	5
$i=0$	0	1	0	0	0	0	0	0	∞	10	∞	30	100	−1	−1	0	−1	0	0
$i=1$	2	1	0	1	0	0	0	0	∞	10	60	30	100	−1	−1	0	2	0	0
$i=2$	4	1	0	1	0	1	0	0	∞	10	50	30	90	−1	−1	0	4	0	4
$i=3$	3	1	0	1	1	1	0	0	∞	10	50	30	60	−1	−1	0	4	0	3

图 6.80 Dijkstra 算法求有向网的源点到其余各顶点的最短路径过程五

（6）第五次循环 $i=4$，将 v_5 并入 S 集，final[5]=1，计算求出 $D[n]$ 的值。集合 $V-S$ 中无顶点 v_k，使得 $D[k]$ 最小，循环结束，如图 6.81 所示。

循环	选择顶点 v	final[n]=1						$D[n]$						$p[n]$					
		0	1	2	3	4	5	0	1	2	3	4	5	0	1	2	3	4	5
$i=0$	0	1	0	0	0	0	0	0	∞	10	∞	30	100	−1	−1	0	−1	0	0
$i=1$	2	1	0	1	0	0	0	0	∞	10	60	30	100	−1	−1	0	2	0	0
$i=2$	4	1	0	1	0	1	0	0	∞	10	50	30	90	−1	−1	0	4	0	4
$i=3$	3	1	0	1	1	1	0	0	∞	10	50	30	60	−1	−1	0	4	0	3
$i=4$	5	1	0	1	1	1	1	0	∞	10	50	30	60	−1	−1	0	4	0	3

图 6.81 Dijkstra 算法求有向网的源点到其余各顶点的最短路径过程六

6.4.2　每一对顶点之间的最短路径

求解每一对顶点之间的最短路径的一种方法是：每次以一个顶点为源点，执行 Dijkstra 算法，求得从该顶点到其他各顶点的最短路径；重复执行 n 次之后，就能求得从每一个顶点出发到其他各顶点的最短路径，其时间复杂度为 $O(n^3)$。这里要介绍由弗洛伊德（Floyd）提出的另一个算法——弗洛伊德算法（Floyd 算法）。这个算法的时间复杂度也是 $O(n^3)$，但形式上简单些。

Floyd 算法仍以图的带权邻接矩阵 cost 出发，其基本思想是：若 $<v_i,v_j>$ 存在，则存在路径 arcs[i][j]，但该路径不一定是最短路径，需要进行 n 次试探。

用一个二维数组存放顶点之间的最短路径值，数组的最初状态就是图的邻接矩阵。如果存在一个 k，且 $A[i][k]+A[k][j]<A[i][j]$，则用 $A[i][k]+A[k][j]$ 代替 v_i 和 v_j 间的最短路径。整个 Floyd 算法的基本思想是——在原来的邻接矩阵的基础上，依次用 $v_0,v_1,\cdots,v_{n-1}$ 在 v_i 和 v_j 之间试图插入，以减小 $A[i][j]$ 的值。

例如，图 6.82（a）是一个有向网，其对应的邻接矩阵如图 6.82（b）所示。Floyd 算法求每一对顶点之间的最短路径的过程如图 6.83 所示。

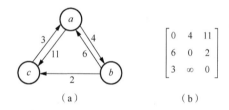

（a）

$$\begin{bmatrix} 0 & 4 & 11 \\ 6 & 0 & 2 \\ 3 & \infty & 0 \end{bmatrix}$$

（b）

图 6.82　有向网及其邻接矩阵

$$D_{-1}=\begin{bmatrix} 0 & 4 & 11 \\ 6 & 0 & 2 \\ 3 & \infty & 0 \end{bmatrix}\quad P_{-1}=\begin{bmatrix} & ab & ac \\ ba & & bc \\ ca & & \end{bmatrix}$$

（a）初始化

$$D_{-1}=\begin{bmatrix} 6 & 4 & 11 \\ 0 & 0 & 2 \\ 3 & \infty & 0 \end{bmatrix}\quad P_{-1}=\begin{bmatrix} & ab & ac \\ ba & & bc \\ ca & & \end{bmatrix}$$

$$D_{0}=\begin{bmatrix} 0 & 4 & 11 \\ 6 & 0 & 2 \\ 3 & 7 & 0 \end{bmatrix}\quad P_{0}=\begin{bmatrix} & ab & ac \\ ba & & bc \\ ca & cab & \end{bmatrix}$$

（b）第1次迭代

$$D_{0}=\begin{bmatrix} 0 & 4 & 11 \\ 6 & 0 & 2 \\ 3 & 7 & 0 \end{bmatrix}\quad P_{0}=\begin{bmatrix} & ab & ac \\ ba & & bc \\ ca & cab & \end{bmatrix}$$

$$D_{1}=\begin{bmatrix} 0 & 4 & 6 \\ 6 & 0 & 2 \\ 3 & 7 & 0 \end{bmatrix}\quad P_{1}=\begin{bmatrix} & ab & abc \\ ba & & bc \\ ca & cab & \end{bmatrix}$$

（c）第2次迭代

$$D_{1}=\begin{bmatrix} 0 & 4 & 6 \\ 6 & 0 & 2 \\ 3 & 7 & 0 \end{bmatrix}\quad P_{1}=\begin{bmatrix} & ab & ac \\ ba & & bc \\ ca & cab & \end{bmatrix}$$

$$D_{2}=\begin{bmatrix} 0 & 4 & 6 \\ 5 & 0 & 2 \\ 3 & 7 & 0 \end{bmatrix}\quad P_{2}=\begin{bmatrix} & ab & abc \\ bca & & bc \\ ca & cab & \end{bmatrix}$$

（d）第3次迭代

图 6.83　Floyd 算法示例

Floyd 算法描述如下。

```
    typedef char PathMatrix[MAX_VERTEX_NUM][MAX_VERTEX_NUM][MAX_VERTEX_NUM];
                           //三维数组，其值只可能是 0 或 1，故用 char 类型以减少存储空间的浪费
```

```
typedef VRType DistancMatrix[MAX_VERTEX_NUM][MAX_VERTEX_NUM];

void ShortestPath_FLOYD(MGraph G,PathMatrix P,DistancMatrix D)
{
    /*用Floyd算法求有向网G中各对顶点v和w之间的最短路径P[v][w][]及其带权长度
    D[v][w],若P[v][w][u]为TRUE,则u是从v到w当前求得最短路径上的顶点*/
    int u,v,w,i;
    for(v=0;v<G.vexnum;v++)   //各对结点之间初始已知路径及距离
        for(w=0;w<G.vexnum;w++)
        {
            D[v][w]=G.arcs[v][w].adj;  //顶点v到顶点w的直接距离
            for(u=0;u<G.vexnum;u++)
                P[v][w][u]=FALSE;  //路径矩阵初值
            if(D[v][w]<INFINITY)  //从v到w有直接路径
                P[v][w][v]=P[v][w][w]=TRUE;  //由v到w的路径经过v和w
        }
    for(u=0;u<G.vexnum;u++)
        for(v=0;v<G.vexnum;v++)
            for(w=0; w<G.vexnum;w++)
                if(D[v][u]<INFINITY&&D[u][w]<INFINITY&&D[v][u]+D[u][w]<D[v][w])
                                        //从v经u到w的一条路径更短
                {
                    D[v][w]=D[v][u]+D[u][w];  //更新最短距离
                    for(i=0;i<G.vexnum;i++)
                        //从v到w的路径经过从v到u和从u到w的路径
                        P[v][w][i]=P[v][u][i]||P[u][w][i];
                }
}
```

6.5 有向无环图及其应用

我们将一个无环的有向图（或者叫作无回路的有向图）称为有向无环图（directed acycline graph, DAG），DAG是一类较有向树更一般的特殊有向图。有向无环图与有向树的区别在于：图的顶点之间是多对多（图的特点）的关系；树的结点之间是一对多（树的特点）的关系。有向无环图与一般图的区别在于：一个是无环（无回路）的；而另一个却可能包含环（有回路）。

利用没有回路的连通图即DAG描述一项工程或对工程的进度进行描述是非常方便的。除最简单的情况之外，几乎所有的工程都可分解为若干个称作活动的子工程，而这些子工程之间，通常受一定条件的约束，如其中某些子工程的开始必须在另一些子工程完成之后。对整个工程和系统，人们关心的是两个方面的问题：一是工程能否顺利进行；二是估算整个工程完成所必需的最短时间。也就是对应无回路有向图中的拓扑排序和求关键路径的操作。下面重点讨论拓扑排序的概念、逻辑表示与存储结构及算法，然后再介绍关键路径的实现及算法。

6.5.1 拓扑排序

设 G 是一个具有 n 个顶点的无回路的有向图，V 中顶点序列 $v_1, v_2, \cdots, v_n$ 称为一个拓扑序列，当且仅当该顶点序列满足条件：若有向图中顶点 v_i 到 v_j 有一条路径，则在序列 $v_1, v_2, \cdots, v_n$ 中，v_i 在 v_j 之前。

在给定的有向图中寻找拓扑序列的过程称为**拓扑排序**。若从排序的角度分类，拓扑排序是针对非线性结构的排序，也就是完成从非线性结构到线性结构的转换。

下面通过一个例子来熟悉拓扑排序的概念。假设工程是完成给定的学习计划。

例如，一个软件专业的学生必须学习一系列的基本课程（图 6.84），其中有些课程是基础课，它独立于其他课程，如"高等数学"；而另一些课程必须在学完作为它的基础的先修课程后才能开始，如"程序设计基础"和"离散数学"学完之前就不能开始学习"数据结构"。这些先决条件定义了课程之间的领先（优先）关系。这个关系可以用有向图更清楚地表示，如图 6.85 所示。图中顶点表示课程，有向边（弧）表示先决条件。可以用有向图表示一个工程。在这种有向图中，用顶点表示活动，用有向边 $<v_i, v_j>$ 表示活动的前后次序。v_i 必须先于活动 v_j 进行。这种有向图叫作顶点表示活动的网（activity on vertex network，简称 **AOV 网**）。

课程代号	课程名称	先修课程
C_1	高等数学	
C_2	程序设计基础	
C_3	离散数学	C_1, C_2
C_4	数据结构	C_3, C_2
C_5	高级语言程序设计	C_2
C_6	编译方法	C_5, C_4
C_7	操作系统	C_4, C_9
C_8	普通物理	C_1
C_9	计算机原理	C_8

图 6.84　软件专业的学生必须学习的课程

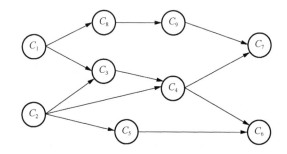

图 6.85　表示课程之间优先关系的有向图

在 AOV 网中，如果活动 v_i 必须在活动 v_j 之前进行，则存在有向边 $<v_i, v_j>$，AOV 网中不能出现有向回路，即有向环。在 AOV 网中如果出现了有向环，则意味着某项活动应以自己作为先决条件，显然这是荒谬的。若设计出这样的流程图，工程便无法进行。而对程序的数据流图来说，则表明存在一个死循环。

如何根据给定的无回路的 AOV 网进行拓扑排序呢？解决的方法很简单：

（1）初始化，输入 AOV 网，并假设 n 代表顶点个数；

（2）在 AOV 网中选择一个入度为 0 的顶点，并将其输出；

（3）从图中删去该顶点，同时删去所有以它为尾的弧。

重复（2）（3）两步，直到全部顶点均已输出，拓扑排序完成；或图中还有未输出的顶点，但已跳出处理循环。这说明图中还剩下一些顶点，它们都有直接前驱，再也找不到入度为 0 的顶点，这时说明 AOV 网中必定存在有向环。

例 6.4　对图 6.86 所示的有向图求拓扑序列。

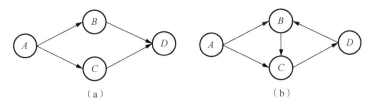

图 6.86 表示课程之间优先关系的有向图

由图 6.86(a)可求得拓扑有序序列 $ABCD$ 或 $ACBD$，图 6.86(b)不能求出其拓扑有序序列，因为图中存在一个回路 BCD。

例 6.5 求图 6.87 所示有向图各顶点的入度、邻接表与拓扑排序。

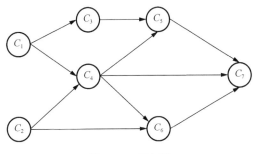

图 6.87 有向图

各顶点入度及其邻接表如图 6.88 所示。

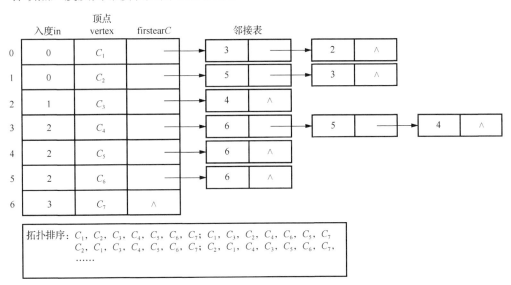

图 6.88 有向图各顶点入度和邻接表

下面给出有向图的拓扑排序过程，如图 6.89 所示。

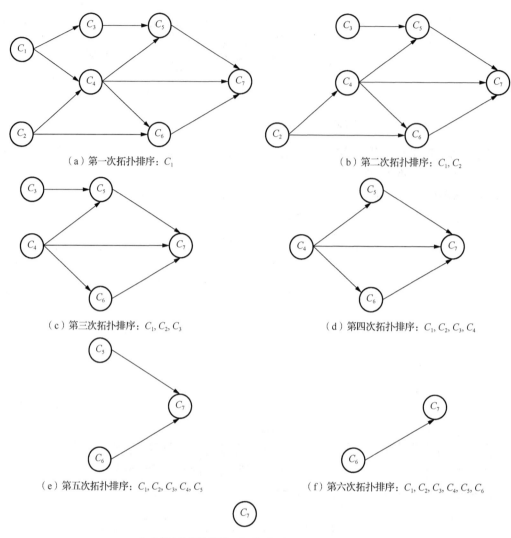

（a）第一次拓扑排序：C_1

（b）第二次拓扑排序：C_1, C_2

（c）第三次拓扑排序：C_1, C_2, C_3

（d）第四次拓扑排序：C_1, C_2, C_3, C_4

（e）第五次拓扑排序：C_1, C_2, C_3, C_4, C_5

（f）第六次拓扑排序：C_1, C_2, C_3, C_4, C_5, C_6

（g）第七次拓扑排序：C_1, C_2, C_3, C_4, C_5, C_6, C_7

图 6.89 有向图的拓扑排序过程

如何在计算机中实现？我们可采用邻接表作为有向图的存储结构，且在头结点中增加一个存放顶点入度的数组。入度为零的顶点即为没有前驱的顶点。删除顶点及以它为尾的弧的操作，则可以弧头顶点的入度减 1 来实现。为了避免重复检测入度为零的顶点，可另设一栈暂存所有入度为零的顶点，由此可得拓扑排序的算法如下所示。

```
void FindInDegree(ALGraph G,int indegree[])
{
    //求顶点的入度
    int i;
    ArcNode *p;
    for(i=0;i<G.vexnum;i++)   //对于所有顶点
        indegree[i]=0;   //给顶点的入度赋初值 0
    for(i=0;i<G.vexnum;i++)   //对于所有顶点
        {
```

```
        p=G.vertices[i].firstarc;  //p 指向顶点的邻接表的头指针
        while(p)  //p 不空
        {
            indegree[p->adjvex]++;  //将 p 所指邻接顶点的入度+1
            p=p->nextarc;  //p 指向下一个邻接顶点
        }
    }
}


Status TopologicalSort(ALGraph G)
{
    /*有向图 G 采用邻接表存储结构。若 G 无回路，则输出 G 的顶点的一个拓扑序列并
    返回 OK，否则返回 ERROR*/
    int i,k,count,indegree[MAX_VERTEX_NUM];
    SqStack S;
    ArcNode *p;
    FindInDegree(G,indegree);  //对各顶点求入度 indegree[0…vernum-1]
    InitStack(S);  //初始化栈
    for(i=0;i<G.vexnum;++i)  //对所有顶点 i
        if(!indegree[i])  //若其入度为 0
            Push(S,i);  //入度为 0 者压入栈
    count=0;  //对输出顶点计数
    while(!StackEmpty(S))  //栈不空
    {
        Pop(S,i);
        printf("%s ",G.vertices[i].data);  //输出 i 号顶点并计数
        ++count;
        for(p=G.vertices[i].firstarc;p;p=p->nextarc)
        {
            //对 i 号顶点的每个邻接点的入度减 1
            k=p->adjvex;
            if(!(--indegree[k]))  //若入度减为 0，则压入栈
                Push(S,k);
        }
    }
    if(count<G.vexnum)
    {
        printf("此有向图有回路\n");
        return ERROR;
    }
    else
    {
        printf("为一个拓扑序列\n");
        return OK;
    }
}
```

算法步骤如下。

对入度为 0 的顶点编号，采用栈结构加以组织。

（1）将所有入度为 0 的顶点编号压入栈。

（2）弹出栈，输出栈顶元素 v_i。

（3）将 v_i 的所有后继顶点入度减 1；若入度为 0，则相应顶点编号压入栈。

（4）重复步骤（2）、（3），直至栈空。

（5）若输出顶点数等于图中顶点数，则无回路；否则，必有回路。

下面以图 6.87 为例讨论拓扑排序的核心算法。

（1）对各顶点求入度，初始化零入度顶点栈为空，入度为 0 者压入栈，C_1 压入栈，如图 6.90 所示。

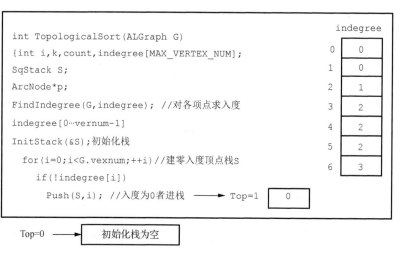

图 6.90　拓扑排序核心算法示例过程一

（2）另一入度为 0 者 C_2 压入栈，如图 6.91 所示。

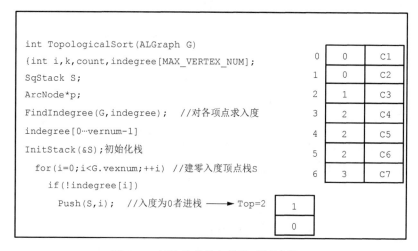

图 6.91　拓扑排序核心算法示例过程二

（3）C_2 弹出栈，并对输出顶点计数，将 C_2 的两个邻接点 C_6, C_4 的入度减 1，如图 6.92 所示。

```
count=0;    // 对输出顶点计数count=0
while(!StackEmpty(S))  { // 栈不空
Pop(&S, &i );           //i=C2;
printf("%s ",G.vertices[i].data);
 //输出i=C2顶点{C2}
++count;      //并计数count=1
for(p=G.vertices[i].firstarc;p;p=->nextarc)
{//将C2的两个邻接点的入度分别减1
 //对i号顶点的每个邻接点的入度减1
 k=p->adjvex; //第一次k=C6,in(C6)=2-1=1;
                //第二次k=C4,in(C4)=2-1=1;
 if(!(--indegree[k])  // 若入度减为0,则入栈
 Push(&S,k); //    Top=1
 }
 }//while
 if(count<G.vexnum)
 { printf("此有向图有回路\n");
    return ERROR   }
  else{    printf("为一个拓扑序列\n");
          return OK;}
 }
```

0	0	C1
1	0	C2
2	1	C3
3	1	C4
4	2	C5
5	1	C6
6	3	C7

0

图 6.92　拓扑排序核心算法示例过程三

（4）C_1 弹出栈，并对输出顶点计数，将 C_1 的两个邻接点 C_4,C_3 的入度减 1 后，C_4,C_3 入度为 0，分别压入栈，如图 6.93 所示。

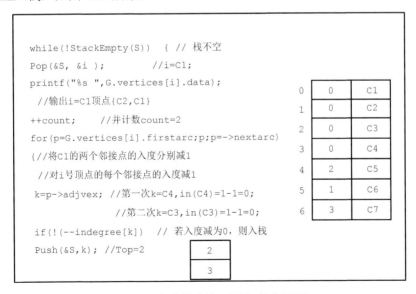

```
while(!StackEmpty(S))  { // 栈不空
Pop(&S, &i );           //i=C1;
printf("%s ",G.vertices[i].data);
 //输出i=C1顶点{C2,C1}
++count;      //并计数count=2
for(p=G.vertices[i].firstarc;p;p=->nextarc)
{//将C1的两个邻接点的入度分别减1
 //对i号顶点的每个邻接点的入度减1
 k=p->adjvex; //第一次k=C4,in(C4)=1-1=0;
                //第二次k=C3,in(C3)=1-1=0;
 if(!(--indegree[k])  // 若入度减为0,则入栈
 Push(&S,k); //Top=2
```

0	0	C1
1	0	C2
2	0	C3
3	0	C4
4	2	C5
5	1	C6
6	3	C7

2
3

图 6.93　拓扑排序核心算法示例过程四

（5）C_3 弹出栈，并对输出顶点计数，将 C_3 的一个邻接点 C_5 的入度减 1，如图 6.94 所示。

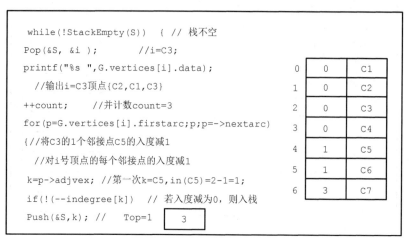

图 6.94　拓扑排序核心算法示例过程五

（6）C_4 弹出栈，并对输出顶点计数，将 C_4 的三个邻接点 C_7,C_6,C_5 的入度减 1 后，C_6,C_5 入度为 0，分别压入栈，如图 6.95 所示。

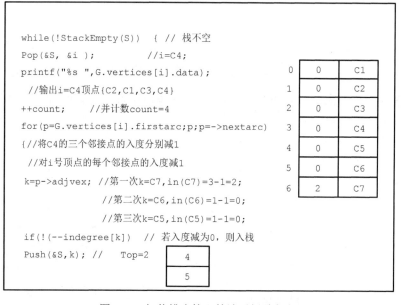

图 6.95　拓扑排序核心算法示例过程六

（7）C_5 弹出栈，并对输出顶点计数，将 C_5 的一个邻接点 C_7 的入度减 1，如图 6.96 所示。

（8）C_6 弹出栈，并对输出顶点计数，将 C_6 的一个邻接点 C_7 的入度减 1 后，C_7 的入度为 0，压入栈，如图 6.97 所示。

```
while(!StackEmpty(S))  { // 栈不空
Pop(&S, &i );        //i=C5;
printf("%s ",G.vertices[i].data);
  //输出i=C5顶点{C2,C1,C3,C4,C5}
++count;      //并计数count=5
for(p=G.vertices[i].firstarc;p;p=->nextarc)
{// 将C5的1个邻接点C7的入度减1
  //对i号顶点的每个邻接点的入度减1
 k=p->adjvex; //第一次k=C7,in(C7)=2-1=1;
  if(!(--indegree[k])  // 若入度减为0,则入栈
 Push(&S,k); //    Top=1
```

0	0	C1
1	0	C2
2	0	C3
3	0	C4
4	0	C5
5	0	C6
6	1	C7

5

图 6.96 拓扑排序核心算法示例过程七

```
while(!StackEmpty(S))  {// 栈不空
Pop(&S, &i );         //i=C6;
printf("%s ",G.vertices[i].data);
  //输出i=C6顶点{C2,C1,C3,C4,C5,C6}
++count;      //并计数count=6
for(p=G.vertices[i].firstarc;p;p=->nextarc)
{//将C6的1个邻接点C7的入度减1
  //对i号顶点的每个邻接点的入度减1
 k=p->adjvex; //第一次k=C7,in(C7)=1-1=0;
  if(!(--indegree[k])  // 若入度减为0,则入栈
 Push(&S,k); //    Top=1
```

0	0	C1
1	0	C2
2	0	C3
3	0	C4
4	0	C5
5	0	C6
6	0	C7

6

图 6.97 拓扑排序核心算法示例过程八

（9）C_7 弹出栈，并对输出顶点计数，C_7 无邻接点；栈空，while 语句块结束。顶点计数 count 等于有向图顶点数，输出"为一个拓扑序列"，返回 OK，如图 6.98 所示。

```
while(!StackEmpty(S))  {// 栈不空
Pop(&S, &i );         //i=C7;
printf("%s ",G.vertices[i].data);
  //输出i=C7顶点{C2,C1,C3,C4,C5,C6,C7}
++count;      //并计数count=7
for(p=G.vertices[i].firstarc;p;p=->nextarc)
  //p=C7的邻接点=^
{//对i号顶点的每个邻接点的入度减1
 k=p->adjvex;
  if(!(--indegree[k])   // 若入度减为0,则入栈
 Push(&S,k);
```

0	0	C1
1	0	C2
2	0	C3
3	0	C4
4	0	C5
5	0	C6
6	0	C7

图 6.98 拓扑排序核心算法示例过程九

分析该算法,对有 n 个顶点和 e 条弧的有向图而言,建立求各顶点的入度的时间复杂度为 $O(e)$;建立零入度顶点栈的时间复杂度为 $O(n)$;在拓扑排序过程中,若有向图无环,则每个顶点进一次栈,入度减 1 的操作在 while 语句中总共执行 e 次,所以,总的时间复杂度为 $O(n+e)$。上述拓扑排序的算法亦是下节讨论的求关键路径的基础。

当有向图中无环时,也可利用深度优先遍历进行拓扑排序,因为图无环,则由图中某点出发进行深度优先搜索遍历时,最先退出 DFS 函数的顶点即出度为零的顶点,是拓扑有序序列中最后一个顶点。由此,按退出 DFS 函数的先后记录下来的顶点序列即为逆向的拓扑有序序列。

6.5.2 关键路径

与 AOV 网相对应的是 **AOE 网**(activity on edge network,边表示活动的网)。AOE 网是一个带权的有向无环图(DAG),其中,顶点表示事件,弧表示活动,权表示活动持续的时间。通常,AOE 网可用来估算工程的完成时间。

例如,图 6.99 是一个假设有 11 项活动的 AOE 网。其中有 9 个事件 $v_1,v_2,v_3,\cdots,v_9$ (v_1 到 v_9 分别代表 a,b,c,d,e,f,g,h,k),每个事件表示在它之前的活动已经完成,在它之后的活动可以开始。如 v_1 表示整个工程开始,v_9 表示整个工程结束,v_5 表示 a_4 和 a_5 已经完成,a_7 和 a_8 可以开始。与每个活动相联系的数是执行该活动所需的时间。比如,活动 a_1 需要 6 天,a_2 需要 4 天。

由于整个工程只有一个开始点和一个完成点,故在正常的情况(无环)下,网中只有一个入度为零的点(称作源点)和一个出度为零的点(称作汇点)。

AOE 网可以回答下列问题:

(1)完成整个工程至少需要多少时间?

(2)为缩短完成工程所需的时间,应当加快哪些活动?即哪些子工程项是"关键工程"?哪些子工程项将影响整个工程的完成期限?

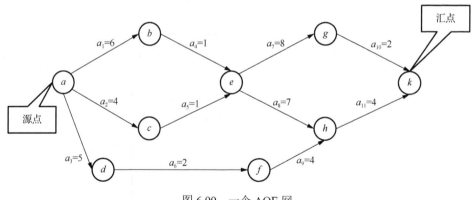

图 6.99 一个 AOE 网

从始点到终点的路径可能不止一条,只有各条路径上所有活动都完成了,整个工程才算完成。因此,完成整个工程所需的最短时间取决于从始点到终点的最长路径长度,即这条路径上所有活动的持续时间之和。这条路径长度最长的路径就叫作**关键路径**,关键路径上的活动称为**关键活动**。

整个工程完成的时间为:从有向图的源点到汇点的最长路径(关键路径)。

"关键活动"指的是该弧上的权值增加使有向图上的最长路径的长度增加的活动。

AOE 网具有以下性质:

(1)只有在某顶点所代表的事件发生后,从该顶点出发的各活动才能开始;

（2）只有在进入某顶点的各活动都结束，该顶点所代表的事件才能发生。

那么，如何求关键路径呢？要找出关键路径，必须找出关键活动，即不按期完成就会影响整个工程完成的活动。首先计算以下与关键活动有关的量：

（1）事件的最早发生时间 ve(k)；

（2）事件的最迟发生时间 vl(k)；

（3）活动的最早开始时间 ee(i)；

（4）活动的最迟开始时间 el(i)。

最后计算各个活动的时间余量 el(k)–ee(k)，时间余量为 0 者即为关键活动。其中，

"事件"的最早发生时间 ve(j)=从源点到顶点 j 的最长路径长度；

"事件"的最迟发生时间 vl(j)=vl（汇点）–从顶点 j 到汇点的最长路径长度。

假设第 i 条弧为<j, k>，则对第 i 项活动而言：

"活动"的最早开始时间 ee(i)=ve(j)；

"活动"的最迟开始时间 el(i)=vl(k)–dut(<j,k>)（dut(<j,k>)表示边<v_j,v_k>的权）。

"事件"发生时间的计算公式为

$$ve（源点）=0$$
$$ve(k) = Max\{ve(j)+dut(<j,k>)\}$$
$$vl（汇点）=ve（汇点）$$
$$vl(j)=Min\{vl(k)-dut(<j,k>)\}$$

关键路径算法思想：修改拓扑排序算法，在拓扑排序的同时计算 ve(i)，并增加一个数组记录拓扑排序求得的序列，然后逆向遍历数组中的拓扑序列来计算 vl(i)。

例 6.6 如图 6.99 所示 AOE 网，其关键路径求解过程如下。

（1）从源点 a 出发，ve(a)=0，按拓扑有序求其余各顶点的最早发生时间 ve(i)，如图 6.100 所示。

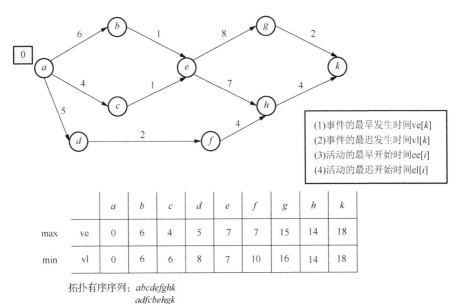

		a	b	c	d	e	f	g	h	k
max	ve	0	6	4	5	7	7	15	14	18
min	vl	0	6	6	8	7	10	16	14	18

拓扑有序序列：*abcdefghk*
adfcbehgk

图 6.100 关键路径求解示例过程一

（2）ve(b)=Max{ve(a)+dut(<a,b>)}=6，ve(c)=Max{ve(a)+dut(<a,c>)}=4，ve(d)=Max{ve(a)+dut(<a,d>)}=5，如图 6.101 所示。

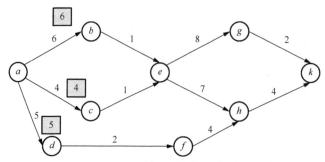

图 6.101　关键路径求解示例过程二

（3） ve(e)=Max{(ve(b)+dut(<b,e>)),(ve(c)+dut(<c,e>))}=Max{7,5}=7，　ve(f)=Max{ve(d)+dut(<d,f>)}=7，如图 6.102 所示。

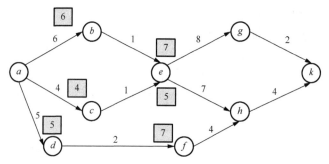

图 6.102　关键路径求解示例过程三

（4） ve(g)=Max{ve(e)+dut(<e,g>)}=15，ve(h)=Max{(ve(e)+dut(<e,h>)),(ve(f)+dut(<f,h>))}=Max{14,11}=14，如图 6.103 所示。

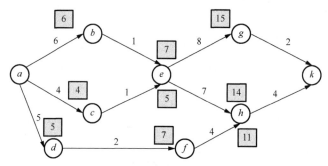

图 6.103　关键路径求解示例过程四

（5）ve(k)=Max{(ve(g)+dut(<g,k>)),(ve(h)+dut(<h,k>))}=Max{17,18}=18，如图 6.104 所示。

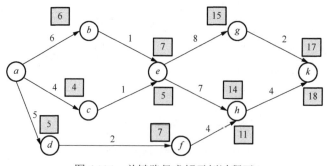

图 6.104　关键路径求解示例过程五

（6）得到的拓扑有序序列中顶点个数等于网中顶点数，网中不存在环，可以求关键路径，如图 6.105 所示。

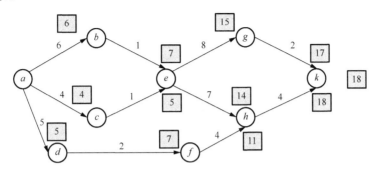

图 6.105 关键路径求解示例过程六

（7）从汇点出发，vl(k)=ve(k)=18，按逆拓扑有序求其余各顶点的最迟发生时间 vl(i)，如图 6.106 所示。

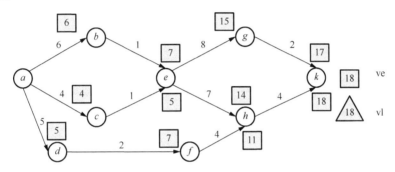

图 6.106 关键路径求解示例过程七

（8）vl(g)=Min{vl(k)−dut(<g,k>)}=16，vl(h)=Min{vl(k)−dut(<h,k>)}=14，如图 6.107 所示。

（9）vl(e)=Min{(vl(g)−dut(<e,g>)),(vl(h)−dut(<e,h>))}=Min{8,7}=7，vl(f)=Min{vl(h)− dut(<f,h>)}=10，如图 6.108 所示。

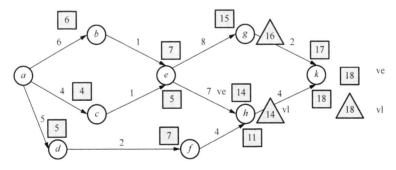

图 6.107 关键路径求解示例过程八

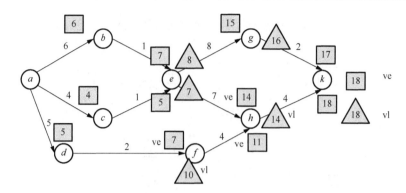

图 6.108　关键路径求解示例过程九

（10）vl(b)=Min{vl(e)–dut(<b,e>)}=6，vl(c)=Min{vl(e)–dut(<c,e>)}=6，vl(d)=Min{vl(f)–dut(<d,f>)}=8，如图 6.109 所示。

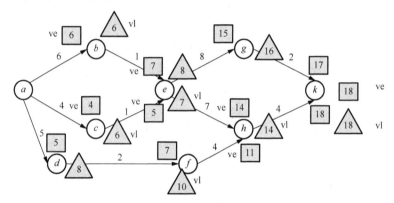

图 6.109　关键路径求解示例过程十

（11）vl(a)=Min{(vl(b)–dut(<a,b>)),(vl(c)–dut(<a,c>)),(vl(d)–dut(<a,d>))}=Min{0,2,3}=0，如图 6.110 所示。

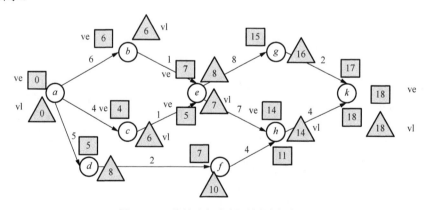

图 6.110　关键路径求解示例过程十一

（12）根据各顶点的 ve 和 vl 值，求每条弧 s 的最早开始时间 ee(s)和最迟开始时间 el(s)，满足 ee(s)=el(s)的弧为关键活动，如图 6.111 所示。

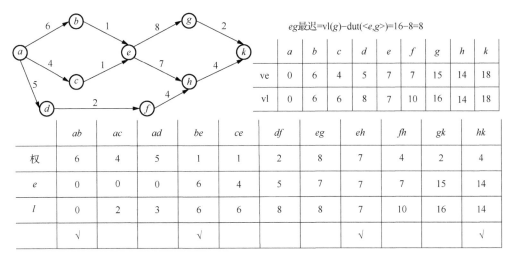

eg最迟=vl(g)−dut(<e,g>)=16−8=8

	a	b	c	d	e	f	g	h	k
ve	0	6	4	5	7	7	15	14	18
vl	0	6	6	8	7	10	16	14	18

	ab	ac	ad	be	ce	df	eg	eh	fh	gk	hk
权	6	4	5	1	1	2	8	7	4	2	4
e	0	0	0	6	4	5	7	7	7	15	14
l	0	2	3	6	6	8	8	7	10	16	14
	√				√			√			√

图 6.111　关键路径求解示例过程十二

下面给出求关键路径的具体算法。

```
#define MAX_NAME 9  //顶点字符串的最大长度+1
struct VertexType  //顶点信息类型
{
    char name[MAX_NAME];  //顶点名称
    int ve,vl;  //事件最早发生时间，事件最迟发生时间
};
typedef int VRType;  //定义权值类型为整型
struct InfoType  //弧的相关信息类型
{
    VRType weight;  //权值
    int ee,el;  //活动最早开始时间，活动最迟开始时间
}
Status TopologicalOrder(ALGraph &G,SqStack &T)
{
    /*有向网 G 采用邻接表存储结构，求各顶点事件的最早发生时间 ve（存储在 G 中）
    T 为拓扑序列顶点栈，S 为零入度顶点栈。若 G 无回路，则用栈 T 返回 G 的一个拓
    扑序列，且函数值为 OK，否则为 ERROR*/
    int i,k,count=0;  //count 为已入栈顶点数，初值为 0
    int indegree[MAX_VERTEX_NUM];  //入度数组，存放各顶点当前入度
    SqStack S;
    ArcNode *p;
    FindInDegree(G,indegree);  //对各顶点求入度
    InitStack(S);  //初始化零入度顶点栈
    printf("拓扑序列：");
    for(i=0;i<G.vexnum;++i)  //对所有顶点 i
        if(!indegree[i])  //若其入度为 0
            Push(S,i);  //将 i 压入零入度顶点栈
    InitStack(T);  //初始化拓扑序列顶点栈
    for(i=0;i<G.vexnum;++i)
        G.vertices[i].data.ve=0;  //初始化 ve=0(最小值)
```

```
        while(!StackEmpty(S))   //零入度顶点栈 S 不空
        {
            Pop(S,i);   //栈 S 将已拓扑排序的顶点弹出，并赋给 i
            Visit(G.vertices[i].data);   //输出顶点的名称
            Push(T,i);   //i 号顶点压入逆拓扑排序栈 T
            ++count;   //对压入栈 T 的顶点计数
            for(p=G.vertices[i].firstarc;p;p=p->nextarc)
                                    //对 i 号顶点的每个邻接顶点的入度减 1
            {
              k=p->data.adjvex;   //其序号为 k
              if(--indegree[k]==0)   //k 的入度减 1，若减为 0，则将 k 压入栈 S
                  Push(S,k);
              if(G.vertices[i].data.ve+p->data.info->weight>G.vertices[k].data.ve)
                  G.vertices[k].data.ve=G.vertices[i].data.ve + p->data.info-> weight;
            }
        }
        if(count<G.vexnum)
        {
            printf("此有向网有回路\n");
            return ERROR;
        }
        else
            return OK;
}

Status CriticalPath(ALGraph &G)
{
    //G 为有向网，输出 G 的各项关键活动
    SqStack T;
    int i,j,k;
    ArcNode *p;
    if(!TopologicalOrder(G,T))   //产生有向环
        return ERROR;
    j=G.vertices[0].data.ve;
    for(i=1;i<G.vexnum;++i)   //在所有顶点中，找 ve 的最大值
        if(G.vertices[i].data.ve>j)
            j=G.vertices[i].data.ve;
    for(i=0;i<G.vexnum;i++)   //初始化事件的最迟发生时间
        G.vertices[i].data.vl=j;
    while(!StackEmpty(T))   //按拓扑逆序求各顶点的 vl 值
        for(Pop(T,j),p=G.vertices[j].firstarc;p;p=p->nextarc)
                            /*弹出栈 T 的元素，赋给 j，p 指向顶点 j 的后继
                            事件顶点 k，事件 k 的最迟发生时间已确定*/
        {
          k=p >data.adjvex;
         if(G.vertices[k].data.vl-p->data.info->weight<G.vertices[j].data.vl)
         G.vertices[j].data.vl=G.vertices[k].data.vl-p->data. info->weight;
        }
```

```
        printf("\n i  ve  vl\n");
        for(i=0;i<G.vexnum;i++)
        {
            printf("%d", i);  //输出序号
            Visit(G.vertices[i].data);  //输出 ve、vl 值
            if(G.vertices[i].data.ve==G.vertices[i].data.vl)
                printf("关键路径经过的顶点");
            printf("\n");
        }
        printf("j  k  权值  ee  el\n");
        for(j=0;j<G.vexnum;++j)
            for(p=G.vertices[j].firstarc;p;p=p->nextarc)  //p 依次指向其邻接顶点
            {
                k=p->data.adjvex;
                p->data.info->ee=G.vertices[j].data.ve;
                p->data.info->el=G.vertices[k].data.vl-p->data.info->weight;
                printf("%s→%s",G.vertices[j].data.name,G.vertices[k].data.name);
                OutputArcwel(p->data.info);
                if(p->data.info->ee==p->data.info->el)
                    printf("关键活动");
                printf("\n");
            }
        return OK;
    }
```

由于逆拓扑排序必定在网中无环的前提下进行，则亦可利用 DFS()函数，在退出 DFS()函数之前计算顶点 v 的 vl 值。这两种算法的时间复杂度均为 $O(n+e)$，显然，前一种算法的常数因子要小些。由于计算弧的活动最早开始时间和最迟开始时间的时间复杂度均为 $O(e)$，所以总的求关键路径的时间复杂度为 $O(n+e)$。

实践已证明，用 AOE 网来估算某些工程完成的时间是非常有用的。实际上，求关键路径的方法本身最初就是与维修和建造工程一起发展的。但是，由于网中各项活动是互相牵涉的，因此，影响关键活动的因素亦是多方面的，任何一项活动持续时间的改变都会影响关键路径的改变。此外，若网中有多条关键路径，那么，单是提高一条关键路径上的关键活动的速度，还不能使整个工程工期缩短，必须同时提高在这几条关键路径上的活动的速度。

习　题

一、单项选择题

1. 在一个图中，所有顶点的度数之和等于图的边数的（　　）倍。

　　A. 1/2　　　　　　B. 1　　　　　　　C. 2　　　　　　　D. 4

2. 在一个有向图中，所有顶点的入度之和等于所有顶点的出度之和的（　　）倍。

　　A. 1/2　　　　　　B. 1　　　　　　　C. 2　　　　　　　D. 4

3. 有 8 个结点的无向图最多有（　　）条边。

　　A. 14　　　　　　B. 28　　　　　　　C. 56　　　　　　　D. 112

4. 有 8 个结点的无向连通图最少有（　　　）条边。

　　A. 5　　　　　　　　　B. 6　　　　　　　　C. 7　　　　　　　　D. 8

5. 有 8 个结点的有向完全图有（　　　）条边。

　　A. 14　　　　　　　　B. 28　　　　　　　　C. 56　　　　　　　D. 112

6. 用邻接表表示图进行广度优先遍历时，通常是采用（　　　）来实现算法的。

　　A. 栈　　　　　　　　B. 队列　　　　　　　C. 树　　　　　　　D. 图

7. 用邻接表表示图进行深度优先遍历时，通常是采用（　　　）来实现算法的。

　　A. 栈　　　　　　　　B. 队列　　　　　　　C. 树　　　　　　　D. 图

8. 已知图的邻接矩阵，根据算法思想，则从顶点 0 出发，按深度优先遍历的结点序列是（　　　）。

$$\begin{bmatrix} 0 & 1 & 1 & 1 & 1 & 0 & 1 \\ 1 & 0 & 0 & 1 & 0 & 0 & 1 \\ 1 & 0 & 0 & 0 & 1 & 0 & 0 \\ 1 & 1 & 0 & 0 & 1 & 1 & 0 \\ 1 & 0 & 1 & 1 & 0 & 1 & 0 \\ 0 & 0 & 0 & 1 & 1 & 0 & 1 \\ 1 & 1 & 0 & 0 & 0 & 1 & 0 \end{bmatrix}$$

　　A. 0 2 4 3 1 5 6　　B. 0 1 3 6 5 4 2　　C. 0 4 2 3 1 6 5　　D. 0 3 6 1 5 4 2

9. 已知图的邻接矩阵同上题 8，根据算法思想，则从顶点 0 出发，按广度优先遍历的结点序列是（　　　）。

　　A. 0 2 4 3 6 5 1　　B. 0 1 3 6 4 2 5　　C. 0 4 2 3 1 5 6　　D. 0 1 3 4 2 5 6

10. 已知图的邻接表如下所示，根据算法思想，则从顶点 0 出发，按深度优先遍历的结点序列是（　　　）。

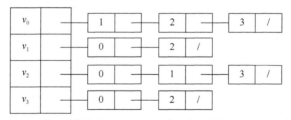

　　A. 0 1 3 2　　　　　B. 0 2 3 1　　　　　C. 0 3 2 1　　　　　D. 0 1 2 3

11. 已知图的邻接表如下所示，根据算法思想，则从顶点 0 出发，按广度优先遍历的结点序列是（　　　）。

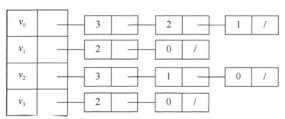

　　A. 0 3 2 1　　　　　B. 0 1 2 3　　　　　C. 0 1 3 2　　　　　D. 0 3 1 2

12. 深度优先遍历类似于二叉树的（　　　）。

A．先序遍历　　　　B．中序遍历　　　　C．后序遍历　　　　D．层次遍历

13．广度优先遍历类似于二叉树的（　　）。

A．先序遍历　　　　B．中序遍历　　　　C．后序遍历　　　　D．层次遍历

14．任何一个无向连通图的最小生成树（　　）。

A．只有一棵　　　　B．一棵或多棵　　　C．一定有多棵　　　D．可能不存在

二、填空题

1．图有_____、_____等存储结构，遍历图有_____、_____
等方法。

2．有向图 G 用邻接矩阵存储，其第 i 行的所有元素之和等于顶点 i 的_____。

3．如果 n 个顶点的图是一个环，则它有_____棵生成树。

4．n 个顶点 e 条边的图，若采用邻接矩阵存储，则空间复杂度为_____。

5．n 个顶点 e 条边的有向图，若采用邻接表存储，则空间复杂度为_____。

6．设有一稀疏图 G，则 G 采用_____存储较省空间。

7．设有一稠密图 G，则 G 采用_____存储较省空间。

8．图的逆邻接表存储结构只适用于_____图。

9．已知一个图的邻接矩阵表示，删除所有从第 i 个顶点出发的方法是_____。

10．图的深度优先遍历的结点序列_____唯一的。

11．n 个顶点 e 条边的图采用邻接矩阵存储，深度优先遍历算法的时间复杂度为_____；
若采用邻接表存储时，该算法的时间复杂度为_____。

12．n 个顶点 e 条边的图采用邻接矩阵存储，广度优先遍历算法的时间复杂度为
_____；若采用邻接表存储，该算法的时间复杂度为_____。

13．图的 BFS 生成树的树高比 DFS 生成树的树高_____。

14．用 Prim 算法求具有 n 个顶点 e 条边的图的最小生成树的时间复杂度为
_____；用 Kruskal 算法的时间复杂度为_____。

15．若要求一个稀疏图 G 的最小生成树，最好用_____算法来求解。

16．若要求一个稠密图 G 的最小生成树，最好用_____算法来求解。

17．用 Dijkstra 算法求某一顶点到其余各顶点间的最短路径是按路径长度_____的次序
来得到的。

18．拓扑排序算法是通过重复选择具有_____个前驱顶点的过程来完成的。

三、简答题

1．已知如图所示的有向图，请给出该图的：

顶点	1	2	3	4	5	6
入度						
出度						

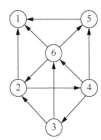

（1）每个顶点的入/出度；

（2）邻接矩阵；

（3）邻接表；

（4）逆邻接表。

2．请对下图所示的无向带权图：

（1）写出它的邻接矩阵，并按 Prim 算法求其最小生成树；

（2）写出它的邻接表，并按 Kruskal 算法求其最小生成树。

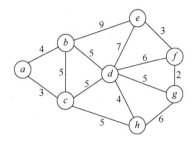

3．已知二维数组表示的图的邻接矩阵如下图所示。试分别画出自顶点 1 出发进行遍历所得的深度优先生成树和广度优先生成树。

	1	2	3	4	5	6	7	8	9	10
1	0	0	0	0	0	0	1	0	1	0
2	0	0	1	0	0	0	1	0	0	0
3	0	0	0	1	0	0	0	1	0	0
4	0	0	0	0	1	0	0	0	1	0
5	0	0	0	0	0	1	0	0	0	1
6	1	1	0	0	0	0	0	0	0	0
7	0	0	1	0	0	0	0	0	0	1
8	1	0	0	1	0	0	0	0	1	0
9	0	0	0	0	1	0	1	0	0	1
10	1	0	0	0	0	1	0	0	0	0

4．试利用 Dijkstra 算法求下图所示从顶点 a 到其他各顶点间的最短路径，写出执行算法过程中各步的状态。

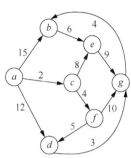

5．试分别使用 Prim 算法和 Kruskal 算法对如下所示无向带权图求其最小生成树。

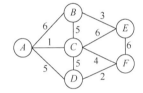

四、给定下列网 G：

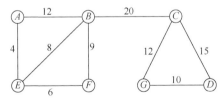

1．试找出网 G 的最小生成树，画出其逻辑结构图；

2．用两种不同的表示法画出网 G 的存储结构图；

3．用 C 语言（或其他算法语言）定义其中一种表示法（存储结构）的数据类型。

五、算法设计题

1. 编写算法，由依次输入的顶点数目、弧的数目、各顶点的信息和各条弧的信息建立有向图的邻接表。

解: Status Build_AdjList(ALGraph &G)　/*输入有向图的顶点数，边数，顶点信息和边的信息，以建立邻接表*/

```
{
算法:
  return
}//Build_AdjList
```

2. 试在邻接矩阵存储结构上实现图的基本操作：DeleteArc(G,v,w)，即删除一条边的操作。（如果要删除所有从第 i 个顶点出发的边呢？　提示：　将邻接矩阵的第 i 行全部置 0　）

解: 　　　//设本题中的图 G 为有向无权图

```
Status DeleteArc(MGraph &G, char v, char w)
//在邻接矩阵表示的图 G 上删除边(v,w)
{
...
删除一条边的操作
...
  }
  return OK;
}//Delete_Arc
```

3. 试基于图的深度优先搜索策略写一算法，判别以邻接表方式存储的有向图中是否存在由顶点 v_i 到顶点 v_j 的路径（$i \neq j$）。

第 7 章 查 找

【内容提要】在前几章介绍了基本的数据结构，包括线性表、树、图结构，并讨论了这些结构的存储映像，以及定义在其上的相应运算。从本章开始，将介绍数据结构中的重要技术——查找和排序。在非数值运算问题中，数据存储量一般很大，为了在大量信息中找到某些值，就需要用到查找技术，而为了提高查找效率，就需要对一些数据进行排序。查找和排序的数据处理量几乎占到总处理量的 80%以上，故查找和排序的有效性直接影响到基本算法的有效性，因而查找和排序是数据结构中重要的基本技术。

【学习要点】掌握静态查找（顺序查找、折半查找和分块查找等）及其分析方法，并能灵活地运用；掌握二叉排序树的构造方法、查找过程及其查找分析；掌握平衡二叉树的构造、调整方法及平衡二叉树查找分析；掌握哈希表的建表方法和处理冲突的方法，理解哈希表与其他查找表的本质区别；掌握各种查找方法的平均查找长度；掌握各种方法表示的查找表的存储结构及其优缺点和适应场合。

7.1 查找的基本概念

在具体介绍查找算法之前，首先说明几个与查找有关的基本概念。

在查找问题中，通常将数据元素称为**记录**。用以标识一个记录的某个数据项称为**关键字**，关键字的值称为**键值**。若关键字可以唯一地识别一个记录，则称此关键字为**主关键字**；反之，则称此关键字为**次关键字**。

广义上讲，**查找**是指在具有相同类型的记录构成的集合中找到满足给定条件的记录。给定的查找条件可能是多种多样的，为了便于讨论，把查找条件限制为"匹配"，即查找关键字等于给定值的记录。例如，在一份学生登记表中，按某个指定人名查出该学生的有关资料；在一份原材料账目中，按原材料的编号查出有关原材料的记录等，都属于查找运算。在日常生活中，查字典、查图书目录、查火车时刻表等也都是查找。在程序设计中，查找运算常常归结为在某数组、某链表或某树中寻找某一特定的数据元素。

若在查找集合中找到了与给定值相匹配的记录，则称查找成功；否则，称查找不成功（或查找失败）。一般情况下，查找成功时，要返回一个成功标志，例如返回查找到的记录位置或值；查找不成功时，要返回一个不成功标志，例如空指针或 0，或将被查找的记录插入到查找集合中。

查找技术可以分为以下两类。

（1）静态查找：不涉及插入和删除操作的查找。

静态查找适用情况：查找集合一经生成，便只对其进行查找，而不进行插入和删除操作，或经过一段时间的查找之后，集中地进行插入和删除等修改操作。

（2）动态查找：涉及插入和删除操作的查找。

动态查找适用情况：查找与插入和删除操作在同一个阶段进行，例如当查找成功时，要删除查找到的记录；当查找不成功时，要插入被查找的记录。

在查找过程中，若能查到相应的元素，则我们称此次查找是成功的，否则称此次查找是不成功的。当查找成功时，给出相应记录的信息或指示该记录的位置；当查找不成功时，应给出查找不成功的提示信息。例如，根据书名在图书馆的图书目录中查找某一本书，如果查找成功，要求输出该书的分类号以便查找者借阅；如果查找不成功，表示图书馆没有此书，仅给出不成功即可。

查找算法的基本操作通常是将记录和给定值进行比较。所以，查找过程中要用对关键字执行的平均比较次数来衡量查找算法的平均时间性能，称为**平均查找长度**（average search length, ASL）。对于查找成功的情况，计算公式为

$$ASL = \sum_{i=1}^{n} p_i c_i \qquad (7.1)$$

式中，n 为问题规模，即查找集合中的记录个数；p_i 为查找第 i 个记录的概率；c_i 为查找第 i 个记录所需的关键字的比较次数；c_i 取决于算法，而 p_i 与算法无关，取决于具体应用。如果 p_i 是已知的，则平均查找长度只是问题规模的函数。

对于查找不成功的情况，平均查找长度即为查找失败对应记录的比较次数。查找算法总的平均查找长度应为查找成功与查找失败两种情况下查找长度的平均。在实际应用中，查找成功的可能性比查找不成功的可能性要大得多，特别是在查找集合中的记录个数很多时，查找不成功的概率可以忽略不计。

7.2　静态查找表

使用顺序表表示静态查找表可以对其结构描述如下。

```
typedef struct{
    ElemType *elem;  //数据元素存储空间基址：elem[0]不用
    int length;  //顺序表长度
}SSTable  //顺序表类型
```

7.2.1　无序顺序表查找——顺序查找

顺序查找又称线性查找，是一种最简单的查找方法，从表的最后一个记录开始，顺序扫描整个线性表，依次扫描到的记录关键字与给定值 key 相比较，若当前扫描到的记录关键字与 key 相等，则查找成功；若扫描结束后，仍没有找到关键字等于 key 的记录，则查找失败。顺序查找对线性表的元素并没有排序要求。

此查找过程可用如下算法描述。

```
int Search_Seq(SSTable ST,KeyType key)
{
    /*在顺序表 ST 中顺序查找其关键字等于 key 的数据元素。若找到，则函数值为该元
    素在表中的位置，否则为 0*/
    int i;
    ST.elem[0].key=key;  //哨兵
    for(i=ST.length; !(ST.elem[i].key==key);--i);  //从后往前找
```

```
        return i;  //找不到时，i 为 0
    }
```

算法中用到了哨兵，作用在于：一是作为临时变量存放当前要进行比较的关键字的副本；二是在查找循环中用来监视下标变量 i 是否越界。因为在算法中对每个扫描到的记录都要将其关键字与给定值比较，这是不能省略的；同时为防止下标越界还要检测一下该记录是否已经是表中的第一个记录，以便决定是否继续扫描下去。如果不使用监视哨（哨兵），则需要将当前记录的下标与 1 比较；如果使用哨兵，则这个比较就可以省略。当表中记录很多时，哨兵的作用就会更加明显。图 7.1 是设置哨兵的顺序查找示意。

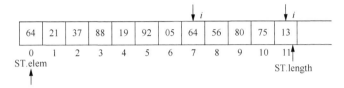

图 7.1 设置"哨兵"

下面我们分析该查找算法的性能—— $\text{ASL} = \sum_{i=1}^{n} p_i c_i$。

从顺序查找的过程可见，c_i 取决于所查记录在表中的位置。如查找表中最后一个记录时，仅需比较一次；而查找表中第一个记录时，则需比较 n 次。一般情况下，若查找第 i 个元素，则需要比较 $n-i+1$ 次。

假设 $n=\text{ST.length}$，则顺序查找的平均查找长度为

$$\text{ASL} = nP_1 + (n-1)P_2 + \cdots + 2P_{n-1} + P_n \tag{7.2}$$

假设每个记录的查找概率相等，即 $p_i=1/n$，则在等概率情况下顺序查找的平均查找长度为

$$\text{ASL}_{\text{ss}} = \sum_{i=1}^{n} p_i c_i = \frac{1}{n} \sum_{i=1}^{n}(n-i+1) = \frac{1}{n} \cdot \frac{n(n+1)}{2} = \frac{n+1}{2} \tag{7.3}$$

有时，表中各记录的查找概率并不相等。例如，将全校学生的病历档案建立一张表存放在计算机中，则体弱多病同学的病历记录的查找概率必定高于健康同学的病历记录的查找概率。由于式（7.2）中的 ASL 在 $P_n \geqslant P_{n-1} \geqslant \cdots \geqslant P_2 \geqslant P_1$ 时达到极小值，因此，对记录的查找概率不等的查找表，若能预先得知每个记录的查找概率，则应先对记录的查找概率进行排序，使表中记录按查找概率由小到大重新排列，以便提高查找效率。

例 7.1 根据对 10 个记录做 100 次查询得到的统计资料，其中：一个被查找 40 次，两个各被查找 22 次，三个各被查找 4 次，其余各被查找 1 次。按查找次数递增的顺序进行排列，如表 7.1 所示。

表 7.1 按查找次数递增排列的记录

记录	查找次数 c_i	统计概率 p_i
$r[1]$	1	0.01
$r[2]$	1	0.01
$r[3]$	1	0.01
$r[4]$	1	0.01

记录	查找次数 c_i	统计概率 p_i
$r[5]$	4	0.04
$r[6]$	4	0.04
$r[7]$	4	0.04
$r[8]$	22	0.22
$r[9]$	22	0.22
$r[10]$	40	0.40

（1）每个记录查找概率不相等时，

$$\text{ASL} = \sum_{i=1}^{n} p_i c_i$$

$$=1\times0.4+(2+3)\times0.22+(4+5+6)\times0.04+(7+8+9+10)\times0.01$$

$$=2.44$$

（2）每个记录查找概率相等时，

$$\text{ASL}=(1+10)/2=5.5$$

可见运用这种计算不等概率的 ASL 方法，比一般平均查找效率提高近 1.3 倍。

顺序查找和我们后面将要讨论的其他查找算法相比，其缺点是平均查找长度较大，特别是当 n 很大时，查找效率较低。然而，它有很大的优点是：算法简单且适应面广。它对表的结构无任何要求，无论记录是否按关键字有序均可应用，而且，上述所有讨论对线性链表也同样适用。

容易看出，上述对平均查找长度的讨论是在 $\sum_{i=1}^{n} p_i =1$ 的前提下进行的，换句话说，我们认为每次查找都是"成功"的。在本章开始时曾提到，查找可能产生"成功"与"不成功"两种结果，但在实际应用的大多数情况下，查找成功的可能性比不成功的可能性大得多，特别是在表中记录数 n 很大时，查找不成功的概率可以忽略不计。当查找不成功的情形不能忽略时，查找算法总的平均查找长度应为查找成功与查找失败两种情况下的查找长度的平均。

对于顺序查找，不论给定值 key 为何值，查找不成功时和给定值进行比较的关键字个数均为 $n+1$。假设查找成功与不成功的可能性相同，对每个记录的查找概率也相等，则 $p_i=1/2$，此时顺序查找的平均查找长度为

$$\text{ASL}_{ss} = \frac{1}{2n} \sum_{i=1}^{n} (n-i+1) + \frac{1}{2}(n+1) = \frac{3}{4}(n+1) \tag{7.4}$$

在本章的后续各节中，仅讨论查找成功时的平均查找长度和查找不成功时的比较次数，但哈希表例外。

7.2.2　有序顺序表查找——折半查找

折半查找是一种效率较高的查找方法，这种方法要求待查找的列表必须是按关键字大小有序排列的顺序表。列表关键字由小到大排列时，其查找过程是：将表中间位置记录的关键字与查找关键字比较，如果两者相等，则查找成功；否则利用中间位置记录将表分成前、后两个子表，如果中间位置记录的关键字大于查找关键字，则进一步查找前一个子表，否则进一步查找后一子表。重复以上过程，直到找到满足条件的记录为止，此时查找成功，或直到

子表不存在为止，此时查找不成功。

算法实现：设表长为 n，low、high 和 mid 分别指向待查元素所在区间的下界、上界和中点（即中间值，简称中值，也称为下界与上界的折半值），k 为给定值。

初始时，令 low=1，high=n，mid=⌊(low+high)/2⌋，让 k 与 mid 指向的记录比较；

若 k=r[mid].key，查找成功；

若 k<r[mid].key，则 high=mid−1，说明如果存在要找的数据元素，该元素一定在表的前半部，则在此前半部的数据中继续进行折半查找；

若 k>r[mid].key，则 low=mid+1，说明如果存在要找的数据元素，该元素一定在表的后半部，则在此后半部的数据中继续进行折半查找；

重复上述操作，直至 low>high 时，查找失败。

图 7.2 和图 7.3 给出了折半查找法查找 21、85 的具体过程，其中 mid=⌊(low+high)/2⌋，当 high<low 时，表示不存在这样的子表空间，查找失败。

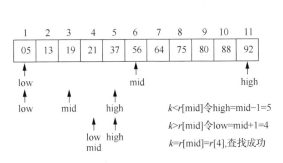

图 7.2　k=21 的折半查找过程

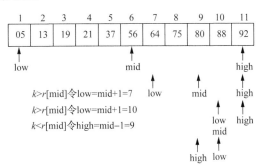

图 7.3　k=85 的折半查找过程

图 7.3 中，因为下界 low>上界 high，说明表中没有关键字等于 k 的元素，查找不成功。

由上述例子可知，折半查找过程是以区间中间位置记录的关键字和给定值比较，若相等，则查找成功，若不等，则缩小范围，直至新的区间中间位置记录的关键字等于给定值或查找区间的大小小于零时（表明查找不成功）为止。下面给出折半查找算法的具体描述。

```
int Search_Bin (SSTable ST,KeyType key)
{
    /*有序表 ST 中折半查找其关键字等于 key 的数据元素。若找到，则函数值为该元素
    在表中的位置，否则为 0*/
    int mid,low=1,high=ST.length;  //置区间初值
    while(low<=high)  //查找范围大于 0
    {
        mid=(low+high)/2;  //中值
        if(EQ(key,ST.elem[mid].key))  //中值是待查找元素
            return mid;  //返回其序号
        else if(LT(key,ST.elem[mid].key))  //关键字小于中值
            high=mid-1;  //继续在前半区间内进行查找
        else
            low=mid+1;  //继续在后半区间内进行查找
    }
    return 0;  //顺序表中不存在待查元素
}
```

折半查找效率高的主要原因是每进行一次关键字与给定值的比较，查找区间的长度至少减少为原来的二分之一。因此，上例的查找过程也可用图 7.4 所示的二叉树来描述。从折半查找的过程看，以有序表的中间记录作为比较对象，并以中间记录将有序表分割为两个有序子表，对子表继续这种操作。所以，对表中每个记录的查找过程，可用二叉树来描述，称为折半查找判定树（biSearch decision tree，简称判定树）。设有序区间是[low,high]，判定树的构造方法如下。

（1）当 low>high 时，判定树为空。

（2）当 low≤high 时，判定树的根结点是有序表中序号为 mid=⌊(low+high)/2⌋的记录，根结点的左子树是与有序表 r[low]～r[mid−1]相对应的判定树，根结点的右子树是与有序表 r[mid+1]～r[high]相对应的判定树。

图 7.4 给出了具有 11 个结点的判定树，将判定树中所有结点的空指针域加上一个指向方形结点的指针，并且称这些方形结点为外部结点；与之相对，称那些圆形结点为内部结点。显然，内部结点对应查找成功的情况，外部结点对应查找不成功的情况。

从判定树上可见，查找 21 的过程恰好是走了一条从根结点到第四个结点的路径，和给定值进行比较的关键字个数为该路径上的结点数。类似地，找到有序表中任一记录的过程就是走了一条从根结点到与该元素相应结点的路径，和给定值进行比较的关键字个数恰为从根结点到走到该结点的结点数。折半查找在查找成功时进行比较的关键字个数最多不超过树的深度，而具有 n 个结点的判定树的深度为⌊$\log_2 n$⌋+1。所以，折半查找在查找成功时和给定值进行比较的关键字个数至多为⌊$\log_2 n$⌋+1。同理可推，折半查找在查找不成功时走了一条从根结点到外部结点的路径，和给定值进行的关键字比较的次数等于该路径上内部结点的个数。因此，查找不成功时和给定值比较的次数最多也不超过树的深度。

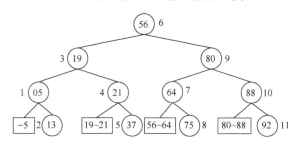

图 7.4　描述折半查找过程的判定树

接下来讨论折半查找的平均查找长度。假定有序表的长度 $n=2^h-1$（反之 $h=\log_2(n+1)$），则描述折半查找的判定树是深度为 h 的满二叉树。树中层次为 1 的结点有 1 个，层次为 2 的结点有 2 个……层次为 h 的结点有 2^{h-1} 个。假设表中每个记录的查找概率相等（$p_i = 1/n$），则查找成功时折半查找的平均查找长度为

$$\text{ASL}_{bs} = \sum_{i=1}^{n} p_i c_i = \frac{1}{n}\sum_{j=1}^{h} j \cdot 2^{j-1} = \frac{n+1}{n}\log_2(n+1) - 1 \tag{7.5}$$

对任意的 n，当 n 较大($n>50$)时，可有下列近似结果：

$$\text{ASL}_{bs} = \log_2(n+1) - 1 \tag{7.6}$$

可见，折半查找的效率比顺序查找高，但折半查找只适用于有序表，且限于顺序存储结构（对线性链表无法有效地进行折半查找）。

7.2.3 索引顺序表查找——分块查找

如果要处理的线性表既希望较快地查找又需要动态变化，则可以采用分块查找的方法。分块查找是把线性表分成若干块，在每一块中数据元素的存放是任意次序的，但是块与块之间必须有序。假设块与块之间按关键字递增次序排列，也就是说在第一块中任意数据元素的关键字都小于第二块中所有数据元素的关键字，第二块中任意数据元素的关键字都小于第三块中所有数据元素的关键字，等等。分块查找还需要建立一个索引表，把每块中最大的关键字，按关键字大小存入索引表中，使索引表保持为有序表。查找时首先用给定值在索引表中查找，确定满足条件的数据元素存放在哪一个块中，当然，对索引表查找的方法既可以采用折半查找法，也可以采用顺序查找法，然后再到相应的块中进行顺序查找，便可以得到结果。

索引表具有如下特点。

（1）索引表是按索引值递增（或递减）的有序表。

（2）主表中的关键字排列是无序的。

（3）主表中的关键字域和索引表中的索引值域具有相同的数据类型。

索引顺序表的查找过程需分如下两步进行。

（1）由索引确定记录所在区间。

（2）在顺序表的某个区间内进行查找。

索引顺序查找的过程也是一个“缩小区间”的查找过程，实现算法的基本思路如下。

（1）除主表本身外，还需建立一个索引表。

（2）要求主表中每个子表之间是递增（减）有序的，但块内记录的排列次序可以是任意的。

（3）索引表中索引值域用来存储对应块的最大关键字。

如图 7.5 所示，15 个元素的线性表分成三块，每块含 5 个元素，各块采用顺序存储方式独立存放在三个子表 B_1、B_2、B_3 之中，索引表 A 的每个元素包含两个字段，一个是该块的最大关键字，另一个是指向子表的指针。若要查找关键字为 60 的数据元素，首先用 60 与索引表 A 中的每个元素逐个比较，由于 60<74 且 60>44，确定 60 在第三块中（如果存在的话），然后到子表 B_3 中采用顺序查找的方法得到 B_3[3].key=60，故查找成功。

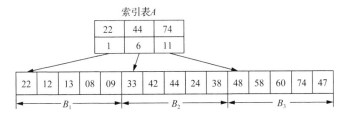

图 7.5 分块查找的存储表示

分块查找的平均查找长度由两部分组成，即查找索引表时的平均查找长度 L_B，以及在相应块内进行顺序查找的平均查找长度 L_W。

$$\text{ASL} = L_B + L_W \tag{7.7}$$

假设线性表中共有 n 个数据元素，平均分为 b 块，每块有 s 个数据元素，则 $b = \lceil n/s \rceil$。又假设查找各块概率相等，如果仅考虑成功的查找，则查找某一块的概率为 $1/b$，块中每个元

素的查找概率为 $1/s$。若用顺序查找法确定待查元素所在的块，则有

$$L_B = \frac{1}{b}\sum_{i=1}^{b} j = \frac{b+1}{2}, L_W = \frac{1}{s}\sum_{i=1}^{s} i = \frac{s+1}{2}$$

$$ASL = L_B + L_W = \frac{b+s}{2} + 1$$

将 $b = \frac{n}{s}$ 代入上式，得

$$ASL_{ss} = \frac{1}{2}\left(\frac{n}{s} + s\right) + 1 \tag{7.8}$$

由式（7.8）可知，分块查找的平均查找长度不仅与表长 n 有关，还与每一块中的记录个数 s 有关。在给定 n 的前提下，s 是可以选择的。为了计算 s 的最佳值，对公式 $\frac{1}{2}\left(\frac{n}{s} + s\right) + 1$ 中的 s 求导，并令其导数等于零，则有 $\left[\frac{1}{2}\left(\frac{n}{s} + s\right) + 1\right]' = -\frac{n}{s^2} + 1 = 0$，得 $s = \sqrt{n}$。

当 $s = \sqrt{n}$ 时，用顺序查找确定的块，分块查找的平均查找长度最小，其值为 $ASL_{ss} = \sqrt{n} + 1$，若用折半查找确定的块，则分块查找的平均查找长度为

$$ASL_{ss} = \frac{1}{2}\left(\frac{n}{s} + s\right) + 1$$

将 $b = \frac{n}{s}$ 代入上式，得

$$\begin{aligned} ASL &= \log_2(b+1) = 1 + \frac{s+1}{2} \\ &= \log_2\left(\frac{n}{s} + 1\right) + \frac{s+1}{2} - 1 \\ &= \log_2\left(\frac{n}{s} + 1\right) + \frac{s-1}{2} \\ &\approx \log_2\left(\frac{n}{s} + 1\right) + \frac{s}{2} \end{aligned} \tag{7.9}$$

如果要查找的线性表中有 10000 个数据元素，把它分成 100 个块，每块中 100 个元素，分块查找平均需要做 100 次比较，而顺序查找平均需要做 500 次比较，折半查找则最多需要做 14 次比较。由此可见，分块查找的速度比顺序查找要快得多，但又不如折半查找。如果线性表元素个数很多，且被分成的块数很大，对索引表的查找可以采用折半查找法，还能进一步提高检索速度。分块查找的优点是，在线性表中插入或删除一个元素时，只要找到元素应属于的块，然后在块内进行插入和删除运算。由于块内元素的存放是任意的，所以插入和删除比较容易，不需要移动大量元素。

7.3 动态查找表

前面讨论的查找方法只适用于具有固定大小的表，所以称之为静态查找算法。如果表的大小可以变化，能在其上方便地进行插入或删除记录的操作，则应寻求相应的动态查找算法。

下面介绍几种动态查找表的树形结构，即动态查找树表，它们既具有较高的查找效率，又能支持有效的插入和删除操作。

7.3.1 二叉排序树

1. 二叉排序树及其构造

二叉排序树或者是一棵空树，或者是具有如下特性的二叉树。

（1）若它的左子树不空，则左子树上所有结点的关键字值均小于根结点的关键字值。

（2）若它的右子树不空，则右子树上所有结点的关键字值均大于根结点的关键字值。

（3）它的左、右子树也都分别是二叉排序树。

如何构造一棵二叉排序树呢？通常，二叉排序树是由依次输入的数据元素序列（只要序列中的元素相互之间是可以进行比较的）构造而成的，构造的方法如下。

设 $R=\{R_1,R_2,\cdots,R_n\}$ 为一组记录，可以按如下步骤来建立二叉排序树。

（1）令 R_1 为二叉树的根。

（2）若 R_2.key$<R_1$.key，则令 R_2 为 R_1 的左子树的根结点；否则令 R_2 为 R_1 的右子树的根结点。

（3）对 $R_3,R_4,\cdots,R_n$ 递归重复步骤（2）。

例 7.2 给定关键字序列 45、12、3、37、24、53、100、61、90、78，按照上面的方法构造出的二叉排序树如图 7.6 所示。

二叉排序树的特点是用非线性结构来表示一个线性有序表。只要对二叉排序树进行中序遍历，就可以看出其关键字值是非递减有序的。由此可以得出结论：一个无序序列可以通过构造一棵二叉排序树而变成一个有序序列，构造树的过程即为排序的过程。不仅如此，从上面插入的过程中还可以看到，每次插入的新结点都是二叉排序树的叶子结点，在进行插入操作时，不必移动其他结点，仅需将某个结点的指针由空变为非空即可，这就相当于在一个有序序列上插入一个元素而没有移动其他元素。由此特性可知，对于需要经常插入和删除记录的有序表采用二叉排序树来表示更为合适。

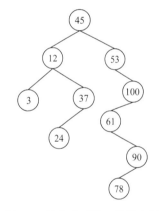

图 7.6 给定序列的二叉排序树

2. 二叉排序树的查找

二叉排序树又称二叉查找树，根据上述定义的结构特点可知，它的查找过程和次优二叉树类似。通常，取二叉链表作为二叉查找树的存储结构。

若二叉排序树为空，则查找不成功；否则：

（1）若给定值等于根结点的关键字，则查找成功；

（2）若给定值小于根结点的关键字，则继续在左子树上进行查找；

（3）若给定值大于根结点的关键字，则继续在右子树上进行查找。

```
Status SearchBST (BiTree T, KeyType key, BiTree f, BiTree &p)
{
    /*根指针 T 所指二叉排序树中递归地查找其关键字等于 key 的数据元素，若查找成
      功，则返回指针 p 指向该数据元素的结点，并返回函数值为 TRUE；否则表明查找
      不成功，返回空指针*/
```

```
        if(!T||EQ(key,T->data.key))  //树T空或待查找的关键字等于T所指结点的关键字
            return T;  //查找结束,返回指针T
        else if LT(key,T->data.key)  //待查找的关键字小于T所指结点的关键字
            return SearchBST(T->lchild,key,T,p);  //在左子树中继续递归查找
        else  //待查找的关键字大于T所指结点的关键字
            return SearchcBST(T->rchild,key,T,p);  //在右子树中继续递归查找
    }
```

例 7.3　给出 $R=\{xal,wan,wil,zol,yo,xul,yum,zom\}$，按上述原则构造二叉排序树，过程如图 7.7 所示。

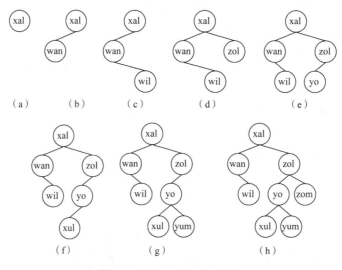

图 7.7　构造二叉排序树过程

例如，在图 7.7 中查找关键字 key 等于 yo 的记录（树中结点内的值均为记录的关键字），key 和根结点的关键字比较，因 key>xal，故查找右子树，此时右子树非空，且 key<zol，则查找 zol 结点的左子树，由于 key 和 zol 左子树的关键字 yo 相等，则查找成功。

又如在图 7.7 中查找关键字 key 等于 ming 的记录，与上述过程类似，先和根结点进行比较，key 比根结点 xal 小，故查找根结点的左子树，此时左子树非空，key<wan，则查找 wan 的左子树，因 wan 的左子树为空，则查找失败。

3. 二叉排序树查找过程中的插入和删除

根据动态查找表的定义，"插入"操作在查找不成功时才进行。若二叉排序树为空树，则新插入的结点为新的根结点；否则，新插入的结点必为一个新的叶子结点，其插入位置由查找过程得到。

```
    Status Insert BST(BiTree &T, ElemType e)
    {
        /*二叉排序树中不存在关键字等于 e.key 的数据元素时,插入元素值为e的结点,
        并返回 TRUE;否则,不进行插入并返回 FALSE*/
        BiTree p,s;
        if(!SearchBST(T,e.key,NULL,p))
        {
            //查找不成功,p指向查找路径上访问的最后一个叶子结点
```

```
            s=(BiTree)malloc(sizeof(BiTNode));  //为新结点分配空间
            s->data=e;  //给新结点的数据域赋值
            s->lchild=s->rchild=NULL;  //给新结点的左右孩子域赋初值空
            if(!p)  //树 T 空
                T=s;  //插入 s 为新的根结点
            else if (LT(e.key,p->data.key))  //树 T 不空,*s 的关键字小于*p 的关键字
                p->lchild=s;  //插入*s 为*p 的左孩子
            else
                p->rchild=s;  //插入*s 为*p 的右孩子
            return TRUE;
        }
        return FALSE;
    }
```

二叉排序树的查找和折半查找类似,与给定值比较的关键值个数不超过树的深度。算法如下。

```
    Status SearchBST(BiTree &T,KeyType key,BiTree f,BiTree &p)
    {
        /*在根指针 T 所指二叉排序树中递归地查找其关键字等于 key 的数据元素,若查找成
        功,则指针 p 指向该数据元素结点,并返回 TRUE;否则指针 p 指向查找路径上访问的
        最后一个结点并返回 FALSE,指针 f 指向 T 的双亲,其初始调用值为 NULL*/
        if(!T)  //查找不成功
        {
            p=f;  //p 指向查找路径上访问的最后一个结点
            return FALSE;
        }
        else if(EQ(key,T->data.key))  //查找成功
        {
            p=T;  //p 指向该数据元素结点
            return TRUE;
        }
        else if(LT(key,T->data.key))  //key 小于 T 所指结点的关键字
            return SearchBST(T->lchild,key,T,p);  //在左子树中继续递归查找
        else  //key 大于 T 所指结点的关键字
            return SearchBST(T->rchild,key,T,p);  //在右子树中继续递归查找
    }
```

同样,在二叉排序树上删去一个结点也很方便。对于一般的二叉树来说,删去树中一个结点的意义是不大的。然而,对于二叉排序树,删去树上一个结点相当于删去有序序列中的一个记录,只要在删除某个结点之后依旧保持二叉排序树的特性即可。设 p 指向要删除的结点,则在二叉排序树中删除此结点可按如下步骤进行。

(1)若 p 指向的结点没有左子树,则用右子树的根代替被删除的结点。

(2)若 p 指向的结点没有右子树,则用左子树的根代替被删除的结点。

(3)若 p 指向的结点的左、右子树都存在,需要找到 p 的左子树的中序遍历序列排序中最后一个结点位置,即 s,若 s 结点的左子树存在,则用 s 的左子树代替 s 结点的位置,而将 p 结点的左、右子树分别置成 s 结点的左、右子树,最后用 s 结点取代 p 结点。算法如下。

```
Status DeleteBST(BiTree &T,KeyType key)
{
    /*若二叉排序树 T 中存在其关键字等于 key 的数据元素,则删除该数据元素结点,
    并返回函数值 TRUE,否则返回函数值 FALSE*/
    if(!T)  //树 T 空
        return FALSE;
    if (EQ(key,T->data.key))  //找到关键字等于 key 的数据元素
        Delete(T);  //删除该结点
    else if (LT(key,T->data.key))  //关键字小于 T 所指结点的关键字
        DeleteBST(T->lchild,key);  //继续在左子树中进行递归查找
    else  //关键字大于 T 所指结点的关键字
        DeleteBST(T->rchild,key);  //继续在右子树中进行递归查找
    return TRUE;
}

void Delete(BiTree &p)
{
    //从二叉排序树中删除 p 所指结点,并重接它的左或右子树
    BiTree s,q=p;  //q 指向待删除结点
    if(!p->rchild)  //p 的右子树空则只需重接它的左子树
    {
        p=p->lchild;  //p 指向待删除结点的左孩子
        free(q);  //释放待删除结点
    }
    else if(!p->lchild)  //p 的左子树空,只需重接它的右子树
    {
        p=p->rchild;  //p 指向待删除结点的右孩子
        free(q);  //释放待删除结点
    }
    else  //p 的左右子树均不空
    {
        s=p->lchild;  //s 指向待删除结点的左孩子
        while(s->rchild)  //s 有右孩子
        {
            q=s;  //q 指向 s
            s=s->rchild;  //s 指向 s 的右孩子
        }
        p->data=s->data;  //将待删结点前驱的值取代待删结点的值
        if(q!=p)  //待删结点的左孩子有右子树
            q->rchild=s->lchild;
        else  //待删结点的左孩子没有右子树
            q->lchild=s->lchild;
        free(s);
    }
}
```

4. 二叉排序树的查找性能

对于每一棵特定的二叉排序树，均可按照平均查找长度的定义来求它的 ASL 值。显然，由值相同的 n 个关键字所构造的不同形态的各棵二叉排序树的平均查找长度的值不同，甚至可能差别很大，如图 7.8 所示。

显然在二叉排序树上进行查找，若查找成功，则是从根结点出发走了一条从根结点到待查结点的路径；若查找不成功，则从根结点出发走了一条从根到某个叶子结点的路径。因此二叉排序树的查找与折半查找类似，在二叉排序树中查找一个记录时，其比较次数不超过树的深度。但是，对长度为 n 的表而言，无论其排列顺序如何，折半查找对应的判定树是唯一的，而含有 n 个结点的二叉排序树却是不唯一的，所以对于含有同样关键字序列的一组结点，结点插入的先后次序不同，所构成的二叉排序树的形态和深度不同。

下面讨论平均情况：不失一般性，假设长度为 n 的序列中有 k 个关键字小于第一个关键字，则必有 $n-k-1$ 个关键字大于第一个关键字，如图 7.9 所示，由它构造的二叉排序树的平均查找长度是 n 和 k 的函数 $P(n,k)(0 \leqslant k \leqslant n-1)$。

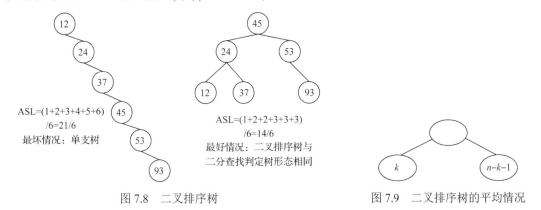

图 7.8 二叉排序树   图 7.9 二叉排序树的平均情况

假设 n 个关键字可能出现的 $n!$ 种排列的可能性相同，则含 n 个关键字的二叉排序树的平均查找长度为

$$\text{ASL} = P(n) = \sum_{k=0}^{n-1} P(n,k) \tag{7.10}$$

在等概率查找的情况下：

$$P(n,k) = \sum_{i=1}^{n} p_i c_i = \frac{1}{n} \sum_{i=1}^{n} c_i$$

$$P(n,k) = \frac{1}{n} \sum_{i=1}^{n} c_i = \frac{1}{n} \left(c_{\text{root}} + \sum_L c_i + \sum_R c_i \right)$$

$$= \frac{1}{n} \left(1 + k(P(k)+1) + (n-k-1)(P(n-k-1)+1) \right)$$

$$= 1 + \frac{1}{n} \left(k \times P(k) + (n-k-1) \times P(n-k-1) \right)$$

$$P(n) = \frac{1}{n} \sum_{k=0}^{n-1} \left(1 + \frac{1}{n} \left(k \times P(k) + (n-k-1) \times P(n-k-1) \right) \right) = 1 + \frac{2}{n^2} \sum_{k=1}^{n-1} \left(k \times P(k) \right)$$

可类似于解差分方程，此递归方程有解：

$$P(n) = 2 \frac{n+1}{n} \log n + C \tag{7.11}$$

7.3.2 平衡二叉树

平衡二叉树又称 AVL 树，即它或者是一棵空树，或者是具有下列性质的二叉树：它的左子树和右子树都是平衡二叉树，且左子树和右子树的深度之差的绝对值不超过 1。

二叉树上结点的**平衡因子**是该结点左子树的深度减去它的右子树的深度。可见，平衡二叉树中每个结点的平衡因子的绝对值均不超过 1，也就是说，一旦二叉树中某个结点的平衡因子的绝对值大于 1，则该二叉树不是一棵平衡二叉树。图 7.10(a)为非平衡的二叉树，而图 7.10(b)为一棵平衡二叉树。

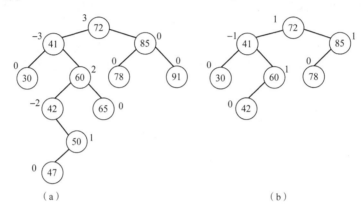

图 7.10 平衡与非平衡的二叉树及结点的平衡因子

二叉排序树的查找效率取决于二叉树的形态，而构造一棵形态匀称的二叉排序树与结点插入的次序有关。但是结点插入的先后次序往往不是随人的意志而定的，这就要求找到一种动态平衡的方法，对于任意给定的关键字序列都能构造一棵形态匀称的二叉排序树，即平衡二叉排序树。

1. 平衡二叉树的平衡处理

若一棵二叉排序树是平衡二叉树，插入某个结点后，可能会变成非平衡二叉树，这时，就可以对该二叉树采用平衡旋转技术，使其变成一棵平衡二叉树。处理的原则应该是处理与插入点最近而平衡因子为–1,0,1 的结点。下面分四种情况讨论平衡处理。

（1）单向右旋平衡处理（左左型、LL 型）。

在 A 的左孩子 B 上插入一个左孩子结点 C，使 A 的平衡因子由 1 变成了 2，成为不平衡的二叉排序树。这时的平衡处理为：将 A 顺时针旋转，成为 B 的右子树，而原来 B 的右子树则变成 A 的左子树，待插入结点 C 作为 B 的左子树，如图 7.11 所示。

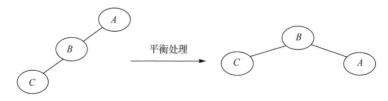

图 7.11 单向右旋平衡处理

（2）双向旋转（先左后右型）平衡处理（LR 型）。

在 A 的左孩子 B 上插入一个右孩子 C，使得 A 的平衡因子由 1 变成了 2，成为不平衡的二叉排序树。这时的平衡处理为：将 C 变到 B 与 A 之间，使之成为 LL 型，然后按第（1）种情形进行 LL 型处理，如图 7.12 所示。

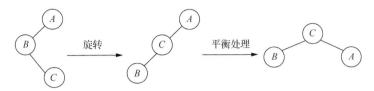

图 7.12 双向旋转平衡处理（LR 型）

（3）单向左旋平衡处理（右右型、RR 型）。

在 A 的右孩子 B 上插入一个右孩子 C，使 A 的平衡因子由–1 变成–2，成为不平衡的二叉排序树。这时的平衡处理为：将 A 逆时针旋转，成为 B 的左子树，而原来 B 的左子树则变成 A 的右子树，待插入结点 C 成为 B 的右子树，如图 7.13 所示。

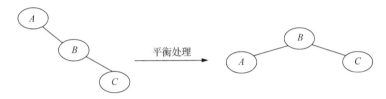

图 7.13 单向左旋平衡处理

（4）双向旋转（先右后左型）平衡处理（RL 型）。

在 A 的右孩子 B 上插入一个左孩子 C，使 A 的平衡因子由–1 变成–2，成为不平衡的二叉排序树。这时的平衡处理为：将 C 变到 A 与 B 之间，使之成为 RR 型，然后按第（3）种情形 RR 型处理，如图 7.14 所示。

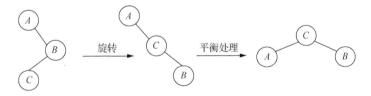

图 7.14 双向旋转平衡处理（RL 型）

平衡二叉树的四种调整方法 LL、LR、RR、RL 都有一个共同的特点，也是二叉树平衡化的核心：无论任何方法，只要满足下面条件，都可作为平衡二叉树的调整方法。

（1）调整后的二叉树中任何结点的平衡因子值为–1，0 或 1。

（2）调整前和调整后中序遍历的结果一致。

如何使建立的一棵二叉排序树是平衡的呢？这就要求当新结点插入二叉排序树时，必须保持所有结点的平衡因子满足平衡二叉树的要求，一旦不满足要求，就必须进行调整，如图 7.15 所示。

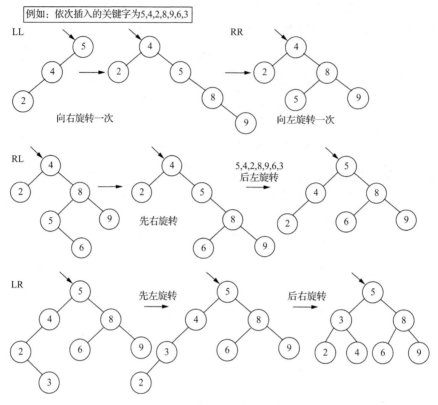

图 7.15　平衡二叉树调整过程

二叉排序树的类型定义如下。

```
typedef struct BSTNode{
    ElemType data;
    int bf;  //结点的平衡因子
    struct BSTNode *lchild,*rchild;  //左右孩子指针
}BSTNode,*BSTree;

void R_Rotate(BSTree &p)
{
    /*对以*p 为根的二叉排序树作右旋处理，处理之后 p 指向新的树根结点，即旋转处
    理之前的左子树的根结点*/
    BSTree lc;
    lc=p->lchild;  //lc 指向 p 的左子树根结点
    p->lchild=lc->rchild;  //lc 的右子树挂接为 p 的左子树
    lc->rchild=p;
    p=lc;  //p 指向新的根结点
}

void L_Rotate(BSTree &p)
{
    /*对以*p 为根的二叉排序树作左旋处理，处理之后 p 指向新的树根结点，即旋转处
    理之前的右子树的根结点*/
```

```
        BSTree rc;
        rc=p->rchild;  //rc 指向 p 的右子树根结点
        p->rchild=rc->lchild;  //rc 的左子树挂接为 p 的右子树
        rc->lchild=p;
        p=rc;  //p 指向新的根结点
    }

    void LeftBalance(BSTree &T)
    {
        /*对以指针 T 所指结点为根的二叉树作左平衡旋转处理,本算法结束时,指针 T 指
        向新的根结点*/
        BSTree lc,rd;
        lc=T->lchild;  //lc 指向 *T 的左子树根结点
        switch(lc->bf)
        {
            //检查 *T 的左子树的平衡度,并作相应平衡处理
            case LH:  //新结点插入在 *T 的左孩子的左子树上,要作单右旋处理
                T->bf=lc->bf=EH;
                R_Rotate(T);
                break;
            case RH:  //新结点插入在 *T 的左孩子的右子树上,要作双旋处理
                rd=lc->rchild;  //rd 指向 *T 的左孩子的右子树根
                switch(rd->bf)
                {
                    //修改 *T 及其左孩子的平衡因子
                    case LH:
                        T->bf=RH;
                        lc->bf=EH;
                        break;
                    case EH:
                        T->bf=lc->bf=EH;
                        break;
                    case RH:
                        T->bf=EH;
                        lc->bf=LH;
                        break;
                }
                rd->bf=EH;
                L_Rotate(&T->lchild);  //对 *T 的左子树作左旋平衡处理
                R_Rotate(T);  //对 *T 作右旋平衡处理
        }
    }

    void RightBalance(BSTree &T)
    {
        /*对以指针 T 所指结点为根的二叉树作右平衡旋转处理,本算法结束时,指针 T 指
        向新的根结点*/
        BSTree rc,rd;
```

```
        rc=T->rchild;   //rc 指向*T 的右子树根结点
        switch(rc->bf)
        {
            //检查*T 的右子树的平衡度，并作相应平衡处理
            case RH:  //新结点插入在*T 的右孩子的右子树上，要作单左旋处理
                T->bf=rc->bf=EH;
                L_Rotate(T);
                break;
            case LH:  //新结点插入在*T 的右孩子的左子树上，要作双旋处理
                rd=rc->lchild;  //rd 指向*T 的右孩子的左子树根
                switch(rd->bf)
                {
                    //修改*T 及其右孩子的平衡因子
                    case RH:
                        T->bf=LH;
                        rc->bf=EH;
                        break;
                    case EH:
                        T->bf=rc->bf=EH;
                        break;
                    case LH:
                        T->bf=EH;
                        rc->bf=RH;
                        break;
                }
                rd->bf=EH;
                R_Rotate(&T->rchild);  //对*T 的右子树作右旋平衡处理
                L_Rotate(T);  //对*T 作左旋平衡处理
        }
    }

Status InsertAVL(BSTree &T,ElemType e,int &taller)
{
    /*若在平衡的二叉排序树 T 中不存在和 e 有相同关键字的结点，则插入一个数据元
    素为 e 的新结点，并返回 TRUE，否则返回 FALSE。若因插入而使二叉排序树失去
    平衡，则作平衡旋转处理，布尔变量 taller 反映 T 长高与否*/
    if(!T)
    {
        //插入新结点，树"长高"，置 taller 为 TRUE
        T=(BSTree)malloc(sizeof(BSTNode));
        T->data= e;
        T->lchild=T->rchild=NULL;
        T->bf=EH;
        taller=TRUE;
    }
    else
    {
        if(e.key==T->data.key)
```

```
    {
        //树中已存在和 e 有相同关键字的结点则不再插入
        taller=FALSE;
        return FALSE;
    }
    if(e.key<T->data.key)
    {
        //应继续在*T 的左子树中进行搜索
        if(!InsertAVL(&T->lchild,e,taller))  //未插入
            return FALSE;
        if(taller)  //已插入到*T 的左子树中且左子树"长高"
            switch(T->bf)  //检查*T 的平衡度
            {
                case LH:
                //原本左子树比右子树高,需要作左平衡处理
                    LeftBalance(T);
                    taller=FALSE;  //标志"没长高"
                    break;
                case EH:
                //原本左、右子树等高,现因左子树增高而使树增高
                    T->bf=LH;
                    taller=TRUE;  //标志"长高"
                    break;
                case RH:
                //原本右子树比左子树高,现左、右子树等高
                    T->bf=EH;
                    taller=FALSE;  //标志"没长高"
                    break;
            }
    }
    else
    {
        //应继续在*T 的右子树中进行搜索
        if(!InsertAVL(&T->rchild,e,taller))  //未插入
            return FALSE;
        if(taller)  //已插入到 T 的右子树且右子树"长高"
            switch(T->bf)  //检查 T 的平衡度
            {
                case LH:
                    T->bf=EH;  //原本左子树比右子树高,现左、右子树等高
                    taller=FALSE;
                    break;
                case EH:  //原本左、右子树等高,现因右子树增高而使树增高
                    T->bf=RH;
                    taller=TRUE;
                    break;
                case RH:  //原本右子树比左子树高,需要作右平衡处理
                    RightBalance(T);
```

```
                        taller=FALSE;
                        break;
                    }
                }
            }
    return TRUE;
        }
```

2. 平衡二叉树的查找分析

在平衡二叉树上进行查找的过程和二叉排序树相同，因此，查找过程中和给定值进行比较的关键字的个数不超过树的深度，最坏的情况是平衡二叉树具有相同数量的结点而深度达到最大；从另一方面说，也就是具有相同深度而所含结点数为最少的平衡树。假设 N_0 表示深度为 h 的平衡二叉树上含有的最少结点数，则 $N_0=0, N_1=1, N_2=2, \cdots, N_h=N_{h-1}+N_{h-2}+1$，这与斐波那契序列递推式 $F_0=0, F_1=1, F_i=F_{i-1}+F_{i-2}(i \geqslant 2)$ 很相似。利用归纳法可证得，当 $h>0$ 时，$N_h=F_{h+2}-1$ 成立，其中，$F_h \approx \phi^h/\sqrt{5}, \phi=(1+\sqrt{5})/2$，由此推得，深度为 h 的平衡二叉树中所含结点的最小值 $N_h=(\phi^{h+2}/5)-1$。

反之，含有 n 个结点的平衡二叉树能达到的最大深度 $h_n=\log_\phi(\sqrt{5}(n+1))-2$。因此，在平衡二叉树上进行查找时，查找过程中和给定值进行比较的关键字的个数的时间复杂度和 $O(\log n)$ 相当。

7.4　哈希表

哈希表又称散列地址法或杂凑法，它也是一种查找方法，不像前面介绍的那些方法，在查找时需进行一系列与关键字的比较。哈希表法通过对关键字做某种运算来直接确定数据元素在查找表中的位置。也就是说，对给出的关键字做相应的运算后即可得到要找的那个元素的地址。

7.4.1　什么是哈希表

前面介绍的各种查找方法，它们都要通过一系列的比较才能确定被查找元素在表中的地址，所以统称为对键值进行比较的查找方法。查找的效率主要依赖于查找过程中所进行的比较次数。算法的改进停留在如何尽量减少比较次数，提高查找效率。能否不经过任何比较，一次存取便能取得所查找元素？哈希表有效地解决了这个问题。

哈希表是一种重要的存储方式，也是一种常见的检索方法。哈希表利用一个函数来构造各元素的地址，即关键字 k_i 与它的哈希地址 $adr(k_i)$ 之间建立一个函数关系：$adr(k_i)=H(k_i)$，其中，$H(k_i)$ 称为**哈希函数**，称该地址为**哈希地址**。查找时再根据要查找的键值用同样的函数计算地址，然后到相应的单元里去取要找的元素。用哈希法存储的线性表叫作**哈希表**。

例如，为每年招收的 1000 名新生建立一张查找表，其关键字为学号，其值的范围为 xx000～xx999（前两位为年份）。若以下标为 000～999 的顺序表表示，则查找过程可以简单进行——取给定值（学号）的后三位，不需要经过比较便可直接从顺序表中找到待查关键字。但是对动态查找表而言：①表长不确定；②在设计查找表时，只知道关键字所属范围，而不知道确切的关键字。

例 7.4 对于如下 9 个关键字：

{ Zhao, Qian, Sun, Li, Wu, Chen, Han, Ye, Dai }
13　　8　　9　　6　　11　　1　　4　　12　　2

设哈希函数 $H(\text{key}) = \lfloor (\text{Ord(第一个字母)} - \text{Ord('A')}+1) / 2 \rfloor$，其哈希表如图 7.16 所示。

0	1	2	3	4	5	6	7	8	9	10	11	12	13
	Chen	Dai		Han		Li		Qian	Sun		Wu	Ye	Zhao

图 7.16　例 7.4 哈希表

现在我们还会面临这样的问题：①若添加关键字 Zhou，怎么办？②能否找到另一个哈希函数？

从这个例子可见：

（1）哈希函数是一个映像，即将关键字的集合映射到某个地址集合上，它的设置很灵活，只要这个地址集合的大小不超出允许范围即可。

（2）由于哈希函数是一个压缩映像，因此，在一般情况下，很容易产生"冲突"现象，即 key1≠key2，而 $H(\text{key1})=H(\text{key2})$。并且，改进哈希函数只能减少冲突，而不能避免冲突。

（3）很难找到一个不产生冲突的哈希函数。一般情况下，只能选择恰当的哈希函数，使冲突尽可能少地产生。

因此，在构造这种特殊的"查找表"时，除了需要选择一个"好"（尽可能少产生冲突）的哈希函数之外，还需要找到一种"处理冲突"的方法。于是我们还可以给出哈希表的定义。

根据设定的哈希函数 $H(\text{key})$ 和所选中的处理冲突的方法，将一组关键字映像到一个有限的、地址连续的地址集合（区间）上，并以关键字在地址集中的"映像"作为相应记录在表中的存储位置，如此构造所得的查找表称为**哈希表**。

7.4.2　哈希函数的构造方法

关于哈希函数的研究，在计算机界已经做了大量的工作，适用的哈希函数五花八门，不能一一列举，对这些哈希函数的理论分析也取得很多成果。下面介绍几种常用的哈希函数构造方法：①直接定址法；②数字分析法；③平方取中法；④折叠法；⑤除留余数法；⑥随机数法。若是非数字关键字，则需先对其进行数字化处理。

1．直接定址法

取键值或键值的某个线性函数为哈希地址。即 $H(\text{key})=a*\text{key}+b$，其中 a 和 b 为常数。

例 7.5 一个中华人民共和国成立后出生的人口调查表，键值是年份，哈希函数取键值加常数：$H(\text{key})= \text{key}+(-1948)$，如表 7.2 所示。这样，若要调查 1970 年出生的人数，则只要查第 (1970−1948)=22 项即可。

由于直接定址所得地址集合和键值集合大小相同，因此，对于不同的键值不会发生冲突，但在实际中能使用这种哈希函数的情况很少。

表 7.2　人口调查表

地址	年份	人数
01	1949	…
02	1950	…
03	1951	…

地址	年份	人数
…	…	…
22	1970	15 000
…	…	…

2. 数字分析法

常常有这样的情况：键值的位数比存储区域的地址码的位数多，在这种情况下可以对键值的各位进行分析，丢掉分布不均匀的位，留下分布均匀的位作为地址。

例 7.6　有 80 个记录，关键字为 8 位十进制数，哈希地址为 2 位十进制数。取哪两位？原则是使得到的哈希地址尽量避免产生冲突，则需从分析这 80 个关键字着手，如图 7.17 所示。

```
①②③④⑤⑥⑦⑧
8 1 3 4 6 5 3 2
8 1 3 7 2 2 4 2          分析：①只取8
8 1 3 8 7 4 2 2               ②只取1
8 1 3 0 1 3 6 7               ③只取3、4
8 1 3 2 2 8 1 7               ⑧只取2、7、5
8 1 3 3 8 9 6 7          ④⑤⑥⑦数字分布近乎随机故取
8 1 3 0 8 5 3 7          ④⑤⑥⑦任意两位或两位与另两
8 1 3 1 8 5 3 7          位的叠加作哈希地址
8 1 4 5 9 3 5 5
```

图 7.17　数字分析法示例

此方法仅适合于：能预先估计出全体关键字的每一位上各种数字出现的频度的情况。

3. 平方取中法

平方取中法是将键值平方后的中间几位作为哈希地址。这一方法计算简单且不需要事先掌握键值的分布情况。而一个数的平方后的中间几位数与数的每一位都相关，由此使随机分布的键值得到的哈希地址也是随机的，取的位数由表长决定。

例 7.7　假设给定一组关键字(0100,0110,1010,1001,0111)，并且计算可得它的平方结果为：(0010000,0012100,1020100,1002001,0012321)，若表长为 3 位，则可取中间三位作为散列地址集(100,121,201,020,123)。

此方法适合于：关键字中的每一位都有某些数字重复出现且频度很高的现象。

4. 折叠法

如果键值的位数比地址码的位数多，而且各位分布较均匀，不适合采用数字分析法丢掉某些数位，那么可以考虑用折叠法。折叠法是将键值分割成几部分，然后取这几部分的叠加和（舍去进位）作为哈希地址。这里有两种叠加处理的方法：移位叠加和间界叠加。

例 7.8　关键字为 0442205864，哈希地址位数为 4。其折叠法过程如图 7.18 所示。

```
        5864                      5864
        4220                      0224
    +     04                  +     04
    ────────                  ────────
       10088                     6092
    H(key)=0088               H(key)=6092

  （a）移位叠加              （b）间界叠加
```

图 7.18　折叠法示例

此方法适合于：关键字的数字位数特别多的情况。

5. 除留余数法

除留余数法是一种简单、常用的有效构造法。其做法是：选择一个适当的正整数 p，用 p 去除键值，取其余数作为地址，即令哈希函数为 $H(key)=key\ MOD\ p$。

这个方法的关键是选取适当的 p，如果选 p 为偶数，则它总是把奇数的键值转换为奇数地址，把偶数的键值转换成偶数地址，这增加了冲突的机会。若选 p 为键值奇数的幂，所得的哈希地址实际上是键值的末几位。例如，键值是十进制数，若选 $p=100$，则实际上就是取键值的最后两位作为地址。由经验得知，一般情况下，选 p 为小于某个区域长度 m 的最大素数比较好。

例 7.9 若 m= 8,16,32,64,128,256,512,1024；则相应的 p = 7,13,31,61,127,251,503,1019。

除留余数法的地址计算公式简单，而且在很多情况下效果较好，因此是一种常用的构造哈希函数的方法。

问题：为什么要对 p 加限制？

例 7.10 给定一组关键字(12,39,18,24,33,21)，若取 $p=9$，则它们对应的哈希函数值将为 3,3,0,6,6,3，即

$$H(key1)=\lceil H(12)/9 \rceil=3$$
$$H(key2)=\lceil H(39)/9 \rceil=3$$
$$H(key3)=\lceil H(18)/9 \rceil=0$$
$$H(key4)=\lceil H(24)/9 \rceil=6$$
$$H(key5)=\lceil H(33)/9 \rceil=6$$
$$H(key6)=\lceil H(21)/9 \rceil=3$$

可见，若 p 中含质因子 3，则所有含质因子 3 的关键字均映射到"3 的倍数"的地址上，从而增加了"冲突"的可能。因此，哈希函数的处理冲突方法将成为其关键问题。

例 7.11 有一个关键字 key=47，散列表大小 m=25，即 HT[25]。取质数 p=23。

根据已知条件，我们得知其散列函是 $H(key)=key\%p$，则该散列地址为 $H(47)=47\%23=1$，将计算出的（散列地址）地址=1 作为存放关键字 47 的地址（序号）。

6. 随机数法

设定哈希函数为 $H(key)=Random(key)$。其中，Random 为伪随机函数。

通常，此方法用于对长度不等的关键字构造哈希函数。

实际造表时，采用何种构造哈希函数的方法取决于建表的关键字集合的情况（包括关键字的范围和形态），总的原则是使产生冲突的可能性降到最小。

7.4.3 处理冲突的方法

前文的讨论表明，一个再好的哈希函数也不可能完全避免冲突，因此寻求比较好的处理冲突的方法是一个重要问题。冲突是怎样发生的呢？当接受一个键值后，在哈希表中查找和插入过程中，根据确定的哈希函数，先求出这个键值的哈希函数值，再根据该值查看在哈希表中对应位置是否被占用，如果未被占用就将该键值存入这个位置。若已被占用，且被占位置的键值恰好与所接收的键值相同，则说明已找到所给的键值查找结束；若已被占用，且被占位置的键值与接收的键值不匹配，则此时或者继续查找，或者把新键值送入哈希表的其他位置，这与所采用的冲突处理方法有关。下面分别介绍**开放定址法、再哈希法、链地址法**和建立一个公共溢出区方法的冲突处理方法。

1. 开放定址法（闭散列方法）

"开放定址法"（又叫作**闭散列方法**）的含义是：开放哈希表中尚未被占用的地址，以供地址冲突发生时进行再分配，即为关键字再重新分配所指定的地址。当冲突发生时，形成一个探查序列。沿此序列逐个地址探查，直到找到一个空位置（开放的地址），将发生冲突的记录放到该地址中，即

$$H_i=(H(\text{key})+d_i) \text{ MOD } m$$

式中，H_i 为产生冲突的地址寻找下一个哈希地址，$i=1,2,\cdots,k(k \leqslant m-1)$；$H(\text{key})$ 为哈希函数；m 为哈希表表长；d_i 为增量序列。

增量 d_i 有以下三种取法。

（1）线性探测再散列。

$$d_i = +1,+2,\cdots,+m-1$$

（2）二次探测再散列（平方探测再散列）。

$$d_i = +1^2,-1^2,+2^2,-2^2,\cdots,(m/2)^2$$

（3）随机探测再散列（d_i 是一组伪随机序列）。

注意，在探测过程中，当探测到末尾后，再从哈希表的开始位置进行探测，直到再次探测到首先被探测的那个哈希表元素的位置。若探测结果是键值已匹配了，则表示结束，或者有空位置，就把这个新键值插入到这个位置，并送出匹配或插入位置而结束。如果找不到空位置，则说明哈希表已满，不能再存放键值了，这种情况称为**溢出**，此时应送出标志表示结束。

例 7.12 关键字集合 key={29,01,14,66,68,83,20,19,23}，设定哈希函数 $H(\text{key})=\text{key MOD}$ 11 (模=11)，散列前分别存入的哈希地址计算如下。

$H(29)=29 \text{ MOD } 11=7$；$H(01)=1 \text{ MOD } 11=1$；$H(14)=14 \text{ MOD } 11=3$；$H(66)=66 \text{ MOD } 11=0$；$H(68)=68 \text{ MOD } 11=2$；$H(83)=83 \text{ MOD } 11=6$；$H(20)=20 \text{ MOD } 11=9$；$H(19)=19 \text{ MOD } 11=8$；$H(23)=23 \text{ MOD } 11=1$。

$H(23)$ 与 $H(01)=1$ 地址冲突，运用开放定址法的三种方法处理冲突如下。

（1）运用线性探测再散列处理冲突。

当前状态显示如图 7.19 所示。

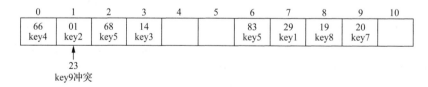

图 7.19   例 7.12 地址冲突的当前状态

选择 $H_i=(H(\text{key})+d_i) \text{ MOD } m$ 来计算新的地址，即根据已知条件：$H_i=(H(\text{key})+d_i) \text{ MOD } m=(H(\text{key})+d_i) \text{ MOD } 9$（因为当前表长 $m=9$），$d_i = +1,+2,\cdots,+m-1$ 进行如下计算。

首先取 $d_1=+1$ 计算：$H_1=(H(23)+1) \text{ MOD } 9=(1+1) \text{ MOD } 9=2 \text{ MOD } 9=2$，由于地址序号=2已经存放关键字 68，所以该地址冲突，再继续处理冲突。

再取 $d_2=+2$ 计算：$H_2=(H(23)+2) \text{ MOD } 9=(1+2) \text{ MOD } 9 =3 \text{ MOD } 9=3$，由于地址序号=3已经存放关键字 14，所以该地址冲突，再继续处理冲突。

再取 $d_3=+3$ 计算：$H_3=(H(23)+3) \text{ MOD } 9=(1+3) \text{ MOD } 9=4 \text{ MOD } 9=4$，由于地址序号=4为空，所以将关键字 23 存放在地址序号为 4 的位置中。

线性探测再散列处理冲突的结果如图 7.20 所示。

0	1	2	3	4	5	6	7	8	9	10
66 key4	01 key2	68 key5	14 key3	23 key9		83 key5	29 key1	19 key8	20 key7	

图 7.20　线性探测再散列处理冲突的结果

（2）运用二次探测再散列处理冲突。

选择 $H_i=(H(\text{key})+d_i)$ MOD m 来计算新的地址，即根据已知条件：$H_i=(H(\text{key})+d_i)$ MOD $m=(H(\text{key})+d_i)$ MOD 9（因为当前表长 $m=9$），$d_i=+1^2,-1^2,+2^2,-2^2,\cdots,(m/2)^2$ 进行如下计算。

首先取 $d_1=+1^2$ 计算：$H_1=(H(23)+1^2)$ MOD 9=(1+1) MOD 9=2 MOD 9=2，由于地址序号=2 已经存放关键字 68，所以该地址冲突，再继续处理冲突。

再取 $d_2=-1^2$ 计算：$H_2=(H(23)+(-1^2))$ MOD 9=(1-1) MOD 9=0 MOD 9=0，由于地址序号=0 已经存放关键字 66，所以该地址冲突，再继续处理冲突。

再取 $d_3=+2^2$ 计算：$H_3=(H(23)+2^2)$ MOD 9=(1+4) MOD 9=5 MOD 9=5，由于地址序号=5 为空，所以将关键字 23 存放在地址序号为 5 的位置中。

二次探测再散列处理冲突的结果如图 7.21 所示。

0	1	2	3	4	5	6	7	8	9	10
66 key4	01 key2	68 key5	14 key3		23 key9	83 key5	29 key1	19 key8	20 key7	

图 7.21　二次探测再散列处理冲突的结果

（3）运用随机探测再散列处理冲突。

选择 $H_i=(H(\text{key})+d_i)$ MOD m，假设 d_i 伪随机序列为 {1,3,16,29,11,13,…}。

首先取 $d_1=1$ 计算：$H_1=(H(23)+1)$ MOD 9=(1+1) MOD 9=2 MOD 9=2，由于地址序号=2 已经存放关键字 68，所以该地址冲突，再继续处理冲突。

再取 $d_2=3$ 计算：$H_2=(H(23)+3)$ MOD 9=(1+3) MOD 9=4 MOD 9=4，由于地址序号=4 为空，所以将关键字 23 存放在地址序号为 4 的位置中。

随机探测再散列处理冲突的结果如图 7.22 所示。

0	1	2	3	4	5	6	7	8	9	10
66 key4	01 key2	68 key5	14 key3	23 key9		83 key5	29 key1	19 key8	20 key7	

图 7.22　随机探测再散列处理冲突的结果

2. 再哈希法（双散列）

取增量序列 $d_i=i\times H_2(\text{key})$（又称双散列函数探测），$H_2(\text{key})$ 是另设定的一个哈希函数，它的函数值应和 m 互为素数。

若 m 为素数，则 $H_2(\text{key})$ 可以是 1 至 $m-1$ 之间的任意数；若 m 为 2 的幂次，则 $H_2(\text{key})$ 应是 1 至 $m-1$ 之间的任意奇数。

例 7.13　关键字集合 {55,68,11,82,36,26,47,39,12}，设定哈希函数 $H(\text{key})=\text{key}\%11$(表长=11)，运用双散列处理冲突，其中，$H_2(\text{key})=(3\text{key})$ MOD 10+1；$H_i=(H(\text{key})+d_i)\%m$；$d_i=i\times H_2(\text{key})$；得出的结果如图 7.23 所示。

下面给出运用**双散列处理冲突**的详细过程。

（1）首先根据已知条件，将各个关键字加上序号，如图7.24所示。

0	1	2	3	4	5	6	7	8	9	10
55	12	68	36	11	82	39	47		26	
1	1	1	1	2	1	1	3		4	

图7.23 双散列处理冲突的结果

key={55,68,11,82,36,26,47,39,12}
key1 key2 key3 key4 key5 key6 key7 key8 key9

图7.24 双散列处理冲突示例过程一

（2）根据"设定哈希函数 $H(key)=key\%11$"（因表长为11，所以地址区间范围是0～10），计算 key1 对应的 $H(key1)$。

先取关键字集合的第一个 key 即 key1=55，计算 $H(key1)=key1\%11=55\%11=0$，由于0号地址空，所以将 key1=55 存入0号地址，当前结果如图7.25所示。

0	1	2	3	4	5	6	7	8	9	10
55 key1										

图7.25 双散列处理冲突示例过程二

（3）计算 key2 对应的 $H(key2)$，先取关键字集合的第二个 key 即 key2=68，计算 $H(key2)=key2\%11=68\%11=2$，由于2号地址空，所以将 key2=68 存入2号地址，当前结果如图7.26所示。

0	1	2	3	4	5	6	7	8	9	10
55 key1		68 key2								

图7.26 双散列处理冲突示例过程三

（4）计算 key3 对应的 $H(key3)$，先取关键字集合的第三个 key 即 key3=11，计算 $H(key3)=key3\%11=11\%11=0$，0号地址已经存放关键字55，所以出现地址冲突，需处理冲突。

根据双散列处理冲突的地址计算公式得，$H_2(key)=(3key)\ MOD\ 10+1$，$H_i=(H(key)+d_i)\%m$，$d_i=i\times H_2(key)$；将 key3=11 代入 $H_2(key)=(3key3)\ MOD\ 10+1$ 中得

$$H_2(key3)=(3key3)\ MOD\ 10+1=(3*11)\ MOD\ 10+1=3+1=4$$

计算 $H_2(key3)=4$，$d_1=1\times H_2(key3)=1\times4=4$，将其结果代入 $H_1=(H(key)+d_1)\%m$ 得

$$H_1=(H(key3)+4)\%11=(0+4)\%11=4$$

由于4号地址空，所以将 key3=11 存入4号地址。当前结果如图7.27所示。

0	1	2	3	4	5	6	7	8	9	10
55 key1		68 key2		11 key3						
				2						

图7.27 双散列处理冲突示例过程四

（5）计算 key4 对应的 $H(key)$，取关键字集合的第四个 key 即 key4=82，计算 $H(key4)=key4\%11=82\%11=5$，因5号地址为空，所以将 key4=82 存入5号地址，当前结果如图7.28所示。

0	1	2	3	4	5	6	7	8	9	10
55 key1		68 key2		11 key3	82 key4					

图 7.28　双散列处理冲突示例过程五

（6）计算 key5 对应的 H(key5)，取关键字集合的第五个 key 即 key5=36, 计算 H(key5)=key5%11=36%11=3，3 号地址为空，所以将 key5=36 存入 3 号地址。当前结果如图 7.29 所示。

0	1	2	3	4	5	6	7	8	9	10
55 key1		68 key2	36 key5	11 key3	82 key4					

图 7.29　双散列处理冲突示例过程六

（7）计算 key6 对应的 H(key6)，取关键字集合的第六个 key 即 key6=26，计算 H(key6)=key%11=26%11=4，4 号地址已经存放关键字 11，所以出现地址冲突，需处理冲突。

A．根据双散列处理冲突的地址计算公式得

$$H_2(key)=(3key) \text{ MOD } 10+1，H_i=(H(key)+d_i)\%m，d_i=i×H_2(key)$$

将 key6=26 代入 $H_2(key)=(3key) \text{ MOD } 10+1$ 中得

$$H_2(key6)=(3key6) \text{ MOD } 10+1=(3×26) \text{ MOD } 10+1=78 \text{ MOD } 10+1=9$$

再计算 $H_i=(H(key)+d_i)\%m$，$d_i=i×H_2(key)$，$i=1$，$d_1=1×H_2(key6)=1×9=9$；将 $d_1=9$ 代入 H_1 得

$$H_1=(H(key)+d_i)\%m=(H(26)+9)\%11=(4+9)\%11=2$$

因为 2 号地址已经存放关键字 68，所以出现地址冲突，需处理冲突。

B．根据双散列处理冲突的地址计算公式得

$$H_2(key)=(3key) \text{ MOD } 10+1，H_i=(H(key)+d_i)\%m，d_i=i×H_2(key)$$

再计算——$i=2$，$d_2=2×H_2(key6)=2×9=18$；将 $d_2=18$ 代入 H_2 得

$$H_2=(H(key)+d_2)\%m=(H(26)+18)\%11=(4+18)\%11=0$$

因为 0 号地址已经存放关键字 55，所以出现地址冲突，需继续处理冲突。

C．根据双散列处理冲突的地址计算公式得

$$H_2(key)=(3key) \text{ MOD } 10+1，H_3=(H(key)+d_3)\%m，d_3=3×H_2(key)$$

再计算——$i=3$，$d_3=3×H_2(key6)=3×9=27$；将 $d_3=27$ 代入 H_3 得

$$H_3=(H(key)+d_3)\%m=(H(26)+27)\%11=(4+27)\%11=9$$

因为 9 号地址为空，所以将 key6=26 存入 9 号地址。当前结果如图 7.30 所示。

0	1	2	3	4	5	6	7	8	9	10
55 key1		68 key2	36 key5	11 key3	82 key4				26 key6	

图 7.30　双散列处理冲突示例过程七

因此，计算 key6=26 对应的散列地址 H(key6)的解释是：关键字 key6=26 四次处理冲突，才找到序号为 9 的空位置，因此经过四次处理冲突后，将关键 26 存放在 9 号地址中。

（8）计算 key7 对应的 H(key7)，取关键字集合的第七个 key 即 key7=47, 计算

$H(\text{key7})=\text{key7}\%11=47\%11=3$，3 号地址已经存放关键字 36，所以出现地址冲突，需处理冲突。

A．根据双散列处理冲突的地址计算公式得

$$H_2(\text{key})=(3\text{key})\ \text{MOD}\ 10+1;\quad H_i=(H(\text{key})+d_i)\%m;\quad d_i=i\times H_2(\text{key})$$

将 key7=47 代入 $H_2(\text{key})=(3\text{key})\ \text{MOD}\ 10+1$ 中得

$$H_2(\text{key7})=(3\text{key7})\ \text{MOD}\ 10+1=(3\times47)\ \text{MOD}\ 10+1=141\ \text{MOD}\ 10+1=2$$

再计算——$i=1$，$d_1=1\times H_2(\text{key})=1\times H_2(\text{key7})=1\times2=2$，将 $d_1=2$ 代入 H_1 得

$$H_1=(H(\text{key7})+d_1)\%m=(3+2)\%11=5$$

由于 5 号地址已经存放关键字 82，所以出现地址冲突，需处理冲突。

B．根据双散列处理冲突的地址计算公式得

$$H_2(\text{key})=(3\text{key})\ \text{MOD}\ 10+1$$

再计算——$i=2$，$d_2=2\times H_2(\text{key})=2\times H_2(\text{key7})=2\times2=4$，将 $d_2=4$ 代入 H_2 得

$$H_2=(H(\text{key7})+d_2)\%m=(3+4)\%11=7$$

因为 7 号地址为空，所以将 key7=47 存入 7 号地址，如图 7.31 所示。

0	1	2	3	4	5	6	7	8	9	10
55 key1		68 key2	36 key5	11 key3	82 key4		47 key7		26 key6	
			2				3		4	

图 7.31　双散列处理冲突示例过程八

因此，计算 key7=47，其关键字对应的散列地址为：$H(\text{key7})=H(47)$。按照计算和处理冲突后，得出其散列地址的计算过程，具体解释是：关键字 key7=47 经过三次处理冲突，才找到序号为 7 的空位置，因此经过三次处理冲突将关键字 47 存放在 7 号地址中。

（9）计算 key8 对应的 $H(\text{key8})$，取关键字集合的第八个 key 即 key8=39。

计算 $H(\text{key8})=\text{key8}\%11=39\%11=6$，6 号地址为空，所以将 key8=39 存入 6 号地址，如图 7.32 所示。

0	1	2	3	4	5	6	7	8	9	10
55 key1		68 key2	36 key5	11 key3	82 key4	39 key8	47 key7		26 key6	
			2				3		4	

图 7.32　双散列处理冲突示例过程九

（10）计算 key9 对应的 $H(\text{key9})$，取关键字集合的第九个 key 即 key9=12。计算 $H(\text{key9})=\text{key9}\%11=12\%11=1$，1 号地址为空，所以将 key9=12 存入 1 号地址，当前结果如图 7.33 所示。

0	1	2	3	4	5	6	7	8	9	10
55 key1	12 key9	68 key2	36 key5	11 key3	82 key4	39 key8	47 key7		26 key6	
			2				3		4	

图 7.33　双散列处理冲突示例过程十

因此，各个关键字经过哈希函数计算以及处理冲突后的总结果如图 7.23 所示。

例 7.14　给出关键字集合{19,01,23,14,55,68,11,82,36}，设定哈希函数 $H(\text{key})=\text{key}\%11$（表长=11）；如果有冲突，运用双散列处理冲突，构建哈希表 $H_2(\text{key})=(3\text{key})\ \text{MOD}\ 10+1$。

按照例 7.13 的计算方法，得出的地址分配结果如图 7.34 所示。

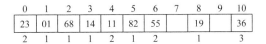

0	1	2	3	4	5	6	7	8	9	10
23	01	68	14	11	82	55		19		36
2	1	1	1	2	1	2		1		3

图 7.34 双散列处理冲突的地址分配结果

可以计算其 ASL（平均查找长度）=(1×5+2×3+3)/9=14/9。

3. 链地址法（拉链法）

一个关键字 key1 相对于某个哈希函数来说与关键字 key2 是同义词，但是它们对另一个哈希函数来说就不一定是同义词。根据这个原理，当同义词产生地址冲突时，就应以该关键字为自变量来计算其在另一个哈希函数映射下的地址，直到冲突不再发生为止。这种方法不易产生"聚集"现象，但增加了计算时间。

链地址法的基本思想是：将所有散列地址相同的记录，即所有关键字为同义词的记录存储在一个单链表中——同义词子表，在散列表中存储的是所有同义词子表的头指针。设 n 个记录存储在长度为 m 的散列表中，则同义词子表的平均长度为 n/m。

对例 7.12 的关键字集合 key={29,01,14,66,68,83,20,19,23}，改用链地址法处理冲突的结果如图 7.35 所示。

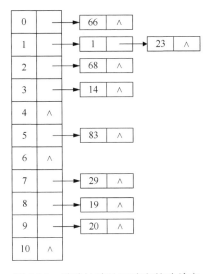

图 7.35 链地址法处理冲突的哈希表

可以计算其平均查找长度：

$$\text{ASL} = \frac{1\times6+2\times3}{9} = \frac{12}{9} = \frac{4}{3}$$

链地址法的优点是：①非同义词不会冲突，无"聚集"现象；②链表上结点空间动态申请，更适合于表长不确定的情况。

4. 建立一个公共溢出区方法

还有一种处理冲突的方法是**建立一个公共溢出区**——假设哈希函数的值域为[0,m-1]，则设向量 HashTable[0…m-1] 为基本表，每个分量存放一个记录，设立向量 OverTable[0…v] 为溢出表。所有关键字和基本表中关键字为同义词的记录，不管它们由哈希函数得到的哈希地址是什么，一旦发生冲突，都填入溢出表。

7.4.4　哈希表的查找

在哈希表上进行的查找过程和哈希表的改造过程基本一致。对于给定的值 key，根据选定的哈希函数求得哈希地址，若表中此位置上没有被占，则查找不成功；否则比较键值，若和给定值相等，则查找成功；否则根据选定的处理冲突的方法查找"下一地址"，直至哈希表中某个位置为"空"或者表中所填记录的键值等于给定值为止。图 7.36 是哈希表查找的过程。

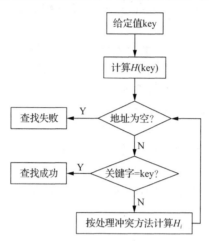

图 7.36　哈希表查找的过程

开放地址哈希表的查找算法如下。

```
//--------------------开放地址哈希表的存储结构--------------------
int hashsize[]={997,…};  //哈希表容量递增表，一个合适的素数序列
typedef struct {
    ElemType *elem;  //数据元素存储地址，动态分配数组
    int count;  //当前数据元素个数
    int sizeindex;  //hashsize[sizeindex]为当前容量
}HashTable;

#define SUCCESS 1
#define UNSUCCESS 0
#define DUPLICATE -1

Status SearchHash (HashTable H,KeyType K, int &p,int &c)
{
    /*在开放地址哈希表 H 中查找关键字为 K 的记录，若查找成功，以 p 指示待查数据元素
    在表中位置，并返回 SUCCESS；否则，以 p 指示插入位置，并返回 UNSUCCESS。c 用
    以计冲突次数，其初值置零，供建表插入时参考*/
    p=Hash(K);  //求得哈希地址
    while(H.elem[p].key!=NULL_KEY&&!EQ(K, H.elem[p].key))
    {
        //该位置中填有记录，并且与待查找的关键字不相等
        c++;  //计冲突次数+1
        if(c < m)  //在 H 中有可能找到插入地址
            collision(K,p,c);  //求得下一探查地址 p
        else  //在 H 中不可能找到插入地址
            break;
```

```
    }
    if EQ(K,H.elem[p].key)  //查找成功
        return SUCCESS;  //p 返回待查数据元素位置
    else  //查找不成功
        return UNSUCCESS;  //H.elem[p].key==NULL_KEY，p 返回的是插入位置
}
```

7.4.5　哈希表实现的比较

　　哈希表的实现有两种——顺序表和链表，它们之间的差别类似于顺序表与单链表的差别。利用链表存储同义词，不产生堆积现象，且查找、插入和删除算法易于实现。缺点是由于增加附加的指针域而增加存储空间。利用顺序表存储同义词，无须增加存储空间，但容易产生堆积，运算算法不易实现。删除运算不能简单地将结点置空，否则将截断该结点后继哈希地址序列的查找路径。这是因为空闲位置是查找不成功的标志，所以，顺序表上实现删除运算只能做上标记。

　　哈希技术的原始动机是无须进行键值比较而完成查找，但从上述查找过程可知，虽然哈希表在键值存储之间直接建立了对应关系，但是由于冲突的产生，哈希表的查找过程仍然是一个和键值比较的过程。因此，仍需以平均查找长度去衡量哈希表的查找效率，平均查找长度取决于以下三个因素。

　　（1）选用的哈希函数。
　　（2）选用的处理冲突的方法。
　　（3）哈希表饱和的程度——装填因子。

　　在一般情况下，哈希函数是均匀的，可不考虑对平均查找长度的影响，冲突处理方法相同的哈希表，其平均查找长度依赖于哈希表的装填因子。

　　哈希表的**装填因子**定义为

$$\alpha = \frac{\text{表中填入的数据元素个数}}{\text{哈希表的长度}} \tag{7.12}$$

α 标志着哈希表的装满程度。直观地看，α 越小，发生冲突的可能性就越小；反之，α 越大，表中已填入的记录越多，再填记录时，发生冲突的可能性就越大，则查找时，给定值需与之进行比较的键值的个数就越多。可以证明，在等概率的情况下，采用不同方法处理冲突时，得出的哈希表的平均查找长度如表 7.3 所示，具体推导从略。

表 7.3　几种不同处理冲突方法的平均查找长度

处理冲突方法	平均查找长度	
	查找成功时	查找不成功时
线性探测再散列法	$\frac{1}{2}\left(1+\frac{1}{1-\alpha}\right)$	$\frac{1}{2}\left(1+\frac{1}{(1-\alpha)^2}\right)$
二次探测再散列法	$-\frac{1}{\alpha}\ln(1+\alpha)$	$\frac{1}{1-\alpha}$
链地址法	$1+\frac{\alpha}{2}$	$\alpha+e^{-\alpha}$

　　由上述可见，哈希表的平均查找长度不是结点个数 n 的函数，而是装填因子 α 的函数。因此，不管表长 n 多大，我们总可以选择一个合适的装填因子以便将平均查找长度限定在一个范围内。例如，当 α=0.9 时，若查找成功，线性探测再散列法的平均查找长度为 5.5，链地址法的平均查找长度为 1.45。

习　题

一、名词解释

查找、动态查找表、静态查找表、平均查找长度、散列函数、冲突、装填因子。

二、填空题

1. 散列法存储的基本思想是由_____决定数据的存储地址。

2. 散列表的查找效率主要取决于散列表造表时选取的_____和_____。

3. 当所有结点的权值都相等时，用这些结点构造的二叉排序树的特点是只有_____。

4. _____遍历二叉排序树的结点就可以得到排好序的结点序列。

5. 对两棵具有相同关键字集合而形状不同的二叉排序树，_____遍历它们得到的序列的顺序是一样的。

6. 在各种查找方法中，平均查找长度与结点个数 n 无关的查找方法是_____。

7. 对于长度为 n 的线性表，若进行顺序查找，则时间复杂度为_____；若采用折半（二分）查找，则时间复杂度为_____；若采取分块查找[假设总块数和每块长度均接近 sqrt(n)]，则时间复杂度为_____。

8. 在散列存储中，装填因子 α 的值越大，则存取元素时发生冲突的可能性就越_____；α 的值越小，则存取元素时发生冲突的可能性就越_____。

9. 假设在有序线性表 $a[20]$ 上进行二分查找，则比较一次查找成功的结点数为_____；比较两次查找成功的结点数为_____；比较四次查找成功的结点数为_____；平均查找长度为_____。

三、单项选择题

1. 如果要求一个线性表既能较快地查找，又能适应动态变化的要求，则可采用（　　）查找方法。

    A．顺序　　　　　　　B．折半　　　　　　　C．分块　　　　　　　D．基于属性

2. 要进行顺序查找，则线性表（　　）。

    A．必须以顺序方式存储　　　　　　　B．必须以链接方式存储

    C．顺序、链接方式存储皆可以　　　　D．顺序、链接方式存储皆不行

3. 设有 100 个元素，用折半查找法进行查找时，最大比较次数是（　　）。

    A．25　　　　　　　B．50　　　　　　　C．10　　　　　　　D．7

4. 设有 100 个元素，用折半查找法进行查找时，最小比较次数是（　　）。

    A．7　　　　　　　B．4　　　　　　　C．2　　　　　　　D．1

5. 散列函数有一个共同性质，即函数值应当以（　　）取其值域的每个值。

    A．同等概率　　　B．最大概率　　　C．最小概率　　　D．平均概率

6. 设散列地址空间为 0～$m-1$，k 为关键字，用 p 去除 k，将所得的余数作为 k 的散列地址，即 $H(k)=k\%p$。为了减少发生冲突的频率，一般取为（　　）。

    A．小于 m 的最大奇数　　　　　　　B．小于 m 的最大偶数

    C．小于 m 的最大素数　　　　　　　D．小于 m 的最大合数

7. 某顺序存储的表格中有 90000 个元素，已按关键字值升序排列，假定对每个元素进行

查找的概率是相同的，且每个元素的关键字的值皆不相同。用顺序查找法查找时，平均比较次数约为（ ），最大比较次数约为（ ）。

    A．25000   B．30000   C．45000   D．90000

8．有一个长度为 12 的有序表，按二分查找法对该表进行查找，在表内各元素等概率情况下，查找成功的平均比较次数为（ ）。

    A．35/12   B．37/12   C．39/12   D．43/12

9．对线性表进行二分查找时，要求线性表必须（ ）。

    A．以顺序方式存储

    B．以链接方式存储

    C．以顺序方式存储，且结点按关键字有序排列

    D．以链接方式存储，且结点按关键字有序排列

10．采用二分查找方法查找长度为 n 的线性表时，每个元素的平均查找长度为（ ）。

    A．$O(n*n)$ B．$O(n\log_2 n)$ C．$O(n)$ D．$O(\log_2 n)$

11．采用顺序查找方法查找长度为 n 的线性表时，每个元素的平均查找长度为（ ）。

    A．n B．$n/2$ C．$(n+1)/2$ D．$(n-1)/2$

12．有一个有序表为{1,3,9,12,32,41,45,62,75,77,82,95,100}，当二分查找值为 82 的结点时，（ ）次比较后查找成功。

    A．1   B．2   C．4   D．8

13．设散列表长 $m=14$，散列函数 $H(K)=K\%11$。表中已有 4 个结点：addr(15)=4;addr(38)=5; addr(61)=6;addr(84)=7；其他地址为空。如用二次探测再散列处理冲突，关键字为 49 的结点地址是（ ）。

    A．8   B．3   C．5   D．9

四、简答题

1．设有序表为(a,b,c,d,e,e,f)，请分别画出对给定值 e,f 和 g 进行折半查找的过程。

2．画出对长度为 10 的有序表进行折半查找（二分查找）的一棵判定树，并求其等概率时查找成功的平均查找长度。

3．试述顺序查找法、折半查找法和分块查找法对被查找的表中的元素的要求，每种查找法对长度为 n 的表的等概率查找长度是多少？

4．对于给定结点的关键字的集合 K={10,18,3,8,19,2,7,8}，试构造一棵二叉排序树。

5. 将数据序列 25,73,63,191,325,138 依次插入到下图所示的二叉排序树中以构成一棵新的二叉排序树，画出最后结果。

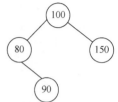

6. 选取散列函数 $H(k)=3k\%11$,用开放定址法处理冲突，$d_1=H(k)$，$d_i=(d_{i-1}+7k\%10+1)\%11(i=2,3,\cdots)$，选择 $H_i=(H(key)+d_i)$ MOD 11 来计算新的地址。试在 0～10 的散列地址空间中用关键字序列（22,41,53,46,30,13,01,67）构造散列表，并求等概率下查找成功的平均查找长度。

7. 设散列表的长度 m 为 13，散列函数为 $H(K)=K\%13$，选择 $H_i=(H(key)+d_i)$ MOD m 来计算新的地址。给定的关键字序列为：19,14,23,01,68,20,84,27,55,11,10,79。试分别画出用线性探测再散列和双散列处理冲突时所构成的散列表，并求等概率情况下这两种方法查找成功和不成功时的平均查找长度。

8. 设数据序列为 $D=\{13,28,72,5,16,8,7,9,34\}$，请为 D 组织散列表，散列函数为 $H(K)=K\%7$，散列表的长度 m 为 10 个单元，起始地址为 0，用线性探测再散列来解决冲突，选择 $H_i=(H(key)+d_i)$ MOD $m(i=2,3,\cdots)$ 来计算新的地址，并计算成功平均查找长度。

9. 假定散列函数可映射的地址空间的长度为 1000，如果散列函数只是简单地抽取关键字中间的 3 位作为散列函数的映射地址，会出现什么问题？

10. 假定有 n 个关键字，它们具有相同的散列函数值，用线性探测再散列法把这 n 个关键字存入到散列地址中间要做多少次探测？

11. 已知一个含有 100 个记录的表，关键字为中国姓氏的拼音。请给出此表的一个散列表设计方案，要求它在等概率情况下查找成功的平均查找长度不超过 3。

12. 按不同的输入顺序输入 A,B,C，建立相应的二叉排序树。

13. 有一个 2000 项的表，欲采用等分区间顺序查找方法进行查找，问：
（1）每块的理想长度是多少？
（2）分成多少块最理想？

（3）平均查找长度是多少？

（4）若每块长度为 20，平均查找长度是多少？

14．设散列表为 HT[13]，散列函数为 $H(\text{key})=\text{key}\%13$。用闭散列法解决冲突，对下列关键字序列 12,23,45,57,20,03,78,31,15,36 造表。

（1）采用线性探查法寻找下一个空位，画出相应的散列表，并计算等概率下搜索成功的平均搜索长度和搜索不成功的平均搜索长度。

（2）采用双散列法寻找下一个空位，再散列函数为 $RH(\text{key})=(7*\text{key})\%10+1$，寻找下一个空位的公式为 $H_i=(H_{i-1}+RH(\text{key}))\%13, H_1=H(\text{key})$。画出相应的散列表,并计算等概率下搜索成功的平均搜索长度。

15．设有 150 个记录要存储到散列表中，要求利用线性探查法解决冲突，同时要求找到所需记录的平均比较次数不超过 2 次。试问散列表需要设计多大？设 α 是散列表的装载因子，则有 $\text{ASL}_{\text{succ}}=\dfrac{1}{2}\left(1+\dfrac{1}{1-\alpha}\right)$。

16．若设散列表的大小为 m，利用散列函数计算出的散列地址为 $h=\text{hash}(x)$。

试证明：如果二次探查的顺序为 $(h+q^2),(h+(q-1)^2),\cdots,(h+1),h,(h-1),\cdots,(h-q^2)$，其中，$q=(m-1)/2$。因此相继被探查的两个地址相减所得的差取模($\%m$)的结果为 $m-2,m-4,m-6,\cdots,5,3,1,1,3,5,\cdots,m-6,m-4,m-2$。

五、算法设计题

1．选取散列函数 $H(k)=3k\%11$，用开放定址法处理冲突，$d_1=H(k)$；$d_i=(d_{i-1}+7k\%10+1)\%11(i=2,3,\cdots)$，请写出在 0～10 的散列地址空间中对长度为 8 的关键字序列造散列表及求等概率情况下查找成功的平均查找长度的函数。

2．若线性表中各结点的查找概率不等，则可用如下策略提高顺序查找的效率：若找到指定的结点，将该结点和其前驱（若存在）交换，使得经常被查找的结点尽量位于表的前端。试设计线性表的顺序存储结构和链式存储结构，并写出实现上述策略的顺序查找算法（注意查找时必须从表头开始向后扫描）。

3．设单链表的结点是按关键字从小到大排列的，试写出对此链表的查找算法，并说明是否可以采用折半查找（二分查找）。

4．试设计一算法，求出指定结点在给定的二叉排序树中所在的层次。

第 8 章　内　部　排　序

【内容提要】排序是计算机程序设计中的一种重要运算,无论是在数值计算还是在非数值计算问题中,都广泛地用到排序运算。特别是在数据处理方面,在总运算时间中,排序占相当大的百分比。因此,为了提高计算机的工作效率,研究出更有效的排序方法是计算机软件工作者的一个重要课题。本章介绍几类基本排序的概念、排序过程、算法实现和性能分析,并对各种内部排序方法进行比较。

【学习要点】理解排序的基本概念,包括排序的稳定性及排序的性能分析(时间与空间复杂度);掌握插入排序、交换排序、选择排序和归并排序等的排序方法、性能分析方法及手工执行排序算法;理解基数排序的方法及其性能分析和手工执行排序算法;掌握插入排序、交换排序、选择排序和归并排序中的一些典型算法;会设计一些其他排序算法(如计数排序算法和奇偶交换排序算法等)。

8.1　排序的基本概念

排序(sorting)又称分类,通常理解为:将一个数据元素(或记录)的任意序列,重新排列成按关键字有序的序列。排序的目的是便于查找。日常生活中通过排序以后进行检索的例子屡见不鲜。在电话簿、病历和档案室的档案、图书馆和各种词典的目录表以及仓库,几乎都需要对有序数据进行操作。

排序可更确切地定义如下。有 n 个记录的序列 $\{R_1, R_2, \cdots, R_n\}$,其相应关键字的序列是 $\{K_1, K_2, \cdots, K_n\}$,相应的下标序列为 $1, 2, \cdots, n$。通过排序,要求找出当前下标序列 $1, 2, \cdots, n$ 的一种排列 $p_1, p_2, \cdots, p_n$,使得相应关键字满足如下的非递减(或非递增)关系,即 $Kp_1 \leqslant Kp_2 \leqslant \cdots \leqslant Kp_n$,这样就得到一个按关键字有序的记录序列 $\{Rp_1 \leqslant Rp_2 \leqslant \cdots \leqslant Rp_n\}$。

上述排序定义中的关键字 K_i 可以是记录 $R_i(i=1,2,\cdots,n)$ 的主关键字,也可以是记录 R_i 的次关键字,甚至是若干数据项的组合。若 K_i 是主关键字,则任何一个记录的无序序列经排序后得到的结果是唯一的;若 K_i 是次关键字,则排序的结果不唯一,因为待排序的记录序列中可能存在两个或两个以上关键字相等的记录。假设 $K_i=K_j$($1 \leqslant i \leqslant n, 1 \leqslant j \leqslant n, i \neq j$),且在排序前的序列中 R_i 领先于 R_j(即 $i<j$)。若在排序后的序列中 R_i 仍领先于 R_j,则称所用的**排序方法是稳定的**;反之,若可能使排序后的序列中 R_j 领先于 R_i,则称所用的**排序方法是不稳定的**。

由于待排序的记录数量不同,使得排序过程中涉及的存储器不同。可将排序方法分为两大类:一类是**内部排序**,指的是在排序的整个过程中,待排序记录全部存放在计算机内存中进行的排序过程;另一类是**外部排序**,指的是待排序记录的数量很大,以致内存一次不能容纳全部记录,尚需利用外部存储设备的排序过程。

内部排序的方法很多,但就其性能而言,很难提出一种被认为是最好的方法,每一种方法都有各自的优缺点,适合在不同的环境(如记录的初始排列状态等)下使用。就其特点而言,内部排序的过程是一个逐步扩大记录的有序序列长度的过程。基于不同的"扩大"有序序列长度的方法，内部排序方法大致可分如下几种类型。

（1）插入类。将无序子序列中的一个或几个记录"插入"到有序序列中，从而增加记录的有序子序列的长度。

（2）交换类。通过"交换"无序序列中的记录从而得到其中关键字最小或最大的记录，并将它加入到有序子序列中，以此方法增加记录的有序子序列的长度。

（3）选择类。从记录的无序子序列中"选择"关键字最小或最大的记录，并将它加入到有序子序列中，以此方法增加记录的有序子序列的长度。

（4）归并类。通过"归并"两个或两个以上记录的有序子序列，逐步增加记录有序序列的长度。

（5）其他类。

评价一个算法的好坏是一项复杂的工作。一般评价排序算法优劣的标准主要有两条：第一条是算法执行所需的时间；第二条是执行算法所需的附加空间。执行排序的时间复杂度是算法优劣的最重要的标志。影响时间复杂度的主要因素又可以用算法执行中的比较次数和移动次数来衡量，所以在应用时还要根据情况来计算实际开销，以此选择合适的算法。例如，有的排序算法在记录个数多时较好，而在记录个数较少时却不一定好；有的算法虽然在平均情况下性能较差，但当待排序的文件具有某种特性时却颇为有效。执行排序所需的附加空间量一般都不大，所以矛盾不突出，我们在此不作进一步讨论。

8.2　插 入 排 序

插入排序的基本方法是：将无序子序列中的一个记录按其关键字值的大小插入到已经排好序的有序子序列中的适当位置，从而得到一个新的、记录数增 1 的记录序列，如此重复直至无序子序列为空为止。常用的插入排序有直接插入排序、折半插入排序、表插入排序和希尔排序。

8.2.1　直接插入排序

直接插入排序是一种最简单的排序方法，它的基本操作可描述为：假设有 n 个记录的序列，直接插入排序初始时认为第一个记录是有序子序列，其余的为无序子序列；从无序子序列中任选一个记录，在有序子序列中顺序查找，并将比它大的记录后移一个记录位置，直至找到该记录合适的位置并将其插入，这样有序序列长度增加 1 并按原序有序；如此重复 $n-1$ 次，便可将所有记录归为一个有序序列，而无序序列为空。其排序过程如图 8.1 所示，设 $1<i\leqslant N$，且记录 $R_1,R_2,\cdots,R_{i-1}$ 已经排了序，故有 $K_1\leqslant K_2\leqslant\cdots\leqslant K_{i-1}$。将新的键值 K_i 从后至前逐个与 $K_{i-1},K_{i-2},\cdots$ 比较，直到发现 R_i 应插入的位置，例如在 R_{j+1} 与 R_j 之间，把 $R_{j+1},\cdots,R_{i-1}$ 全部后移一位，让这个新记录 R_i 插入到第 $j+1$ 个位置。

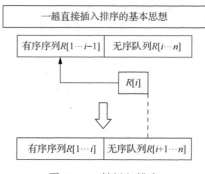

图 8.1　一趟插入排序

直接插入排序的算法如下。

```
void InsertSort(SqList &L)
{
    //对顺序表 L 作直接插入排序
    int i,j;
    for(i=2;i<=L.length;++i)   //从第 2 个记录到最后一个记录
        if(L.r[i].key<L.r[i-1].key)  //当前记录<前一个记录
        {
            //将 L.r[i].key 插入[1…i-1]的有序子表中
            L.r[0]=L.r[i];  //将当前记录复制为哨兵
            L.r[i]=L.r[i-1];
            for(j=i-2;L.r[0].key<L.r[j].key;--j)
            //有序子表从后到前，若哨兵小于记录
                L.r[j+1]=L.r[j];  //记录后移 1 个单元
            L.r[j+1]=L.r[0];  //将哨兵插入到正确位置
        }
}
```

算法的实现要点如下。

（1）为省去防止下标越界的判定条件，从而节省比较时间，同时为避免因关键字后移而将待插入的关键字覆盖，需将其暂存起来，从 $R[i-1]$ 起向前进行顺序查找，监视哨设置在 $R[0]$ 用于暂存待插入关键字，如图 8.2 所示。

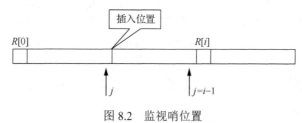

图 8.2　监视哨位置

（2）对于在查找过程中找到的那些关键字大于 $R[i].key$ 的记录，在查找的同时实现记录向后移动。

（3）上述循环结束后可以直接进行"插入"。

（4）令 $i = 2,3,\cdots,n$，实现整个序列的排序。

例 8.1 已知待排序的一组记录的初始排列{42,36,56,78,67,11,27,36}，执行直接插入排序过程如图 8.3 所示。

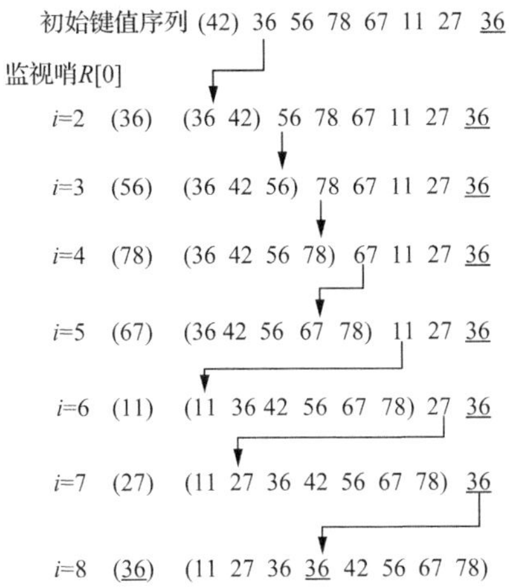

初始键值序列 (42) 36 56 78 67 11 27 <u>36</u>

监视哨R[0]

i=2　(36)　(36 42) 56 78 67 11 27 <u>36</u>

i=3　(56)　(36 42 56) 78 67 11 27 <u>36</u>

i=4　(78)　(36 42 56 78) 67 11 27 <u>36</u>

i=5　(67)　(36 42 56 67 78) 11 27 <u>36</u>

i=6　(11)　(11 36 42 56 67 78) 27 <u>36</u>

i=7　(27)　(11 27 36 42 56 67 78) <u>36</u>

i=8　(<u>36</u>)　(11 27 36 <u>36</u> 42 56 67 78)

图 8.3　执行直接插入排序过程

从上面的叙述可知，直接插入排序的算法简洁，容易实现。从空间来看，它只需要一个记录的辅助空间，从时间来看，排序的基本操作为：比较两个关键字的大小和移动记录。在最好的情况下，即关键字在记录序列中顺序有序，比较的次数为 $\sum_{i=2}^{n}1=n-1$，移动的次数为 0。而在最坏的情况下，即关键字在记录序列中逆序有序，比较的次数为 $\sum_{i=2}^{n}i=\frac{(n+2)(n-1)}{2}$，移动的次数为 $\sum_{i=2}^{n}(i+1)=\frac{(n+4)(n-1)}{2}$。若待排序列是随机的，则直接插入排序的时间复杂度为 $O(n^2)$。

显然，该方法是稳定的，且适用于"基本有序"或 n 值较小的情况。但是，当待排序记录数量 n 很大时，直接插入排序就不适用了。

8.2.2　折半插入排序

分析直接插入排序算法可知，插入排序的基本操作是在一个有序表中进行查找和插入，而在有序表中进行查找最为有效的方式莫过于折半查找。因此，可以在上述基础上进行改进，将在有序表中的顺序查找改为折半查找。相应的，将上述算法中的一边查找一边后移的操作变为先查找到正确位置，然后统一后移一个位置。如此实现的插入排序称为**折半插入排序**。

折半插入排序算法如下。

```
void BInsertSort(SqList &L)
{
    //对顺序表L作折半插入排序
    int i,j,m,low,high;
    for(i=2;i<=L.length;++i)
    {
        //从第 2 个记录到最后一个记录
        L.r[0]=L.r[i];  //将 L.r[i]暂存到 L.r[0]
        low=1;  //插入区间的低端
```

```
            high=i-1;   //插入区间的高端
            while(low<=high)   //在 r[low…high]中折半查找有序插入的位置
            {
                m=(low+high)/2;   //折半
                if(L.r[0].key<L.r[m].key)   //关键字小于中间位置对应的关键字
                    high=m-1;   //插入点在低半区
                else
                    low=m+1;   //插入点在高半区
            }
            for(j=i-1;j>=high+1;--j)   //有序子表从后到前
                L.r[j+1]=L.r[j];   //记录后移
            L.r[high+1]=L.r[0];   //插入到[high+1]
        }
    }
```

折半插入排序只能减少排序过程中关键字比较的时间，并不能减少记录移动的时间，因此折半插入排序的时间复杂度仍为 $O(n^2)$。

折半插入排序算法是不稳定的，且要求待排序序列必须采用顺序存储方式。折半插入排序的比较次数与待排序记录的初始状态无关，仅依赖于记录的个数。

8.2.3　表插入排序

为了减少在排序过程中进行"移动"记录的操作，必须改变排序过程中采用的存储结构。利用静态链表进行排序，并在排序完成之后，一次性地调整各个记录相互之间的位置，即将每个记录都调整到它们所应该在的位置上。静态链表类型说明如下。

```
#define SIZE 100   //静态链表容量
typedef struct{
    RcdType rc;   //记录项
    int next;   //指针项
}SLNode;   //表结点类型
typedef struct{
    SLNode r[SIZE];   //0 号单元为表头结点
    int length;   //链表当前长度
}SLinkListType;   //静态链表类型

void LInsertionSort(SLinkListType SL, int n)
{
    //对记录序列 SL[1…n]作表插入排序
    SL.r[0].key=MAXINT;
    SL.r[0].next=1;
    SL.r[1].next=0;
    for(i=2;i<=n;++i)
        for(j=0,k=SL.r[0].next;SL.r[k].key<=SL.r[i].key;j=k,k=SL.r[k].next)
        {//结点 i 插入在结点 j 和结点 k 之间
            SL.r[j].next=i;
            SL.r[i].next=k;
        }
}
```

从表插入排序的过程可见,表插入排序的基本操作仍是将一个记录插入到已排好序的有序表中。和直接插入排序相比,不同之处是以修改 2n 次指针值代替移动记录,排序过程中所需进行的关键字间的比较次数相同。因此,表插入排序的时间复杂度仍是 $O(n^2)$。

另一方面,表插入排序的结果只是求得一个有序链表,只能对它进行顺序查找,不能进行随机查找,为了能实现有序表的折半查找,还需对记录进行重新排列。

如何在排序之后调整记录序列?

算法中需要使用三个指针,其中:p 指示第 i 个记录的当前位置;i 指示第 i 个记录应该在的位置;q 指示第 i+1 个记录的当前位置,如图 8.4 所示。

	0	1	2	3	4	5	
初始	Max	68	45	23	12	38	
	4	0	1	5	3	2	

	0	1	2	3	4	5	
i=1	Max	12	45	23	68	38	q=3
p=4	4	4	1	5	0	2	

	0	1	2	3	4	5	
i=2	Max	12	23	45	68	38	q=5
p=3	4	4	3	1	0	2	

	0	1	2	3	4	5	
i=3	Max	12	23	38	68	45	q=2
p=5	4	4	3	5	0	1	

	0	1	2	3	4	5	
i=4	Max	12	23	38	45	68	q=1
p=2	4	4	3	5	5	0	

	0	1	2	3	4	5	
i=5	Max	12	23	38	45	68	q=0
p=1	4	4	3	5	5	0	

图 8.4　重排静态链表数组中记录的过程

重排静态链表算法如下。

```
void Arrange(SLinkListType SL,int n)
{
    //根据静态链表 SL 中各结点的指针调整记录位置,使得 SL 成为非递减有序的顺序表
    int i,p,q;
    SLNode t;
    p=SL.r[0].next;   //p 指示第一个记录的当前位置
    for(i=1;i<n;++i)
    {
        while(p<i)   //p 所指的记录已排序号
            p=SL.r[p].next;   //继续向后找,跳出已排好序的部分
        q=SL.r[p].next;   //q 指示尚未调整的表尾
        if(p!=i)   //第 i 个记录恰好不在 p 所指的位置,需移动
        {
            t.rc=SL.r[p].rc;
```

```
            SL.r[p].rc=SL.r[i].rc;
            SL.r[i].rc=t.rc;  //交换记录，使第 i 个记录到位
            SL.r[i].next=p;  //指向被移走的记录
        }
        p=q;  //p 指示尚未调整的表尾，为找第 i+1 个记录作准备
    }
}
```

上述算法描述了重排记录的过程。容易看出，在重排记录的过程中，最坏的情况是每个记录都必须进行一次交换，即 3 次移动记录，所以重排记录至多需进行 3(n–1)次记录的移动，它并不增加表插入排序的时间复杂度。

8.2.4 希尔排序

直接插入排序在初始序列为从小到大有序的情况下排序效率最高，时间复杂度可达到 $O(n)$。因此，如果能够让待排序记录序列达到按关键字基本有序，则可以提高效率。希尔排序就是基于此思路对直接插入排序进行改进后得到的一种插入排序方法。

希尔排序是 Donald L.Shell 在 1959 年提出的，通常又称"缩小增量排序"。它的思想是受直接插入排序在待排序记录按键值"基本有序"和记录数 n 较小时排序算法效率较高的启发。因此，希尔排序可看成是直接插入排序的改进算法。它的基本思想是：先将整个待排序记录分割成若干个子序列，在子序列内分别进行直接插入排序，待整个序列中的记录"基本有序"时，对全体记录进行一次直接插入排序，从"宏观"上进行调整，从而完成对所有记录进行排序的任务。具体做法是：先取定一个整数 $d_1<n$，把全部记录分成 d_1 个组，所有距离为 d_1 倍数的记录放在一组中，在各组内进行排序；然后取 $d_2<d_1$，重复上述分组和排序工作；直到 $d_i=1$，即所有记录放在一组中排序完成。

这里需解决以下两个关键问题。

（1）应如何分割待排序记录，才能保证整个序列逐步向基本有序发展？

（2）子序列内如何进行直接插入排序？

我们先解决问题（1），即应如何分割待排序记录。

解决方法是将相隔某个"增量"的记录组成一个子序列。关于增量应如何取值，希尔最早提出的方法是 $d_1=n/2$，$d_{i+1}=d_i/2$。

例如，将 n 个记录分成 d 个子序列：

$$\{R[1],R[1+d],R[1+2d],\cdots,R[1+kd]\}$$
$$\{R[2],R[2+d],R[2+2d],\cdots,R[2+kd]\}$$
$$\vdots$$
$$\{R[d],R[2d],R[3d],\cdots,R[kd],R[(k+1)d]\}$$

其中，d 称为增量，它的值在排序过程中从大到小逐渐缩小，直至最后一趟排序减为 1。

我们再看问题（2）——子序列内如何进行直接插入排序？

解决方法：①在插入记录 $r[i]$ 时，自 $r[i-d]$ 起往前跳跃式（跳跃幅度为 d）搜索待插入位置，并且 $r[0]$ 只是暂存单元，不是哨兵。当搜索位置<0 时，表示插入位置已找到。②在搜索过程中，记录后移也是跳跃 d 个位置。③在整个序列中，前 d 个记录分别是 d 个子序列中的

第一个记录，所以从第 $d+1$ 个记录开始进行插入。

例 8.2　设待排序的键值为{45,52,16,38,96,27,03,64}，用希尔排序法排序，取 $d_1=n/2=4$，$d_{i+1}=d_i/2$，排序过程如图 8.5 所示。

从上述排序过程可知，希尔排序的一个特点是：子序列的构成不是简单地"逐段分割"，而是将相隔某个"增量"的记录组成一个子序列。如例 8.2 中，第一趟排序时的增量为 4，第二趟排序时的增量为 2，由于每趟排序限制在同一子序列中，因此键值较小的记录就不是一步一步往前挪动，而是跳跃式地往前移，从而使得在最后一趟增量为 1 的插入排序时，序列已基本有序，只要做记录的少量比较和移动即可完成排序，因此希尔排序的时间复杂度较直接插入排序低。下面给出希尔排序的算法。

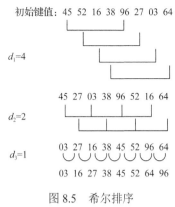

图 8.5　希尔排序

```
void ShellInsert(SqList &L,int dk)
{
    /*对顺序表 L 作一趟希尔排序，与一趟直接排序相比，做了以下修改。
    1.前后记录位置的增量是 dk，而不是 1
    2.r[0]只是暂存单元，不是哨兵。当 j<=0 时，插入位置已找到*/
    int i,j;
    for(i=dk+1;i<=L.length;++i)    //与第 1 个记录相差增量 dk 的记录到表尾
        if(L.r[i].key<r[i-dk].key)    //关键字小于前面记录的（按增量）
        {
            //以下将 L.r[i]插入有序增量子表
            L.r[0]=L.r[i];    //当前记录暂存在 L.r[0]
            for(j=i-dk;j>0&&LT(L.r[0].key,L.r[i].key);j-=dk)
                L.r[j+dk]=L.r[j];    //记录后移，查找插入位置
            L.r[j+dk]=L.r[0];    //插入
        }
}

void ShellSort(SqList &L,int dlta[],int t)
{
    //按增量序列 dlta[0…t-1]对顺序表 L 作希尔排序
    int k;
    for(k=0;k<t;++k)    //对所有增量序列
    {
        ShellInsert(L,dlta[k]);    //一趟增量为 dlta[k]的希尔排序
        printf("dlta[%d]=%d，第%d 趟排序结果",k,dlta[k],k+1);
        Print1(L);    //输出顺序表 L 的关键字
    }
}

void Print1(SqList L)
{
    int i;
    for(i=1;i<=L.length;i++)
        printf("%d",L.r[i].key);
```

```
            printf("\n");
    }
```

希尔排序的分析是一个复杂的问题，因为它的时间是所取"增量"序列的函数，这涉及一些数学上尚未解决的难题。因此，到目前为止尚未有人求得一种最好的增量序列，但大量的研究已得出一些局部的结论。如有人指出，当增量序列为 $dlta[k]=2^{t-k+1}-1$ 时，希尔排序的时间复杂度为 $O(n^{3/2})$，其中 t 为排序趟数，$1 \leqslant k \leqslant t \leqslant \lfloor \log_2(n+1) \rfloor$。还有人在大量实验基础上推出：当 n 在某个特定范围内，希尔排序所需的比较和移动次数约为 $n^{1.3}$，当 $n \to \infty$，可以减少到 $n(\log_2 n)^2$。增量序列可以有各种取法，但需注意：应使增量序列中的值没有除 1 以外的公因子，并且最后一个增量值必须等于 1。

8.3　交 换 排 序

交换排序的基本方法是：在待排序序列中选两个记录，将它们的关键字进行比较，如果反序则交换它们的位置。

8.3.1　起泡排序

起泡排序是一种简单的交换类排序方法。其基本思想是：从头扫描待排序记录序列，在扫描过程中顺次比较相邻的两个元素的大小。以升序为例，在第一趟排序中，对 n 个记录进行如下操作：若将相邻的两个记录的关键字进行比较，逆序时就交换位置。在扫描过程中，不断地将相邻两个记录中关键字大的记录向后移，最后将待排序记录序列中最大关键字记录换到了待排序记录序列的末尾，这也是最大关键字记录应在的位置。接下来进行第二趟起泡排序，对前 $n-1$ 个记录进行同样的操作，其结果是使次大的记录被放在第 $n-1$ 个记录的位置中。如此反复，直到排好序为止（若在某一趟起泡过程中，没有发现一个逆序，则可结束起泡排序），所以起泡排序最多进行 $n-1$ 趟。例 8.3 给出起泡排序过程示例。

例 8.3　设待排序的键值为{49,38,65,97,76,13,27,49*}，执行起泡排序的过程如表 8.1 所示。

表 8.1　起泡排序过程

序号	键值	一趟	二趟	三趟	四趟	五趟	六趟	七趟
1	49	38	38	38	38	13	13	13
2	38	49	49	49	13	27	27	27
3	65	65	65	13	27	38	38	38
4	97	76	13	27	49	49	49	49
5	76	13	27	49*	49*	49*	49*	49*
6	13	27	49*	65	65	65	65	65
7	27	49*	76	76	76	76	76	76
8	49*	97	97	97	97	97	97	97

起泡排序算法描述如下。

```
    void bubble_sort(int a[],int n)
    {
        //将 a 中 n 个整数重新排列成自小到大的有序序列
```

```
        int i,j,t;
        Status change;   //调整的标志
        for(i=n-1,change=TRUE;i>=1&&change;--i)
        {
            change=FALSE;   //本次循环未调整的标志
            for(j=0;j<i;++j)   //从第一个到无序序列最后一个
                if(a[j]>a[j+1])   //前面的大于后面的
                {
                    t=a[j];   //前后交换
                    a[j]=a[j+1];
                    a[j+1]=t;
                    change=TRUE;   //设置调整的标志
                }
        }
    }
```

分析起泡排序的效率，容易看出，在最好的情况下，即关键字在记录序列中顺序有序，只需进行一趟起泡，比较的次数为 $n-1$，移动的次数为 0。在最坏的情况下，即关键字在记录序列中逆序有序，则需进行 $n-1$ 趟起泡，比较的次数为 $\sum_{i=n}^{2}(i-1)=\frac{n(n-1)}{2}$，移动的次数为

$3\sum_{i=n}^{2}(i-1)=\frac{3n(n-1)}{2}$ 。综合来看，总的时间复杂度为 $O(n^2)$。

起泡排序算法为稳定的排序方法。给定一组关键字 {12,18,42,44,45,67,94,10}，只有最后一个元素"序"不对，但为了把 10 移动到最前的位置，反向扫描只需一趟即可。但关键字序列 {94,10,12,18,42,44,45,67} 为把 94 移动到最后的位置，反向扫描需要 7 次才能排序完毕。

造成这种情况的原因是什么呢？显然是该算法与关键字的初始状态有关，造成这种情况的根本原因是算法是"单向扫描"。为了使算法与关键字的初始状态无关，只要在算法中改变扫描方向即可。

8.3.2　快速排序

在上节讨论的起泡排序中，由于扫描过程中只对相邻的两个元素进行比较，因此在互换两个相邻元素时只能消除一个逆序。如果能通过两个（不相邻）元素的交换，消除待排序记录中的多个逆序，则会大大加快排序的速度。快速排序的方法就是想通过一次交换而消除多个逆序。

快速排序是一种基于分组进行的排序方法，其基本思想是：在待排序的 n 个记录中任取一个记录（例如就取第一个记录），以该记录的键值为标准从两头到中间进行比较或交换，就能形成一次划分（一趟快速排序）；将所有记录分为两组，凡小于等于该记录者被放到左边组，凡大于该记录者被放到右边组。并把该记录排在这两组中间（这也是该记录最终排序的位置）。然后对着两组分别重复上述方法，直到所有的记录都排到相应的位置为止。

一次划分的具体做法是：设两个指针 low 和 high，它们的初值分别为 low 和 high，设枢轴记录的关键字为 pivotkey，则首先从 high 所指位置起向前搜索找到第一个关键字小于 pivotkey 的记录和枢轴记录互相交换，然后从 low 所指位置起向后搜索，找到第一个关键字大于 pivotkey 的记录和枢轴记录互相交换，重复这两步直至 low=high 为止。

例 8.4 设待排序的键值为{45,32,56,82,14,65,28,52}，执行一趟快速排序的过程如图 8.6 所示。

初始键值：45 32 56 82 14 65 28 52　　　*R*[0]=45

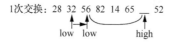

（1）初始状态，扫描方向"左"，从序列尾开始，45>28，反序出现

1次交换：28 32 56 82 14 65 ＿ 52

（2）交换*R*[low]与*R*[high]的值，改变扫描方向为"右"，low指针向后一个位置继续"右"扫描，56>45，反序出现

2次交换：28 32 ＿ 82 14 65 56 52

（3）交换*R*[low]与*R*[high]的值，改变扫描方向为"左"，high指针向前一个位置继续"左"扫描，45>14，反序出现

3次交换：28 32 14 82 ＿ 65 56 52

（4）交换*R*[low]与*R*[high]的值，改变扫描方向为"右"，low指针向后一个位置，45<82，反序出现

4次交换：28 32 14 45 82 65 56 52
　　　　　　　　low=high

（5）交换*R*[low]与*R*[high]的值，改变扫描方向为"左"，high指针向前一个位置，此时low=high，把45送入排序好的位置

图 8.6　快速排序过程

注意：步骤（1）、（2）、（3）、（4）中"交换 *R*[low]与 *R*[high]的值"并未发生，值 45 所在的位置一直是"空"的。最后在步骤（5）中，才把 45 送入排好的位置。

完成一趟排序{28,32,14}45{82,65,56,52}。

下面给出一趟快速排序的具体算法。

```
    int Partition(SqList &L,int low,int high)
    {
        /*交换顺序表 L 中子表 L.r[low…high]的记录，使枢轴记录到位，并返回其所在位置，
        此时在它之前（后）的记录均不大（小）于它*/
        KeyType pivotkey; //枢轴关键字
        pivotkey=L.r[low].key;  //用子表的第 1 个记录作初始枢轴记录
        L.r[0]=L.r[low];  //将枢轴记录保存到[0]
        while(low<high)  //未分类的区间大于 0
        {
            //从表的两端交替地向中间扫描
            while(low<high&&L.r[high].key>=pivotkey)  //高端记录的键值大于枢轴键值
                --high;  //高端向低移，继续比较
            L.r[low]=L.r[high];  //将比枢轴关键字小的记录移到低端，枢轴在[0]不动
            while(low<high&&L.r[low].key<=pivotkey)  //低端记录的键值小于枢轴键值
```

```
              //从表的两端交替地向中间扫描
                ++low;  //低端向高移,继续比较
          L.r[low]=L.r[0];  //将比枢轴关键字大的记录移到高端,枢轴在[0]不动
        }
        L.r[low]=L.r[0];  //枢轴记录到位
        return low;  //返回枢轴位置
    }
```

对于例 8.4，现在给出利用快速排序算法进行排序的过程，如图 8.7 所示。

$$\{45 \quad 32 \quad 56 \quad 82 \quad 14 \quad 65 \quad 28 \quad 52\}$$

$$\{28 \quad 32 \quad 14\}\ 45\ \{82 \quad 65 \quad 56 \quad 52\}$$

$$\{14\}\ 28\ \{32\}\ 45\ \{82 \quad 65 \quad 56 \quad 52\}$$

$$14 \quad 28 \quad 32 \quad 45\ \{52 \quad 65 \quad 56\}\ 82$$

$$14 \quad 28 \quad 32 \quad 45 \quad 52\ \{65 \quad 56\}\ 82$$

$$14 \quad 28 \quad 32 \quad 45 \quad 52 \quad 56 \quad 65 \quad 82$$

图 8.7　快速排序算法

下面给出快速排序的具体算法。

```
    void Qsort(SqList &L,int low,int high)
    {
        //对顺序表 L 中的子序列 L.r[low…high]作快速排序
        int pivotloc;
        if(low<high)  //子表列长度大于 1
        {
            pivotloc=Partition(L,low,high);
            //将 L.r[low…high]按关键字一分为二,pivotloc 是枢轴位置
            QSort(L,low,pivotloc-1);  //对关键字小于枢轴关键字的低子表递归快速排序
            Qsort(L,pivotloc+1,high);  //对关键字大于枢轴关键字的高子表递归快速排序
        }
    }

    void QuickSort(SqList &L)
    {
        //对顺序表 L 作快速排序
        QSort(L,1,L.length);  //对整个顺序表 L 作快速排序
    }
```

　　快速排序的算法分析如下。设关键字序列长度 n，假设每一次划分是均匀的，第一次 $n/2$，第二次 $n/2^2$……第 t 次 $n/2^t$，共划分 $t=\log_2 n$ 次，每次划分的数量级为 $O(n)$，则快速排序的平均时间复杂度为 $\log_2 n \times O(n)=O(n\log_2 n)$。对于较大的 n，这种算法是平均情况速度最快的排序算法，但对于待排序记录几乎是有序的情况，该算法的效率很低，近似于 $O(n^2)$，即最坏时间复杂度为 $O(n^2)$，而对于较小的 n 值，该算法效果也不明显。

　　快速排序的算法是递归的，需利用栈空间，数量级如下：平均为 $O(\log_2 n)$，最坏为 $O(n)$。快速排序是不稳定的排序方法，读者可自己举例证明。

8.4 选 择 排 序

选择排序的基本方法是：每一趟都在 $n-i+1(i=1,2,\cdots,n-1)$ 个记录中选取关键字最小的记录，并将其作为有序序列中第 i 个记录。我们主要介绍简单选择排序和堆排序。

8.4.1 简单选择排序

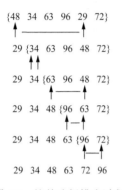

图 8.8 简单选择排序过程

简单选择排序的基本思想是：第 i 趟简单选择排序是指通过 $n-i$ 次关键字的比较，从 $n-i+1$ 个记录中选出关键字最小的记录，并与第 i 个记录进行交换。共需进行 $n-1$ 趟比较，直至所有记录排序完成为止。例如，进行第 i 趟选择时，从当前候选记录中选出关键字最小的 k 号记录，并与第 i 个记录进行交换。

例 8.5 设待排序的键值为 $\{48,34,63,96,29,72\}$，简单选择排序的过程如图 8.8 所示。

下面给出简单选择排序的具体算法。

```
void SelectSort(SqList &L)
{
    //对顺序表 L 作简单选择排序
    int i,j;
    RedType t;
    for(i=1;i<L.length;++i)
    {
        //选择第 i 小的记录，并交换到位
        j=SelectMinKey(L,i);   //在 L.r[i…L.length]中选择 key 最小的记录
        if(i!=j)
        {
            //与第 i 个记录交换
            t=L.r[i];
            L.r[i]=L.r[j];
            L.r[j]=t;
        }
    }
}
```

容易看出，在简单选择排序过程中，所需进行记录移动的操作次数较少。在最好的情况下，即待排序记录初始状态就已经是正序排列了，则不需要移动记录。在最坏的情况下，即待排序记录初始状态是按逆序排列的，则需要移动记录次数最多为 $3(n-1)$。简单选择排序过程中需要进行比较的次数与初始状态下待排序的记录序列排列情况无关。当 $i=1$ 时，需要进行 $n-1$ 次比较；当 $i=2$ 时，需进行 $n-2$ 次比较；以此类推，共需进行比较的次数是 $\sum_{i=1}^{n-1}(n-i)=(n-1)+(n-2)+\cdots+2+1=n(n-1)/2$。因此，时间复杂度也是 $O(n^2)$。那么，能否加以改进呢？

从上述可见，选择排序的主要操作是进行关键字间的比较，因此改进简单选择排序应从如何减少"比较"出发考虑。显然，在 n 个关键字中选出最小值，至少需进行 $n-1$ 次比较，然而，继续在剩余的 $n-1$ 个关键字中选择次小值并非一定要进行 $n-2$ 次比较，若能利用前 $n-1$ 次比较所得信息，则可减少以后各趟选择排序中所用的比较次数。

简单选择排序是不稳定的排序方法，读者可自己举例证明。

8.4.2　堆排序

堆排序是简单选择排序的一种改进，改进的着眼点是：如何减少关键字的比较次数。简单选择排序在一趟排序中仅选出最小关键字，没有把一趟比较结果保存下来，因而记录的比较次数较多。堆排序在选出最小关键字的同时，也找出比较小的关键字，减少了在后面选择时的比较次数，从而提高了整个排序的效率。

我们首先给出堆的定义。

堆是具有下列性质的完全二叉树：每个结点的值都小于或等于其左右孩子结点的值（称为**小顶堆**）；或者每个结点的值都大于或等于其左右孩子结点的值（称为**大顶堆**），如果将堆按层序从 1 开始编号，则结点之间满足如下关系：

$$\begin{cases} k_i \leqslant k_{2i} \\ k_i \leqslant k_{2i+1} \end{cases} \text{ 或 } \begin{cases} k_i \geqslant k_{2i} \\ k_i \geqslant k_{2i+1} \end{cases} \quad i = 1, 2, \cdots, \lfloor n/2 \rfloor$$

若将此序列与一维数组相对应，堆等价于完全二叉树。根据完全二叉树的顺序存储特点，除下标为 1 的元素是整个树的根结点而没有父结点以外，其余下标为 j 的结点($2 \leqslant j \leqslant n$)都有父结点，父结点的下标为 $i = \lfloor j/2 \rfloor$，且父结点的值都不大（小）于它的两个孩子的值（若孩子存在的话）。图 8.9 是一个堆和它的顺序存储表示。

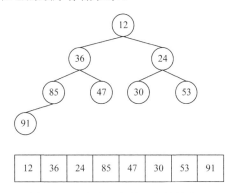

图 8.9　一个堆和它的顺序存储表示

由堆的定义可知，其根结点（即在数组的下标为 1 的元素）具有最小（大）值。堆排序就是利用这一特点进行的。堆排序的基本思想是：对一组待排序记录的键值，把它们按堆的定义排成一个堆，称这一过程为建堆。首先找到最小（大）键值，然后将最小（大）键值取出，用剩下的键值再建堆，取得次小（大）的键值。如此反复进行，直至得到最大（小）键值，从而将全部键值排好序为止。

大顶堆排序的具体做法如下。

（1）将待排序元素序列对应的完全二叉树建成一个"大顶堆"，即先选择一个关键字最大的记录。

（2）然后与序列中最后一个记录交换（输出）。

（3）继续对序列中前 $n-1$ 记录进行"筛选"，重新将它调整为一个"大顶堆"，再将堆顶（次大）记录和第 $n-1$ 个记录交换，如此反复直至排序结束。

由此，实现堆排序需要解决以下两个问题。

（1）如何由一个无序序列建成一个堆？

（2）如何在输出堆顶元素之后，调整剩余元素成为一个新堆，即如何筛选？

所谓"**筛选**"指的是，对一棵左右子树均为堆的完全二叉树，"调整"根结点使整个二叉树也成为一个堆。

下面先讨论第二个问题。例如，图 8.10（a）是个堆，假设输出堆顶元素之后，以堆中最后一个元素替代之，如图 8.10（b）所示。此时根结点的左、右子树均为堆，则仅需从上至下进行调整即可。首先对堆顶元素和其左、右子树根结点的值进行比较，由于右子树根结点的值小于左子树根结点的值且小于根结点的值，则将 27 和 97 交换；由于 97 替代了 27 之后破坏了右子树的"堆"，则需要进行和上述相同的调整，直至叶子结点，调整后的状态如图 8.10（c）所示，此时堆顶为 $n-1$ 个元素中的最小值。重复上述过程，将堆顶元素 27 和堆中最后一个元素 97 交换且调整，得到如图 8.10（d）所示新的堆。

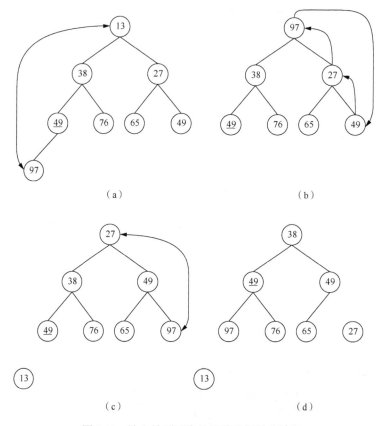

（a）　　　　　　　　　　　　　　　　　（b）

（c）　　　　　　　　　　　　　　　　　（d）

图 8.10　输出堆顶元素并调整建新堆的过程

一个无序序列建堆的过程就是一个反复"筛选"的过程。若将此序列看成一个完全二叉树，则最后一个非终端结点是第 $\lfloor n/2 \rfloor$ 个元素，由此"筛选"只需从第 $\lfloor n/2 \rfloor$ 个元素开始。例如，图 8.11（a）中的二叉树表示一个有 8 个元素的无序序列{49,38,65,97,76,13,27,<u>49</u>}（其中利用下划线将值相同的 49 与 <u>49</u> 加以区分），则筛选从第 4 个元素开始，由于 97><u>49</u>，则交换之，交换后的序列如图 8.11（b）所示，同理，在第 3 个元素 65 被筛选之后序列的状态如图 8.11（c）

所示。由于第 2 个元素 38 不大于其左、右子树根的值，则筛选后的序列不变。筛选第 1 个元素的过程如图 8.11（d）所示。图 8.11（e）所示为筛选根元素 49 之后建成的堆。

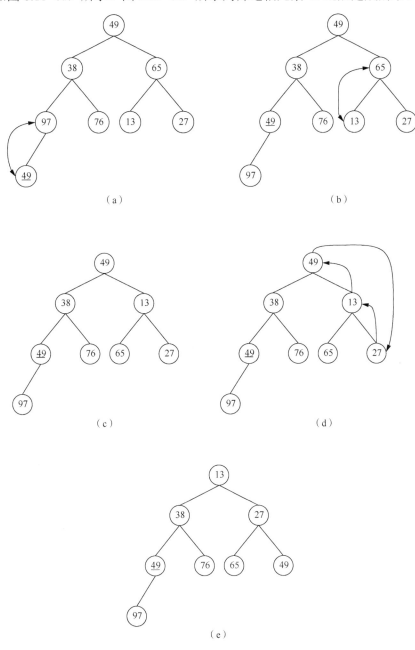

图 8.11 建初始堆过程示例

下面给出堆排序的具体算法。

```
void HeapAdjust(HeapType &H,int s,int m)
{
    int j;
    H.r[0]=H.r[s];    //利用 H 的空闲结点存储待调整记录
    for(j=2*s;j<=m;j*=2)
```

```
    {//j 指向待调整记录[s]的左孩子,沿 key 较大的孩子结点向下筛选
        if(j<m&&(H.r[j].key<H.r[j+1].key))  //左孩子的关键字<右孩子的关键字
            ++j;  //j 指向[s]的右孩子
        if(H.r[0].key>=H.r[j].key)  //[s]的关键字不小于[j]的关键字
            break;  //不必再调整
        H.r[s]=H.r[j];  //否则, [j]为大顶, 插入[s]
        s=j;  //[s]的位置向下移到[j] (原左或右孩子处)
    }
    H.r[s]=H.r[0];  //将待调整的记录插入[s]
}


void HeapSort(HeapType &H)
{
    //对顺序表 H 进行堆排序
    int i;
    for(i=H.length/2;i>0;--i)  //从最后一个非叶子结点到第 1 个结点
        HeapAdjust(H,i,H.length);  //调整 H.r[i], 使 H.r[i…H.length]成为大顶堆
    for(i=H.length;i>1;i--)
    {
        H.r[0]=H.r[1];  //将顶堆记录 H.r[1]和未完全排序的 H.r[1…i]中的最后一
                          个记录交换
        H.r[1]=H.r[i];
        H.r[i]=H.r[0];
        HeapAdjust(H,1,i-1);  //调整 H.r[1], 使 H.r[1…i-1]重新成为大顶堆
    }
}
```

堆排序方法对记录数较少的文件并不值得提倡, 但对 n 较大的文件还是很有效的。因为其运行时间主要耗费在建初始堆和调整建新堆时进行的反复 "筛选" 上。对深度为 k 的堆, 筛选算法中进行的关键字比较次数至多为 $2(k-1)$ 次, 则在建含 n 个元素、深度为 h 的堆时, 总共进行的关键字比较次数不超过 $4n$。由于 n 个结点的完全二叉树的深度为 $\lfloor \log_2 n \rfloor + 1$, 则调整建新堆时调用 HeapAdjust 过程 $n-1$ 次, 总共进行的比较次数不超过式 (8.1) 的值。

$$2\left(\lfloor \log_2(n-1) \rfloor + \lfloor \log_2(n-2) \rfloor + \cdots + \log_2 2\right) < 2n\left(\lfloor \log_2 n \rfloor\right) \tag{8.1}$$

由此, 堆排序在最坏的情况下, 其时间复杂度也为 $O(n\log_2 n)$。相对于快速排序来说, 这是堆排序的最大优点。此外, 堆排序仅需一个记录大小供交换用的辅助空间, 但是堆排序是一种不稳定的排序方法, 不适用于待排序记录个数 n 较少的情况, 但对于 n 较大的文件还是很有效的。对于层次 $k=\lfloor \log_2 n \rfloor + 1$ 的堆, 筛选过程最多执行 k 次, 建堆时间复杂度为 $O(\log_2 n)$。对于有 n 个结点的堆, 第 k 层最多有 2^{k-1} 个记录参加比较, 则需要检查以它为根的子树是否为堆, 每个元素的最大调整次数为记录在树中的层次 $(k-i)$, 因此重建堆共需要的调整次数为 $\sum_{i=1}^{k-1} 2^{i-1}(k-i) \leqslant 4n$, n 个结点调用重建堆的过程 $n-1$ 次, 堆排序的时间复杂度为 $O(n\log_2 n)$。

8.5　归并排序

前面介绍了三类排序方法, 即插入排序、交换排序和选择排序, 都是将一组记录按关键

字大小排列成一个有序的序列。本节介绍的归并排序要求待排序记录一定要部分有序，部分有序的含义是：把待排序记录的序列分成若干个子序列，每个子序列的记录是有序的。归并排序的基本思想是：将这些已排序好的子序列进行合并，得到一个完整的有序序列。合并时只要比较各子序列的第一个记录的键值，最小的一个就是排序后的第一个记录，取出这个记录，继续比较各子序列的第一个记录，便可找出排序后的第二个记录，如此继续下去，只要经过一遍扫描，就可以得到排序序列。归并排序可分为两路归并排序和多路归并排序，既可用于内部排序，也可用于外部排序。这里仅对内部排序的两路归并方法进行讨论。

例如图 8.12（a）所示两个有序表，经过一遍合并便得到图 8.12（b）所示的一个有序表。

（a）　　　　　　　　　　（b）

图 8.12　有序表归并

如果待排序记录的序列初始状态没有部分有序，如何采用归并排序的方法呢？把待排序记录的序列分成若干个子序列，每个子序列的记录是有序的。归并排序的基本思想是将两个或两个以上的有序表合并成一个新的有序表。假设初始序列含有 n 个记录，首先将这 n 个记录看成 n 个有序的子序列，每个子序列的长度为 1，然后两两归并，得到 $\lceil n/2 \rceil$ 个长度为 2（n 为奇数时，最后一个序列的长度为 1）的有序子序列；在此基础上，再两两归并，如此重复，直至得到一个长度为 n 的有序序列为止。这种方法被称作"**2 路归并排序**"。

例 8.6　对初始输入序列{26,5,77,1,61,11,59,15,48,19}采用 2 路归并排序进行排序，过程如图 8.13 所示。

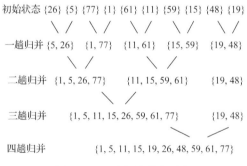

图 8.13　2 路归并排序过程

2 路归并排序的核心操作是将一维数组前后相邻的两个有序序列归并为一个有序序列，下面给出一趟归并的具体算法。

```
void Merge(RedType SR[],RedType TR[],int i,int m,int n)
{
    //将有序的 SR[i…m]和 SR[m+1…n]归并为有序的 TR[i…n]
    int j,k,p;
    for(j=m+1;k=i;i<=m&&j<=n;++k)
    {
        //将 SR 中记录由小到大地并入 TR
        if(SR[i].key>SR[j].key)
            TR[k]=SR[j++];
```

```
            else
                TR[k]=SR[i++];
        }
        if(i<=m)
        {
            for(p=0;p<=m-i;p++)   //将剩余的SR[i…m]复制到TR
                TR[k+p]=SR[i+p];
        }
        if(j<=n)
        {
            for(p=0;p<=n-j;p++)   //将剩余的SR[j…n]复制到TR
                TR[k+p]=SR[j+p];
        }
    }
```

一趟归并排序的操作是，调用 $\left\lceil \dfrac{n}{2h} \right\rceil$ 次算法 Merge 将 SR[1…n]中前后相邻且长度为 h 的

有序段进行两两归并，得到前后相邻、长度为 $2h$ 的有序段，并存放在 TR[1…n]中，整个归并排序需进行 $\lceil \log_2 n \rceil$ 趟。可见，实现归并排序需要和待排序记录等数量的辅助空间，其时间复杂度为 $O(n\log_2 n)$。

2 路归并排序的递归算法如下所示。

```
    void Msort(RedType SR[],RedType TR1[],int s,int t)
    {
        //将 SR[s…t]归并排序为 TR1[s…t]
        int m;
        RedType TR2[MAX_SIZE+1];
        if(s==t)  //只有 1 个元素待归并
            TR1[s]=SR[s];  //直接赋值
        else //有多个元素待归并
        {
            m=(s+t)/2;  //将 SR[s…t]平分为 SR[s…m]和 SR[m+1…t]
            MSort(SR,TR2,s,m);  //递归地将 SR[s…m]归并为有序的 TR2[m+1…t]
            MSort(SR,TR2,m+1,t);  //递归地将 SR[m+1…t]归并为有序的 TR2[m+1…t]
            Merge(TR2,TR1,s,m,t);  //将 TR2[s…m]和 TR2[m+1…t]归并到 TR1[s…t]
        }
    }

    void MergeSort(SqList &L)
    {
        //对顺序表 L 作归并排序
        MSort(L.r,L.r,1,L.length);
    }
```

遗憾的是，递归算法在形式上简洁，但实用性较差。同时，与快速排序和堆排序相比，归并排序的最大特点是，它是一种稳定的排序方法，而且在一般情况下，通常采用 2 路归并排序法进行内部排序。

8.6　分　配　排　序

前面所讨论的排序算法都是基于键值之间的比较操作，通过比较判断出大小，然后调整。而分配排序则不然，它是利用键值自身的结构，通过"分配"和"收集"的办法来实现排序。基数排序就是典型的分配排序。在介绍基数排序之前，先介绍多关键字排序问题。

8.6.1　多关键字排序

前面介绍的排序方法都是按关键字值的大小进行排序的，而多关键字和基数排序是按各位的值进行排序的。

它把关键字 k 看成 d 元组，即 $K=(K^1,K^2,\cdots,K^d)$ ，其中 K^d 是最低位关键字；K^{d-1} 是次低位关键字……K^1 是最高位关键字。例如，若关键字为 $K=129$，则它可以表示成 $K=(K^1,K^2,K^3)=(1,2,9)$，该关键字中有三个十进制数字，每位可以出现 $0,1,2,3,\cdots,9$ 中任意一个，因此其基数 rd 等于 10。为实现多关键字排序，通常有两种方法：第一种方法是按关键字最高位优先（most significant digit first）的排序方法，简称 MSD 法；第二种方法是按关键字最低位优先（least significant digit first）的排序方法，简称 LSD 法。

（1）MSD 法。

先对 K^1 进行排序，并按 K^1 的不同值将记录序列分成若干子序列之后，分别对 K^2 进行排序……以此类推，直至最后对最低位关键字 K^d 排序完成为止。

（2）LSD 法。

先对 K^d 进行排序，然后对 K^{d-1} 进行排序，以此类推，直至对最主位关键字 K^1 排序完成为止。

例 8.7　学生记录含三个关键字——系别、班号和班内的序列号，其中以系别为最主位关键字。LSD 的排序过程如表 8.2 所示。

表 8.2　LSD 排序过程

无序序列	对 K^2 排序	对 K^1 排序	对 K^0 排序
3,2,30	1,2,15	3,1,20	1,2,15
1,2,15	2,3,18	2,1,20	2,1,20
3,1,20	3,1,20	1,2,15	2,3,18
2,3,18	2,1,20	3,2,30	3,1,20
2,1,20	3,2,30	2,3,18	3,2,30

MSD 法和 LSD 法只约定按什么样的"关键字次序"来进行排序，而未规定对每个关键字进行排序时所用的方法。但从上面所述可以看出，这两种排序方法的不同特点：若按 MSD 法进行排序时，必须将序列逐层分割成若干子序列，然后对各子序列分别进行排序；而按 LSD 法进行排序时，不必分成子序列，对每个关键字都是整个序列进行排序，但对 $K^i(0\leqslant i\leqslant d-2)$ 进行排序时，只能用稳定的排序方法。另一方面，按 LSD 进行排序时，在一定的条件下［即对前一个关键字 $K^i(0\leqslant i\leqslant d-2)$ 的不同值，后一个关键字 K^{i+1} 均取相同值］，也可以不利用前几节所述的各种通过关键字间的比较来实现排序的方法，而是通过若干次"分配"和"收集"来实现排序。

8.6.2　基数排序

在多关键字记录序列中，如果每个关键字的取值范围相同，则按 LSD 进行排序时可以采用"分配—收集"的方法，其好处是不需要进行关键字间的比较。对于数字型或字符型的单关键字，可以看成由多个数位或多个字符构成的多关键字，此时也可以采用"分配—收集"的方法进行排序。具体而言，就是从最低位关键字开始，按关键字的不同值将记录"分配—收集"到 rd 个组中后再"收集"，如此重复 d 次，即是基数排序。

例 8.8　给定 8 个链接在一起的记录 $R_1,R_2,\cdots,R_9$，其键值为{369,367,167,239,237,138,230,139}。这些键值均为十进制数，数的范围为[0,999]，基数 rd=10，每个键值的有效位 d=3。

首先按其"个位数"取值分别为 0,1,$\cdots$,9"分配"成 10 组，之后按从 0 至 9 的顺序将它们"收集"在一起；然后按其"十位数"取值分别为 0,1,$\cdots$,9"分配"成 10 组，之后再按从 0 至 9 的顺序将它们"收集"在一起；最后在其"百位数"重复一遍上述操作，如图 8.14 所示。具体做法如下。

（1）待排序记录以指针相链，构成一个链表。

（2）"分配"时，按当前"关键字位"取值，将记录分配到不同的"链队列"中，每个队列中记录的"关键字位"相同。

（3）"收集"时，按当前关键字位取值，从小到大将各队列首尾相链成一个链表。

（4）对每个关键字位均重复步骤（2）和步骤（3）。

p→369→367→167→239→237→138→230→139

（a）指针相链构成链表

f[0]→230←r[0]
f[7]→367→167→237←r[7]
f[8]→138←r[8]
f[9]→369→239→139←r[9]

（b）进行第一次分配

p→230→367→167→237→138→369→239→139

（c）进行第一次收集

f[3]→230→237→138→239→139←r[3]
f[6]→367→167→369←r[6]

（d）进行第二次分配

p→230→237→138→239→139→367→167→369

（e）进行第二次收集

f[1]→138→139→167←r[1]
f[2]→230→237→239←r[2]
f[3]→367→369←r[3]

（f）进行第三次分配

p→138→139→167→230→237→239→367→369

（g）进行第三次收集之后得到记录的有序序列

图 8.14　基数排序过程

在描述算法之前，尚需定义新的数据类型。

```
typedef struct
{
    KeyType key;   //关键字项
    InfoType otherinfo;  //其他数据项
}RedType;

typedef char KeysType;  //定义关键字类型为字符型

//基数排序的数据类型
```

```
#define MAX_NUM_OF_KEY 8  //关键字项数的最大值
#define RADIX 10  //关键字基数，此时是十进制整数的基数
#define MAX_SPACE 10000

typedef struct
{
    KeysType keys[MAX_NUM_OF_KEY];  //关键字
    InfoType otheritems;  //其他数据项
    int next;
} SLCell;  //静态链表的结点类型

typedef struct
{
    SLCell r[MAX_SPACE];  //静态链表的可利用空间，r[0]为头结点
    int keynum;  //记录的当前关键字个数
    int recnum;  //静态链表的当前长度
} SLList;  //静态链表类型
typedef int ArrType[RADIX];  //指针数组类型

void Distribute(SLCell r[],int i,ArrType f,ArrType e)
{
    /*静态键表 L 的 r 域中记录已按(keys[0],…,keys[i-1])有序。本算法按第 i 个关键字
    keys[i]建立 RADIX 个子表,使同一子表中记录的 keys[i]相同 f[0…RADIX-1]和
    e[0…RADIX-1]分别指向各子表中第一个和最后一个记录*/
    int j,p;
    for(j=0;j<RADIX;++j)
        f[j]=0;  //各子表初始化为空表
    for(p=r[0].next;p;p=r[p].next)
    {
        //ord 将记录中第 i 个关键字映射到[0…RADIX-1]
        j=ord(r[p].keys[i]);
        if(!f[j])
            f[j]=p;
        else
            r[e[j]].next=p;
        e[j]=p;  //将 p 所指的结点插入第 j 个子表中
    }
}

int ord(char c)
{
    //返回 k 的映射（个位整数）
    return c-'0';
}

void Collect(SLCell r[],ArrType f,ArrType e)
{
    /*本算法按 keys[i]自小至大地将 f[0…RADIX-1]所指各子表依次链接成一个链表,
```

```
                e[0…RADIX-1]为各子表的尾指针*/
            int j,t;
            for(j=0;!f[j];j=succ(j));  //找第一个非空子表，succ 为求后继函数
            r[0].next=f[j];
            t=e[j];  //r[0].next 指向第一个非空子表中的第一个结点
            while(j<RADIX)
            {
                for(j=succ(j);j<RADIX-1&&!f[j];j=succ(j));  //找下一个非空子表
                if(f[j])
                {
                    //链接两个非空子表
                    r[t].next=f[j];
                    t=e[j];
                }
            }
            r[t].next=0;  //t 指向最后一个非空子表中的最后一个结点
        }


        int succ(int i)
        {
            //求后继函数
            return ++i;
        }


        void RadixSort(SLList &L)
        {
            /*L 是采用静态链表示的顺序表。对 L 作基数排序，使得 L 成为按关键字自小到大
            的有序静态链表，L.r[0]为头结点*/
            int i;
            ArrType f,e;
            for(i=0;i<L.recnum;++i)
                L.r[i].next=i+1;
            L.r[L.recnum].next=0;  //将 L 改造为静态链表
            for(i=0;i<L.keynum;++i)
            {
                //按最低位优先依次对各关键字进行分配和收集
                Distribute(L.r,i,f,e);  //第 i 趟分配
                Collect(L.r,f,e);  //第 i 趟收集
                printf("第%d 趟收集后:\n",i+1);
                printl(L);
                printf("\n");
            }
        }


        void printl(SLList L)
        {
            //按链表输出静态链表
            int i=L.r[0].next,j;
```

```
        while(i)
        {
            for(j=L.keynum-1;j>=0;j--)
                printf("%c",L.r[i].keys[j]);
            printf(" ");
            i=L.r[i].next;
        }
    }
```

从算法中容易看出，对于 n 个记录（假设每个记录含 d 个关键字，每个关键字的取值范围为 rd 个值）进行链式基数排序的时间复杂度为 $O(d(n+rd))$，其中每一趟分配的时间复杂度为 $O(n)$，每一趟收集的时间复杂度为 $O(rd)$，整个排序需进行 d 趟分配和收集。所需辅助空间为 2rd 个队列指针。当然，由于需用链表作为存储结构，相对于其他以顺序结构存储记录的排序方法而言，还增加了 n 个指针域的空间。

8.7　各种内部排序方法的比较

综合比较本章内讨论的各种内部排序方法，大致有如下结果。
（1）时间复杂度比较，如表 8.3 所示。

表 8.3　时间复杂度比较

排序方法	平均情况	最好情况	最坏情况
直接插入排序	$O(n^2)$	$O(n)$	$O(n^2)$
希尔排序	$O(n\log_2 n)$	$O(n^{1.3})$	$O(n^2)$
起泡排序	$O(n^2)$	$O(n)$	$O(n^2)$
快速排序	$O(n\log_2 n)$	$O(n\log_2 n)$	$O(n^2)$
简单选择排序	$O(n^2)$	$O(n^2)$	$O(n^2)$
堆排序	$O(n\log_2 n)$	$O(n\log_2 n)$	$O(n\log_2 n)$
归并排序	$O(n\log_2 n)$	$O(n\log_2 n)$	$O(n\log_2 n)$
基数排序	$O(d(n+rd))$	$O(d(n+rd))$	$O(rd)$

（2）空间复杂度比较，如表 8.4 所示。

表 8.4　空间复杂度比较

排序方法	辅助空间
直接插入排序	$O(1)$
希尔排序	$O(1)$
起泡排序	$O(1)$
快速排序	$O(\log_2 n)\sim O(n)$
简单选择排序	$O(1)$
堆排序	$O(1)$
归并排序	$O(n)$
基数排序	$O(n+rd)$

从表 8.3 和表 8.4 可以得出以下结论。

（1）对平均时间性能而言，快速排序最佳，其所需时间最省，但快速排序在最坏情况下的时间性能不如堆排序和归并排序。而后两者在 n 较大时，归并排序所需时间较堆排序省，但它所需的辅助存储量最大。

（2）直接插入排序、起泡排序和简单选择排序，其中以直接插入排序为最简单，当序列中记录"基本有序"或 n 值较小时，它是最佳的排序方法，因此常将它和其他的排序方法结合在一起使用。

（3）基数排序的时间复杂度也可以写出 $O(d*n)$。因此，它最适用于 n 值很大关键字较小的序列。若关键字很大，而序列中大多数记录的"最高位关键字"均不同，则亦可先按"最高位关键字"将序列分成若干"小"的子序列，然后进行直接插入排序。

（4）从方法的稳定性来比较，基数排序、直接插入排序、起泡排序、归并排序是稳定的排序方法，而快速排序、简单选择排序、堆排序和希尔排序都是不稳定的。值得提出的是，稳定性是由方法本身决定的，对不稳定的排序方法而言，不管其描述形式如何，总能举出一个说明不稳定的实例来。

综上所述，在本章讨论的所有排序方法中没有哪一种是绝对最优的。有的适用于 n 较大的情况，有的适用于 n 较小的情况，等等。因此，在实际使用时需根据不同情况适当选用，甚至可将多种方法结合起来使用。

最后必须明确一个问题，"内部排序可能达到的最快速度是什么？"。本章讨论的各种排序方法，其最坏情况下的时间复杂度或是 $O(n^2)$，或是 $O(n\log_2 n)$，其中 $O(n^2)$ 是它的上界，那么 $O(n\log_2 n)$ 是否是它的下界。也就是说，能否找到一种排序方法，使它在最坏情况下的时间复杂度低于 $O(n\log_2 n)$ 呢？

由于本章讨论的各种排序方法，除基数排序之外，都是基于"键值间的比较"这个操作进行的，则均可用一棵判定树来描述这类排序过程。由此可以得出以下结论，借助于"比较"进行排序的算法在最坏情况下能达到的最好的时间复杂度为 $O(n\log_2 n)$。

习　题

一、名词解释

内部排序、外部排序、稳定排序、堆。

二、单项选择题

1. 对 n 个不同的关键字进行冒泡排序，在（　　　）情况下比较的次数最多。
   A．从小到大排列好的　　　　　　　　B．从大到小排列好的
   C．元素无序　　　　　　　　　　　　D．元素基本有序

2. 对 n 个不同的关键字进行冒泡排序，在元素无序的情况下比较的次数为（　　　）。
   A．$n+1$　　　　　B．n　　　　　C．$n-1$　　　　　D．$n(n-1)/2$

3. 快速排序在（　　　）情况下最易发挥其长处。
   A．被排序的数据中含有多个相同关键字
   B．被排序的数据已基本有序
   C．被排序的数据完全无序
   D．被排序的数据中的最大值和最小值相差悬殊

4．目前以比较为基础的内部排序方法中其比较次数与待排序的记录的初始排列状态无关的是（　　）。

    A．插入排序　　　　B．2 路插入排序　　　C．快速排序　　　　D．冒泡排序

5．将 5 个不同的数据进行排序，至少需要比较（　　）次。

    A．4　　　　　　　　B．5　　　　　　　　C．6　　　　　　　　D．7

6．将 5 个不同的数据进行排序，至多需要比较（　　）次。

    A．8　　　　　　　　B．9　　　　　　　　C．10　　　　　　　D．25

7．下列关键字序列中（　　）是堆。

    A．16,72,31,23,94,53　　　　　　　　B．94,23,31,72,16,53

    C．16,53,23,94,31,72　　　　　　　　D．16,23,53,31,94,72

8．堆是一种（　　）排序。

    A．插入　　　　　　B．选择　　　　　　C．交换　　　　　　D．归并

9．堆的形状是一棵（　　）。

    A．二叉排序树　　　B．满二叉树　　　　C．完全二叉树　　　D．平衡二叉树

10．设有 1000 个无序的元素，希望用最快的速度挑选出其中前 10 个最大的元素，最好采用（　　）排序法。

    A．冒泡排序　　　　B．快速排序　　　　C．堆排序　　　　　D．基数排序

11．在待排的元素序列基本有序的前提下，效率最高的排序方法是（　　）。

    A．插入排序　　　　B．选择排序　　　　C．快速排序　　　D．归并排序

12．若一组记录的关键字为(46,79,56,38,40,84)，则利用堆排序的方法建立的初始堆为（　　）。

    A．79,46,56,38,40,84　　　　　　　　B．84,79,56,38,40,46

    C．84,79,56,46,40,38　　　　　　　　D．84,56,79,40,46,38

13．若一组记录的关键字为(46,79,56,38,40,84)，则利用快速排序的方法，以第一个记录为基准得到的一次划分结果为（　　）。

    A．38,40,46,56,79,84　　　　　　　　B．40,38,46,79,56,84

    C．40,38,46,56,79,84　　　　　　　　D．40,38,46,84,56,79

14．排序方法中，从未排序序列中依次取出元素与已排序序列（初始时为空）中的元素进行比较，将其放入已排序序列的正确位置上的方法，称为（　　）。

    A．希尔排序　　　　B．冒泡排序　　　　C．插入排序　　　D．选择排序

15．排序方法中，从未排序序列中挑选元素，并将其依次放入已排序序列（初始时为空）的一端的方法，称为（　　）。

    A．希尔排序　　　　B．归并排序　　　　C．插入排序　　　D．选择排序

16．用某种排序方法对线性表(25,84,21,47,15,27,68,35,20)进行排序时，元素序列的变化情况如下：25,84,21,47,15,27,68,35,20—>20,15,21,25,47,27,68,35,84—>15,20,21,25,35,27,47,68,84—>15,20,21,25,27,35,47,68，则采用的排序方法是（　　）。

    A．希尔排序　　　　B．选择排序　　　　C．归并排序　　　　D．快速排序

17．下述几种排序方法中，平均查找长度最小的是（　　）。

    A．插入排序　　　　B．快速排序　　　　C．归并排序　　　D．选择排序

18. 下述几种排序方法中，要求内存量最大的是（　　　）。

　　A. 插入排序　　　　B. 快速排序　　　　C. 归并排序　　　　D. 选择排序

三、填空题

1. 对于 n 个记录的集合进行归并排序，所需要的平均时间是＿＿＿＿＿＿＿＿＿＿。

2. 对于 n 个记录的集合进行冒泡排序，在最坏情况下所需要的时间是＿＿＿＿＿＿＿＿＿。

3. 对于 n 个记录的集合进行归并排序，所需要的附加空间是＿＿＿＿＿＿＿＿＿＿。

4. 对于 n 个记录的集合进行快速排序，在最坏情况下所需要的时间是＿＿＿＿＿＿＿＿＿。

5. 设要将序列(Q,H,C,Y,P,A,M,S,R,D,F,X)中的关键字按字母序的升序重新排列，则冒泡排序一趟扫描的结果是＿＿＿＿＿＿＿＿＿＿，初始步长为 4 的希尔(shell)排序一趟的结果是＿＿＿＿＿＿＿＿＿＿，2 路归并排序一趟扫描的结果是＿＿＿＿＿＿＿＿＿，快速排序一趟扫描的结果是＿＿＿＿＿＿＿＿＿＿，堆排序初始建堆的结果是＿＿＿＿＿＿＿＿＿。

6. 在插入和选择排序中，若初始数据基本正序，则选用＿＿＿＿＿＿＿＿＿＿；若初始数据基本反序，则选用＿＿＿＿＿＿＿＿＿＿。

7. 在堆排序和快速排序中，若初始记录接近正序或反序，则选用＿＿＿＿＿＿＿＿＿＿；若初始记录基本无序，则最好选用＿＿＿＿＿＿＿＿＿＿。

8. 在对一组记录(54,38,96,23,15,72,60,45,83)进行直接插入排序时，当把第 7 个记录 60 插入到有序表时，为寻找插入位置需比较＿＿＿＿＿＿＿＿＿＿次。

9. 在堆排序、快速排序和归并排序中，若只从存储空间考虑，则应首先选取＿＿＿＿＿＿＿＿方法，其次选取＿＿＿＿＿＿＿＿＿＿方法，最后选取＿＿＿＿＿＿＿＿＿方法；若只从排序结果的稳定性考虑，则应选取＿＿＿＿＿＿＿＿＿＿方法；若只从平均情况下最快考虑，则应选取＿＿＿＿＿＿＿＿＿方法；若只从最坏情况下最快并且要节省内存考虑，则应选取＿＿＿＿＿＿＿＿＿方法。

10. 大多数排序算法都有两个基本的操作：＿＿＿＿＿＿＿＿＿和＿＿＿＿＿＿＿＿＿。

四、简答题

1. 在执行某种排序算法的过程中，出现了关键字朝着最终排序序列相反的方向移动，而认为该排序算法是不稳定的，这种说法对吗？为什么？

2. 选择排序算法是否稳定？为什么？

3. 对于 n 个元素组成的线性表进行快速排序时，所需进行的比较次数和这 n 个元素的初始排列有关。问：

（1）当 $n=7$ 时，在最好情况下需进行多少次比较?请说明理由。

（2）当 $n=7$ 时，给出一个最好情况的初始排列的实例。

（3）当 $n=7$ 时，在最坏情况下需进行多少次比较?请说明理由。

（4）当 $n=7$ 时，给出一个最坏情况的初始排列的实例。

4. 设有 5000 个无序的元素，希望用最快速度挑选出其中前 10 个最大的元素，在快速排序、堆排序、归并排序、基数排序和希尔排序中采用哪种方法最好？为什么？

5. 对于给定关键字序列{503,087,512,061,908,170,897,275,653,462},分别写出在如下的排序算法执行中的各趟结果：直接插入排序、希尔排序（增量为 5,2,1）、冒泡排序、快速排序、直接选择排序、堆排序、归并排序和基数排序。

6. 已知序列{17,18,60,40,7,32,73,65,85}，请给出采用冒泡排序法对该序列做升序排序时每一趟的结果。

7. 已知序列{503,17,512,908,170,897,275,653,426,154,509,612,677,765,703,94}，请给出采用希尔排序法(d1:8)对该序列做升序排序时每一趟的结果。

8. 已知序列{10,18,4,3,6,12,1,9,15,8}，请给出采用希尔排序法(d1:5)对该序列做升序排序时每一趟的结果。

9. 已知下列各种初始状态（长度为 n）的元素，试问当利用直接插入法进行排序时，至少需要进行多少次比较（要求排序后的文件按关键字从小到大顺序排列）？
（1）关键字自小至大有序(key1<key2<…<key$n$);
（2）关键字自大至小逆序(key1>key2>…>key$n$);
（3）奇数关键字顺序有序，偶数关键字顺序有序(key1<key3<…，key2<key4<…);
（4）前半部分元素按关键字顺序有序，后半部分元素按关键字顺序逆序(key1<key2<…<key$m$，key$m$+1>key$m$+2>…>key$n$，m 为中间位置)。

10.【扩展】将十进制的关键字用二进制表示，对基数排序所需的计算时间和附设空间分别有何影响?各是多少？

五、算法设计题

已知奇偶转换排序如下所述：第一趟对所有奇数的 i，将 $a[i]$ 和 $a[i+1]$ 进行比较，第二趟对所有偶数的 i，将 $a[i]$ 和 $a[i+1]$ 进行比较，每次比较时若 $a[i]>a[i+1]$，则将二者交换，以后重复上述二趟过程交换进行，直至整个数组有序。

参 考 文 献

高一凡. 数据结构算法解析[M]. 北京：清华大学出版社，2008.

谭浩强. C 程序设计[M]. 3 版. 北京：清华大学出版社，2005.

严蔚敏，李冬梅，吴伟民. 数据结构（C 语言版）[M]. 2 版. 北京：人民邮电出版社，2019.

严蔚敏，吴伟民. 数据结构（C 语言版）[M]. 北京：清华大学出版社，2007.

Cormen T H，Leiserson C E，Rivest R L，et al. 算法导论[M]. 潘金贵，顾铁成，李成法，等译. 北京：机械工业出版社，2006.

Horowitz E，Sahni S，Freed S A. 数据结构（C 语言版）[M]. 李建中，张岩，李治军，译. 北京：机械工业出版社，2006.